微生物の病原性と植物の防御応答

微生物の病原性と植物の防御応答

上田一郎 編著

北海道大学出版会

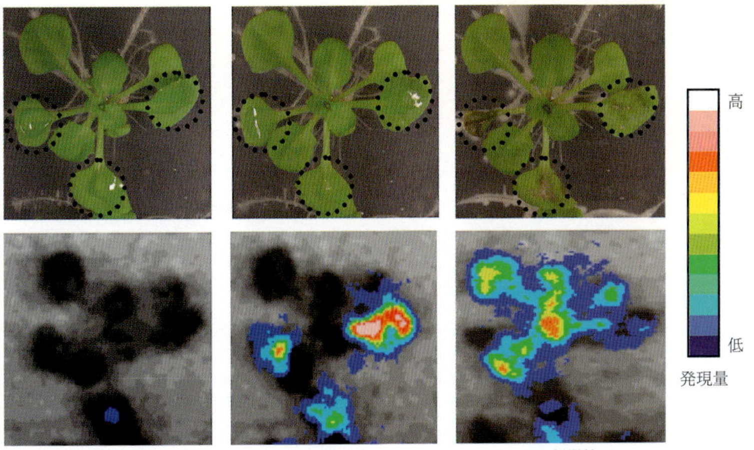

口絵 1　形質転換シロイヌナズナ芽生えを用いた *MPK3* 遺伝子プロモーター発現誘導のモニタリング。シロイヌナズナ *MPK3* 遺伝子は様々なストレスにより発現するが，抵抗性誘導剤処理や病原菌感染によっても誘導が観察され，病害応答における役割に関心がもたれている。そこで *MPK3* 遺伝子プロモーターとルシフェラーゼ遺伝子の融合遺伝子を作成してシロイヌナズナに導入し，その発現動態について観察した(田中ら，2004)。上段図は明視野像で，図中の点線円内に約 10^4 個の灰色かび病菌(*Botrytis cinerea*)胞子を接種した後，病徴進展と *MPK3* 遺伝子プロモーターの発現状況を経時的に観察した。接種葉における *MPK3* 遺伝子の発現は接種後 12 時間でピークを迎えるが，接種後 48 時間以降では非接種葉における発現が始まり，72 時間後には接種部位とほぼ同等な発現量を示すことがわかる。このような病害応答遺伝子発現の時間的・空間的な連続観察は発光レポーターを用いた実験系の有効な使用方法である。詳しくは，4-1 節参照。

口絵 2　タバコ野火病菌の野生株と各種フラジェリン糖鎖欠損変異株のタバコ葉に対する病徴試験(Taguchi et al., 2006, Fig. 8 [p. 932]から許可を得て一部転載)。2×10^8 cfu/ml の菌液をスプレーで接種し 23°C12 日間インキューベートした。野生株の示す強い病原力はいずれのフラジェリン糖鎖欠損変異株においても有意に低下した。特に Δ*orf1*，Δ*orf2*，6S/A の各種変異株と S176A と S183S の 1 カ所のセリンのアラニン置換株において病原力は著しく低下した。詳しくは，5-4 節参照。

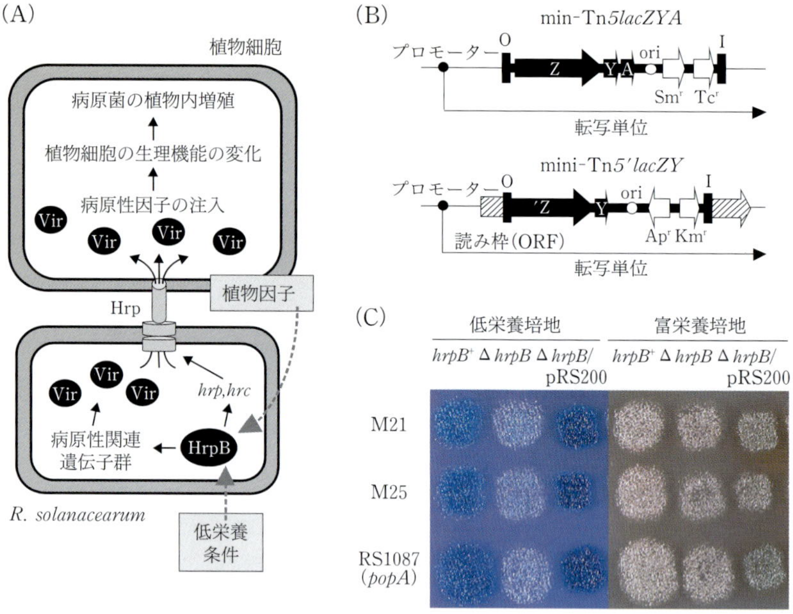

口絵3　*R. solanacearum* の *hrpB* レギュロンに属する遺伝子の網羅的スクリーニング。(A) *R. solanacearum* のタイプIII分泌系を介した植物との相互作用。*R. solanacearum* は植物シグナルまたは低栄養条件シグナルを感知すると，HrpB を介して *hrp*，*hrc* 遺伝子群を活性化し，Hrp タイプIII分泌装置を形成する。エフェクターの遺伝子も同時に活性化される。エフェクター(Vir)は Hrp から植物の細胞内に注入された後，植物細胞の生理機能を何らかの形で改変する。最終的に，*R. solanacearum* が増殖可能な環境が植物内に作り出される。(B)スクリーニングに用いたトランスポゾンの構造。mini-Tn*5lacZYA* はプロモーターを欠く *lacZYA* オペロンを，mini-Tn*5′lacZY* は *lacZ* の5側コード領域の一部を欠く*′lacZY* オペロンをそれぞれ運ぶ。mini-Tn*5lacZYA* では発現しているプロモーターの下流に *lacZYA* が挿入された場合に，mini-Tn*5′lacZY* では*′lacZY* が発現している読み枠(ORF)に同じ読み枠で融合した場合にのみ *lacZ* 活性が発現する。(C) *hrpB* 依存性転写単位のトラップ。M21 および M25 は mini-Tn*5lacZYA* を用いて単離された *lacZ* 融合株。RS1087 株は *popA* 遺伝子中に *lacZYA* オペロンが挿入されており，コントロールとして用いられた。X-Gal の発色を指標にして *lacZ* 活性をモニターしている。詳しくは，5-5 節参照。

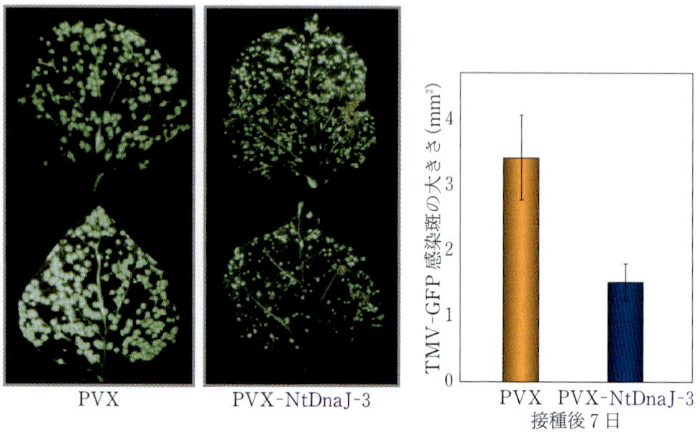

口絵4　NtDnaJ-3 発現抑制組織における TMV-GFP 感染斑の縮小。PVX ベクターによる VIGS 法を用いて NtDnaJ-3 の発現を抑制した *Nicotiana benthamiana* の葉に，GFP と融合させた TMV (TMV-GFP) を接種し，1週間後に観察したところ，NtDnaJ-3 発現抑制組織では，コントロールに比較して，GFP の蛍光斑の面積が縮小し，TMV の移行が明らかに遅延していることが観察された。詳しくは，7-3 節参照。

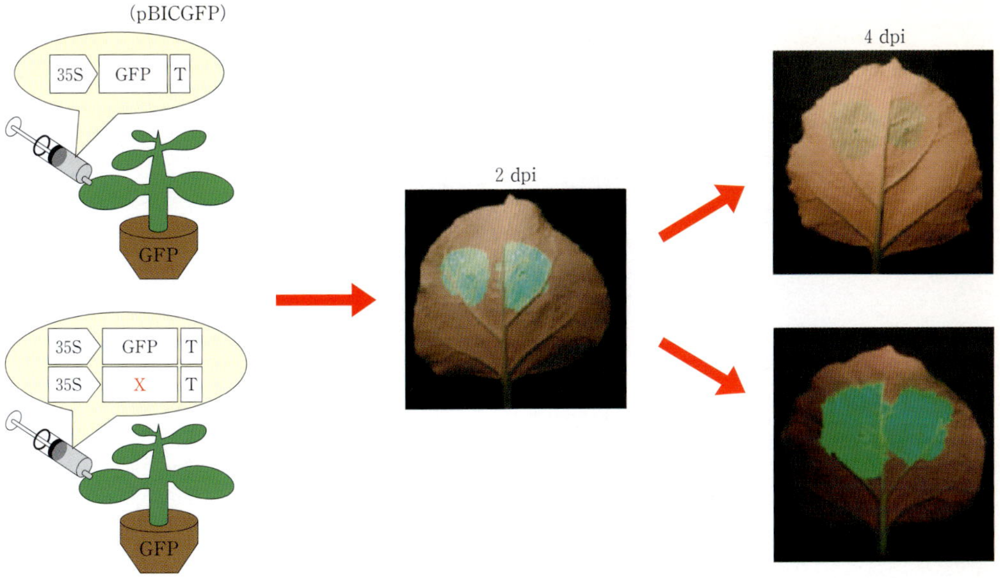

口絵 5　アグロバクテリウム接種による RNAi 誘導と RNAi 抑制アッセイ系。35S プロモーターから GFP mRNA を発現するバイナリーベクタープラスミドをもつアグロバクテリウムを GFP 発現形質転換 *Nicotiana benthamiana* (Nb16c) に注入接種する(左上)。注入部分ではアグロバクテリウムの感染が起こり，GFP 遺伝子から大量の GFP mRNA が転写される。その結果，接種 2 日後には GFP の強い緑色蛍光が紫外線照射で観察される(中央)。その後，RNAi 誘導に伴いその蛍光は接種 4〜6 日後には消失する(右上)。その際，検定因子(X)を同時に発現させ，X が RNAi 抑制活性をもつ場合，蛍光は持続して観察される(右下)。詳しくは，8-1 節参照。

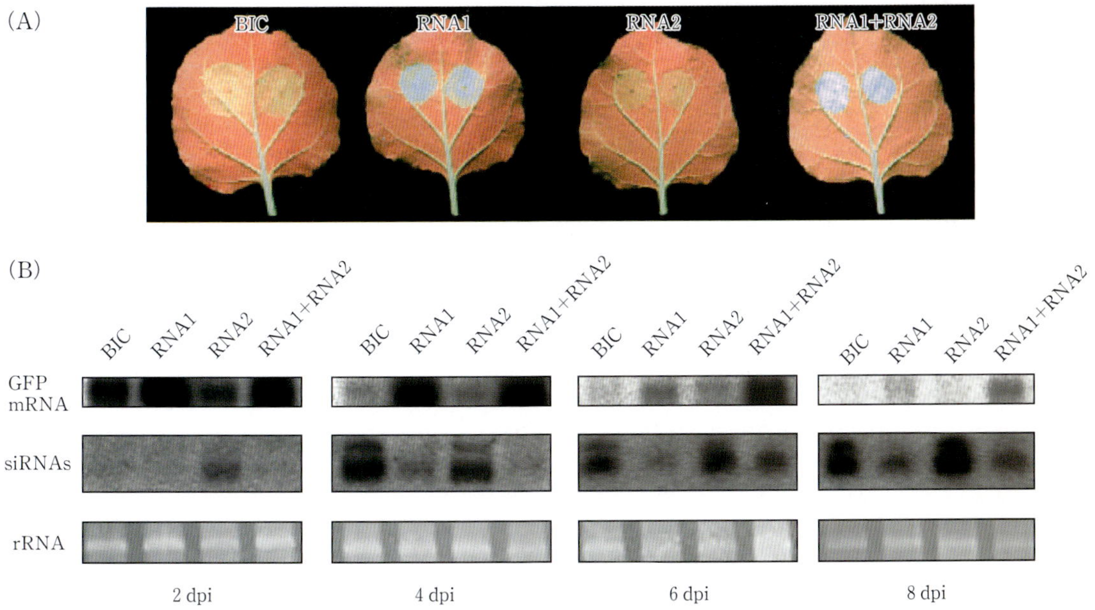

口絵 6　GFP を発現する *Nicotiana benthamiana* (Nb16c) にアグロバクテリウムを介してさらに GFP mRNA を発現させる。その際，RCNMV　RNA1，RNA2，あるいは両方を同時にアグロバクテリウムを介して発現させた。(A) RNA1 あるいは両 RNA を同時に接種すると，接種 4 日後においても強い GFP 蛍光(蛍光が強くここでは青色に見える)が観察された。一方，コントロール株 BIC と RNA2 を発現させた場合には GFP 蛍光は観察されなかった。(B) 接種 2，4，6，8 日後の GFP mRNA と siRNA の蓄積量。蛍光観察の結果は，GFP mRNA の蓄積量と対応した。一方，GFP mRNA と GFP mRNA 由来 siRNA の蓄積量との間は逆の相関関係にあった。すなわち，GFP 蛍光の強い接種区では，GFP mRNA の蓄積量が多く，GFP mRNA 由来 siRNA の蓄積量は減少していた。詳しくは，8-1 節参照。

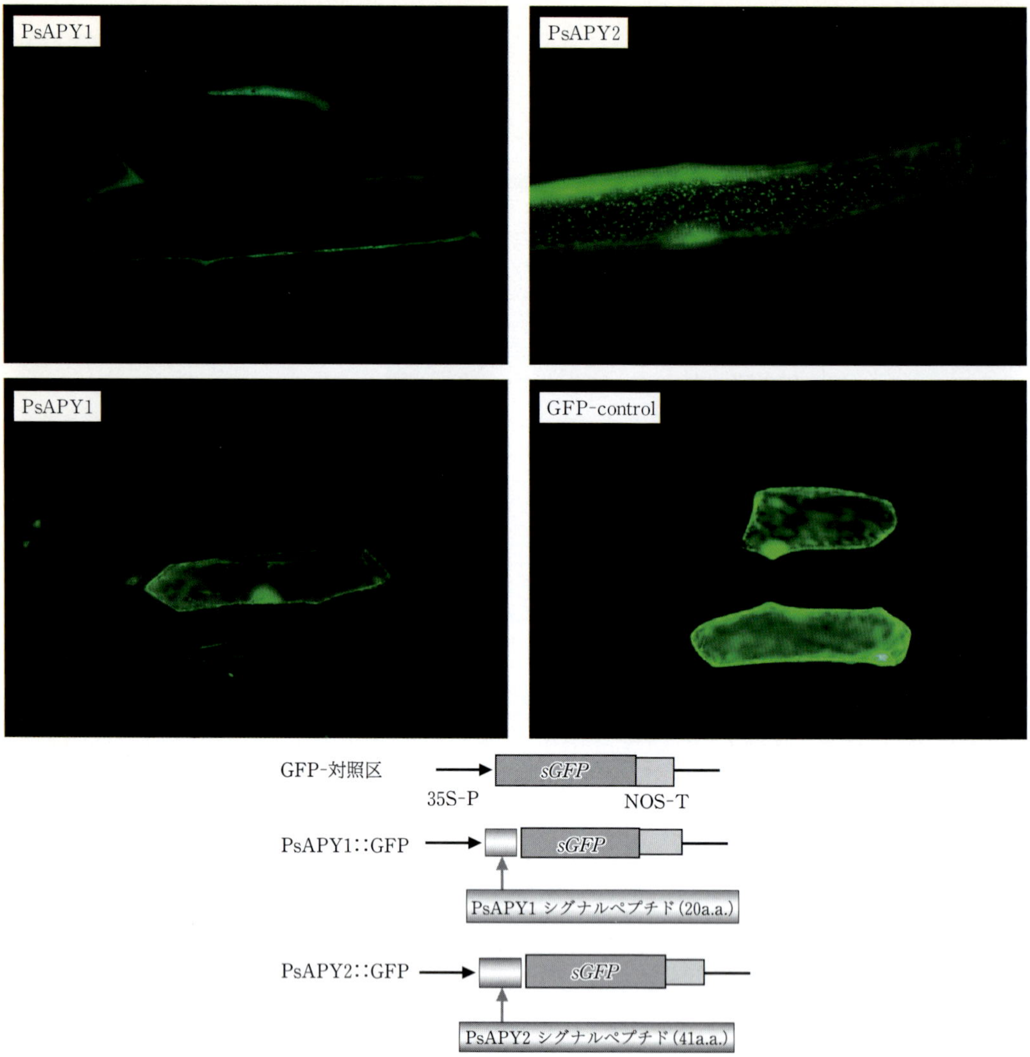

口絵 7　GFP を用いたエンドウ *NTPase* 遺伝子の局在解析。パーテイクルガン法を用い，下図のような，PsAPY の N 末端に存在する推定シグナル配列と GFP の融合タンパク質をタマネギ内表皮細胞で一過的に発現させた。この結果，PsAPY1(左上)のように，原形質分離能を失った細胞では，細胞壁や細胞間隙に GFP が観察された。しかし，生細胞では左下のような分布となる。PsAPY1 のホモログは，核や細胞骨格から分離されることと一致する。一方，PsAPY2 は，局在解析ソフトによる結果と総合すると，主にミトコンドリアに分布するようである。詳しくは，1-2 節参照。

はじめに

本書は，文部科学省科学研究補助金特定領域研究(A)課題「植物－病原微生物の分子応答機構の解明―耐病性作物の創出に向けて」として平成12年度から平成16年度まで行われた研究成果のとりまとめのために，日本学術振興会平成18年度科学研究費補助金(研究成果公開促進費)を受け，微生物の病原性と植物の防御応答について，幅広く最新の研究を概説したものである。

病原体の攻撃に対して，植物が感染するか，あるいは抵抗性を発揮して，感染を阻止するかを決定付ける分子機構について理解できれば，耐病性分子育種への指針を示すことができる。また，植物が本来もっている耐病性を十分に引き出して増強することは，農薬使用の軽減につながり，環境保全型農業を目指す上で，欠くことができない。一方で，植物の病原体に対する防御応答は，広い意味で，異物として認識される因子に植物体が応答すると捉えることができる。病原微生物側の因子がどのように異物として認識されるか，あるいは感染が成立するために宿主因子がどのように関与しているのかを理解することが，防御応答機構を解明するために重要である。具体的には，植物が病原微生物を認識し，シグナル伝達系を通じて，種々の防御応答が発現する一連の分子機構を解明すること，さらに病原微生物が宿主因子と相互作用して発現させる病原性や，宿主抵抗性の分子機構を解明することが目標となる。

こうした病原微生物の病原性と宿主植物の抵抗性の分子機構が理解できれば，将来の耐病性戦略である，外来遺伝子を導入するのではなく，植物が本来もっている防御応答関連遺伝子のポテンシャルを高めて，しかも，それが構成的に発現させるのではなく，個々の病原体を特異的に認識して，感染が成立した時にのみ防御応答が発動するような機構を備えた植物を創成することは夢ではなくなる。

本書では，植物が本来もっている防御応答の分子機構解明を目指すこれからの研究者を対象に，最新の防御応答分子機構を詳説した。

なお，刊行に際し，独立行政法人日本学術振興会平成18年度科学研究費補助金(研究成果公開促進費)の交付を受けたことに対し，心より感謝する。

2006年12月20日

上田 一郎

目　　次

第5章　細菌病の病原性とシグナル伝達　107

第6章　ウイルスの病原性　153

第7章　ウイルスの複製・移行と宿主因子　171

第 1 章
感染初期の認識と防御応答の始動

1. 植物表面への糸状菌胞子の付着とその意義

1-1. はじめに

病原菌の付着は感染過程の第一歩であり，この段階なしでは感染は起こりえない(Epstein and Nicholson, 1997)。空気伝染性病原糸状菌の場合には，通常一つの胞子が宿主植物の1ないし2細胞に接触し，シグナル伝達を経て抵抗反応あるいは病原性発現などの一連の過程が進行する。我々は室内実験で大量の胞子を宿主植物に接種して相互作用を解析することが多いが，1細胞に対してこのような胞子の同時大量接触は自然界では滅多に起こらない。

同じ植物体でも器官，組織によって構成細胞の反応は異なるのが普通である。例えば，Bushnell and Bergquist (1975)が報告しているように，抵抗性オオムギ品種の第一葉と子葉鞘とにオオムギうどんこ病菌(*Blumeria graminis* f. sp. *hordei*)の分生子(以下では胞子と略記)を接種すると，パピラ形成や過敏感細胞死などの抵抗反応の発生率は大きく異なる。また，我々の研究室では，オオムギ子葉鞘(約1 cmの長さ)が約4,000の表皮細胞に覆われており，しかも子葉鞘の先端，中間，基部では細胞の大きさや活性が異なるために，それぞれの部位における *B. graminis* f. sp. *hordei* の感染率が大きく異なることを観察している。これらの結果は，特定の植物の特定の器官または部位を用いて実験しても，「この植物はこのように反応する」と短絡的に結論付けることが極めて危ういことを示している。

また，感染を受けた細胞と感染を直接受けていない隣接細胞の生理状態が異なることは容易に想像できる。Kunoh et al. (1985)は，*B. graminis* f. sp. *hordei*(オオムギの病原菌)と *Erysiphe pisi*(エンドウうどんこ病菌，オオムギには非病原菌)の胞子を，それぞれ1個ずつオオムギ子葉鞘表皮の同一細胞上に接種し，両者の侵入時間の差が両者のその後の感染行動に及ぼす影響を解析した。その結果，前者が後者より60分以上早く侵入して感染に成功すると，後者もその細胞に感染できるようになるが，逆に後者が前者よりも60分以上早く侵入を試みると，その細胞には前者が感染できなくなることを突き止めた。Ouchi et al. (1974)，Kunoh et al. (1988a)によって，非病原菌を受け入れる細胞状態は「受容性」，逆に病原菌の感染を阻む細胞状態は「拒否性」と定義されている。その後の研究で，一つの細胞の受容性状態が隣接細胞に移行するには少なくとも18時間を必要とし，逆に拒否性状態が移行するには25時間以上を要することが明らかになった(Kunoh, 2002; Kunoh et al., 1986, 1988a)。一方，接種に用いる糸状菌の胞子を完全に同調化することは極めて難しいため，大量に接種した胞子の発芽，侵入などの感染行動は数時間の幅で振れるのが普通である。上述のように，侵入を受けた細胞の生理状態は1時間以内に変化するので，接種胞子による感染行動の数時間の振れは器官や組織の構成細胞の生理状態に大きな影響を及ぼすと考えざるを得ない。すなわち，侵入が開始されたばかりの細胞と胞子が発芽を開始したばかりの細胞の状態は異なるはずである。大量に胞子を接種した器官，組織をすりつぶして慎重に実験しても，生理状態が異なる細胞の平均値，あるいは，強い反応を示す細胞の状態を解析しているに過ぎず，得られた結果は個々の細胞の遺伝子や分子状態を必ずしも反映しているとは限らない。従って，この平均値をもとにして感染細胞における遺伝子状態を正確に論議できるか，細胞学の立場からは疑問を抱かざるを得ない。

我々の研究室では，圃場で通常に発生する空気伝染性糸状菌病害は，ごく少数の胞子が茎葉に接触し，その直後から相互に作用しながら多様なステップを経て組織的な抵抗反応あるいは病徴発現に至ると想定している。従って，感染の場で起こる現象の解析は1胞子と1細胞の間で起こる相互作用が基本になり，胞子の存在を認識した宿主1細胞がシグナル伝達と一連の化学反応とによって防御反応を起こし，それが瞬時または徐々に周辺の細胞に伝わって病徴発現に至ると考えている。我々の研究室では，典型的な空気伝染性のうどんこ病菌を素材として，「1細胞」対「1胞子」のレベルで相互作用を細胞学・形態学的に解析してきた。これらの成果を背景として，本章では特定研究で得られた，胞子付着の機構，宿主細胞による認識およびそれに続く親和性，非親和性決定要因などの細胞学的解析結果について解説する。

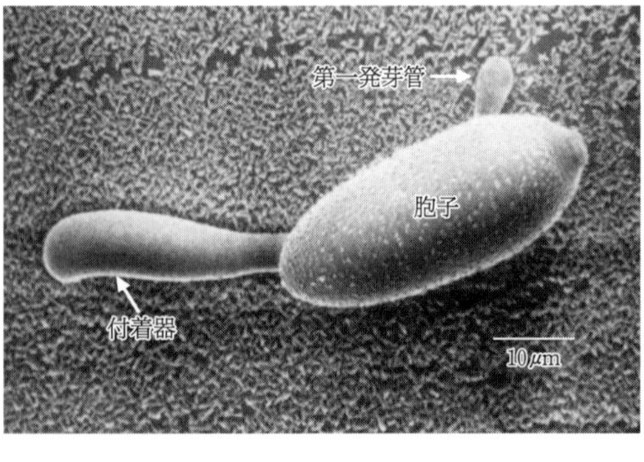

図1-1-1　ムギ類うどんこ病菌(*Blumeria graminis*)の発芽胞子。第一発芽管 Primary germtube は宿主表皮細胞壁に侵入を試みるが，侵入をパピラに阻止される。第一発芽管は宿主表面への胞子の固着，宿主細胞からの水分吸収などの機能をもっていると考えられている。第一発芽管は *Blumeria* 属菌の特徴で，他属のうどんこ病菌にはない。他属の菌でも形態的に類似の発芽管はあるが，侵入しないため副次発芽管(Subsidiary germtube)と名付けられている。

1-2. ムギ類うどんこ病菌の形態形成と宿主細胞の初期反応

ムギ類うどんこ病菌(*Blumeria graminis*)の胞子が宿主表面に付着すると，30-60分以内に第一発芽管が形成され，約1-2時間後にはそれが表皮細胞壁に侵入菌糸を挿入して胞子を固着させる。この侵入に対して表皮細胞はパピラを形成して細胞内への伸展を阻止する(Kunoh et al., 1977, 1979)。さらに1-2時間経過すると同じ胞子から別の発芽管が生じ，徐々に長く太くなり付着器へと発達する。付着器は10-11時間目には先端から侵入を開始する(図1-1-1)。この侵入が成功すれば表皮細胞内に吸器が形成されるが，失敗すれば侵入菌糸はパピラの中に封じ込められる。これらの一連の形態形成過程は1970年代後半に，我々の研究室によって初めて明らかにされた(Kunoh, 2002; Kunoh et al., 1977)(図1-1-2)。1986年になると，デンマークのCho and Smedegaard-Petersenが非親和性

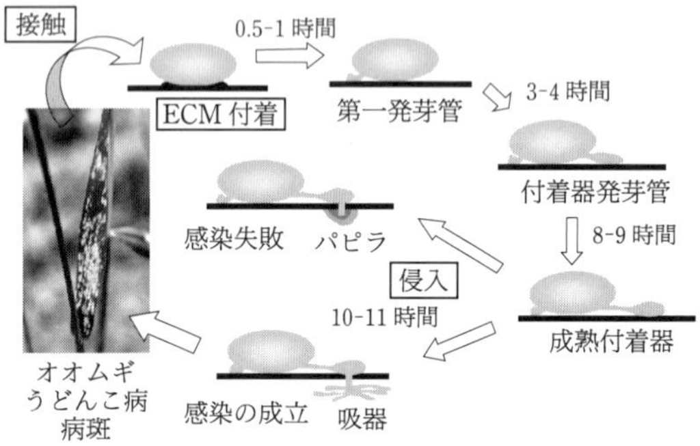

図1-1-2　*B. graminis* 胞子の感染過程模式図。病斑から飛散する胞子が，宿主植物の表面に接触すると直ちに細胞外物質(ECM)を分泌して付着する。第一発芽管は形成後1時間以内に侵入を試みるが，パピラに阻止される。同じ胞子から付着器発芽管が突出し，根元に隔壁ができて膨潤し付着器となる。付着器からの侵入に成功すると侵入菌糸の先端が膨潤し，表皮細胞内で吸器となる。吸器を取り囲む吸器嚢膜は表皮細胞の細胞膜が伸張したものである。吸器は表皮細胞の細胞壁と細胞膜の間に形成されているため，表皮細胞の細胞質に直接入ることはない。うどんこ病菌のECMの存在は1999年まで不明であった。

うどんこ病菌胞子を1時間だけ接触させるとオオムギ葉の抵抗性が増高すると報告した。この報告は，*B. graminis* 胞子の第一発芽管が侵入を開始する以前の時間帯に何かが起こることを示唆した。1987年に我々のグループは米国パデュー大学のNicholsonとの共同研究を開始し，*B. graminis* 胞子が基質に接触して20秒後には胞子のエステラーゼ活性が高まり，胞子の表面構造が変化する現象を突き止めた(Kunoh et al., 1988b; Nicholson et al., 1988)。さらに1995年には，この共同研究に岡山大学白石・山田教授も参画し，オオムギ葉に病原性および非病原性うどんこ病菌を接種すると，いずれの場合も接種後30分以内に葉内のフェニルアラニンアンモニアリアーゼ活性が高くなることを分子生物学的に証明した(Shiraishi et al., 1995)。

以上の報告を総合すると，胞子が接触して30分以内には宿主植物は菌の存在を認識し，反応を開始していることになる。この事実は，胞子が接触してから第一発芽管が出現するまでに起こる何らかの現象を我々が見落としていたことを示している。そこで，1998年に我々の研究室と英国草地環境研究所のCarverおよび前出のNicholsonのグループとの共同研究が開始された。それまでの報告によると，糸状菌の胞子は疎水性基質に接触すると粘着物質を分泌して付着する傾向が強い(Epstein and Nicholson, 1997)。そこで，我々は *B. graminis* の胞子を疎水性プラスチック膜に接種して発芽前に起こる視覚的な現象を捉えようとした。ここでプラスチック膜を用いた理由は，疎水性処理をしやすく透明であるため，胞子と基質の接触面の現象を捉えやすいという利点のためである。当初から植物細胞を使用すると，表面の浸出物や起伏のために未知の現象を捉えにくい。人工基質で現象が一旦捉えられれば，植物細胞上の類似現象を識別できるようになる。

プラスチック膜の疎水性度をオオムギ葉のそれとほぼ同じになるように化学処理し，*B. graminis* の胞子を接種したところ，20秒以内に接触面に液状物質(Extracellular Material: ECM)が出現することが明らかになった(Carver et al., 1999; Kunoh, 2002; Kunoh et al., 2001)(図1-1-3)。このECM像は，それまでに多くのうどんこ病研究者が光顕下で目にしていたはずであるが，我々が気づくまでその存在意義は約100年以上完全に見落とされていた。ECMが疎水性人工膜上の接触面に存在することは走査電子顕微鏡でも確認され(Carver et al., 1999)(図1-1-4)，さらに植物細胞上の接触面にも出現することが確認された(Fujita et al., 2004a)(図1-1-5)。これらの観察から，うどんこ病菌と宿主細胞の相互作用の第一歩は，両者の接触地点に出現するECMにあると推定された。

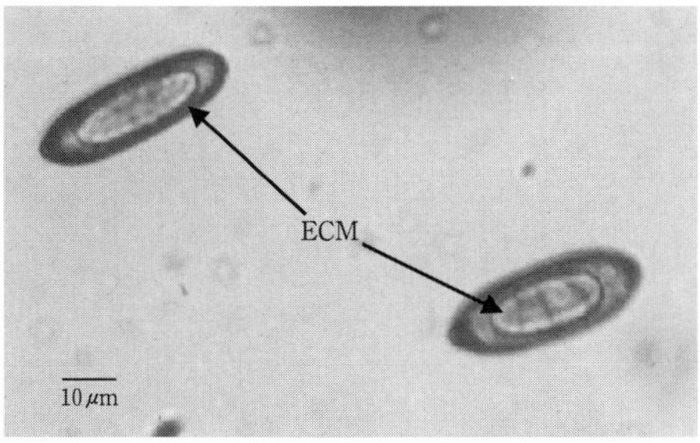

図1-1-3　疎水性プラスチック膜上に分泌されたムギ類うどんこ病菌の細胞外物質(ECM)。平坦な膜に接触している胞子底面にほぼ楕円状のECMがみられる。凹凸がある植物表面には胞子底面のごく一部しか接触しないため，植物表面に分泌されるECMは不整形小型となり，平坦な人工膜上ほど明瞭ではない。

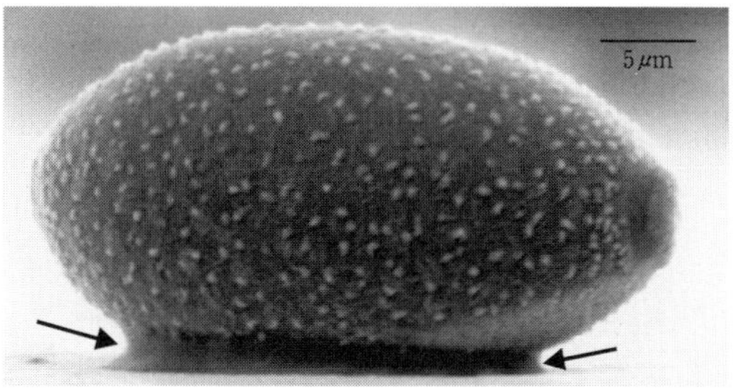

図1-1-4　オオムギ葉表面から単離したクチクラ層上で分泌された *B. graminis* f. sp. *hordei* 胞子のECM(矢印)(Fujita et al., 2004a, Fig. 2D [p. 173] ©Elsevier)。植物表皮表面は凹凸があるため，胞子との接触面が少なくECMを観察しにくい。ECMを明瞭に観察するため，単離クチクラ層をガラス上で平坦にし，胞子を接種した。ECMが出現すると，胞子をクチクラ層からはがすことはできない。

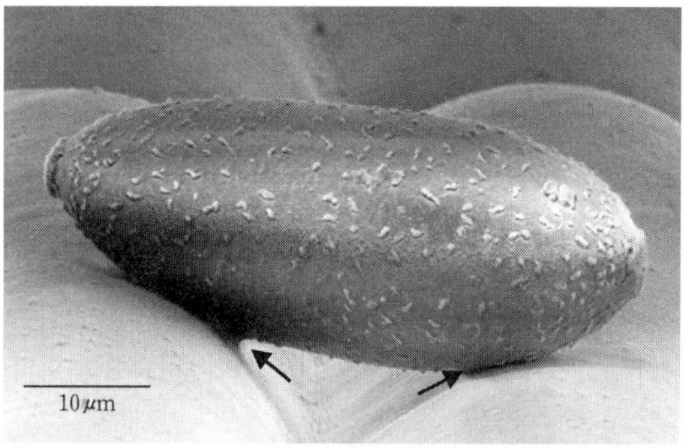

図1-1-5　オオムギ子葉鞘の表皮上に分泌された *B. graminis* sp. *hordei* の ECM（矢印）（Fujita et al., 2004a, Fig. 2D [p. 173] ©Elsevier）。宿主の表面には凹凸があるため，胞子底面全体が接触することはほとんどない。図から明らかなように，凹状の細胞縫合部に胞子底面は接触していない。ECM は胞子と宿主表面が接触している部分にのみ出現する。

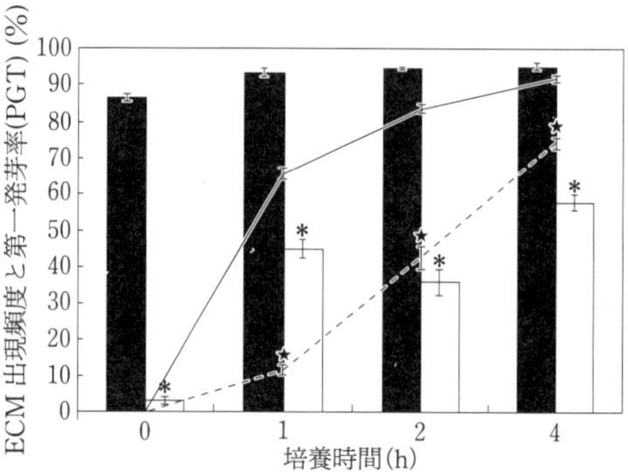

■，——：疎水性プラスチック膜上 ECM および PGT
□，------：親水性スライドガラス上 ECM および PGT
★，＊：有意差あり（5%レベル）

図1-1-6　疎水性プラスチック膜と親水性スライドガラス上の *B. graminis* f. sp. *hordei* ECM および第一発芽管の出現率（Meguro et al., 2001, Fig. 2 [p. 204]）。疎水性膜上では接種後直ちに ECM が出現するが，親水性膜上ではその出現は遅延する。ECM 出現と第一発芽管（PGT）の出現は連動するため，親水性膜上では PGT の出現は大幅に遅れる。

1-3. ECM の生物学的意義

上で述べたように，*B. graminis* の胞子は，基質に接触すれば第一発芽管と付着器発芽管とを順次生じて，付着器から感染しようとする。しかし，水の表面に直接落下すると胞子は水面に浮き複数の短い発芽管を生じるのみで付着器を形成しない。オオムギ葉表面とほぼ同じ疎水性度をもつプラスチック膜と親水性処理をしたガラス膜とに *B. graminis* の胞子を接種すると，胞子とプラスチック膜との接触面に ECM が直ちに出現するが，ガラス面では数時間経たないと ECM が出現しない。さらに，後者の ECM 出現率は前者のそれと比べるとはるかに低率であることも明らかになった（Meguro et al., 2001; Kunoh et al., 2005）（図1-1-6）。ECM が一旦出現すると，その胞子をマニピュレーターで操作しても疎水性膜からはがすことは難しい。これは，ECM が疎水性膜に胞子を固着させる役割を果たすことを示唆している。さらに，接触後 30-60 分で第一発芽管は ECM の出現部位から生ずることが明らかとなり，ECM 出現は発芽位置決定の鍵を握ると考えられるようになった（Meguro et al., 2001; Wright et al., 2000, 2002）。ECM 出現が遅れると第一発芽管の出現も遅延することからも，両者の出現は連動していると考えられている（図1-1-6）。Carver and Ingerson（1987）は，*B. graminis* の胞子をクモの糸に接種して空中に浮かせた状態にすると，数本の発芽管が無作為の部位から生じることを観察している。すなわち，うどんこ病菌の胞子はクモの糸のような極細の基質あるいは植物表面とは異なる水面に接触すると，適切な基質とは認識せず，ECM を分泌しないために，正常に発芽しないと推定できる。その後の観察によって，疎水性膜上に接種したエンドウうどんこ病菌（*Erysiphe pisi*）の胞子にも同様の性質が確認された（Fujita et al., 2004b; Kunoh et al., 2005）。

このような特徴は，胞子の形態形成にとって極めて重要な意味をもっている。うどんこ菌の胞子には，さび病菌夏胞子のような明瞭な発芽孔がなく，いずれの面からでも発芽管が突出する。自然状態で空中を飛来する胞子は，必ずしも自分の好みの宿主に接触できるとは限らない。また，宿主に接触する面は常に一定ではないので，無作為の方向に生じる発芽管が宿主細胞に向かって伸長するという保証はない。疎水性膜を認識して ECM を分泌する能力は，適切な宿主表面上での発芽の確率を高め，ECM の出現部位に生じた発芽管を宿主方向にほぼ間違いなく誘導する。

1-4. ECMの微細構造および酵素成分

ECMは付着に関与するが，その付着力は極めて弱いため電子顕微鏡観察試料を作成中に宿主表面から胞子が浮き上がり，接触面の微細構造を観察することは難しい。この難点を克服するために，接種面に柔らかい寒天薄膜を被せ，さらに全体を溶解寒天に包埋することによって接着面の観察が可能となった。接着面のECMをグルタルアルデヒド・OsO_4の二重固定すると全体がほぼ均質な微粒子状にみえるが(図1-1-7)，ルテニウムレッドまたはアルカリビスマス法によって固定すると，全体の電子密度が上がり多糖質成分の存在を示した(鈴木ら，2005)。この結果は，光学顕微鏡レベルのPAS陽性反応でも確認された。

人工膜に接種した *B. graminis* 胞子を水洗・回収したECMにクチナーゼ，セルラーゼ，ペクチナーゼ，キシラナーゼ，非特異的エステラーゼ活性があることはすでに数多く報告されている(Pascholati et al., 1992; Nicholson et al., 1988; Francis et al., 1996; Suzuki et al., 1998, 1999; Komiya et al., 2003; Kunoh et al., 2001)。しかし，これらの報告では，膜上に接種した胞子からECMを回収しているため，つぶれている胞子の内容物が混在する可能性を否定できない。従って，これらの酵素がECM由来とは必ずしも言い切れない。そこで，鈴木ら(2005)は，タンパク吸着性のポリビニリデンフロライド膜に胞子を接種し，光学顕微鏡で胞子が完全な形をしていることをまず確認した。その位置を記録した後に胞子をガス噴射で吹き飛ばし，この膜をインドキシルアセテートで染色したところ，胞子が存在していた同じ位置にインディゴブルー結晶の存在が確認された(図1-1-8)。この方法によって，少なくとも非特異的エステラーゼが胞子外に分泌されることが明らかになった。

以上の研究成果によって，ECMを介して多種の細胞壁分解酵素が分泌される可能性が格段と高くなったが，これらの酵素によって宿主表層が分解されるという確証は未だ得られていない。Nicholson et al.(1993)は，胞子外に分泌された酵素によって胞子表層が疎水性から親水性に変化すると同時に，ECMに接触した宿主表面も親水性に変化し，感染に好都合な状況が作り出されると推定している。ECMには，これらの酵素以外にエリシター様物質が含まれていることはすでに報告

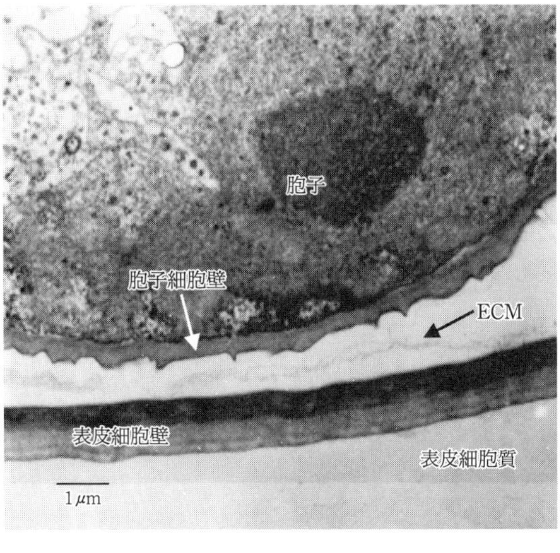

図1-1-7　*B. graminis* f. sp. *hordei* 胞子細胞壁とオオムギ子葉鞘表皮細胞表面との間にみられるECMの透過電子顕微鏡像(Fujita et al., 2004a, Fig. 2F [p. 173] ©Elsevier)。電子密度がやや高い微粒子状にみえる。試料作成の過程で，胞子が表皮細胞から多少浮き上がったと思われる。

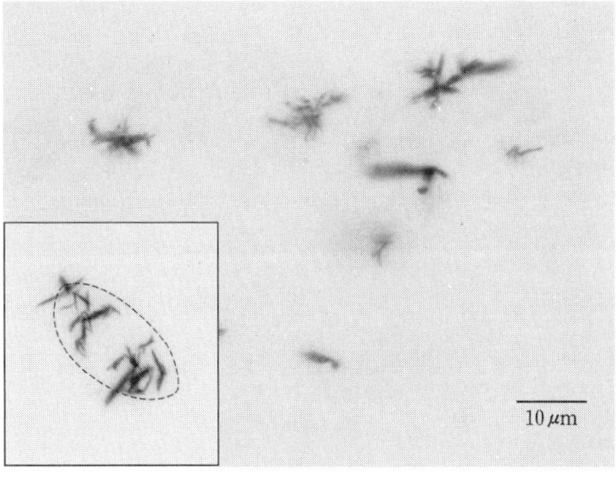

図1-1-8　*B. graminis* f. sp. *hordei* 胞子を接種したポリビニリデンフロライド膜(タンパク吸着性)上に現れたインディゴブルー結晶。試薬として用いたインドキシルアセテートにエステラーゼが作用すると，赤紫の針状結晶となる。左下の挿入図は胞子下に形成された結晶を示す。結晶に焦点を合わせると胞子の輪郭は不明瞭となる。胞子の位置を点線で示した。染色後に胞子をガス噴射で吹き飛ばすと，膜状に針状結晶を確認できる。胞子から分泌されたエステラーゼ作用で形成された結晶と考えられる。

されており（Toyoda et al., 1993; Yukioka et al., 1997），サプレッサー様物質も含まれている可能性も残されている。1胞子下に存在するECMの物質同定は技術的に難しいが，ECM中の微量成分と宿主細胞との間の相互作用はテクノロジーの進歩によっていずれ解析できるようになると期待している。

1-5. 接触面における胞子
——植物細胞コミュニケーション

ECM出現は明らかに胞子発芽前に起こる現象である。次の疑問は，胞子接触から発芽までの約1時間以内に胞子と植物細胞との間にコミュニケーションがあるか否かであった。

(1) 植物表面から胞子への物質移行

この可能性を解析するために，Fluorescein diacetateを塗布・風乾したオオムギ葉ならびに疎水性プラスチック膜に *B. graminis* 胞子を接種し，蛍光部位を共焦点顕微鏡（Confocal Microscope）で解析した（Nielsen et al., 2000; Kunoh et al., 2005）。膜透過性Fluorescein diacetateは非特異的エステラーゼによって分解され，その産物が515–565 nm波長域で蛍光を発するため，蛍光部位がエステラーゼの作用部位または分解産物の移行部位を示すことになる。共焦点顕微鏡は，特定の波長域で蛍光部位を断層画像で示すことができるため，蛍光ラベル物質の存在位置を解析するために有効な手段である。

Fluorescein diacetateを塗布した人工膜に胞子を接種してから経時的に蛍光検出部位をたどったところ，遅くとも15分以内にはECMおよび胞子内部で蛍光が検出された。このため，接種後15分以内には膜上から胞子内部へ物質移行が起こると推定された。膜不透過性のFluoresceinを塗布したオオムギ葉でも，接種後30分以内に胞子内部で蛍光が観察された。Fluoresceinは膜不透過性であるので，胞子外側のECMエステラーゼによって分解された蛍光物質が内部に移行したと推定された。接種後30分はPGT形成以前の時間帯であるので，このような物質移行がPGTによる吸収で起こるとは考えられない。従って，接触後わずか30分以内に起こる胞子内部への物質移行にはECMが関与していると考えてよいであろう。

(2) 胞子から植物細胞への物質移行

Aspergillus flavus 由来のクチナーゼ抗体（AF-BBG1）を用いて免疫電顕によって接種胞子から植物細胞への物質移行を解析した（Kunoh et al., 2005）。接種直後では抗体結合の金粒子は胞子の細胞質と細胞壁内に局在していたが，接種15分以内にECM内でも検出され，さらに接種30分以内に植物側の細胞壁や表皮細胞内で検出できるようになった。この観察結果は，胞子発芽前にECMを介して胞子から植物細胞へ物質が移行することを示唆しているが，AF-BBG1にはうどんこ病菌クチナーゼに対する特異性で疑問が残っており，最終的な結論は *B. graminis* 由来のクチナーゼ抗体の調製を待たなくてはならない。

1-6. ECMによって誘導される植物細胞の拒否性

これまで述べてきたように，胞子と植物細胞の接触面にECMが出現し，その成分または分解物が双方向に移行することが示唆された。胞子発芽前に起こるこの微小部の現象は，接触している植物細胞の生理状態に影響を及ぼし，その後の感染過程を左右するのであろうか？　ここでは，病原性，非病原性うどんこ病菌のECMに接触したオオムギ子葉鞘の1細胞に，本来の病原菌であるオオムギうどんこ病菌の胞子をマニピュレーターで移植接種して，この胞子が感染できるか否かを調べ，細胞の生理状態を推定した（Fujita et al., 2004a; Kunoh et al., 2005）（図1-1-9）。オオムギうどんこ病菌（以下 Bgh_1 と略記）またはエンドウうどんこ病菌（オオムギには完全な非病原性：以下 *Ep* と略記）の1胞子を，子葉鞘の1細胞に前接種した。これらのECMに細胞を0.5–1時間だけ接触させ，胞子をマニピュレーターで取り除いた。この場合ECMも胞子に附随して除去される。また，胞子全体が1細胞に付着する場合と，2細胞にまたがって付着する場合が起こりうる。この二つのケース別に以下の二次接種胞子（以下 Bgh_2 と略記）の移植実験を行った。この実験は難しくはないが，意味を正

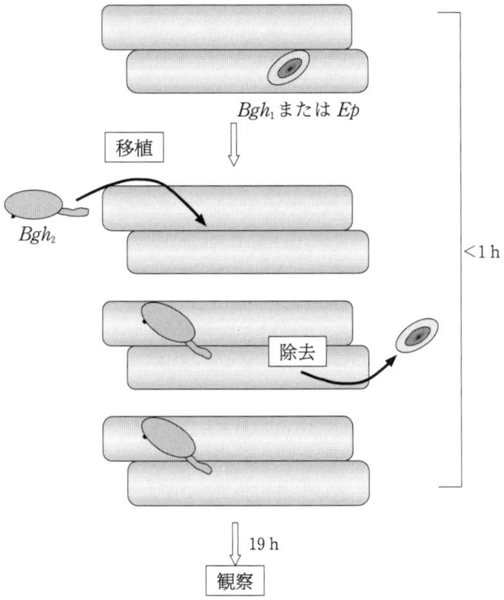

図 1-1-9　病原性・非病原性うどんこ病菌の ECM に接触したオオムギ子葉鞘細胞の生理状態を解析する手法模式図。オオムギうどんこ病菌(Bgh_1)またはエンドウうどんこ病菌(*Ep*)の胞子を接種し，一つの細胞上で ECM が出現していることを確認する。同じ細胞上に，別の子葉鞘で発芽させておいた Bgh_2 の胞子をマニピュレーターで移植する。直ちに一次接種した Bgh_1 または *Ep* の胞子を取り除く。一次接種から取り除きまでの時間は 0.5-1.0 時間である。従って，この細胞が一次接種菌の ECM に接触していた時間は 1 時間以内である。19 時間培養後，Bgh_2 の感染成功・失敗を観察する（吸器ができていれば感染成功，パピラで侵入が阻止されていれば失敗と判定する）。*Bgh* はオオムギに病原性があるため，移植した胞子は通常 50%前後の感染率が得られる。二次的に移植接種した Bgh_2 の感染率が通常の率より有意に低下すれば，細胞は拒否性状態にあったと判定される。逆に有意に高ければ，受容性状態にあったと判定される。すなわち，Bgh_2 の感染率を，細胞の生理状態の指標としている。

確に理解するために図 1-1-9，10 を参照されたい。

(1) Bgh_1 または *Ep* 胞子全体が 1 細胞に接触している場合（図 1-1-10）

別の子葉鞘上で培養していた Bgh_2 の発芽胞子を，Bgh_1 または *Ep* を除去した細胞上にマニピュレーターで移植した。一定時間培養後の Bgh_2 の感染率によって植物細胞の生理状態を解析したところ，Bgh_2 の感染率は，

①病原菌 Bgh_1 が接触した細胞では有意には増減しない，

②非病原菌 *Ep* が接触した細胞では極端に抑制される（細胞は拒否性になる），

ことなどが明らかになった（図 1-1-11）。移植された Bgh_2 は 5-6 時間後に侵入を開始するので，②の感染率の低下は，この時期に細胞が侵入を阻止できる状態になっていたことを示している。すなわち，移植 Bgh_2 の感染が有意に抑制された②の結果は，非病原性うどんこ病菌の ECM に短時間接触した細胞が，5-6 時間以内に拒否性に変わることを示している。

(2) Bgh_1 または *Ep* 胞子が 2 細胞にまたがって接触している場合（図 1-1-10）

それぞれの細胞に接触する ECM の量は，上記(1)の場合よりも必然的に少なくなる。このような細胞を対象として上記と同様の実験を行ったところ，②の感染率は，ECM に接触していない対照区の感染率より有意に低くなったが，上記(1)の場合よりも高くなる傾向があった（図 1-1-11）。すなわち，誘導される拒否性の程度は，接触する

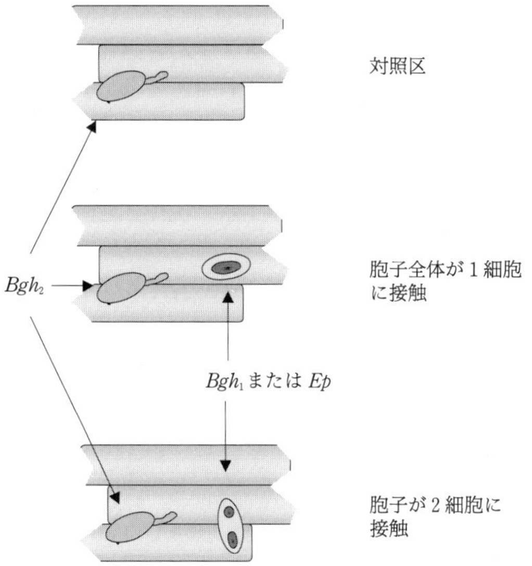

図 1-1-10　胞子と表皮細胞の接触状況を示す模式図。対照区の細胞は，二次移植接種以前に ECM と接触していない。Bgh_1 または *Ep* の一次接種胞子は，全体が 1 細胞に載る場合と 2 細胞にまたがって載る場合がある。後者の場合には，凹状の細胞縫合部には胞子底面が接触しないため，この部分には ECM は出現しない。細胞の凸部分に接触する胞子底面は少なくなるため，両側の細胞に小さい ECM 領域が出現する（図 1-1-5 参照）。

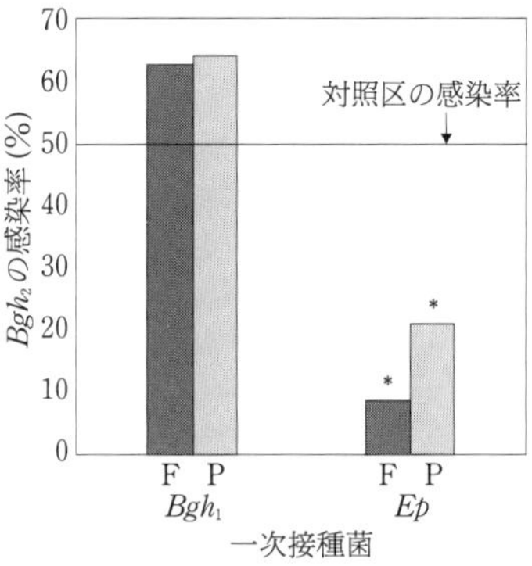

図1-1-11　*B. graminis* f. sp. *hordei* (*Bgh*) または *Erysiphe pisi* (*Ep*) 胞子の ECM に 0.5-1.0 時間接触したオオムギ子葉鞘表皮細胞の拒否性（方法は図1-1-9，10参照)。F (Full Contact)，P (Partial Contact)：それぞれ一次接種胞子が表皮1細胞，または2細胞にまたがって接触する場合。対照区の感染率は，*Bgh* を移植した場合の平均値を示す。Bgh_1の ECM に接触した細胞における Bgh_2の感染率は F および P のいずれの場合も対照区の感染率より高くなるが，5%レベルで有意差は認められない。従って，ECM に接触した細胞は受容性にも拒否性にもなっていないと判断される。*Ep* の ECM に接触した細胞では，Bgh_2の感染率は F および P のいずれの場合も対照区の感染率より有意に低くなったが，F と P の値には有意差はなかった。従って，ECM に接触した細胞は拒否性状態にあったと判断される。

ECM 量に左右される。

以上の結果を総合すると，①非病原菌の胞子下に出現する ECM に長くても1時間接触するだけで植物細胞はその存在を認識し，② 5-6 時間以内には拒否性状態になると解釈できる。従って，胞子を基質に付着させる ECM は，植物細胞のシグナル認識とそれに続く親和性，非親和性決定の重要な鍵を握っていると考えられる。

1-7. おわりに

特定領域研究が開始されるまでに，宿主または疎水性膜とうどんこ病菌胞子との接触面に ECM が出現することは明らかになっていたが，5年間の集中的な研究によって胞子の形態形成における ECM の意義，胞子 - 植物細胞間の早期の物質移行および宿主細胞による早期の認識などの新事実を明らかにできた。うどんこ病では，胞子と宿主細胞との相互作用が両者接触後数分間で起こり，ECM がその後の感染過程を左右することも明らかになった。これらの結果は，植物1細胞表層におけるシグナル伝達が微生物との相互作用を解析する上で重要なポイントになることを示している。

参考文献

Bushnell, W. R., Bergquist, S. E. (1975) Aggregation of host cytoplasm and the papillae and haustoria in powdery mildew of barley. Phytopathology 65, 310-318.

Carver, T. L. W., Ingerson, S. M. (1987) Responses of *Erysiphe graminis* germlings to contact with artificial and host surfaces. Physiol. Mol. Plant Pathol. 30, 359-372.

Carver, T. L. W., Kunoh, H., Thomas, B. J., Nicholson, R. L. (1999) Release and visualization of the extracellular matrix of conidia of *Blumeria graminis*. Mycological Research 103, 547-560.

Cho, B. H., Smedegaard-Petersen, V. (1986) Induction of resistance to *Erysiphe graminis* f. sp. *hordei* in near-isogenic barley lines. Phytopathology 76, 301-305.

Epstein, L., Nicholson, R. L. (1997) Adhesion of spores and hyphae to plant surfaces. In The Mycota V. Part A, Edited by G. C. Carroll and P. Tudzybski, Springer-Verlag, Berlin, Germany, pp. 11-25.

Francis, S. A., Dewey, F. M., Gurr, S. J. (1996) The role of cutonase in germling development and infection by *Erysiphe graminis* f. sp. *hordei*. Physiol. Mol. Plant Pathol. 49, 201-211.

Fujita, K., Suzuki, T., Kunoh, H., Carver, T. L. W., Thomas, B. J., Gurr, S. (2004a) Increased inaccessibility induced in barley cells after exposure to extracellular material released by nonpathogenic powdery mildew conidia. Physiol. Mol. Plant Pathol. 64, 169-178.

Fujita, K., Wright, A. J., Meguro, A., Kunoh, H., Carver, T. L. W. (2004b) Rapid pre-germination and germination responses of *Erysiphe pisi* conidia to contact and light. J. Gen. Plant Pathol. 70, 75-84.

Komiya, Y., Suzuki, S., Kunoh, H. (2003) Release of xylanase from conidia and germlings of *Blumeria graminis* f. sp. *tritici* and expression of a xylanase gene. J. Gen. Plant Pathol. 69, 109-114.

Kunoh, H. (2002) Localized induction of accessibility and inaccessibility by powdery mildew. In The Powdery Mildews: A Comprehensive Treatise, Edited by R. R. Belanger, W. R. Bushnell, A. J. Dick and T. L. W. Carver, APS Press, St. Paul, USA, pp. 126-133.

Kunoh, H., Aist, J. R., Israel, H. W. (1979) Primary germ tubes and host cell penetration from appressoria of *Erysiphe graminis hordei*. Ann. Phytopathol. Soc.

Jpn. 45, 326-332.

Kunoh, H., Carver, T. L. W., Thomas, B. J., Fujita, K., Meguro, A., Wright, A. J. (2005) The extracellular matrix of conidia of powdery mildew fungi: Its functions and involvement in information exchange with host cells. In Genomic and Genetic Analysis of Plant Parasitism and Defense, Edited by S. Tsuyumu, J. E. Leach, T. Shiraishi and T. Wolpert, APS Press, St. Paul, USA, pp. 150-163.

Kunoh, H., Hayashimoto, A., Harui, M., Ishizaki, H. (1985) Induced susceptibility and enhanced inaccessibility at the cellular level in barley coleoptiles. I. The significance of timing of fungal invasion. Physiol. Plant Pathol. 27, 43-54.

Kunoh, H., Ishizaki, H., Nakaya, K. (1977) Cytological studies of early stages of powdery mildew in barley and wheat leaves (II). Significance of the primary germ tube of *Erysiphe graminis* on barley leaves. Physiol. Plant Pathol. 10, 191-199.

Kunoh, H., Katsuragawa, N., Yamaoka, N., Hayashimoto, A. (1988a) Induced accessibility and enhanced inaccessibility at the cellular level in barley coleoptiles. III. Timing and localization of enhanced inaccessibility in a single coleoptile cell and its transfer to an adjacent cell. Physiol. Mol. Plant Pathol. 33, 81-93.

Kunoh, H., Kuroda, K., Hayashimoto, A., Ishizaki, H. (1986) Induced susceptibility and enhanced resistance at the cellular level in barley coleoptiles. II. Timing and localization of induced susceptibility in a single coleoptile cell and its transfer to an adjacent cell. Can. J. Bot. 64, 889-895.

Kunoh, H., Nicholson, R. L., Carver, T. L. W. (2001) Adhesion of fungal spores and effects on plant cells. In Delivery and Perception of Pathogen Signals in Plants, Edited by N. T. Keen, S. Mayama, J. E. Leach and S. Tsuyumu, APS Press, St. Paul, USA, pp. 25-35.

Kunoh, H., Yamaoka, N., Yoshioka, H., Nicholson, R. L. (1988b) Preparation of the infection court by *Erysiphe graminis*. I. Contact-mediated changes in morphology of the conidium surface. Experimental Mycology 12, 325-335.

Meguro, A., Fujita, K., Kunoh, H., Carver, T. L. W., Nicholson, R. L. (2001) Release of the extracellular matrix from conidia of *Blumeria graminis* in relation to germination. Mycoscience 42, 201-209.

Nicholson, R. L., Kunoh, H., Shiraishi, T., Yamada, T. (1993) Initiation of the infection process by *Erysiphe graminis*: Conversion of the conidial surface from hydrophobicity to hydrophilcity and influence of the conidial exudates on the hydrophobicity of the barley leaf surface. Physiol. Mol. Plant Pathol. 43, 307-318.

Nicholson, R. L., Yoshioka, H., Yamaoka, N., Kunoh, H. (1988) Preparation of the infection court by *Erysiphe graminis*. II. Release of esterase enzyme from conidia in response to a contact stimulus. Experimental Mycology 12, 336-349.

Nielsen, K. A., Nicholson, R. L., Carver, T. L. W., Kunoh, H., Oliver, R. P. (2000) First touch: an immediate response to surface recognition in conidia of *Blumeria graminis*. Physiol. Mol. Plant Pathol. 56, 63-70.

Ouchi, S., Oku, H., Hibino, C., Akiyama, I. (1974) Induction of accessibility and resistance in leaves of barley by some races of *Erysiphe graminis*. Phytopathologische Zeitschrift 79, 24-34.

Pascholati, S., Yoshioka, H., Kunoh, H., Nicholson, R. L. (1992) Preparation of the infection court by *Erysiphe graminis* f. sp. *hordei*: cutinase is a component of the conidial exudates. Physiol. Mol. Plant Pathol. 41, 53-59.

Shiraishi, T., Yamada, T., Nicholson, R. L., Kunoh, H. (1995) Phenylalanine ammonia-lyase in barley: activity enhancement in response to *Erysiphe graminis* f. sp. *hordei* (race I), a pathogen, and *Erysiphe pisi*, a nonpathogen. Physiol. Mol. Plant Pathol. 46, 153-162.

鈴木智子・藤田景子・Carver, T. L. W.・Thomas, B.・豊田和弘・白石友紀・久能均(2005)　オオムギ葉・人工膜基質上でうどんこ病菌分生子から分泌される細胞外物質のエステラーゼ活性．平成 17 年度日本植物病理学会大会講演要旨，p. 34.

Suzuki, S., Komiya, Y., Mitsui, T., Tsuyumu, S., Kunoh, H. (1999) Activity of pectinases in conidia and germlings of *Blumeria graminis* and the expression of genes encoding pectinases. Ann. Phytopathol. Soc. Jpn. 65, 131-139.

Suzuki, S., Komiya, Y., Mitsui, T., Tsuyumu, S., Kunoh, H., Carver, T. L. W., Nicholson, R. L. (1998) Release of cell wall degrading enzymes from conidia of *Blumeria graminis* on artificial substrata. Ann. Phytopathol. Soc. Jpn. 64, 160-167.

Toyoda, K., Kobayashi, I., Kunoh, H. (1993) Elicitor activity of a fungal product assessed as the single-cell level by a novel gel-bead method. Plant Cell Physiol. 34, 775-780.

Yukioka, H., Kobayashi, I., Kunoh, H. (1997) Water-soluble extract from germlings of *Erysiphe graminis* which enhances inaccessibility of barley coleoptiles. Ann. Phytopathol. Soc. Jpn. 63, 142-148.

Wright, A. J., Carver, T. L. W., Thomas, B. J., Fenwick, N. J., Kunoh, H., Nicholson, R. L. (2000) The rapid and accurate determination of germ tube emergence site by *Blumeria graminis* conidia. Physiol. Mol. Plant Pathol. 57, 281-301.

Wright, A. J., Thomas, B. J., Kunoh, H., Nicholson, R. L., Carver, T. L. W. (2002) Influences of substrata and interface geometry on the release of extracellular material by *Blumeria graminis* conidia. Physiol. Mol. Plant Pathol. 61, 163-178.

2. 植物細胞壁における病原菌シグナル認識と防御応答

2-1. はじめに

地球上には，極めて多数の病原体が存在している。しかし，一つの植物種あるいは一品種に感染して大きな被害を与えているのは，一握りの病原体に限られる。これが自然の姿である。では，この限られた病原体はどのような仕組みで感染に成功し，大きい被害を与えているのであろうか？これを解明することが，この30年間の我々のミッションであった。感染の成立と発病のメカニズムが明らかになれば，この状況を回避することによって，抵抗性を作物に付与できると考えられたからである。我々は，材料にエンドウ褐紋病というマイナーな病気を用いて生理生化学的な解析を進めてきた。分子生物学的なアプローチにはあまり適した材料とはいえないが，現時点で知る限り，またテストした限りでは，地球上に本病に対する抵抗性のエンドウが全く存在しない。これまでのクラシックな交雑育種による抵抗性品種の育種は，イネいもち病，ジャガイモ疫病，ムギ類うどんこ病などの抵抗性品種にみられるように，病原菌側の急速な変異(新レースの出現)によって，早晩罹病化する例が少なくない。分子的実態は十分に解明されたとはいえないが，この現象が起こるのは，病原菌種と植物種(科あるいは属)間で「基本的親和性」が確立されているからと信じられている。従って，エンドウ褐紋病に対する抵抗性を付与する戦略は，今後基本的親和性が確立している難防除作物病に応用可能であると考えられるのである。この解説では，糸状菌病である褐紋病が最初に接触する場である「細胞壁」と病原菌のシグナル物質の相互作用に焦点を当てたい。我々は，特に，植物表層(細胞壁やアポプラスト)に存在する病原菌シグナル受容装置，さらに，このエフェクター分子や下流への情報伝達のためのシステムなど，感染の成否に関わる重要な分子・装置を分子生物学，生理生化学的に解析している。これらの知見がいささかでも抵抗性作物創出の一助となれば本望である。

病原菌シグナルとしては，1975年Keenによって，ダイズ疫病菌培養ろ液から，ダイズのファイトアレキシンを誘導する物質(エリシター)が発見され，これ以降，分子レベルから植物防御システムを解析する道が拓かれた。しかし，1940年代には，宇都宮大学渡辺龍雄先生によって病原菌の菌体や培養ろ液が植物免疫誘導物質(plant vaccines)となることは明らかになっていた。不幸な大戦によって日本発の顕著な成果が世界で注目されなかったのは極めて残念なことである。その後，病原菌の胞子発芽液や細胞壁のありふれた分子がエリシターとして作用することや，エリシターは単にファイトアレキシン生産だけではなく活性酸素，PRタンパク質，過敏感細胞死なども誘導することが次第に明らかとなった。

一方，1万種の植物病原菌のうちごく一部の病原菌が，何故一植物種(品種)に寄生できるのかという疑問が残っていた。1970年代後半には，エリシターで誘導される防御応答を積極的に抑制する物質(サプレッサー：suppressor)が病原菌によって分泌されることが見出された。現在までに11種の植物病原菌でサプレッサー活性が確認されている。これらは，生産菌の宿主に誘導される防御応答を種(あるいは品種)特異的に抑制する。また，宿主細胞を受容化(細胞レベルで罹病化)して，非病原菌の感染さえも誘導する(図1-2-1)。しかし，サプレッサーは，生産菌の非宿主植物の防御応答は阻害できないだけではなく，逆にエリシターとして作用することもわかってきた。エンドウ褐紋病菌のサプレッサーは，宿主エンドウのフィトアレキシン生産やPRタンパク質の活性化，感染阻害物質の生産を阻害するが，ササゲ，ダイズ，インゲンなどの非宿主植物のこれら防御応答については誘導した。これらの経緯や詳細については総説(Shiraishi et al., 1997, 1999)を参照していただきたい。このように，感染の成否と防御応答のon-offを制御するのは病原菌起源のシグナルであることが次第に明らかとなってきたが，植物における病原

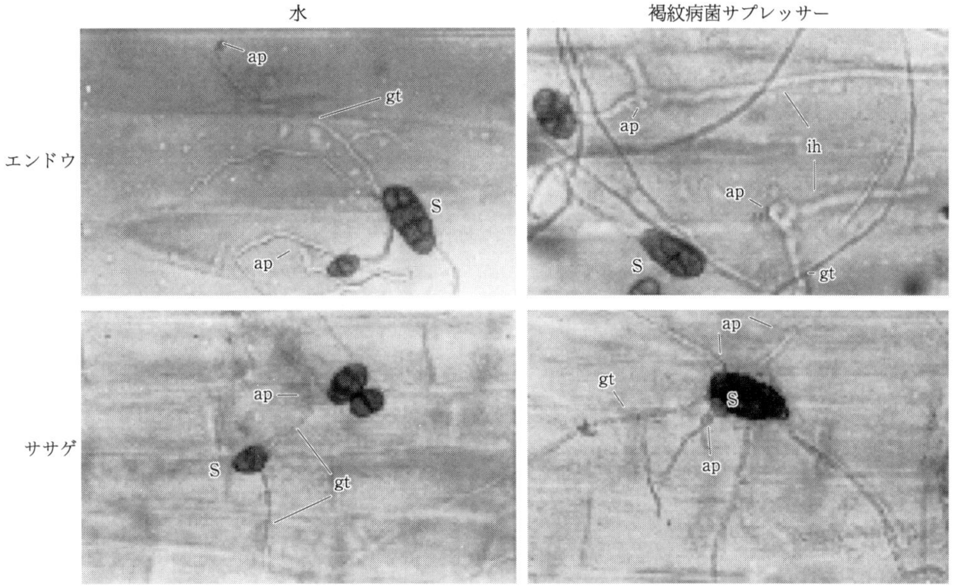

図 1-2-1　エンドウ褐紋病菌サプレッサーによる感染の誘導。エンドウあるいはササゲの苗の茎に，これらの植物に感染/侵入できないナシ黒斑病菌 *Alternaria alternata*（15B 系統）を接種し，24 時間後に表皮組織を剝離して光顕下に観察した。水処理では，胞子（s）から発芽管（gt）を伸長し，付着器（ap）を形成するが，侵入できない。一方，水の代わりに褐紋病菌サプレッサー（12.5 ppm）を与えると，エンドウには侵入し（侵入菌糸，ih）感染が成立する。一方，褐紋病菌の非宿主であるササゲ上では，褐紋病菌のサプレッサーを加えても感染できない。このようにサプレッサーの感染誘導作用は宿主特異的である。

菌シグナルの認識の場，そこから始まる情報伝達系，さらに，防御応答の制御に至る全体像は未だ解明されてはいない。そこで，我々はエンドウ褐紋病菌が胞子発芽液中に分泌するシグナル物質を用い植物表層における認識装置と防御応答の解析を試みた。

2-2. 病原菌シグナルを認識する場と応答

感染の実態を知るためには，実際の感染の場に分泌される物質を用いる必要がある。我々が，胞子発芽液のこだわるのは，このような理由からである。エンドウ褐紋病菌の柄胞子発芽液中に分泌されるエリシター（Glc-Man-Man 糖鎖がタンパク鎖のセリン残基に O グルコシド結合した分子量約 70,000 の糖タンパク質；Kiba et al., 1999 参照）で数時間前処理されたエンドウ組織上では，病原菌は発芽して付着器を作り侵入を試みるが失敗する（図 1-2-2）。この侵入阻害は，後述のようにエリシター処理部に速やかに集積する感染阻害物質に起因する。しかし，エリシターが存在するのもかかわらずトータルな発芽液そのものには，感染阻害物質の誘導作用は認められない。これは，病原菌胞子の発芽液中に，エリシターの作用を抑制する因子が存在することを示している。我々は，これをサプレッサー（suppressor of defense; suppressor）と呼んでいる。褐紋病菌は，supprescins A and B（ムチン型糖ペプチド Gal-GalNAc-*O*-SSGDET, GalNAc-*O*-SSG; Shiraishi et al., 1992）を分泌することがわかっている。

これらのシグナル分子は，まず植物の表層を構成する細胞壁（アポプラスト）と接触することは間違いないであろう。植物表層におけるエリシターの作用と局在について調べたところ，植物体の表面におかれたエリシターは，一時間経過しても内部へは全く移行しなかった。にもかかわらず，処理部に感染（侵入）の拒絶を誘導したのである。エリシターに接触した組織上では，外液の pH の上昇，Na^+ や K^+ イオンの急激なエフラックスが誘導される（Amano et al., 1997）。一方，サプレッサーの共存下には，Na^+K^+ イオンの急激なエフラックスは阻害され，宿主エンドウへの感染が回復した。

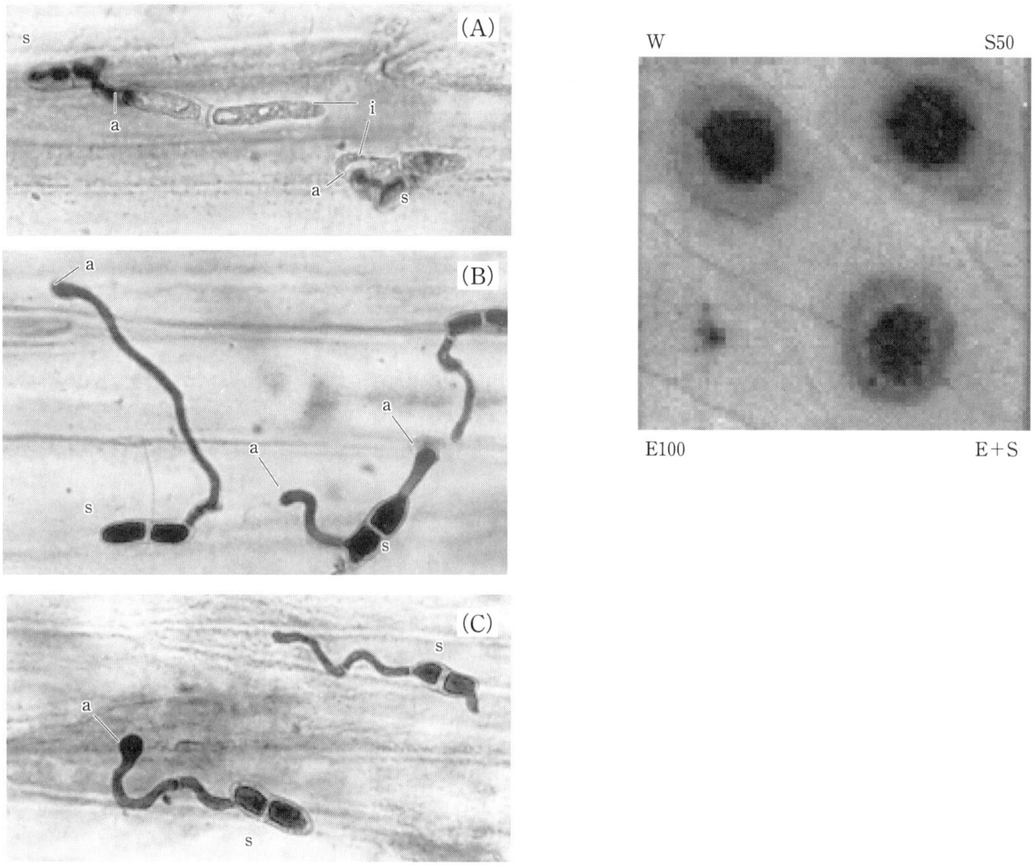

図1-2-2　エンドウ褐紋病菌エリシターによってエンドウに誘導される拒絶反応とサプレッサーによる感染の回復。左図：エンドウ茎組織を各溶液で2時間処理後，同じ場所に褐紋病菌柄胞子を接種して18時間後の顕微鏡像。(A)は水処理。(B)は200 ppmエリシター処理。(C)は20 μM合成エリシター処理。a：付着器，s：胞子(柄胞子)，i：侵入菌糸。エリシターで処理された茎組織上では発芽，付着器形成は起こるが，侵入が阻害される。なお，エリシター処理と同時に接種すると侵入/感染は阻害されないので，この阻害はエリシターの直接的な作用ではない。付着器から侵入できないため，第二次，第三次の発芽管を次々と伸長させる結果，菌糸はジグザグとなる。右図：エンドウ葉に，褐紋病菌エリシター(100 ppm)を5 μlおき(E100)，1時間後に同じ部位にエンドウ褐紋病菌を接種し，48時間後の病斑形成。E100では阻害されるが，同菌のサプレッサー(50 ppm)をエリシターに加えて処理しておくと(E+S)，病斑形成は阻害されない。W：水処理区。S50：サプレッサー(50 ppm)単独処理区。

これらのイオンフラックスは，バナジン酸処理では非特異的に阻害される。一方，エリシターはpHの一過的低下とその後の上昇を誘導するが，このpH変動に対するサプレッサーの阻害作用は，宿主エンドウ非宿主ササゲ両組織ともに観察され，非特異的であった。主に植物培養細胞を用いた実験から，「外液のアルカリ化＝H^+のインフラックスによる細胞内酸性化＝防御応答の始動」という説が提唱されている。しかし，実際に感染を受ける分化組織を用いた実験では，組織に接触した外液のpH変動に対するサプレッサーの抑制作用に宿主特異性が見出せなかった。

エンドウやササゲでは，非病原菌やエリシターが接触した直後から活性酸素の生成は有意に上昇するが，病原菌の接種では水対照区以下であった(Kiba et al., 1996b)。この植物表層における種特異的な活性酸素生成は，分離細胞壁を用いても再現可能で，エンドウ褐紋病菌のエリシターによって非特異的に上昇し，サプレッサーによって種特異的に制御された(Kiba et al., 1997)。また，分離細胞壁の活性酸素生成は，DPI，イミダゾール，キナクリンなどNADPHオキシダーゼ阻害剤によっては影響されず，SHAMやバナジン酸で阻害された。このように，植物表層で起こる活性酸素生成は，細胞壁パーオキシダーゼに強く依存していることが伺えた。

エリシター処理された無傷エンドウには，ファイトアレキシン生合成系は作動しないにもかかわらず，数時間以内に，拒絶応答と，複数の遺伝子変動が起こる。この結果は，ファイトアレキシン生成とは別の防御応答への情報伝達系の存在が推定された。現在，無傷葉に処理された病原菌シグナルによって発現が制御される遺伝子の探索を進めているところであるが，得られた結果によれば，unknownな遺伝子が多いもののser/thr protein phosphatase pp2Aなど興味深い遺伝子の変動が認められている。

このように植物は細胞壁を介して表層に付着したエリシター(異物)とサプレッサーを識別し，速やかに応答する能力を備えていると考えられる。これまでにも，防御応答やそれに関わる情報伝達における植物細胞壁の役割は多数論じられてきた。植物細胞壁は，①植物側のβグルカナーゼやキチナーゼによって病原菌細胞壁からエリシターが切り出される場，②内生エリシターとしてのペクチン断片が生成する場であるとともに，③リグニンやカロースの蓄積また高ハイドロキシプロリン糖タンパク質の架橋重合など物理的障壁が形成される場との認識が主流であった。しかし，我々がみた事象は，細胞壁を介した病原体認識，情報伝達，防御システムが存在すること，従って，細胞壁は特異性決定にも関わる小器官であることを強く示している。植物細胞による病原菌シグナルの認識は，第一義的に細胞膜上で起こるものと考えられてきた。しかし，通常に生育分化した植物の細胞(培養細胞は異なる応答が観察される)では，細胞外マトリクス(extracellular matrix: ECM)を介した外界異物の認識が，むしろ当たり前の事象と捉えてよいのではなかろうか。

2-3. NTPaseの局在と機能について

「病原菌は，宿主の膜系の存在するホメオスタシス，エネルギー生産や情報伝達を担う基本的な代謝系を撹乱する物質を，侵入に先立って生産・分泌することによって，宿主抵抗性の発現を回避して，感染に成功する」との作業仮説を我々は提示してきた(Shiraishi et al., 1994a, b, 1996)。いずれの植物種も防御システムを備えていることは間違いなく，一旦発現した防御応答を病原菌が乗り越えることは極めて難しい。従って，このシステムの作動を抑止する仕組みにこそ寄生の本質があると考えてきた。1990年，エンドウ褐紋病菌サプレッサーは，細胞のmaster enzymeといわれる細胞膜ATPaseを阻害することが発見された(Yoshioka et al., 1990)。驚くべきことに，防御応答に対するサプレッサーの作用は，特異的か否かという点を除いて，P型ATPase阻害剤であるバナジン酸の作用と一致していた(Yoshioka et al., 1992a, b, c)。その後の研究から，supprescinBのペプチド残基SSGはATPaseのATP結合ドメインに，また，DETはホスファターゼドメインに作用する可能性が示唆されている(Kato et al., 1993)。このようにATPase阻害は防御応答の阻害と密接に関連することがわかっていた。

サプレッサーによる防御応答の抑制や感染誘導には厳密な種(品種)特異性がある。エンドウ褐紋病菌のサプレッサーで処理された植物のうち，褐紋病菌の宿主にだけナシ黒斑病菌が感染可能となる。ところが，褐紋病菌サプレッサーは，非宿主であるダイズ，インゲン，ササゲ，オオムギから分離された細胞膜のATPase活性も阻害し，分離細胞膜のATPase活性に対して作用特異性が見出せなかった。一方，細胞化学的にATPase活性が調べられた結果，サプレッサーの阻害作用は細胞レベルでは厳密に種特異的であり，供試植物のうちエンドウ細胞の活性だけを阻害したのである(Shiraishi et al., 1991)。これらの結果から，細胞膜よりさらに上流に位置し，植物に特有で最外層の小器官である細胞壁が，病原菌シグナルの受容や変換に関与しているという仮説が導かれた。

1961年，トウモロコシ子葉鞘細胞壁にホスファターゼ(ATPaseを含む)活性の存在が報告されていたが，その役割については長年不明であった。Kiba et al.(1995, 1996a)は，数種のマメ科植物から細胞壁を調製し，エンドウ褐紋病菌のエリシターとサプレッサーのATPase活性に対する作用を調べ，①エリシターはそれらの活性を非特異的に上昇させること，一方，②サプレッサーは宿主エンドウの活性は阻害し，非宿主の活性はエリシターと同様に上昇させることを見出した。このように，細胞壁のATPase活性に対する病原菌シグナルの作用は，*in vivo*における感染，ATPase活性さらに防御応答に対する作用と完全に一致していたことから，細胞壁NTPaseあるいはこれと連携する分子がシグナルを識別し，特異性決定に重要な役割を果たしていることが次第に明らかとなってきた。

分離細胞壁からの塩抽出画分にはNTPaseが存在するが，このタンパク質の局在を確認するために，エンドウNTPaseの一つ*PsAPY1*のN末端に存在する推定シグナル配列にGFPを連結してタマネギ表皮組織にトランジェントに発現させたところ，細胞壁や原形質膜に検出されることが判明した(図1-2-3)。ただし，これらの細胞の原形質分離能は喪失しており，原形質分離能を保持した細胞では，GFPは核，細胞質ならびに細胞外に検出された。これは，PsAPY1のホモログpsNTP9が核や細胞骨格に存在するとの報告と一致する。最近，ササゲからも2種の*NTPase* cDNAをクローニングしたが，このうち，*PsAPY1*のorthologである*VsNTPase1*の推定シグナル配列とGFPの融合タンパク質は，細胞壁，細胞骨格，核に分配されることが判明した。一方，他のクローンであるPsAPY2(VsNTPase2も同様な結果)の推定シグナル配列にGFPを結合し，一過的に発現させた結果，主に細胞内の顆粒構造に分布することが明らかとなった。局在解析ソフトの結果を総合すると，この細胞内小器官はミトコンドリアと考えられる。

大腸菌で発現させた組換えPsAPY1タンパク質を用いて，その活性に及ぼす褐紋病菌エリシター・サプレッサーの影響を調べた結果，ATPase活性は弱いながらエンドウ組織から調製したNTPaseと同様なエリシター・サプレッサーに対する応答性を確認できた(Kawahara et al., 2003：図1-2-4)。また，興味深いことに，組換えPsAPY1タンパク質は，他の微生物起原のエリシター(harpinや酵母エリシター)や合成エリシターを認識し応答する(活性化される)ことが判明した。

さらに，組換えPsAPY1とエリシター・サプレッサーの結合実験の結果，これらは特異的に結合し，サプレッサーの結合がエリシターの結合より3倍親和性が高いこと，また，サプレッサーとの結合はエリシターで拮抗されないが，エリシターとの結合は，サプレッサーで拮抗されることが判明した。この結果は，防御応答や感染の成否に対する作用において，エリシターよりもサプレッサー活性が上位であることと一致している。

2-4. NTPaseの活性化と防御応答

エンドウのアポプラスト液(細胞壁や細胞間隙から回収された液)中には，200-300 nmol/g(生体重)という比較的多量の無機リン酸が含まれている。生体重の5%の水が細胞壁や細胞間隙に存在し，これに均一に無機リン酸が溶解していると仮定すると，濃度は約4-6 mMとなる。この組織をエリシターで処理すると約30%無機リン酸量が上昇し，計算上，1.2-1.8 mMリン酸濃度が上昇することとなる(Shiraishi et al., 2004)。そこで，エリシターによって活性化されるNTPaseによって生じる産物と防御応答の関連について，ATP，ADP，AMPとリン酸を用いて調べた。使用濃度の無機リン酸は，病原菌の感染/侵入行動を直接阻害しないにもかかわらず，0.1 mM以上のリン酸で6時間以上処理されたエンドウ組織上では，病原菌の感染は顕著に阻害された(1 mMリン酸塩12時間処理で50%阻害される)。しかし，ATP，ADP，AMPの処理では感染は全く阻害されなかった。もちろん，NaClやNa_2SO_4にもこのような作用は見出せない。これらの結果から，NTPaseの一代謝産物である無機リン酸に依存した病原菌拒絶システムが存在することは明らかであろう。

エリシター処理組織には処理直後2時間まで

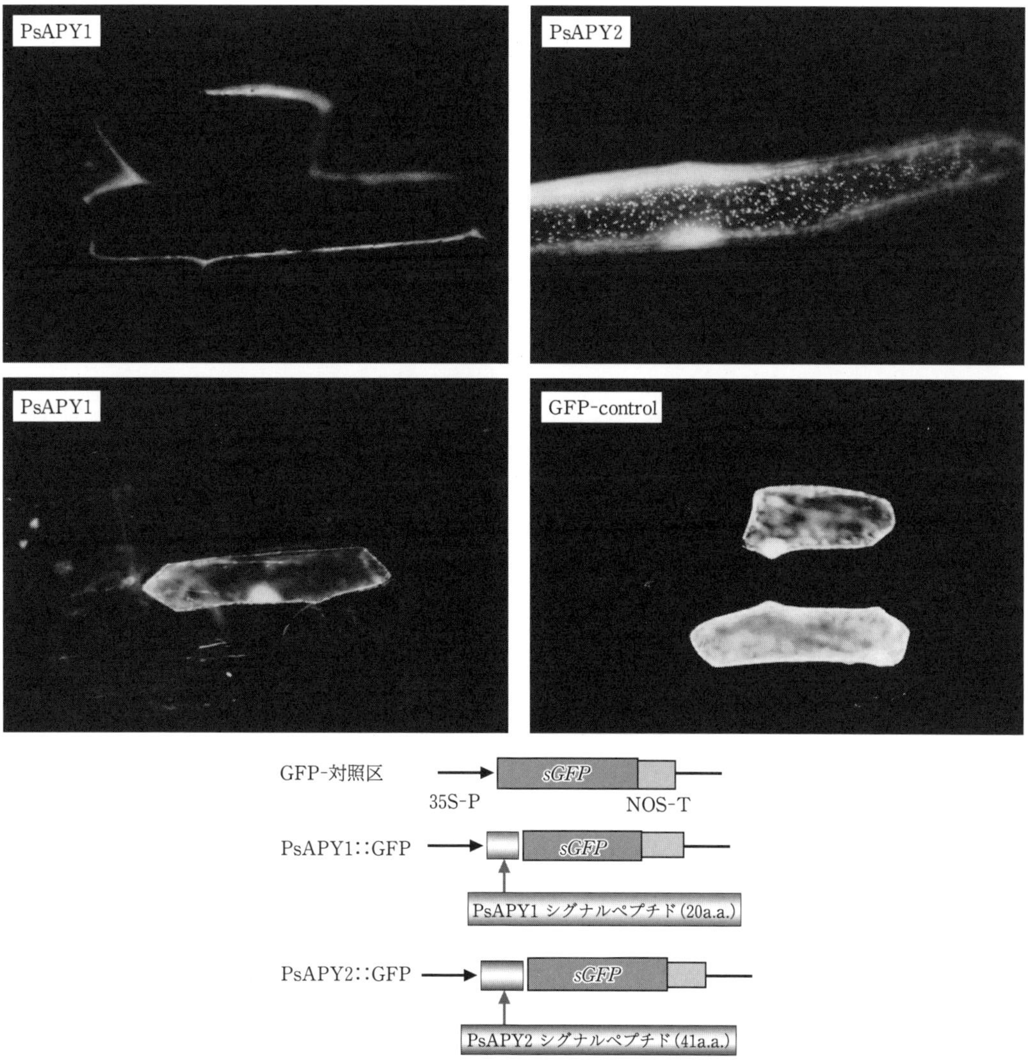

図 1-2-3　GFP を用いたエンドウ *NTPase* 遺伝子の局在解析。パーテイクルガン法を用い，下図のような，PsAPY の N 末端に存在する推定シグナル配列と GFP の融合タンパク質をタマネギ内表皮細胞で一過的に発現させた。この結果，PsAPY1(左上)のように，原形質分離能を失った細胞では，細胞壁や細胞間隙に GFP が観察された。しかし，生細胞では左下のような分布となる。PsAPY1 のホモログは，核や細胞骨格から分離されることと一致する。一方，PsAPY2 は，局在解析ソフトによる結果と総合すると，主にミトコンドリアに分布するようである。口絵 7 参照。

(第 1 相目)と 6 時間以降(第 2 相目)と 2 相の活性酸素生成が誘導される。そこで，リン酸処理組織における活性酸素生成を調べたところ，第 2 相目だけが誘導された。しかし，ATP，ADP，AMP には，第 2 相の誘導能は全く認められなかった。第 2 相の生成は，シクロヘキシミドに感受性，ネオマイシンには非感受性であった。さらに，リン酸による活性酸素生成は DPI と SHAM で阻害されたことから NAD(P)H-oxidase と peroxidase の de novo 合成が必要であることが示唆された。なお，エンドウのファイトアレキシン生産やこの生合成に関わる *PAL* 遺伝子の発現は，リン酸処理によって全く誘導されなかった。これらの知見に基づき，エンドウからクローニングされた *peroxidase* 遺伝子の *POX11*，*POX13*，*POX14*，*POX21*，*POX29* および *PsAPY1* と

MGHHHHHHHHHHSSGHIEGRHMLEDPMEFLIKLITFLLFSMPAITSSQYLGNNLLTSRKIFLK*QEEI*
*SSYA VVFDA***GSTG**SRIHVYHFNQNLDLLHIGKGVEYYNKITPGLSSYANNPEQAAKSLIPLLEQAED
VVPDDLQPKTPV**RLGATAGLRLL**NGDASEKILQSVRDMLS**N**RSTFNVQPDAVSIID**GTQEGSYLWVT**
VNYALGNLGKKYTKTVGV**IDLGGGSVQMAYA**VSKKTAKNAPKVADGDDPYIKKVVLKGIPYDLYVHS
YLHFGREASRAEILKLTPRSPNPCLLAGFNGIYTYSGEEFKATAYTSGANFNKCKNTIRKALKLNYP
CPYQ**N**CTFGGIWNGGGGNGQKNLFASSSFFYLPEDTGMVDASTPNFILRPVDIETKAKEACALNFED
AKSTYPFLDKKNVASYVCMDLIYQYVLLVDGFGLDPLQKITSGKEIEYQDAIV**EAAWPL**GNAVEAIS
ALPKFERLMYFV*

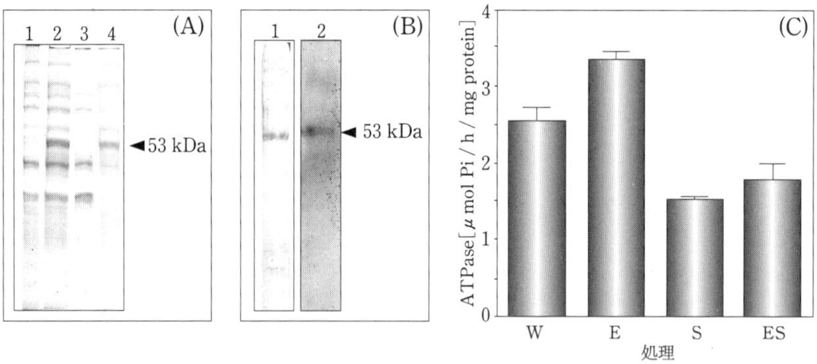

図1-2-4　エンドウNTPase(PsAPY1)組換えタンパク質のアミノ酸配列と病原菌シグナル応答(Kawahara et al., 2003, Fig. 1 [p. 34], Fig. 3 [p. 36])。(A)：pET16bベクターを用いて，N末にHisタグを付けたPsAPY1タンパク質を大腸菌で発現させ，菌体をB-PERで処理し，SDS-PAGE電気泳動後CBBで染色した。lane1：無処理菌体の全タンパク，lane2：0.1 M IPTGで3時間処理した菌体の全タンパク，lane3：0.1 M IPTGで3時間処理した菌体からB-PER処理で可溶化されたタンパク質，lane4：B-PER処理でも不溶性のタンパク質。組換えPsAPY1はほとんど不溶性画分中に回収される。(B)：ウエスタンブロット解析。図(A)のlane4画分を8 M ureaとB-PERで可溶化し，Fusion Protein Purification Kitで精製した。lane1：CBB染色像，lane2：ウエスタン解析像。マウス抗Hisタグ抗体を第一次抗体に，アルカリフォスファターゼ結合ヤギ抗マウスIgG抗体を二次抗体に用い，CDP-Starで発光検出した。目的の53 kDaに陽性バンドが検出されている。(C)：精製された組換えPsAPY1のATPase活性に対する褐紋病菌エリシター(100 μg/ml)とサプレッサー(100 μg/ml)の影響。3 mM Mg-ATP(30 mM Tris-MES；pH 6.5)存在下に25°C60分反応させ，生じた無機リン酸を定量した。組換えPsAPY1は，細胞壁画分から精製したNTPaseと同様に，エリシターで活性化され，サプレッサーで活性が阻害された。この結果は，病原菌シグナルが直接NTPaseに認識され，活性を制御していることを示している。

*PsPAL1*のmRNA蓄積を調べた。なお，5つのperoxidaseはPSORT解析から，細胞外局在が推定されている。半定量的なRT-PCRの結果，エリシター処理によって，これらすべてのmRNAの蓄積が誘導された。一方，1 mMリン酸処理によって，POX11，POX14，POX21，PsAPY1mRNAの蓄積が認められたが，PAL，POX13，POX29mRNA蓄積は影響されなかった。リン酸処理で上昇するPOX11，POX14，POX21，PsAPY1のmRNAの蓄積は，いずれも，Ca^{2+}チャネル阻害剤であるverapamil(ATPase活性を阻害することもわかっている)で抑制された。さらに，POX 21 mRNAの蓄積はネオマイシンによる顕著な影響を受けなかった。これらの結果と第2相の活性酸素生成の結果を総合すると，リン酸によって活性化される第2相の活性酸素生成には，*POX21*遺伝子の関与が強く示唆された。このように細胞壁で活性化されたNTPaseの下流には，リン酸に依存する新たな情報伝達系が存在する(図1-2-5参照)ので，この系を「inorganic phosphate signaling pathway」と称することを提案した(Shiraishi et al., 2004)。大変興味深いことに*POX21*遺伝子は，リン酸の他，H_2O_2によっても活性化されることがわかってきた。このことは，活性酸素生成と防御関連遺伝子*POX*の発現が，防御応答の増幅装置となっている可能性を強く示唆する。

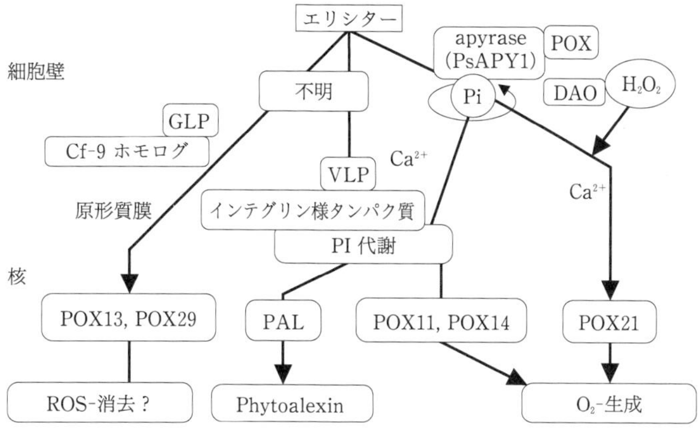

図 1-2-5　防御応答への無機リン酸情報伝達系。
エリシターによってエンドウ NTPase(PsAPY1)が活性化され，無機リン酸が mM レベルで増加することによって，NADPH オキシダーゼおよびパーオキシデース POX 依存性の第 2 相の活性酸素生成(無機リン酸処理後 6 時間，ネオマイシン非感受性)が誘導される。また，リン酸処理 6 時間後には感染が阻害されるようになる。エリシターで転写が誘導され，細胞外の局在が予想される 5 種の *POX* 遺伝子の発現について，無機リン酸の影響を調べたところ，POX11，POX14，POX21 の転写が活性化された。このうちネオマイシンで転写活性が大きく影響されなかったのは POX21 であった。従って，リン酸で誘導される第 2 相の活性酸素生成には，POX21 が主に関与するものと推定している。また，POX21 の転写の活性化は過酸化水素でも誘導されること，DAO も無機リン酸で活性化されることから，NTPase 活性化，DAO 活性化，過酸化水素生成，POX21 遺伝子活性化，活性酸素生成増加というスキームも描けそうである。

2-5. 植物細胞壁/アポプラストにおける防御応答とタンパク分子

分離細胞壁画分には多数の酸化還元酵素群が存在する。エンドウ細胞壁 POX は NADH，Mn^{2+}，p-クマル酸の存在下に活性酸素を生成し，エリシターで非特異的に，サプレッサーで種特異的に制御されることも判明した。また，エリシター・サプレッサーに応答する diamineoxidase(DAO)，ascorbate oxidase や Cu/Zn-SOD の存在も判明した。POX は細胞壁 NTPase と共精製され，抗−horse radish peroxidase 抗体で NTPase が共沈すること，また，組換え NTPase 結合アフィニティーカラムで DAO が分離されることから，細胞壁 NTPase，POX と DAO は連係して作動している可能性が示唆された。

分離細胞壁をエリシターで処理すると 2 時間以内に感染阻害物質が生成する(Shiraishi et al., 1998)。この活性の生成は，tiron，superoxide dismutase，mannitol，catalase などのスカベンジャーによって濃度依存的に抑制されることから，活性酸素，過酸化水素，OH ラジカルの関与が示唆された。さらに，これらのスカベンジャーは，エリシター処理組織に誘導される拒絶反応も抑制することから，初期表層系の防御応答には，Fenton 反応の結果生成される感染阻害物質の関与が推定できる。エンドウの細胞壁やアポプラスト液には DAO と polyamine 類が存在することはよく知られている。DAO は polyamine 類の中で，特にプトレシンをよく酸化して H_2O_2，NH_3，pyrroline を生成する。このうち，pyrroline は 0.1 mM においても強い直接的な感染(侵入)阻害作用を示すことが明らかとなった。NTPase はポリアミン類によって負に制御され，一方，DAO 活性は，NTPase の代謝産物の一つであるリン酸によって正に制御される(活性化される)ことから，NTPase と DAO を介する防御システムの存在が示唆される。これらの感染の場における意義は，まだ十分に解明できてはいないが，褐紋病菌接種時に 1 mM 無機リン酸を与えた組織では感染が十数%低下する。DAO はこの現象に関わっているのかもしれない。以上のように，感染の極初期過程における防御応答に植物細胞壁/アポプラスト独自の代謝系が深く関わっていることが次第にわかってきた。

2-6. NTPase 組換えタバコの感染応答

このように，細胞壁に分配されるNTPase(PsAPY1)と防御応答が極めて緊密な関係にあることから，NTPaseで形質転換された植物の感染に対する応答を調べることとした。現在のところ，エンドウは形質転換が容易でなかったため，35Sプロモーター::*PsAPY1*による*Nicotiana tabacum*(SR1)の形質転換を試みた。得られた8系統(♯4，7，8，14，15，17，21，25)の形質転換系統は，種子発芽率，生育速度，形態に野生型との違いは全く認められなかった。8系統と野生型のNorthern解析の結果，野生型ではシグナルは全く検出されなかったが，8系統では転写量の多少はあるものの約1.6 kbのPsAPY1mRNAの蓄積が認められた。さらに，8系統の形質転換個体から得たRNAを用いたRT-PCRの結果，PsAPY1に由来する約450 bpのバンドが認められた。これらの結果から，8つの形質転換系統は，PsAPY1で形質転換されていることが確認された。

そこで，これら形質転換タバコに，SR1野生株に病原性を示す*Alternaria* sp.の菌糸を有傷接種した。野生型では接種後1-2日目から接種部の周縁に壊死を伴う病斑が観察された。その病斑は経時的に拡大し，3日後からその周縁に黄色のハローが形成され，接種葉裏面の表皮組織には気中菌糸が認められた。一方，PsAPY1形質転換体では，病斑形成は顕著に抑制された(図1-2-6)。また，菌糸接種部をトリパンブルー染色した結果，野生型では接種部が青く染まっており，ハローの形成部で細胞死が観察された。一方，接種された形質転換系統では顕著な細胞死は観察されなかった。このように，*PsAPY1*形質転換体は程度の差はあるが耐病性を獲得することが判明した。

Windsor et al.(2003)は，*PsAPY1*のホモログであるエンドウ*psNTP9*を*Arabidopsis thaliana*で過剰発現させると，通常は毒性を示す濃度の薬剤に対する抵抗性を示し，生育が可能になること，一方，アピレース阻害剤の処理によって，*A. thaliana*の薬剤に対する感受性が上昇し，生育が阻害されることを報告している。これらの結果から，彼らは，*NTPase*が，植物細胞からの積極的な薬剤流出の促進，あるいは細胞内での薬剤保持力の低下に関係し，薬剤耐性に関与することを示唆した。*PsAPY1*形質転換タバコにおいても，恒常的に過剰のPsAPY1が働くことによって，*Alternaria* sp.の生産する非特異的毒素の排出が起こり，毒素に対する耐性を獲得したことも考えられるが，一方，前述のように，無機リン酸の過供給によって，抵抗性が誘導され，この結果，*Alternaria* sp.の組織内進展が阻害され，病斑形成が抑制された可能性は大きい。*NTPase*遺伝子はいずれの植物(動物や微生物)にも存在するので，特異的な抵抗性遺伝子ではない。むしろ，水平抵抗性(圃場抵抗性)を担う遺伝子であると考察した。

2-7. おわりに

以上の結果を総合するならば，①病原菌シグナルの第一次受容体は細胞壁にあり，受容体の一つは細胞壁ATPase(NTPase)である，②細胞壁NTPaseの活性化で生成された無機リン酸は二次シグナルとして，*POX*遺伝子発現を伴う活性酸素生成と感染の阻害を誘導する，すなわち，ありふれた必須元素である無機リン酸を介する防御応答のための情報伝達系が存在する，さらに，③細胞壁自身にも活性酸素生成とリンクした極めて速い防御応答装置が存在し，あるものはNTPaseの活性化によって制御を受けることが強く示唆された。すなわち，「特異性決定に関わる防御応答の分子スイッチと初期防御装置は植物特有で最外層の小器官である細胞壁に存在する」といえるであろう。

しかしながら，これで細胞壁における情報伝達系や防御応答の疑問のすべてが解けたわけではない。むしろ，新たな疑問が次々と生まれている。実は，NTPaseはエリシター・サプレッサー結合タンパク質のone of themであって，細胞壁中にはエリシター・サプレッサーと結合する4-6種のタンパク分子が存在する。エリシターと相互作

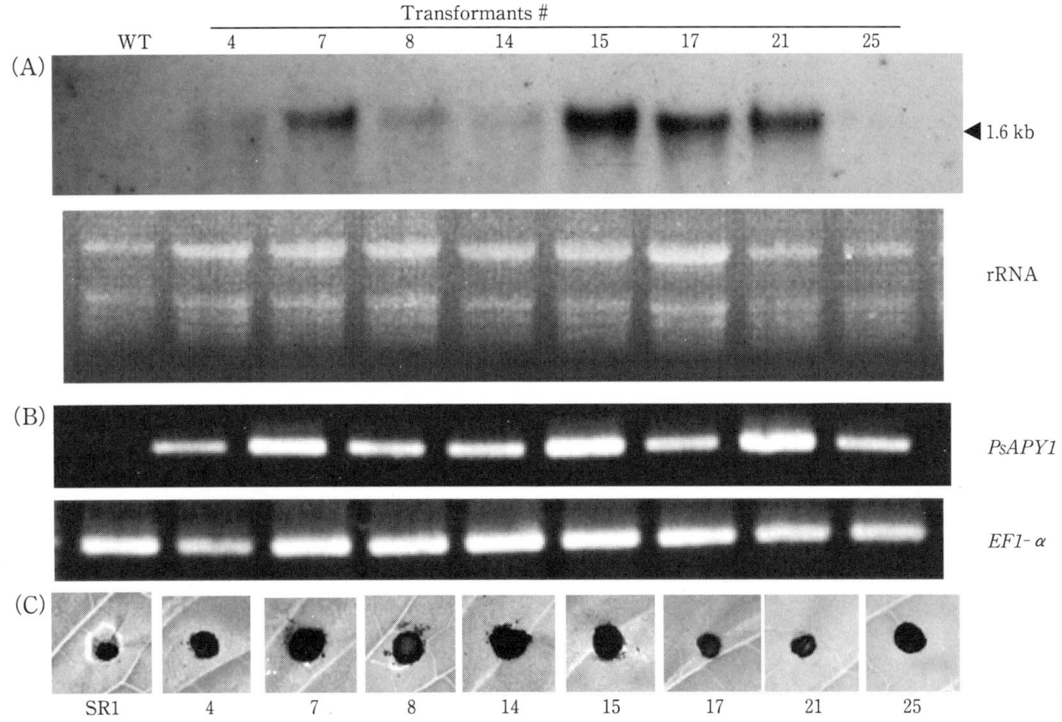

図 1-2-6　エンドウ NTPase 遺伝子(*PsAPY1*)で形質転換されたタバコにおける PsAPY1 mRNA の蓄積と耐病性。*PsAPY1* を 35S プロモーターに連結し，*Agrobacterium* を用いてタバコ(SR1)を形質転換した。(A)：恒常的に *PsAPY1* が発現しているか否かを調べるために，Northern 解析を行った結果，いずれの形質転換体においても 1.6 kb の PsAPY1mRNA の蓄積が認められた。(B)：しかしシグナルが弱い系統もあったため，RT-PCR で再確認した結果，いずれの形質転換体からも予想される 450 bp のバンドが確認された。なお，EF1-α は RT-PCR の内部標準として用いた。(C)：病原菌 *Alternaria* sp.を接種し 3 日後に観察したところ，SR1(野生型：WT)では，接種部の周辺に顕著な壊死が認められるが，形質転換系統では，それらは抑制され，それ以降の病斑の拡大も抑制された。このように PsAPY1 によって，耐病性が付与された。ただし，mRNA 量と耐病性は必ずしも一致しないようである。

用するエンドウ細胞壁のタンパク分子の内部配列の解析の結果，エリシターを基質とする可能性のある mannosidase にとどまらず，トマト抵抗性遺伝子 cf-9 のホモログ，germin-like protein などの存在が明らかとなった。後ろの二つは，細胞膜(原形質膜)タンパク質と相互作用する細胞壁タンパク分子としても回収されることから，シグナル分子と細胞質 - 原形質膜間の情報伝達を担っていることが想定された。ビオチン化されたサプレッサーはまたエリシターが結合する細胞壁タンパク分子とほぼ同種の分子に結合することも判明した。これらの知見からは，防御システム全体を作動させるためには細胞壁に存在する複数の分子スイッチを押すことが必要で，エリシターはこれらを on し，一方，サプレッサーは，それらを何らかの仕組みで off の状態にしておくという仮説などが考えられるのである。細胞壁から原形質膜系への情報伝達系にはインテグリン様分子の存在が示唆されている(Kiba et al., 1998)。このインテグリン様分子の下流には，恐らくタンパク質リン酸化酵素とポリホスホイノシチド代謝系が重要な役割を果たしている(Toyoda et al., 1992, 1993, 1998, 2000; Uppalapati et al., 2004)。さらに，細胞膜から核あるいはリボソームへは，アクチンを介した情報伝達と遺伝子発現制御システムが存在する(Sugimoto et al., 2000; Shiraishi et al., 2001)。これら細胞内情報伝達系の詳細についても，今後明らかにすべき課題といえるであろう。自然界は不思議が満ちあふれている。若い方々がこの道に踏み込まれることを願っている。

参考文献

Amano, M., Toyoda, K., Ichinose, Y., Yamada, T., Shiraishi, T. (1997) Association between ion fluxes and defense responses in pea and cowpea tissues. Plant Cell Physiol. 38, 698-706.

Kato, T., Shiraishi, T., Toyoda, K., Saitoh, K., Satoh, Y., Tahara, M., Yamada, T., Oku, H. (1993) Inhibition of ATPase activity in pea plasma membranes by the fungal suppressors from *Mycosphaerella pinodes* and the peptide moieties. Plant Cell Physiol. 34, 439-445.

Kawahara, T., Toyoda, K., Kiba, A., Miura, A., Ohgawara, T., Yamamoto, M., Inagaki, Y., Ichinose, Y., Shiraishi, T. (2003) Cloning and characterization of pea apyrases: involvement of *PsAPY1* in response to signal molecules from the pea pathogen *Mycosphaerella pinodes*. J. Gen. Plant Pathol. 69: 33-38.

Kiba, A., Miyake, C., Toyoda, K., Ichinose, Y., Yamada, T., Shiraishi, T. (1997) Superoxide generation in extracts from isolated plant cell walls is regulated by fungal signal molecules. Phytopathology 87, 846-852.

Kiba, A., Sugimoto, M., Toyoda, K., Ichinose, Y., Yamada, T., Shiraishi, T. (1998) Interaction between cell wall and plasma membrane via RGD motif is implicated in plant defense responses. Plant Cell Physiol. 39, 1245-1249.

Kiba, A., Takeda, T., Kanemitsu, T., Toyoda, K., Ichinose, Y., Yamada, T., Shiraishi, T. (1999) Inductions of defense responses by synthetic glycopeptides that have a partial structure of the elicitor in the spore germination fluid of *Mycosphaerella pinodes*. Plant Cell Phyiol. 40, 978-985.

Kiba, A., Toyoda, K., Ichinose, Y., Yamada, T., Shiraishi, T. (1995) Specific inhibition of cell wall-bound ATPases by fungal suppressor from *Mycosphaerella pinodes*. Plant Cell Physiol. 36, 809-817.

Kiba, A., Toyoda, K., Ichinose, Y., Yamada, T., Shiraishi, T. (1996a) Specific response of partially purified cell wall-bound ATPases to fungal suppressor. Plant Cell Physiol. 37: 207-214.

Kiba, A., Toyoda, K., Ichinose, Y., Yamada, T., Shiraishi, T. (1996b) Species-specific suppression of superoxide-anion generation of surfaces of pea leaves by the suppressor from *Mycosphaerella pinodes*. Ann. Phytopathol. Soc. Jpn. 62, 508-512.

Shiraishi, T., Araki, M., Yoshioka, H., Kobayashi, I., Yamada, T., Ichinose, Y., Kunoh, H., Oku, H. (1991) Inhibition of ATPase activity in pea plasma membranes in situ by a suppressor from a pea pathogen, *Mycosphaerella pinodes*. Plant Cell Physiol. 32: 1067-1075.

Shiraishi, T., Kiba, A., Inata, A., Sugimoto, M., Toyoda, K., Ichinose, Y., Yamada, T. (1998) Plant cell wall with fungal signals may determine host-parasite specificity. Frontier Reserches In Plant Biotechnology (The Botanical Soc. Korea) Vol. 12, 10-18.

Shiraishi, T., Saitoh, K., Kim, H.-M., Kato, T., Tahara, M., Oku, H., Yamada, T., Ichinose, Y. (1992) Two suppressors, Suppressin A and B, secreted by a pea pathogen, *Mycosphaerella pinodes*. Plant Cell Physiol. 33: 663-667.

Shiraishi, T., Toyoda, K., Kiba, A., Kawahara, T., Takahashi, H., Inagaki, Y., Ichinose, Y. (2004) Defense signaling snd the plant cell wall—A new signaling pathway dependent upon inorganic phosphate. In Genomic and Genetic Analysis of Plant Parasitism and Defense, Edited by S. Tsuyumu, J. E. Leach, T. Shiraishi and T. Wolpert, APS Press, St. Paul, USA, pp. 114-125.

Shiraishi, T., Toyoda, K., Yamada, T., Ichinose, Y., Kiba, A., Sugimoto, M. (2001) Suppressors of defense-Supprescins and Plant receptor molecules. In Delivery of Pathogen Signals to Plants, Edited by N. T. Keen, APS Press, St. Paul, USA, pp. 112-121.

Shiraishi, T., Yamada, T., Ichinose, Y., Kiba, A., Toyoda, K. (1997) The role of suppressors in determining host-parasite specificities in plant cells. International Review of Cytology 172, 55-93.

Shiraishi, T., Yamada, T., Ichinose, Y., Kiba, A., Toyoda, K., Kato, T., Murakami, Y., Seki, H. (1999) Suppressor as a factor Determining plant-pathogen specificity. In Plant-Microbe Interactions Vol. 4., Edited by G. Stacey and N. Keen, APS Press, St. Paul, USA, pp. 121-161.

Shiraishi, T., Yamada, T., Ichinose, Y., Toyoda, K., Kiba, A., Kato, T. (1996) Fungal Signals regulate ATPase and polyphosphoinositide metabolism in pea plants. In Molecular Aspects of Pathogenicity and Resistance: Requirement for Signal Transduction, Edited by D. Mills, H. Kunoh, N. T. Keen and S. Mayama, APS Press, St. Paul, USA, pp. 197-208.

Shiraishi, T., Yamada, T., Saitoh, K., Kato, T., Toyoda, K., Yoshioka, H., Kim, H. M., Ichinose, Y., Tahara, M., Oku, H. (1994a) Suppressors: Determinants of specificity produced by plant pathogens. Plant Cell Physiol. 35, 1107-1119.

Shiraishi, T., Yamada, T., Toyoda, K., Kato, T., Kim, H.-M., Ichinose, Y., Oku, H. (1994b) Regulation of ATPase and signal transduction for pea defense responses by the suppressor and elicitor from *Mycosphaerella pinodes*. In Host-Secific Toxin, Biosynthesis, Receptor and Molecular Biology, Edited by K. Kohmoto and O. C. Yoder, Tottori Univ. Press, Tottori, pp. 169-182.

Sugimoto, M., Toyoda, K., Ichinose, Y., Yamada, T., Shiraishi, T. (2000) Cytochalasin A inhibits the binding of phenylalanine ammonia-lyase mRNA to ribosomes during induction of phytoalexin in pea seedlings. Plant Cell Physiol. 41(2): 234-238.

Toyoda, K., Kawahara, T., Ichinose, Y., Yamada, T., Shiraishi. T. (2000) Potentiation of phytoalexin accumulation in elicitor-treated epicotyls of pea (*Pisum sativum* L.) by a diacylglycerol kinase inhibitor. J. Phytopathol. 148: 633-636.

Toyoda, K., Kawahara, T., Mizukoshi, R., Koyama, M., Ichinose, Y., Yamada, T., Shiraishi, T. (1998) Elevation of diacylglycerol during the early stage of elicitor-signal transduction in pea (*Pisum sativum*). Ann. Phytopathol. Soc. Jpn. 64, 485-487.

Toyoda, K., Shiraishi, T., Yamada, T., Ichinose, Y., Oku, H. (1993) Rapid changes in polyphosphoinositide metabolism in pea in response to fungal signals. Plant Cell Physiol. 34: 729-735.

Toyoda, K., Shiraishi, T., Yoshioka, H., Yamada, T., Ichinose, Y., Oku, H. (1992) Regulation of phosphoinositide metabolism in pea plasma membranws by elicitor and suppressor from a pea pathogen, *Mycosphaerella pinodes*. Plant Cell Physiol. 33: 445-452.

Uppalapati, S. R., Toyoda, K., Ishiga, Y., Ichinose, Y., Shiraishi, T. (2004) Differential regulation of MBP kinases by a glycoprotein elicitor and a polypeptide suppressor from *Mycosphaerella pinodes* in pea. Physiol. Mol. Plant Pathol. 64: 17-25.

Windsor, B., Roux, S. J., Lloyd, A. (2003) Multiherbicide tolerance conferred by AtPgp1 and apyrase overexpression in Arabidopsis thaliana. Nat. Biotech. 21: 428-433.

Yoshioka, H., Shiraishi, T., Kawamata, S., Nasu, K., Yamada, T., Ichinose, Y., Oku, H. (1992a) Orthovanadate suppresses an accumulation of phenylalanine ammonia-lyase mRNAs and chalcone synthase mRNA in pea epicotyls that is induced by an elicitor from *Mycosphaerella pinodes*. Plant Cell Physiol. 32: 201-204.

Yoshioka, H., Shiraishi, T., Kawamata, S., Nasu, K., Yamada, T., Ichinose, Y., Oku, H. (1992b) Orthovanadate suppresses accumulation of phenylalanine ammonia-lyase mRNA and chalcone synthase mRNA in pea picotyls induced by elicitor from *Mycosphaerella pinodes*. Plant Cell Physiol. 33: 201-204.

Yoshioka, H., Shiraishi, T., Nasu, K., Yamada, T., Ichinose, Y., Oku, H. (1992c) Suppression of activations of chitinase and b-1,3-glucanase in pea epicotyls by orthovanadate and suppressor from *Mycosphaerella pinodes*. Ann. Phytopathol. Soc. Jpn. 58: 405-410.

Yoshioka, H., Shiraishi, T., Yamada, T., Ichinose, Y., Oku, H. (1990) Suppression of pisatin production and ATPase activity in pea plasma membranes by orthovanadate, verapamil and a suppressor from *Mycosphaerella pinodes*. Plant Cell Physiol. 31: 1139-1146.

3. 炭そ病菌の侵入器官分化と情報ネットワーク――環境応答と遺伝子発現の制御機構

3-1. はじめに

植物病原糸状菌の細胞は植物体への感染に適した形態的分化と機能的分化をする。その多くは胞子を感染源とし，宿主植物表面への定着後，侵入器官，栄養取得器官，栄養菌糸へと細胞の分化を行う。こうした形態分化は病原菌の生育環境となる植物からのシグナルの認識と，それに引き続く細胞内信号伝達，遺伝子の発現制御のもとに成立する。病原菌の分子遺伝学的アプローチにより病原性発現に関わる情報経路の解明が進み，その成果は病原性遺伝子研究の一つの領域を構成している(久保・辻, 2004)。これまで付着器からの宿主侵入に必須の代謝系の一つであるメラニン合成系遺伝子の構造・機能解析を行い，メラニン合成遺伝子の発現が形態分化にリンクした制御機構のもとにあることを明らかにしている(Fujii et al., 2000; Tsuji et al., 2000, 2003c, d)。一方，環境応答，情報伝達における研究では，付着器の分化を誘導する環境刺激と細胞内伝達系の関連解明を目指し，MAP キナーゼ経路が胞子発芽，付着器形成，植物組織内進展に多面的に関与することを明らかにしてきた。病原菌は植物シグナルに対する応答機構，および宿主植物の細胞応答を制御する機構を備えており，植物 - 病原菌間での相互のシグナル交換が行われていると考えられる。本研究は遺伝子発現制御系と細胞内信号伝達系の両情報系を統合し，病原菌の環境応答・形態分化機構の解明により耐病性植物創出戦略の基礎的データを得ることを目的として行った。

3-2. 植物の発芽誘導シグナル物質の探索・同定

病原菌胞子は植物表層の物理的性状やその化学

成分に応答し，細胞内信号伝達経路を経て形態分化を行っていると考えられている。ウリ類炭そ病菌がどのような植物シグナルを受容して形態分化を行っているかにつき検討した。ウリ類炭そ病菌の分生胞子を種々の人工基質上で発芽実験を行うと親水性基質面では発芽するが疎水性基質面では発芽が顕著に抑制された。一方，キュウリ表皮は用いた人工基質のいずれよりも高い疎水性を示すことから，植物表層には胞子発芽を誘導する活性成分があると推された。そこで，キュウリ葉の表層滲出成分を添加し，胞子を培養したところ顕著な発芽誘導が認められた。その発芽誘導活性成分の純化，同定を目的としてキュウリ葉滲出液を大量調製し，フラッシュクロマトグラフィーを用いて分画を行った。得られた0%，10%，25%，50%，100%MeOH画分の胞子発芽誘導活性試験を行った。その結果，25%と100%MeOH画分において，発芽誘導活性が認められた。100%MeOH画分に含まれる物質は，100%MeOHで一斉に溶出され始めたことより，大部分が脂質であると予想された。本画分についてさらに，脂質用分析カラムを用いて分画操作を行い，発芽誘導活性を示すピークを得ることに成功した。活性画分についてさらにMassスペクトルおよびNMRスペクトル分析により構造分析を行った結果，クチンを構成すると推定されるモノマーが数種同定された。その中で構造決定した炭素鎖数18のアルデヒドを化学合成し，発芽誘導実験を行ったところ10 μM以上の濃度で疎水性表面での発芽誘導活性を示すことを確認し，植物体の発芽誘導シグナルとして機能していることが示唆された。さらに，本物質がどのような細胞内伝達経路を経て発芽誘導を行っているかを検討するために，ウリ類炭そ病菌のシグナル伝達経路に関する変異株を用いて発芽誘導実験を行った。プロテインキナーゼA触媒サブユニット遺伝子変異株，およびアデニル酸シクラーゼ遺伝子変異株は親水面上では発芽するがプラスチックシャーレを用いた疎水面人工基質およびキュウリ植物葉では顕著な発芽欠損が認められた。同定したクチンモノマーをプラスチックシャーレ上での発芽実験に添加すると野生型株が高率に発芽したのに対して上記のシグナル伝達系変異株では発芽の復帰は認められなかった。このことから発芽誘導物質は環状AMPを二次メッセンジャーとする細胞内伝達経路を経て発芽誘導をもたらしていることが明らかとなった（図1-3-1）。また，キュウリ葉表面の疎水性はプラスチックよりも高く，上記のシグナル伝達変異株が親水性表面では発芽するものの疎水性人工基質およびキュウリ葉で発芽しないことはウリ類炭そ病菌胞子は植物表層での感染時には表層の物理的シグナルよりも，むしろ植物の化学的シグナルを受容していることが明らかとなった。いもち病菌はクチン成分と疎水性が付着器形成シグナルとして受容されているが，ウリ類炭そ病菌は植物表層の化学的シグナルのみを利用している点が特徴的である。

3-3. MAPキナーゼ下流の転写因子 *CST1* (*Colletotrichum Ste12* like)の構造・機能解析

酵母のフェロモン応答性MAPキナーゼ経路に相当する経路は植物病原菌の宿主感染能に必須で

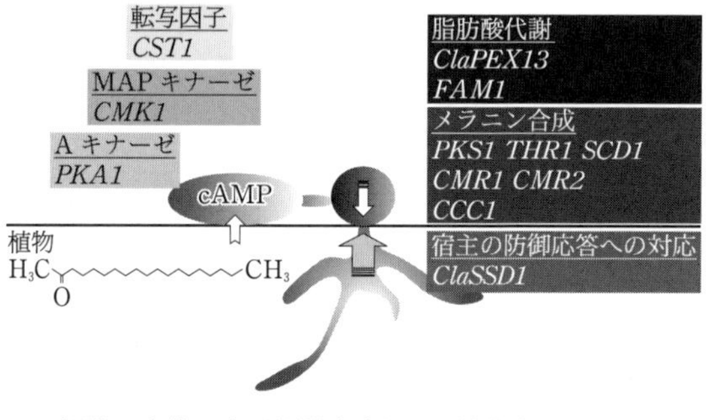

図1-3-1　ウリ類炭そ病菌の病原性関連遺伝子と植物表層におけるシグナル交換

あるが，MAPキナーゼの制御下にある転写因子については未解明であった。酵母においてはFUS3/KSS1 MAPキナーゼ信号伝達経路を介して転写因子STE12が有性生殖，偽菌糸生育に要する細胞特異的・形態形成特異的な遺伝子発現を制御する。炭そ病菌から*STE12*相同遺伝子*CST1*を分離し，遺伝子破壊株を作出した。*CST1*破壊株は貫穿糸形成の欠損および付着器内部の膨圧形成に関連すると考えられる脂肪顆粒の形態に異常が認められ，宿主に対する病原性を欠いていた。さらに破壊株は有傷接種による感染菌糸の宿主内進展能の検定で野生型に比して進展能が低下することから，*CST1*はMAPキナーゼの下流にて付着器分化，宿主内進展に関与する可能性が示唆された(図1-3-1)(Tsuji et al., 2003b)。

3-4. 遺伝子タギング系の確立と形態分化，感染性関連遺伝子の同定

これまでREMI(Restriction Enzyme Mediated Integration)法により形態分化，炭そ病菌のタギング変異株の網羅的スクリーニングを行い，形態分化異常株，感染能欠損株を取得し，病原性・感染特異性決定機構の解明を進めてきた。しかしながら，本法は形質転換効率の不安定さや遺伝子挿入部での欠失，挿入部位以外での遺伝子破壊など遺伝子タギング操作系としての欠点がみられた。そこで，これに代わる効率的な形質転換，遺伝子タギング法としてアグロバクテリウムを用いた炭そ病菌の形質転換系AtMT(*Agrobacterium tumefaciens* Mediated Transformation)を確立した。T-DNA領域にハイグロマイシン耐性遺伝子を組み込んだ糸状菌形質転換用ベクターを構築し，アグロバクテリウムとウリ類炭そ病菌の胞子との共培養によりREMI法の10から100倍に相当する高効率で形質転換株を得た。また形質転換体の解析からシングルコピーのT-DNAの挿入とT-DNA領域内部の欠失がないことを確認した。本法により，病原性欠損変異株8株，脂肪酸利用能欠損株5株，浸透圧応答性変異株3株，色素合成変異株8株を得ることに成功するとともに変異遺伝子をTAIL-PCR法により回収した(Tsuji at al., 2003a)

(1) メラニン合成欠損変異株

本法により得られた色素合成変異株pd1株のT-DNA挿入領域の解析結果から，変異株pd1はP型Cu^{2+}ATPase遺伝子に挿入変異を起こしていることが明らかになった。ポリケチドメラニンの最終過程のジヒドロキシナフタレンの重合過程には，含銅酵素であるフェノールオキシダーゼが関与しており，Cu^{2+}の細胞内への取り込み欠損がフェノールオキシダーゼ活性の低下を招き，付着器のメラニン化の遅延がもたらされていると考えられた。本遺伝子を*CCC*1と命名し，遺伝子破壊株を作出したところ遺伝子破壊株はメラニン合成能の低下，キュウリに対する侵入能と病原性を欠いていた。変異株pd3ではC6 zinc binuclear型転写因子がT-DNAにより挿入変異していることが明らかになった。変異遺伝子をメラニン合成遺伝子の転写に関与する転写因子として*CMR2*と命名し，遺伝子破壊株を作出した。遺伝子破壊株は菌糸のメラニン合成および付着器のメラニン合成の顕著な欠損と宿主植物に対する侵入能欠損を示したことから本遺伝子が病原性に関与していることが明らかになった。一方，本遺伝子の破壊株は完全なメラニン合成欠損は示さず，メラニン合成に関与する*CMR2*以外の転写因子がな存在する可能性が考えられた。

(2) 脂肪酸代謝変異株

脂肪酸代謝変異株fa1624では出芽酵母においてペルオキシゾーム局在タンパク質のペルオキシゾーム内への導入に関与している*PEX13*遺伝子の相同遺伝子へのT-DNAの挿入が確認され変異遺伝子を*ClaPEX13*と命名した。*ClaPEX13*遺伝子の破壊株は菌糸生育時には正常なメラニン合成を示したが，付着器のメラニン化と侵入能を欠いていた。また，ペルオキシゾーム局在化シグナルを付加したGFP発現プラスミドを導入し，ペルオキシゾーム機能の検定を行ったところ*ClaPEX13*においてGFPの局在が認められず，ペルオキシゾーム機能の欠損を確認した。ペルオキシゾームは脂肪酸のβ酸化を行う細胞小器官であり，β酸化により最終産物として脂肪酸から

acetyl-CoA を生産する。本菌のメラニン合成経路はポリケチド合成を初期過程とし，acetyl-CoA はポリケチド合成の起点物質である。遺伝子破壊株において付着器のメラニン合成が認められないことから，付着器のメラニン合成はペルオキシゾームにおける脂肪酸の β 酸化によってもたらされる acetyl-CoA をポリケチド合成に利用していると考えられた（図 1-3-2）。ウリ類炭そ病菌の胞子内には Nile Red で染色される脂肪顆粒が発達しており，これが発芽，付着器形成過程で減退することが認められた。*ClaPEX13* 破壊株では脂肪顆粒が融合して巨大な顆粒を付着器内で形成することが観察され，脂肪の加水分解が影響を受けていると推定された。以上の結果から病原菌の侵入器官において一次代謝である脂肪および脂肪酸代謝と二次代謝であるメラニン合成との間につながりが示唆された。

(3) 植物防御応答感受性変異株

病原性欠損変異株 No. 2754 株の T-DNA 挿入破壊部位のシークエンス分析の結果，本変異株は出芽酵母の *SSD1* 遺伝子の相同遺伝子が破壊されていることが明らかとなった。*SSD1* 遺伝子は出芽酵母において PR5，オスモチン様タンパク質に対する耐性に関与していることが報告されており，得られた変異株において植物の防御応答に対する感受性が増大していることが予想された。ウリ類炭そ病菌の遺伝子を *ClaSSD1* と命名し，遺伝子破壊株を作出した。遺伝子破壊株はセルロース膜を用いた付着器侵入能検定では野生型と同等の侵入頻度を示した。一方，キュウリ植物に対する接種，侵入検定では付着器からの侵入はキュウリ表皮細胞のパピラ形成により停止し，侵入能の

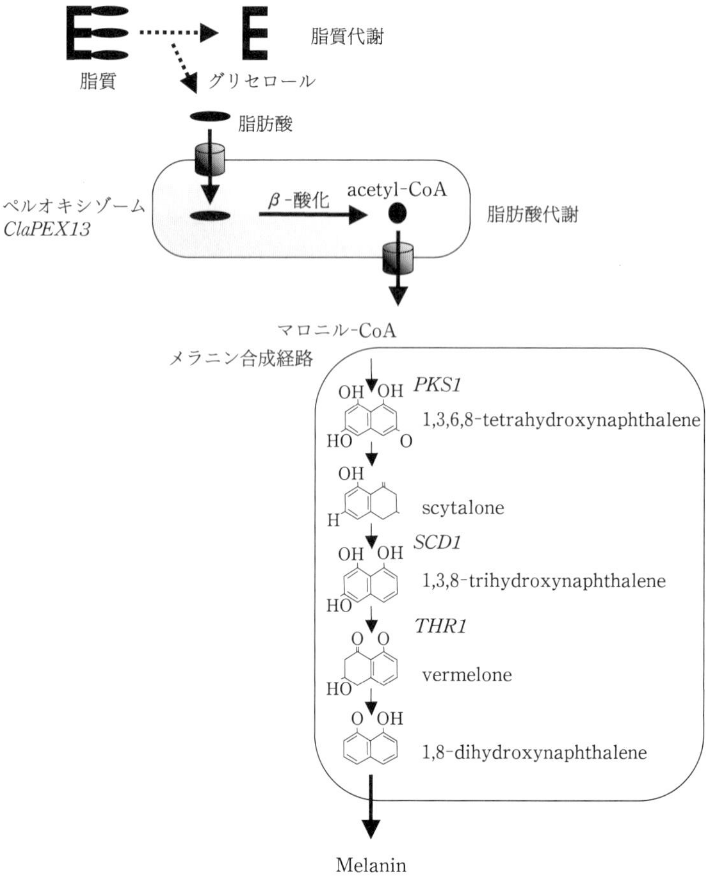

図 1-3-2　ウリ類炭そ病菌におけるペルオキシゾーム代謝とメラニン合成系

顕著な低下が示された(図 1-3-3)。このことは植物の何らかの防御応答に対して感受性を示した結果と考えられた。そこで，防御応答系の撹乱を目的として植物を高温処理(50℃，30 秒)の処理後，接種検定を行ったところ，*ClaSSD1* 破壊株はキュウリに対する感染能を顕著に回復した。このことは，植物の防御応答系の関与によって *ClaSSD1* 変異株の感染が抑制されていることを示している。*SSD1* 遺伝子機能の病原糸状菌における機能的普遍性を検討することを目的としてイネいもち病菌の *SSD1* 相同遺伝子を単離，*MgSSD1* と命名し，遺伝子破壊株を作出した。*MgSSD1* 破壊株をイネに接種したところ，病原性の顕著な低下が認められ，感染過程の観察では侵入細胞の褐変を伴った細胞応答により侵入菌糸の進展が抑制されていた。また，イネでは低温処理により防御応答が抑制されることから，低温処理をしたイネに *MgSSD1* 破壊株を接種したところ顕著な侵入菌糸の進展の回復が認められた。このことは *SSD1* 遺伝子がイネいもち病菌においても同様の機能を担っていることを示唆している。これらの結果は，本来，感染性をもつ病原菌が感染する時に応答する植物側の防御反応があり，これに対して病原菌が対応する能力を保持していること，そして，この対応力に *SSD1* 遺伝子が関与していることが推定された。すなわち本来，感染性を有する病原菌の感染ストレスによって誘導される植物の応答に対して病原菌は対応する能力を有しているが，それが機能しない時，感染ができないことから，本遺伝子機能を植物に対する基本的な病原性の因子として位置付けることを提案したい。

3-5. アグロバイナリーベクターを利用した遺伝子ターゲティング系の確立

アグロバイナリーベクターに糸状菌形質転換マーカーとしてハイグロマイシン耐性遺伝子を組み込んだトランスポゾン導入による遺伝子破壊ベクターおよびアグロバクテリウム形質転換系の構築により糸状菌の遺伝子ターゲティングが簡便に効率的に行えるシステムを構築した。このシステ

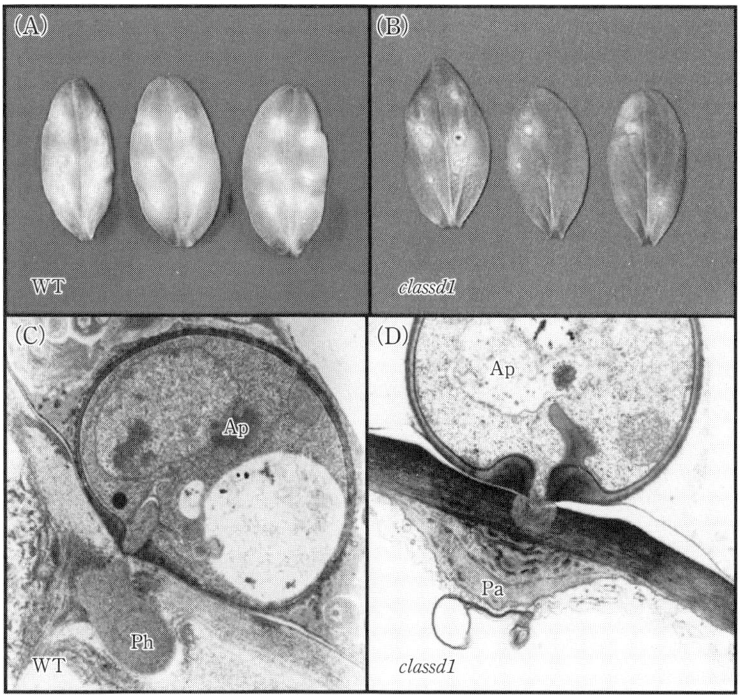

図 1-3-3　ウリ類炭そ病菌の *ClaSSD1* 遺伝子は病原性に必須である。(A)(B)：キュウリ子葉接種 5 日後の病班形成，(C)(D)：キュウリ子葉接種 48 時間後における侵入行動。Ap：付着器，Ph：侵入菌糸，Pa：パピラ

ムの特徴はトランスポゾンによる選択マーカーの導入に加え，バイナリーベクター上のT-DNAの末端領域に配置したビアラホス耐性遺伝子を利用して，相同組換えを起こして遺伝子置換した形質転換株を抗生物質による感受性によりスクリーニングできるようにしたことである。すなわち相同組換えを起こしたものはハイグロマイシンにのみ耐性になり，異所的に挿入し遺伝子が破壊がされていない形質転換株はハイグロマイシンおよびビアラホスに対して耐性になると期待するものである。実験結果からはハイグロマイシンにのみ耐性の選抜株の90%以上が遺伝子破壊株であるという良好な結果が得られた。本システムの利用により全ゲノム配列が解明されている病原糸状菌であるイネいもち病菌の病原性関連遺伝子の機能解析を行った。ウリ類炭そ病菌において新たに解明された病原性関連遺伝子 *ClaPEX13* と *CMR2* のオルソローグ遺伝子 *MgPEX13*，*MgCMR2* をイネいもち病菌からクローニングし，遺伝子ターゲティング実験を行った。ウリ類炭そ病菌と同様に両遺伝子について高率で遺伝子破壊株の取得に成功した(図1-3-4)。得られたターゲティング株は両遺伝子ともウリ類炭そ病菌から期待される欠損形質を示した。本システムによる遺伝子のクローニングから遺伝子機能評価までに要する時間は30日程度であり，病原糸状菌のハイスループットな遺伝子ターゲティングシステムであると考えている。

3-6. おわりに

ウリ類炭そ病菌を用いた植物 - 病原菌の相互のシグナル交換について研究を進めた結果，病原菌が植物表層の主として化学シグナルを受容して感染行動を開始していること，さらにこのシグナルはcAMPを二次メッセンジャーとするシグナル伝達経路を経て情報伝達されることが示唆された。また，病原菌が植物の防御応答に対して対処する能力を有しており，病原菌の基本的な病原性の構成要素として機能していることが明らかとなった。こうした植物表層におけるシグナル交換と相互作

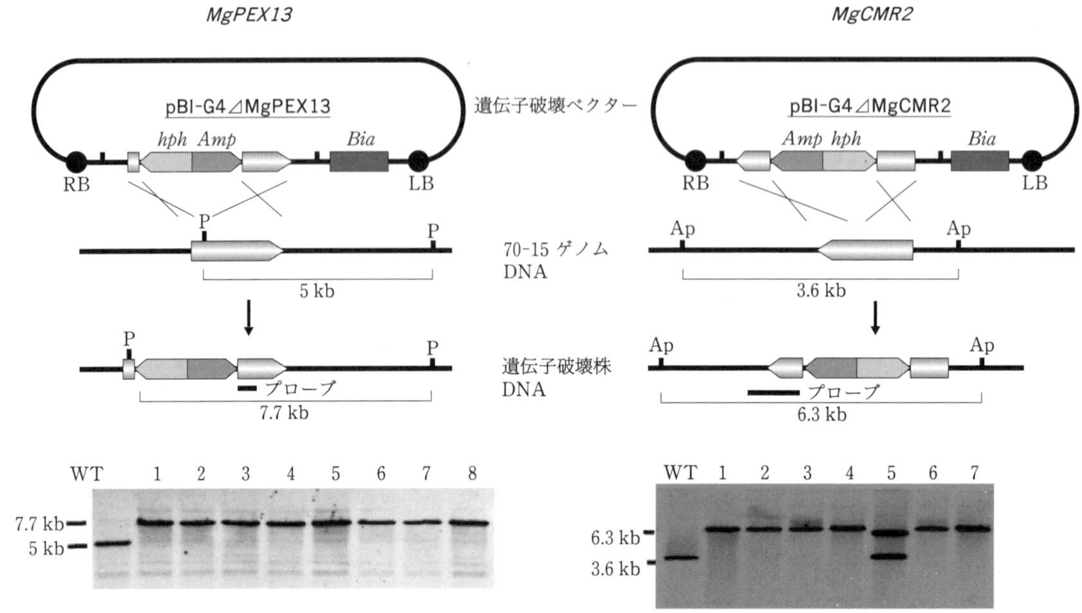

図1-3-4　ダブル選択マーカーを導入したアグロバイナリーベクターによるイネいもち病菌の *MgPEX13* および *MgCMR2* 遺伝子の破壊。(A)遺伝子破壊の様式，(B)DNAブロットによる遺伝子破壊の確認。ハイグロマイシン耐性かつビアラホス感受性の形質転換株を無作為に選抜し，それぞれ制限酵素 *Pst*I，*Apa*I で消化し，ターゲット遺伝子内領域をプローブとしてバンドを検出した。両遺伝子とも高率で遺伝子破壊が確認された。P：*Pst*I，Ap：*Apa*I

用の存在は分子遺伝学的研究手法を駆使したウリ類炭そ病菌を用いた本実験で明らかとなったものである。また，アグロバクテリウムを用いた遺伝子破壊系はマメ科植物に感染する *Colletotrichum trifolii* においても応用展開が可能となった(Takahara et al., 2004)。一方，2002年には植物病原菌イネいもち病菌のゲノムシークエンスの解読が完了した。さらに黒穂病菌，ムギ類赤かび病菌などのゲノム配列が解明，公開されている。ゲノムの一次情報からその機能解析への展開が今後の研究の要となると予想される。今後，ゲノミックス研究を基盤とした研究となってくると期待され，ゲノムが解明された植物病原菌の感染プロセスにおける情報ネットワーク，代謝ネットワークの解明が進展すると考える。なお，本書でのいもち病菌を用いた研究成果は共同研究者として石川県農業短期大学の古賀博則博士の貢献によるものである。

参考文献

Fujii, I., Mori, Y., Watanabe, A., Kubo, Y., Tsuji, G., Ebizuka, Y. (2000) Enzymatic synthesis of 1, 3, 6, 8-tetrahydroxynaphthalene solely from malonyl coenzyme A by a fungal interactive typeI polyketide synthase PKS1. Biochemistry 39, 8853-8858.

Takahara, H., Tsuji, G., Kubo, Y., Yamamoto, M., Toyoda, K., Inagaki, Y., Ichinose, Y., Shiraishi, T. (2004) *Agrobacterium tumefaciens*-mediated transformation as a tool for random mutagenesis of *Colletotrichum trifolii*. J. Gen. Plant Pathol. 70, 93-96.

Tsuji, G., Fujii, S., Fujihara, N., Hirose, C., Tsuge, S., Shiraishi, T., Kubo, Y. (2003a) *Agrobacterium tumefaciens*-mediated transformation for random insertional mutagenesis in *Colletotrichum lagenarium*. J. Gen. Plant Pathol. 69, 230-239.

Tsuji, G., Fujii, S., Yamada, D., Tsuge, S., Shiraishi, T., Kubo, Y. (2003b) The *Colletotrichum lagenarium* Ste12-like gene *CST1* is essential for appressorium penetration. Mol. Plant-Microbe Interact. 16, 315-325.

Tsuji, G., Kenmochi, Y., Takano, Y., Sweigard, J., Farrall, L., Furusawa, I., Horino, O., Kubo, Y. (2000) Novel fungal transcriptional activators, Cmr1p of *Colletotrichum lagenarium* and Pig1p of *Magnaporthe grisea*, contain Cys2His2 zinc finger and Zn(II) 2Cys6 binuclear cluster DNA binding motifs, and regulate transcription of melanin biosynthesis genes in a development specific manner. Mol. Microbiol. 38, 940-954.

Tsuji, G., Sugahara, T., Fujii, I., Mori, Y., Ebizuka, Y., Tsuge, S., Horino, O., Shiraish, T., Kubo, Y. (2003c) Evidence for involvement of two naphthol reductases in the first reduction step of melanin biosynthesis pathway of *Colletotrichum lagenarium*. Mycol. Res. 107, 854-860.

Tsuji, G., Tsuge, S., Shiraishi, T., Kubo, Y. (2003d) Expression of melanin biosynthesis enzymes during infectious morphogenesis of *Colletotrichum lagenarium*. J. Gen. Plant Pathol. 69, 169-175.

久保康之・辻元人(2004)　分子レベルからみた植物の耐病性．植物細胞工学別冊，糸状菌の病原性遺伝子．秀潤社，pp. 64-73.

4. 植物細胞における病原菌分子パターン(PAMPs)認識と防御応答誘導機構

4-1. はじめに

植物は動物のような獲得免疫系をもたないが，病原菌を様々なレベルで認識し感染局所あるいは植物体全体に防御応答を誘導するシステムをもっている(Boller, 1995；渋谷・南，1998；Shibuya and Minami, 2001)。こうした病原菌認識・防御応答系は進化的に異なる階層構造をもっていると考えられるが，その中でも最も基本的なものは潜在的病原菌を含む微生物細胞表層に共通した分子パターン(Pathogen-Associated Molecular Pattern: PAMPs, 病原菌の認識に限らないので Microbe-Associated Molecular Pattern: MAMPsとすべきだという意見もある)認識系である(図1-4-1)。最近の研究からこうしたPAMPsの認識に基づく防御応答の機構はいろいろな面で動物の先天性免疫と共通した特徴をもつことが明らかになってきた。例えば，細菌の鞭毛を構成するフラジェリンや細胞壁成分であるLPSは動物系ではそれぞれ対応するToll-Like Receptor(TLR)を介して先天性免疫を活性化することが知られているが，これらの分子は同時に植物の防御系を活性化することが知られている(Gõmez-Gõmez and Boller, 2002; Nürnberger et al.,

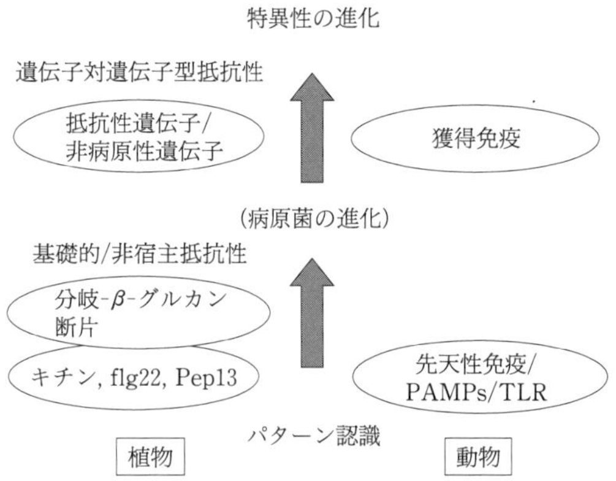

図1-4-1　病原菌認識の進化。植物の病原菌認識は病原菌を含む細菌や菌類に共通して存在する(しかし植物には存在しない)分子群を認識するところから始まったと考えられる。こうした系は植物間での保存性が高く，また，多くの潜在的病原菌の認識が可能と考えられ，基礎的抵抗性や非宿主抵抗性で重要な役割をしているものと推定される。一方，病原菌の進化により，個々の病原菌の感染をより特異的に検出する必要が生じたため，「遺伝子対遺伝子型」の抵抗性が進化したのではないかと推察される。こうした進化的に異なる，また，特異性のレベルの異なる認識系の存在は動物系における先天性(自然)免疫と後天性(獲得)免疫の関係に対比される。実際，動物の先天性免疫で認識される病原菌分子パターンと植物の非特異的エリシターの間には多くの共通性が認められる。

```
β-D-Glcp-(1-3)-β-D-Glcp-(1-3)-β-D-Glcp-(1-3)-Glucitol
                                    6
                                    1
                               β-D-Glcp

β-D-Glcp-(1-3)-β-D-Glcp-(1-3)-β-D-Glcp-(1-3)-Glucitol
                  6
                  1
             β-D-Glcp

β-D-Glcp-(1-3)-β-D-Glcp-(1-3)-β-D-Glcp-(1-3)-Glucitol
    6
    1
 β-D-Glcp
```

図1-4-2　イモチ病菌細胞壁βグルカンの酵素分解物から単離された断片の構造(Yamaguchi et al., 2000)。これら3つのオリゴ糖のうち，最上段のものだけが強いエリシター活性を示した。また，この構造はダイズ子葉細胞において明らかにされたβグルカン由来のエリシターの構造と全く異なっており，実際にもこのオリゴ糖はダイズ子葉細胞のファイトアレキシン合成を誘導しなかった。また，ダイズに作用するβグルカン由来のオリゴ糖(ヘプタβグルコシド)はイネのファイトアレキシン合成を誘導しなかった。これらのことはイネ培養細胞にはこうした構造を特異的に認識する受容体が存在することを強く示唆している。

2004)。糸状菌の細胞壁成分であるキチンやβグルカンとその断片も古くから免疫細胞の活性化能や抗腫瘍活性をもつことが知られているが，植物においても強い防御応答誘導物質(エリシター)であることが明らかにされている。

PAMPs認識に基づく病原菌の認識や防御応答は，特定の病原菌に対するものというよりも病原菌を含む微生物一般を認識するシステムという性格が強く，病理学的には多くの微生物に対する抵抗性をもたらしている「基礎的抵抗性」との関わりが深いと考えられる。このようなPAMPs認識に関わる分子群の解析に関しては，上述した細菌の鞭毛構成分子であるフラジェリンとその受容体に関する研究の進展が目覚しいが，その他のPAMPs認識の分子機構，シグナル伝達系に関する知見は未だに不明の部分が多い。本項ではPAMPs認識に関わる糸状菌や細菌細胞表層由来の分子とその受容体に関する我々の研究を紹介するとともに，受容体におけるエリシター認識直後に起こる活性酸素応答(オキシダティブバースト)の制御機構，特にホスホリパーゼ系の関与に関して述べる。

4-2. General elicitorとしての性格をもった病原菌細胞表層分子の解析

我々はイネ培養細胞におけるファイトアレキシン合成誘導を指標として，エリシター活性を示す微生物細胞表層分子を解析してきた。その結果，これまでに多くの菌類細胞壁の骨格を形成する多糖であるキチンの断片(キチンオリゴ糖)が非常に強いエリシター活性を示すことを明らかにしている(渋谷・南，1998)。また，イネの病原菌であるイモチ病菌の細胞壁βグルカンを酵素分解して得られる特定のオリゴ糖がやはり強いエリシター活性を示すことを示した(図1-4-2)(Yamaguchi et al., 2000)。興味深いことに，イネの細胞は極めて類似した構造をもつβグルカンオリゴ糖の中から活性をもつものを極めて正確に識別していること，また，我々が単離・構造決定したイモチ病菌由来のβグルカンオリゴ糖はダイズ子葉細胞ではエリシター活性を示さず，逆にダイズで強いエリシター活性が認められているダイズ疫病菌由来のβグルカンオリゴ糖(いわゆるヘプタβグルコシド)はイネ細胞には作用しないことを見出した。すなわち，イネとダイズでは菌類細胞壁βグルカンの異なる構造を認識している可能性が高いことが示された。このイネで強いファイトアレキシンエリシター活性を示した新規グルコ5糖はその後東工大のグループにより合成され，天然物由来の構造が正しいことが裏付けられている(Amaya et al., 2001)。また，イモチ病菌βグルカン断片の中にはこのグルコ5糖よりも強い活性をもつものが存在することも見出されており，今後受容体の生化学的特性を解析するためのプローブ開発で活用されることが期待される。キチンオリゴ糖エリシターとβグルカンオリゴ糖エリシターの間にはファイトアレキシン合成誘導に関して相乗効果が認められるが，実際の感染場面では植物が複数の病原菌シグナルにさらされることと考え合わせると，より鋭敏に感染を検出する仕組みの存在を示唆するものとして興味深い(Yamaguchi et al., 2002)。

一方，細菌に特徴的なPAMPsとしては前述のように鞭毛構成分子であるフラジェリンのエリシター活性とその受容体に関する解析が急速に進んでいるが，同様に細菌細胞表層を構成する特徴的な分子であるリポ多糖(LPS)のエリシター活性については十分検討されていない。LPSについては双子葉植物に関していくつかの報告があるものの，単子葉植物に対するエリシター活性を検討した報告はみられない。我々は最近種々の細菌由来のLPSのエリシター活性をイネ培養細胞を用いて評価し，LPSが極めて高いエリシター活性を示すこと，その活性発現には糖鎖部分が必須であること，細菌のタイプにより活性に差があるものの，基本的には細菌を共通的に認識するgeneral elicitorとしての性格をもつことなどを明らかにした(図1-4-3)(出崎ら，2005)。LPSに関しては防御応答を直接誘導するエリシター活性の他に，防御応答のポテンシャルを高めるPrimingあるいはPotentiationといわれる活性も示唆されており，こうした活性の詳細について検討を進めている。

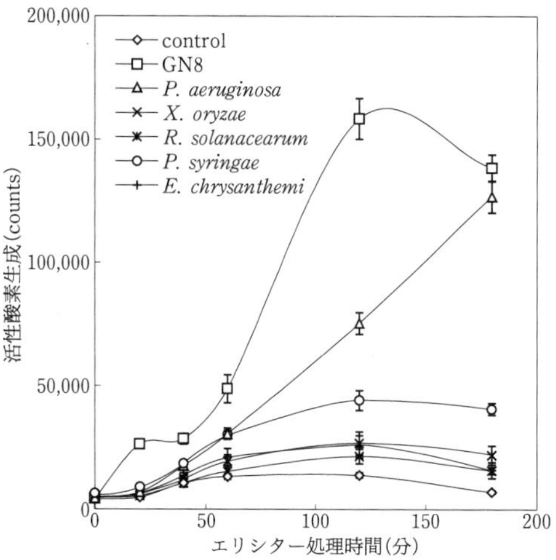

図1-4-3 種々の細菌由来のリポ多糖(LPS)によるイネ培養細胞の活性酸素誘導。イネ培養細胞を各種のリポ多糖で処理し，生成する活性酸素をルミノール法で測定した。菌により活性が異なるものの，いずれもエリシター活性を示し，強いものでは従来知られていたキチンオリゴ糖エリシターと同等の活性酸素を誘導することがわかる。

4-3. キチンオリゴ糖エリシター受容体の解析

前述したように，菌類細胞壁の骨格を形成するキチンのオリゴ糖はイネをはじめ多くの植物細胞の防御応答を誘導する活性をもっている。植物細胞はどのような分子を介してキチンオリゴ糖を認識し，その情報を細胞内に伝達しているのであろうか。この謎を解明するため我々は強いエリシター活性を示すキチンオリゴ糖から合成した種々の放射性標識リガンドや親和性標識試薬を用い，イネ培養細胞原形質膜にこのエリシターに特異的に結合する受容体候補分子が存在することを明らかにした(図1-4-4)(Ito et al., 1997)。その後，類似したキチンオリゴ糖結合タンパク質がキチンオリゴ糖エリシターに応答する様々な植物細胞の原形質膜に存在することが確認され，この分子が細胞表層でキチンオリゴ糖エリシターを認識する受容体分子であることが強く示唆された(図1-4-5)(Day et al., 2001; Okada et al., 2002)。また，種々の親和性標識試薬を合成し，これらを用いてエリシター刺激に伴う結合タンパク質の挙動の変化を解析した結果，①原形質膜のエリシター結合タンパク質はエリシターや架橋剤の濃度に応じて2量体

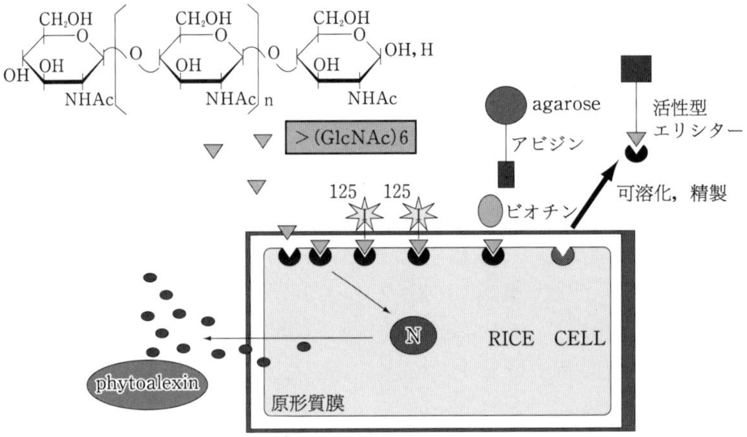

図 1-4-4　キチンオリゴ糖エリシター受容体探索のスキーム。強いエリシター活性を示すキチンオリゴ糖の誘導体を合成し，^{125}I で放射性標識したものを用いて結合試験や親和性標識を行うことにより，イネ培養細胞原形質膜に特異的結合タンパク質が存在することを見出した。この結合タンパク質の精製は二つの異なるアプローチの親和性クロマトグラフィーで行われたが，いずれの方法でも同一のタンパク質が精製された。精製タンパク質の部分アミノ酸配列情報から対応する遺伝子がクローニングされた。

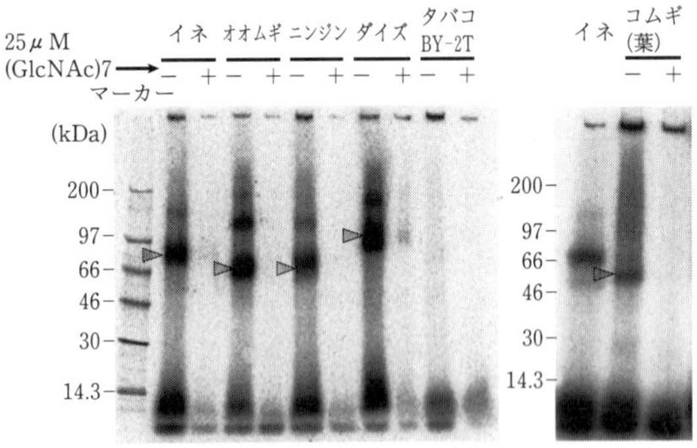

図 1-4-5　各種の植物細胞，組織におけるキチンオリゴ糖エリシター結合タンパク質の分布(Okada et al., 2002)。親和性標識により，各種の植物細胞の原形質膜におけるキチンオリゴ糖結合タンパク質の存在を調べたところ，単子葉植物，双子葉植物を含む多数の植物に類似した性質をもったエリシター結合タンパク質が存在することが明らかとなった。これらの細胞はすべてキチンオリゴ糖エリシターによって活性酸素生成が誘導されることから，このエリシター結合タンパク質が機能的に重要な役割を果たしていることが推定された。

に相当するサイズの複合体を形成する，②電気泳動で検出される2量体相当のバンドは，架橋剤を利用した親和性標識では検出されるが，架橋剤を用いない光親和性標識では検出されない，③新規に合成した2価性の光親和性標識試薬により2量体に相当するバンドが検出される，ことが明らかになった。これらの結果は，エリシター処理により原形質膜上で受容体がホモ2量体を形成しシグナル伝達を起動するというモデルを強く支持するものである。

我々は最近，親和性クロマトグラフィーを利用してこのキチンオリゴ糖エリシター結合タンパク質を単離精製することに成功し，精製タンパク質の部分構造情報に基づいてその遺伝子クローニングに成功した(Kaku et al., 2006)。RNAi による当該遺伝子のノックダウン細胞を用いたエリシター応答の解析から，このキチンオリゴ糖結合タンパク質がエリシター認識と防御応答誘導の機能を有する受容体(あるいはその一部)であることが示されており，今後，この分子を介したキチンオリゴ糖シグナル伝達過程の解析が飛躍的に進むことが期待される。

4-4. βグルカンオリゴ糖エリシター受容体の探索

イネ培養細胞に存在すると想定されるβグルカンオリゴ糖エリシター受容体の探索を二つの方向から行った。イネ培養細胞に強いエリシター活性を示すβグルカン断片の骨格構造に相当する高重合度ラミナリオリゴ糖を出発原料として親和性標識用リガンドを合成し，イネ原形質膜に特異的結合タンパク質が存在するかどうかを検討した。その結果，イネ原形質膜にはβ1,3グルカン断片に特異的に結合する膜タンパク質が存在することが明らかとなった(伊藤ら，2002)。このタンパク質は分子量，結合特異性においてこれまで見出されたキチンオリゴ糖エリシター結合タンパク質とは明確に異なるものであり，βグルカンオリゴ糖エリシター認識とどのように関わるか興味深い。一方，エリシター刺激によって発現誘導される遺伝子群の中に，細胞外ドメインの構造からβグルカンエリシター受容体として機能する可能性のある受容体キナーゼをコードするものが見出されたため，この遺伝子の機能解析を進めている。これまでにこの遺伝子がコードするタンパク質および各種ドメインを大腸菌で発現させ，自己リン酸化活性などの生化学的特性や細胞内局在性などの検討を進めている(増田ら，2005)。また，RNAiを利用した遺伝子発現抑制細胞や過剰発現細胞系を用いた解析についても検討中である。

4-5. エリシターにより誘導される活性酸素応答の制御機構

イネ培養細胞をエリシター処理すると時間的にはっきり区別できる2相性の活性酸素応答が観察される。エリシターによって誘導される活性酸素生成の制御機構を調べるため，キチンオリゴ糖エリシターで誘導されるイネ培養細胞の活性酸素応答に対する種々の阻害剤の影響を調べた。その結果，特定のホスホリパーゼ阻害剤が顕著な阻害効果を示すことから，エリシターによるホスホリパーゼの活性化が活性酸素応答において重要な役割を果たしていることが示唆された。エリシター処理したイネ培養細胞からミクロゾーム膜画分を調製し，酵素活性を測定した結果，エリシター処理によりPI-PLC(いわゆるホスホリパーゼC)およびPC-PLD(ホスファチジルコリンを基質とするホスホリパーゼD)が一過的に活性化されることが示された。また，培養細胞にはこれらの反応生成物であるジアシルグリセロール(DG)，ホスファチジン酸(PA)を相互変換する酵素系が存在することも明らかとなった。実際，エリシター処理を行うとDG，PAともに細胞内濃度が一過的に上昇することが確認された。さらに，DGやPAはエリシターが存在しなくても活性酸素や防御応答関連遺伝子の発現を誘導することから，キチンオリゴ糖エリシターが受容体に結合した直後にこれらのホスホリパーゼが活性化され，生成したDGやPAが活性酸素応答，遺伝子発現誘導などの防御応答の制御に重要な役割を果たしていることが示唆された(Yamaguchi et al., 2003, 2005)。また，種々のタンパクキナーゼ阻害剤を用いた薬理学的解析から，ホスホリパーゼの活性化やDG，PAによる活性酸素制御過程にはそれぞれタンパクキナーゼが介在することも示された。

近年，植物のシグナル伝達におけるPLDの役割が大変注目されているが，防御応答の制御においてどのように機能しているかは今後明らかにされるべき課題である。イネゲノム中に存在する個々のPLD遺伝子の機能分担の可能性も含め，今後の解析が待たれる。

4-6. お わ り に

主としてイネ培養細胞を用いた解析から，植物細胞は糸状菌細胞壁多糖であるキチンやβグルカンの断片あるいはグラム陰性細菌表層由来のリポ多糖など，植物には存在しないが，多くの微生物に共通して存在する分子パターンを鋭敏かつ特異的に認識し，防御応答を活性化する機構をもつことが明らかとなった。特定のレースの病原菌ではなく，微生物一般を非自己として認識し防御機構を活性化するこれらの系は恐らく進化的に古くから保存されてきたものであり，基礎的抵抗性や非宿主抵抗性などと深く関連しているものと想定される。こうしたエリシター認識に関わる受容体に関してはキチンオリゴ糖エリシター受容体と想定される原形質膜タンパク質が単離精製され，その遺伝子がクローニングされた。βグルカンエリシターに対する受容体の解析も進められており，防御応答に関わるシグナル伝達系の最初期の分子機構が明らかになることが期待される。こうした初期シグナル伝達過程でリン脂質が果たす役割についても解析が進んでおり，従来ほとんど注目されてこなかったPLDとその産物であるホスファチジン酸が活性酸素生成や防御応答遺伝子の発現誘導などで重要な役割を果たしていることが明らかになりつつある。今後これらの研究がさらに深化し，潜在的病原菌の認識に始まり基礎的抵抗性の誘導にいたる分子機構の全体像および「遺伝子対遺伝子型」抵抗性との接点がみえてくることが期待される。

参考文献

Amaya, T., Tanaka, H., Yamaguchi, T., Shibuya, N., Takahashi, T. (2001) The first synthesis of tetraglucosyl glucitol having phytoalexin-elicitor activity in rice cells based on a sequential glycosylation strategy. Tetrahedron Lett. 42, 9191-9194.

Boller, T. (1995) Chemoperception of microbial signals in plant cells. Ann. Rev. Plant Physiol. Mol. Biol. 46, 189-214.

Day, R. B., Okada, M., Ito, Y., Tsukada, K., Zaghouani, H., Shibuya, N., Stacey, G. (2001) Binding site for chitin oligosaccharides in the soybean plasma membrane. Plant Physiol. 126, 1-12.

出崎能丈・Venkatesh Barakrishan・露無慎二・山根久和・田部茂・賀来華江・南栄一・渋谷直人(2005)　細菌由来のリポ多糖(LPS)によるイネ培養細胞防御応答の誘導．日本植物生理学会年会講演要旨，p. 205.

Gómez-Gómez, L., Boller, T. (2002) Flagellin perception: A paradigm for innate immunity. Trends Plant Sci. 7, 251-256.

Ito, Y., Kaku, H., Shibuya, N. (1997) Identification of a high-affinity binding protein for N-acetylchitooligosaccharide elicitor in the plasma membrane of suspension-cultured rice cells by affinity labeling. Plant J. 12, 347-356.

伊藤ユキ・前原有美子・山口武志・渋谷直人(2002)イネ培養細胞原形質膜に存在するラミナリオリゴ糖結合蛋白質の親和性標識による検出．日本植物生理学会年会講演要旨，p. 198.

Kaku, H., Nishizawa, Y., Ishii-Minami, N., Akimoto-Tomiyama, C., Dohmae, N., Takio, K., Minami, E., Shibuya, N. (2006) Plant cells recognize chitin fragments for defense signaling through a novel plasma membrane receptor. Proc. Natl. Acad. Sci. USA 103, 11086-11091.

増田紳吾・光山菜奈子・秋本千春・賀来華江・南栄一・渋谷直人(2005)　防御応答に際して発現誘導されるイネ受容体キナーゼ遺伝子の解析．日本植物生理学会年会講演要旨，p. 201.

Nürnberger, T., Brunner, F., Kemmering, B., Piater, L. (2004) Innate Immunity in plants and animals: striking similarities and obvious differences. Immunol. Rev. 198, 249-266.

Okada, M., Matsumura, M., Ito, Y., Shibuya, N. (2002) High-affinity binding proteins for N-acetylchitooligosaccharide elicitor in the plasma membranes from wheat, barley and carrot cells: Conserved presence and correlation with the responsiveness to the elicitor. Plant Cell Physiol. 43, 505-512.

渋谷直人・南栄一(1998)　生体防御機構を活性化するシグナル(エリシター)としての糖鎖．蛋白質・核酸・酵素 43，2531-2539.

Shibuya, N., Minami, E. (2001) Oligosaccharide Signaling for Defense Responses in Plant, Physiol. Mol. Plant Pathol. 59, 223-233.

Yamaguchi, T., Maehara, Y., Kodama, O., Okada, M., Matsumura, M., Shibuya, N. (2002) Two purified oligosaccharide elicitors, N-acetylchitoheptaose and tetraglucosylglucitol, derived from Magnaporthe grisea cell walls, synergistically activate biosynthesis of phytoalexin in suspension-cultured rice cells. J. Plant Physiol. 159, 1147-1149.

Yamaguchi, T., Minami, E., Shibuya, N. (2003) Activation of phospholipases by N-acetylchitooligosaccharide elicitor in suspension-cultured rice cells mediates reactive oxygen generation. Physiol. Plant. 118, 361-370.

Yamaguchi, T., Minami, E., Ueki, J., Shibuya, N. (2005) Elicitor-induced activation of phospholipases plays an important role for the induction of defense responses in suspension-cultured rice cells. Plant Cell Physiol. 46, 579-587.

Yamaguchi, T., Yamada, A., Hong, N., Ogawa, T., Ishii, T., Shibuya, N. (2000) Differences in the recognition of glucan elicitor signals between rice and soybean: b-glucan fragments from the rice blast disease fungus Pyricularia oryzae that elicit phytoalexin biosynthesis in suspension-cultured rice cells. Plant Cell 12, 817-826.

5. エリシターの受容とオキシダティブバーストの分子機構とその機能

5-1. はじめに

植物は，一般的に，非親和性病原菌の感染過程で，菌のエリシター分子を認識し，変換情報が局部的に流れ，過敏感反応(hypersensitive　reaction:

HR)と総称される動的な防御応答を示す。この反応過程には，「エリシター分子の受容→情報伝達→新規遺伝子発現→翻訳合成→酵素の活性調節→新規代謝系の活性化→防御因子の生産」という一連の代謝変動が含まれている。さらに認識後の他の道筋として，情報が全身的に流れ，全身的獲得抵抗性(systemic acquired resistance: SAR)を誘導し全身的免疫強化を図る。ジャガイモ疫病菌と宿主ジャガイモ組織との相互関係において，非親和性レースの感染受容直後から HR 誘導への情報伝達が開始される時点と，新規な転写や翻訳が誘導される始める時点の 2 回にわたり，一過性の活性酸素種(reactive oxygen species: ROS)生成現象が見つけられた(Doke, 1983a, b; Chai and Doke, 1987a)。今日では，それぞれの ROS 発生現象を第 1 相および第 2 相の局部的オキシダティブバースト(OXB)と呼んでいる(図 1-5-1)。さらに全身獲得抵抗性(SAR)が誘導される場で，その誘導開始前に，

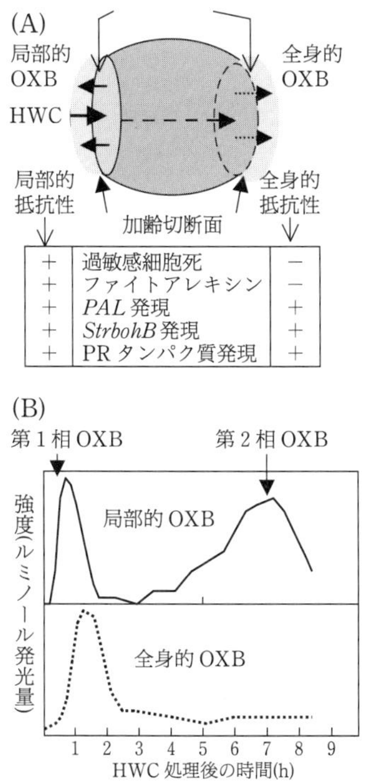

図 1-5-1　ジャガイモ塊茎スライスにおける HWC 処理による局部的および全身的 OXB の発生とそれぞれの場で誘導される防御関連代謝(A, +：誘導, −：非誘導)および活性酸素生成変化(B, 強度：5 分当たりのルミノール化学発光量)。

一過性の ROS 生成現象も見つけられた(Chai and Doke, 1987b; Park et al., 1998)。この現象を全身的 OXB と呼んでいる。親和性菌の感染で防御応答が誘導されず罹病が進行するような場合には，局部的 OXB も全身的 OXB も発生しない。また，非親和性菌感染の場合でも，後述する阻害剤で OXB の発生を抑制するか，あるいは ROS スキャベンジャーで生成する ROS を消去すると，誘導されるはずの防御応答が起こらなくなる。これらの観察から，OXB は植物の感染防御応答を誘導するのに必須な「緊急シグナル(emergency signal)反応」ではないかと考えている(Doke, 1997)。

OXB 現象はジャガイモ疫病菌の非親和性レースの感染ジャガイモで発見されて以来(Doke, 1983)，各種の植物でこの現象が確認され，今日では OXB 反応を担う酵素は NADPH 酸化酵素で，ヒト好中球の貪食作用時に活性化される O_2^- を生産する酵素の主因子である gp91^{phox} ホモログ(rboh)あることが明らかにされている。Rboh はイネ(Groom et al., 1996)，シロイヌナズナ(Keller et al., 1998; Amicucci et al., 1999)，ジャガイモ(Yoshioka et al., 2001)，その他多種の植物からクローニングされ，植物の OXB は感染防御応答おける普遍的な現象であることが証明されてきた。本来生物は生体内で発生する活性酸素種(O_2^-)をスパーオキシドジスムターゼ(SOD)で消去解毒し恒常性を維持しているのに，異生物の侵入時，NADPH の酸化と共役して積極的にタイムリーに O_2^- を生産する OXB は，その発生が生体防御応答にとって有用となると，正に「緊急シグナル」として機能していると考えざるを得ない。植物における OXB に関する研究の歴史的経緯ならびに生理・生化学的解析結果についてはいくつかの総説にまとめてあるので，詳細はそれらを参照していただきたい(Doke, 1997；道家，1999，2000)。

本研究課題を開始する 2000 年頃までには，OXB 現象は世界で注目を浴びた研究課題となっており，rboh の活性を巡る分子機構や HR 型防御応答の誘導や SAR の誘導などにおける役割の解明が焦点となっていた。我々は，それまで生理・薬理・生化学的に進めてきた OXB に関する

研究を分子レベルでの解明を目指すこととした。また，OXBが植物の生体防御応答の誘導に決定的な役割を果たしているならば，親和性疫病菌の感染で疫病が発生するのはOXB発生がないことが重要な原因であると考えた。そこで，親和性レースの感染によって特異的に発現する遺伝子があれば，その遺伝子のプロモーターをOXBの発生に導く情報伝達系酵素の遺伝子に連結したキメラ遺伝子を作成し，それを導入した形質転換ジャガイモを創れば，親和性レースの感染でもOXBが発生しHR型防御反応が誘導され，耐病性を賦与することが可能であると考えた。この観点で親和性レースの感染で動く遺伝子の探索とそのプロモーターの発現特性を調べて，活用を模索した。さらに，全身的OXBの誘導がSARの誘導に関わるとすれば，局部的防御応答の過程で生産されると推定される全身的シグナル伝達に働く機能因子があると考え，これを明らかにすれば，それを免疫誘導剤として活用することも可能であると考えた。

宿主－寄生者相互作用の分子機構の解明は，今や世界的な競争的研究課題となっており，分子遺伝学的研究が容易なシロイヌナズナなどのモデル植物を用いた研究に流れがちである。しかし，我々は，世界の四大作物の地位を保ち食糧として重要な役割を果たしているジャガイモが，常に難防除病害であるジャガイモ疫病の恐怖をかかえている現状を意識し，その安定した食糧生産のためにこの病害の克服に貢献することを目指していた。従って，敢えて分子遺伝学的手法が困難で回転が遅いジャガイモ植物に研究基盤を置きながら，その弱点を補うためのモデル実験系として，ジャガイモと類似した疫病菌の感染・応答現象を示すナス科植物の *Nicotiana benthamiana* タバコの系を確立し，これらの研究を並行して進め，基礎研究の成果を速やかに応用に直結させるというスタンスで研究を進めた。

5-2. 感染およびエリシター応答におけるOXBの発生様相とその機構の生理・薬理学的解析による現象の認識

非親和性ジャガイモ疫病菌の感染または菌体壁成分(HWC)の処理に対して，加齢切断ジャガイモ塊茎組織は，典型的な過敏感反応(HR)を誘導し，防御代謝に関連する酵素遺伝子の発現，酵素の活性化および抗菌性物質の合成・蓄積などを誘導するが，どの感染応答時期にOXBが発生するか，ROSの生産量を時間を追って定量的に調べた(図1-5-1)。OXBは感染の極初期とその数時間後の2相にわたって発生し(図1-5-1)，それらを第1相および第2相の局部的OXBとして確認した(Yoshioka et al., 2001b)。さらに，前者の局部的OXBの発生にやや遅れて，その場とは隔たった反対の加齢切断組織表面でOXBが発生するのを捉え(図1-5-1)，これを全身的OXBと呼ぶことにした(Park et al.,1998)。

局部的OXBの発生現場ではHRを伴い防御に関連する代謝系が，遺伝子発現や酵素の活性の高まりとともに誘導され(Yoshioka et al. 1996; Nakane et al. 2004)，全身的OXBの発生現場では，後にSARのマーカー遺伝子の発現誘導がみられた(図1-5-1)。感染の進行と発病を許してしまう親和性レースの感染に対しては，いずれのOXBも発生しない(Yoshioka et al., 2001b)。非親和性レースの感染でも，後述するようなOXB系の活性化阻害剤や生成する活性酸素消去剤で処理するとHR反応の誘導や防御応答反応が弱まることから，OXBの防御応答における重要性が生理・薬理学的にも示唆された。

生理・薬理学的にOXBの発生機構を推定した。第1相の局部的OXBは，細胞外 Ca^{2+} のキレート剤(EGTA)，Ca^{2+} チャネル阻害剤(ベラパミル，ジルチアゼム)，タンパク質リン酸化酵素阻害剤(スタウロスポリン，K252a)，NADPH酸化酵素阻害剤(ジフェニルイオドニウム：DPI)の処理で発生が抑制されたが(Park et al., 1998)，タンパク質合成阻害剤(ブラストサイジンS，シクロヘキシミド)処理で阻害されなかった。第1相の局部OXBの発生後に，シクロヘキシミド，スタウロスポリンやK252a，あるいはDPIで処理すると，第2相の局部的OXBの発生が抑制された(Yoshioka et al., 2001b)。これらのことから，第1相の局部的OXBは常時発現型で，Ca^{2+}とタンパク質リン酸化酵素により制御されたNADPH酸化酵素に依存し，また，第2相の局部的OXBは誘導性発現型で，リン酸化酵素により遺伝子発現が制御されるNADPH酸化酵素に依存しているものと推定した(Doke et al., 2000; Yoshioka et al., 2001a)。これらの生理・薬理学的解析結果は，局部的OXB系の分子的解析の情報基盤を与えた。

5-3. O_2^-生成NADPH酸化酵素(rboh)の分子基盤と機能

(1) O_2^-生成NADPH酸化酵素の遺伝子のクローニングとその特徴

OXBはこの研究の開始当初から原形質膜に局在するO_2^-生成NADPH酸化酵素に依存することが生理・生化学的に示唆され，ヒトの生体防御で重要な機能を果たす好中球で明らかにされているrespiratory burst oxidase(rbo)ホモログ(rboh)に類似していると推定されてきた(Doke et al., 1985)。我々は，ジャガイモのcDNAライブラリーからrbohのcDNAのクローニングを試み，StrbohA　とStrbohBと命名した2種のrbohを同定した(Yoshioka et al., 2001b)。これらはすでに明らかにされていたイネのOsrboh(Groom et al., 1996)やイロイヌナズナのAtrboh(Torres et al., 1998)と同様，ヒトのgp91^{phox}(respiratory burst oxidase: rbo)のNADPHおよびFAD結合サイトを含むC末端領域と類似構造と，4カ所のFe^{2+}結合サイトをもつ6回の膜貫通領域をもっていた。また，Rboにはない N末端側領域が存在し，そこには2カ所のCa^{2+}結合サイトであるEFハンドを含んでいた。また，ジャガイモ植物のモデル系として開発した*Nicotiana bethamiana*においても，*StrbohA*および*StrbohB*に相当する*NbrbohA*および*NbrbohB*をそれぞれクローニングし，ジャガイモの*rboh*と類似した構造をもち保存されたドメインがあることを確認した。

今日，動植物を通して，それぞれ各種のO_2^-生成NADPH酸化酵素が明らかにされ，動物の系ではこれらの酵素をNoxファミリーと呼んでいる。NoxファミリーはNox1〜Nox5まであり，Nox4まではNox2であるgp91^{phox}と同様の構造で，Nox5が植物のrbohと同様にEFハンドのあるN末端構造をもっている(住本，2005)。それぞれが，特異的な臓器で発現し，何らかの質的変化が起こる時に活性化されてROSを生産して機能している。

我々は，ジャガイモとタバコ植物で，それぞれの*Rboh*の感染やエリシターに対する発現応答の様相をノーザン解析で調べた。両植物で，Aタイプの*rboh*は傷などで誘導がかかり常時発現型，Bタイプの*rboh*は非親和性レースの感染およびエリシターに応答し*de novo*に遺伝子の発現を伴って生産される(Yoshioka et al., 2001b)。念のために対照として調査した親和性レースの感染で，大方の予想に反し，OXBが発生しない感染でもBタイプの*rboh*は，非親和性レースの感染と同様に発現誘導がかかり，酵素まで生成されることが確認された(Yoshioka et al., 2001b)。

非親和性レースの感染で特異的に起こる第2相の局部的OXBの発生は，翻訳後のrbohBが特異的に活性化されることにより第2相のOXBが起こると考えられる。その活性化にタンパク質リン酸化酵素によるリン酸化の関与が示唆されているが(大浦ら，2003)，詳細はまだ未定である。親和性レースの感染でも活性化まではいかないにしても，rbohBの発現誘導がかかるということを発見したことにより，親和性・非親和性レースの感染に共通なシグナル受容と情報伝達系が作動していることが考えられ，後述する耐病性植物の作出戦略を立てる上で重要なヒントを与えた。

(2) NADPH酸化酵素の細胞内局在性の証明

NADPH酸化酵素の局在性は，エリシターに応答したプロトプラストの懸濁液中に細胞膜を容易に通過できないO_2^-が生成されること(Doke, 1983b)，OXB発生組織の細胞分画の結果，原形質膜画分に高まったNADPH依存O_2^-生成活性が集中していること(Doke, 1985)，などから原形質膜に局在していることが示唆されていた。そこで，OXBを発生しているジャガイモ組織の磨砕液の膜画分を蔗糖密度勾配遠心にかけ細かく分画し，StrbohAおよびStrbohBに対して特異性をもつ抗体を作成し，これらを用いてウェスタン・ブロット解析しそれぞれの存在位置を確認した。その結果，原形質膜局在が証明されている酵素（H^+-ATPアーゼ）のイムノ・ブロットによるシグナルと一致した分画に，両rbohシグナルが得られた。これらのことから，OXBの基盤となる酵素のrbohは原形質膜に存在することが確認された（Kobayashi et al., 2006）。

⑶ NADPH酸化酵素のHR防御応答における鍵的機能の証明

rbohのHR型防御応答における決定的な役割を確認するため，PVXベクターを用いて，*NbrbohA*と*NbrbohB*のN末端領域の一部，または共通領域のC末端部分を組み込んで，RNAウイルスPVX::A，PVX::BおよびPVX::Uをそれぞれ調製してタバコ葉に接種し，ジーンサイレンシング（VIGS）が起こることをRT-PCRで確認した（Yoshioka et al., 2003）。そのベンタミアナタバコ植物葉に，非親和性疫病菌を接種または各種エリシターを処理し，OXBの発生，HR応答および防御関連遺伝子の発現などを対照植物と比較した。*NbrbohA*および*NbrohB*のいずれか一方，あるいは両者の発現が抑制された葉組織では，接種した非親和性菌の感染率の上昇がみられ，DAB染色法によるOXBの発生と肉眼的観察によるHRでは，それらの誘導がなくなることが示された。このような葉では菌の感染進行がみられ罹病化することが確認された。またINF1を導入処理した場合，対照植物葉では典型的なHR反応がみられたが，いずれかの*rboh*がジーンサイレンシングされた場合は，HRが起こらなかった（Yoshioka et al., 2003）。これらの結果は，NtrbohAおよびNtrbohBが活性酸素生成酵素として機能し，この両者が活性化され第1相と第2相のOXBがともに起こることにより，HR反応が誘導され，防御代謝も誘導されるものであることが確認された。つまり，非親和性菌の感染やエリシター刺激では，両OXBが発生することで，共同してHR型誘導抵抗性の発現に決定的な役割を果たしていることが明らかとなった。逆に，親和性レースは，これらのOXBの発生を抑制する寄生戦略をもって進化している可能性が推察された。

5-4. HR誘導におけるOXB機能とNO生産との関連

我々は，ジャガイモ塊茎組織で，エリシター処理で誘導される褐色壊死反応およびファイトアレキシン（リシチンなど）生成蓄積を伴うHR反応が，NO消去剤処理で阻害されることを明らかにし，植物のHRにNOが関与していることを初めて報告した（Noritake et al., 1996）。このエリシター処理組織にNO消去剤を処理すると逆にOXBにおけるH_2O_2の生産が高まることを明らかにし（Yamamoto et al., 2003），OXB発生時には活性酸素分子種のNOが生産され，O_2^-と相互作用し，何らかのシグナル因子として働く可能性を見出した（Yamamoto et al., 2004）。

研究開始当初，植物でのNO生成の分子基盤についてはほとんど不明で，ジャガイモ植物のNO生成系の候補として硝酸還元酵素（NR）に着目し，その分子基盤とNOの機能解析を試みた。ジャガイモcDNAライブラリーからNRのcDNAクローン2種を単離し，*StNR5*および*StNR6*とした。OXBを誘導するジャガイモ疫病菌非親和性菌感染およびHWCエリシター処理により，*StNR5*と*StNR6*の発現が誘導され，HWCエリシター処理ジャガイモ塊茎摩砕液を抗NR抗体を用いて免疫沈降したところ，NR活性の増加が認められた（Yamamoto et al., 2003）。これらより，ジャガイモ植物の感染防御反応時に*StNR5*と*StNR6*の関与が示唆された。阻害剤実験より，NR遺伝子の発現調節にはCa^{2+}非依存性プロテインキナーゼの関与が示唆された。

タバコ懸濁細胞を用いて，エリシター処理によるNO生成誘導をDAF-2を用いて定量的に測定する実験系を確立し，この系を用いてNR遺伝子のジーンサイレンシングを行うと，その発現が抑制された細胞系でも，誘導される全体のNO生成量の約30%しか抑制されなかった。このことから，NR は感染応答を示し NO 生成に関与するが，それ以外にも NO 生成系が関与していることが示唆された（Yamamato et al., 2003）。

5-5. NADPH 酸化酵素（rboh）の発現誘導に関わる情報伝達系の分子的基盤

非親和性レースの感染またはエリシターに対する応答で発生する局部的 OXB の発生制御に関して以下に述べる事柄を明らかにした。その内容をイメージ化した図を図 1-5-2 に記す。

⑴ rbohA の発現誘導

上述した生理・薬理学的解析から rbohA の活性化は，Ca^{2+} およびタンパク質リン酸化酵素に依存すると推定されたが，エリシター処理系に，タンパク質脱燐酸化酵素阻害剤（カリクリン）を同時処理すると，その薬剤単独処理でもエリシター処理と同等の活性酸素生成が上がるが，同時処理ではその約 10 倍近い強さの OXB が発生した（金井ら，未発表）。また，エリシターの代わりにカルシウムイオノフォアを処理しても OXB が発生したが，これとカリクリンとの同時処理においても，相乗的な強さで OXB が起こった。これらから，即発生型の第 1 相の OXB は rbohA に依存し，常時リン酸化・脱リン酸化反応が稼働回転している中，細胞外 Ca^{2+} のチャネルを介した流入と，Ca^{2+} 依存リン酸化酵素（CDPK）の活性化により，rbohA 本体の活性型が優性に傾き OXB が発生し，脱リン酸化酵素により不活性の状態に戻るものと推定される（図 1-5-2）。これを証明するため rbohA のリン酸化部位の特定とリン酸化酵素と脱リン酸化酵素の解明が進められている。

⑵ rbohB の発現誘導

上述したように，rbohB は誘導的に発現しており，その遺伝子発現がリン酸化酵素阻害剤で抑制されることより遺伝子の発現誘導にリン酸化酵素が関与していることが推定された。そこで非親和性レースの感染またはエリシター処理したジャガイモ塊茎組織で，第 2 相の OXB の発生に先立って誘導的に活性化されるタンパク質リン酸化酵素を in gel assay 法で検索し，それに該当する 51 kDa のタンパク質を捉えた。

これを生化学的方法で分離・精製し，この酵素の部分的領域のアミノ酸シークエンスを調べ，データーベース検索した結果，一種の MAP キナーゼであると推定された。そこで本酵素の cDNA をクローニングし *StMPK1* と命名し（図

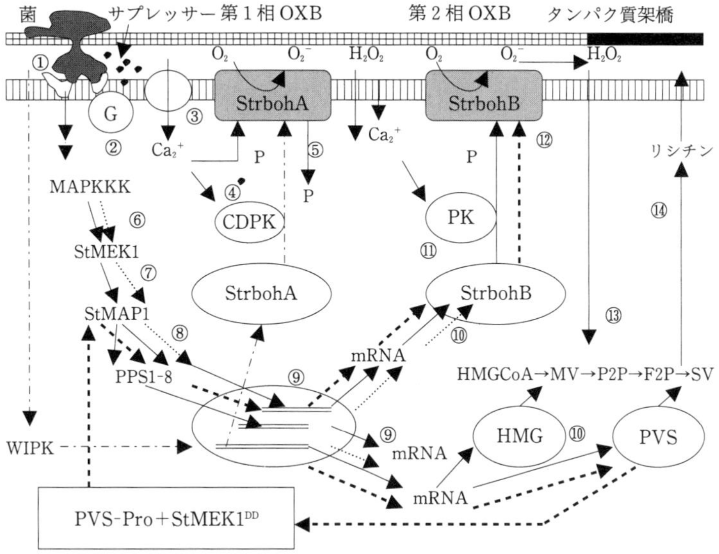

図 1-5-2　疫病菌感染ジャガイモにおけるオキシダティブバースト誘導の情報伝達系と形質転換耐病性ジャガイモにおける情報の流れに関する模式図。実線矢印：非親和性菌感染，点線矢印：親和性菌感染，太線矢印：形質転換ジャガイモへの親和性菌の感染。○内の数字は予想進展順路。略字，酵素名はテキスト中の指示を参照。

1-5-2)。これをノーザン・ブロット解析ならびにウェスタン・ブロット解析したところ，その遺伝子は常時発現型で，酵素活性は感染やエリシター刺激により誘導的に活性化され，MAPKの性質を確認した(Katou et al., 2003)。

これらのことより，StMAP1の上流にあるリン酸化酵素であるMAPKKをデーターベースの情報をもとにRT-PCR法でクローニングし，*StMEK1*と命名した(図1-5-2)。これが下流のrbohBの発現を制御していることを確認するため，StMEK1のリン酸化部位に関与する部分のアミノ酸を2カ所置換した*StMEK1*^{DD}を作成し，これを*Agrobacterium*の感染を介してベンタミアナタバコ葉に導入し一過的に発現させた。その結果，NbMAP1やSHIPKやWIPKの活性化を伴って，*NbrbohB*の発現，OXBの発生，HR類似の褐変壊死反応およびエリシター処理で誘導される各種の抵抗性関連遺伝子の発現や抑制応答の誘導現象がみられた。これらのことから，MAPKKのMEK1が誘導性発現のNbrbohBに依存するOXBとHR反応を制御しており，これが常時持続的活性化状態になると，第1相のOXBの発生の有無にかかわらず，*NbrbohB*の発現誘導からNbrbohBのリン酸化による活性化まで進行することが示唆された(Katou et al., 2003)(図1-5-2，太点線)。

念のために，*NbrbohA*，*NbrbohB*および両遺伝子を上述と同様にジーンサイレンシングした葉組織で，*NbMEK1*^{DD}を導入し発現させたところ，ベクターのみを発現させた葉およびNbrbohAをサイレンシングした葉ではほぼ正常にHR応答がみられたが，NbrbohBおよび両者をサイレンシングした葉ではHRの誘導が抑制された。従って，MEK1は上流で*rbohB*の発現誘導を制御していることが証明され，その持続的な活性が*rbohB*遺伝子発現および翻訳後の酵素の活性化を含むOXB系を導くものと考えられた(Yoshioka et al., 2003)。

(3) MAP1でリン酸化され*rbohB*の発現誘導に関わるタンパク質

MAPKであるMAP1の下流でリン酸化され，*rbohB*遺伝子の発現に関わる制御因子としてのタンパク質の分離・同定を試みた。IVEC法でMAP1によりリン酸化され電気泳動のゲル内でシフトを起こすジャガイモ塊茎の可溶性タンパク質を調査した結果，9種のタンパク質(PPS1〜9)を見出した。これらのタンパク質の一部のアミノ酸シークエンスを調べ，データーベース解析したところ3種の機能未知を除いて転写因子らしい情報は得られなかった。この機能未知タンパク質のcDNAをクローニングし，一部のシークエンスをPVXベクターに組み込んで接種し，それぞれジーンサイレンシングされたことを確認した植物で，NbMEK1^{DD}を導入し発現させ，HR誘導の様相を調べた。そのうちの一つの*PPS3*をサイレンシングした葉でHR誘導が起こらなくなった。このことから，PPS3が*rbohB*の転写に強く関与する因子の可能性が示唆された(加藤ら，2003)。詳細は検討中である。

5-6. NADPH酸化酵素のリン酸化に関わるリン酸化・脱リン酸化酵素

StrbohAおよびStrbohBの活性化はいずれもリン酸化が関与していると推定された。前者は生理・薬理学的解析からCDPKである可能性が示唆された。後者のリン酸化酵素として，ジャガイモ塊茎組織にエリシター処理後誘導される第2相のOXBの発生とタイミングよく活性化されてくるリン酸化酵素をin gel assay法で検索したところ，36 Kdの分子量に相当する位置に，それらしいリン酸化酵素活性が捉えられた(大浦ら，2003)。この酵素の分子的性質とrbohBのリン酸化機能の解析については現在進行中である。次項で述べるが*StrbohB*の発現と酵素タンパク質の生成蓄積は，第1相および第2相のOXBも発生しない親和性レースの感染によっても，両OXBが起こる非親和性レースの感染と遜色なく誘導されており，非親和性レースの感染時のみ，およびMEK1^{DD}の発現により活性化されると思われ，それらの関係でSrtbohBをリン酸化する36 Kdリン酸化酵素の活性がどのように制御されているか，またこれらのリン酸化酵素がrbohBのどの部分をリン酸化し活性化するのか，興味ある課題として残っており，現在解析が進められている。

5-7. 親和性レース感染時の OXB 系の動向と発現遺伝子

ジャガイモ疫病菌の非親和性レースが感染した場合，上述のように2相にわたり OXB が起こり，HR 反応やファイトアレキシンの生成蓄積が起こってくる。エリシター処理の場合にも同様な応答が起こる。しかし，親和性レースの感染では，いずれも起こってこない。この原因は，親和性サプレッサーというレースの感染時に分泌するフォスフォ-β-1→3，β-1→6 グルカンが特異的に第1相の OXB の発生を阻害するからと考えられている(Doke et al., 1998)。ところが非親和性レースの感染でみられた誘導性の第2相の OXB に関わる MAP キナーゼカスケードや *StrbohB* の発現，StrbohB の生産誘導が，大方の予測に反して親和性レースの感染でもほぼ同様に起こることが判明した。つまり，この応答系の情報伝達系は途中まで，レースの感染特異性はなかったのである。また，非親和性レースの感染に特異的な応答現象であるセスキテルペノイドファイトアレキシの生成・蓄積の前駆的代謝系であるメヴァロン酸回路に関わる HMGCoA 還元酵素(HMG)やセスキテルペンシクラーゼ(PVS)は，親和性レースの感染でもほぼ同様に発現し，MAP キナーゼカスケードに制御されることも明らかになった(Yoshioka et al., 2003；山溝ら，2003)。ファイトアレキシン生産が起こらないのは，代謝の鍵酵素である HMG が mRNA の翻訳レベルにおいて抑制がかかり，HMGCoA からメヴァロン酸(MV)の生成が抑制されるため，ファルネシル2リン酸(F2P)などの基質供給がたたれた結果，ファイトアレキシン生産の抑制が起こる可能性を先に報告している(Yoshioka et al., 1996)。従って，これらのことから，第1相の OXB が下流で，HMGR 生産の翻訳レベルでの制御や StrbohB 翻訳後の制御に関わっていることが示唆され，興味ある研究課題として残されている。

5-8. 局部的 OXB と連動して起こる全身的 OXB の発生制御機構とその機能

(1) 全身的 OXB の誘導とその発生機構

ジャガイモ植物個体の一部の葉に非親和性レースを接種またはエリシター処理で HR 反応を誘導する処理をすると，他の葉で1日も経たないうちに，O_2^- 生成活性が高まり，次いで SOD やペルオキシダーゼ活性が連動した高まることを明らかにしており(Chai and Doke, 1987b)，明らかに全身的に OXB が発生していることを示唆している。

塊茎スライスを用いた実験で，一方の加齢した切断面に非親和性レース菌の接種またはエリシター処理で第1相の OXB を誘導すると，数センチメーター離れた他の無処理加齢切断面で数分遅れて OXB が発生することを明らかにしている(Park et al., 1998)(図1-5-3)。この発生の時間的タイミングからして，StrbohA が何らかのシステミック刺激を受けて活性化されたものと推定されるが，全身的シグナルが伝達されると思われる途中の組織に細胞外 Ca^{2+} の EGTA，Ca^{2+} チャネブロッカーのベラパミル，H^+-ATP アーゼ阻害剤のバナジン酸を処理すると，全身的 OXB の発生は阻害された(Yamashita et al., 2003)。エリシター誘導処理部で第1相の OXB で発生する H_2O_2 の分解酵素(カタラーゼ)で処理すると，システミックな OXB の発生はなく，H_2O_2 が全身シグナル発信因子になっていると考えられた(Park et al., 1998)。H_2O_2 液を加齢切断面に処理すると全身的 OXB は誘導された。エリシター誘導処理面を OXB が起こらない新鮮切断面に処理しても全身的 OXB は誘導されず，H_2O_2 液を加齢切断面に処理すると全身的 OXB は誘導されたが，新鮮切断面に処理しても全身的 OXB は誘導されなかった(Park et al., 1998)。これらのことから，H_2O_2 が組織間を浸透伝達するのではなく，エリシターに応答し第1相の OXB を発生する条件が整った加齢切断面で，生産された H_2O_2 と共役して何らかの全身的シグナルの発信に関わる物質が生産され，それが細胞間を伝達する何らかの情報伝達系を働かせるものと推定した。

ちなみに，SAR と類似した抵抗性を誘導する

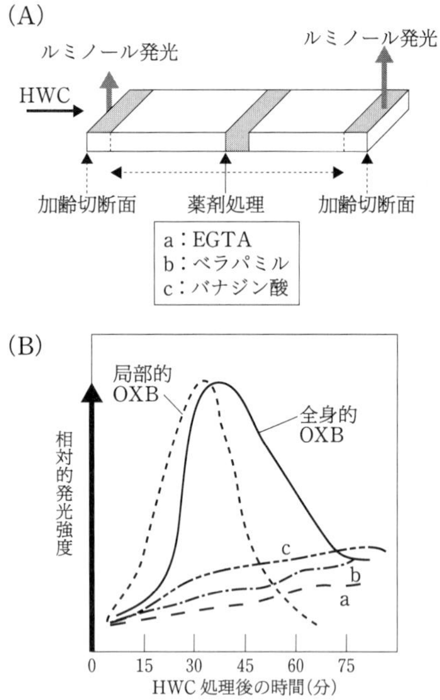

図1-5-3　ジャガイモ塊茎スライス(A)におけるHWCエリシター刺激による局部的OXBの誘導による全身的OXBの発生様相(B)と両者の中間部への薬剤処理による全身的OXBの発生阻害。

ことで知られている化学物質であるBTHやサリチル酸を適当な濃度で加齢のみならず新鮮切断面に処理すると，全身的OXBが発生した(伴ら，未発表)。

(2) 植物個体でのSAR誘導における局部的OXB関与の確認

*NbrbohA*と*NbrbohB*のC末端領域を用い*Agrobacterium*を介して導入し，局部的にRNAiジーンサイレンシングを誘導し，*NbrbohA*と*NbrbohB*の転写産物の蓄積が激減していることを確かめ，この処理をした下葉に，INF1を注入し，その後上葉に親和性疫病菌をチャレンジ接種してSAR誘導の程度を調べた。INF1処理葉では，ジーンサイレンシングによりベンタミアナタバコ植物の下葉をRNAi処理し，NbrbohAおよびNbrbohBの両者をジーンサイレンシングした葉に，SARの誘導処理であるINF1を注入すると，そこでのHRの誘導が抑制されるとともに，数日後にチャレンジ接種した親和性疫病菌に対するSARの程度は，対象に比較し有意に低下することが示された(Yamashita et al., 2003)。

5-9. 親和性菌の感染により誘導される遺伝子のプロモーターの利用による耐病性化

ジャガイモ植物は親和性・非親和性菌を問わず，感染により多くのセスキテルペノイドファイトアレキシン生合成関連酵素の遺伝子が同じように発現するが，後者の場合，転写後の非親和性関係特異的に生合成系が活性化されることを明らかにしている(Yoshioka et al., 2001a)。上述したように，レースにかかわりなくMAPキナーゼカスケードは活性化されており，rbohBは翻訳後に非親和性特異的な制御によりOXBが発生し，MAPキナーゼカスケードを強制的に持続的に活性化させると，rbohB単独でもOXBが発生し，防御応答がみられた(Katou et al., 2003; Yoshioka et al., 2003)。

そこで，戦略的に，セスキテルペノイドファイトアレキシン生合成代謝に関与する酵素の遺伝子の中で，傷などの物理・化学的ストレスで発現が誘導されず，親和性菌の感染で誘導される酵素の遺伝子を探索し，塊茎組織のみならず葉組織で発現する遺伝子として，ファイトアレキシン合成系のセスキテルペンシクラーゼ活性をもつベティスピラジエン合成酵素(VPS)遺伝子が候補として捉えられた(Yoshioka et al., 2001a)。これは，4つのアイソジーン(*VPS1-4*)からなり，そのうち，葉で発現量が多い*VPS3*のプロモータ領域を活用することとした。このプロモーターを*StrbohB*の誘導制御に関与する上流の*StMEK1*^{DD}の遺伝子に結合したキメラ遺伝子を作成し，*Agrobacterium*を介して形質導入し，形質転換ジャガイモを作出した(山溝ら，2003；Yamamizo et al., 2006)。また，このプロモーターをGAS遺伝子に連結したキメラ遺伝子で形質転換したジャガイモも作出した(山溝，2004)。前者では，親和性疫病菌の感染部位でも，DAB染色が顕著にみられOXBが起こることを示し，また，HR反応も現れ，菌の感染進展が抑制され，親和性菌の感染でも防御に関連する遺伝子発現もみられた。これらは，この形質転換ジャガイモが明らかに耐病性ジャガイモになったことを示した。また，後者の形質転換ジャガイモでは，親和性菌の感染部位およびエリシター処理部でGAS染色がみられ，PVSのプロモーターが親和性菌の感染でもエリシター応答と類似した応答をしていることを示した。

PVSプロモーターを連結したMEK1^{DD}遺伝子を導入したジャガイモは，ジャガイモ夏疫病の接種に対しても抵抗性を示し，ほとんど無病徴であった(山溝ら，2004；Yamamizo et al., 2006)。

5-10. おわりに

「非親和性レースの感染により何故HRが誘導されるか？」という素朴な興味の中には，今日，遺伝子に裏付けられた整然としたシステムの動いていることが明らかとなってきた。その防御応答の流れの中で，OXBが菌の寄生と宿主の防御のための両者の戦略的拠点になっていることを明らかにしてきた。つまり，その拠点を宿主が支配するか，病原菌が支配するかが抵抗性か罹病性かを決めている重要な戦略拠点である。この原理を信頼して行った*PVS3*のプロモーターをつないだ*StMEK1*^{DD}のキメラ遺伝子による形質転換は，菌に先陣の第1相のOXB拠点の支配を許し，それが抑制されたままで，第2陣の第2相のOXB拠点を活性化する情報伝達系を強化して，宿主に勝利をもたらす戦略を成功させたものである。さらに局部的OXBが発生すれば，第3陣の全身的OXBの拠点も働き，防衛力が全身的に強化されるものと思われる。この戦略は，一応耐病性強化戦略としては成功したものと考えている。しかも，形質転換に利用した遺伝子は，宿主自身のものであり，親和性レースの感染した緊急時に発現する遺伝子で，食用部では発現はみられないので，食の安全・安心という面からも実用化を期待している。

その他，ジャガイモ疫病の系でOXBを巡る研究を推進する中で，宿主のOXB機能を拠点とする動的抵抗性の機能を活用し耐病性を強化する戦略として，次のことが考えられてきたので，仮説であるが提案しておく。

第1陣のOXB拠点が菌に支配されないように，Strbohの活性化までに機能する認識・情報伝達系の分子機構をもとに，それぞれの因子を修飾し，病原性因子による拠点が支配されないように図る。

第3陣のOXBを活性化する全身的シグナル因子が解明できれば，これを製剤化し，必用な時にタイミングを図って散布する免疫誘導剤としての活用が可能である。

同一栽培品種に，R_1，R_2，R_3，R_4など異なる真性抵抗性遺伝子を組み込んだ亜品種を作成し，これらを混植栽培し，圃場内に疫病菌に対する非親和性関係の多様性を確保し，相互に耐病性強化を図る。

ジャガイモ疫病菌感染による発病初期には誘導性の*StrbohB*は発現し第2陣のOXB発生の準備は整っているので，これに過酸化水素処理をすると活性化することが判明しているので(Doke et al., 1994)，過酸化水素水に代わる活性化剤を開発し，罹病組織で宿主の防御応答を活性化することにより罹病進展をくいとめる。

ジャガイモ疫病だけでなく，一般的にOXBが植物の誘導抵抗性の鍵反応となっていることが考えられるので，他の植物の病気においてもこれらの戦略が活用されることを期待し締めくくることにする。

参考文献

Amicucci, E., Gaschier, K., Ward, J. M. (1999) NADPH oxidase genes from tomato (*Lycoprsicon esculentum*) and curly-leaf pond-weed (*Potamogeton crispus*). Plant Biol. 1, 524-528.

Chai, H. B., Doke, N. (1987a) Superoxide anion generation: a response of potato leaves to infection with *Phytophthora infestans*. Phytopathology 77, 645-649.

Chai, H. B., Doke, N. (1987b) Systemic activation of O_2^- generating reaction, superoxide dismutase and peroxidese in poato plant in relation to systemic induction of resistance to *Phytophthora infestans*. Ann. Phytopathol. Soc. Jpn. 53, 585-590,

Doke, N. (1983a) Involvement of superoxide anion generation in hypersensitive response of potato tuber tissues to infection with an incompatiboe race of *Phytophthora infestans*. Physiol. Plant Pathol. 23, 345-357.

Doke, N. (1983b) Generation of superoxide anion by potato tuber protoplasts upon the hypersebnsitive response to hyphal wall components of *Phytophthora infestans* and specific inhibition of the reaction by supperssors of hypersensitiveity. Physiol. Plant Pathol. 23, 359-367.

Doke, N. (1985) NADPH-dependent O_2^- generation in membrane fractions isolated from wounded potato tubers inoculated with *Phytophthora infestans*. Physiol. Plant Pathol. 311-322.

Doke, N. (1997) The oxidative burst: roles in signal transduction and plant stress. In Oxidative Stress and the Molecular Biology of Antioxidant Defenses, Edited by J. G. Scandalios, Cold Spring Harbor Labo. Press, New York, USA, pp. 785-813.

道家紀志(1999)植物の感染・ストレス応答におけるオキシダティブバースト—防御応答のための緊急シグナル—. 化学と生物 37, 800-806.

道家紀志(2000)ジャガイモの病害抵抗性とオキシダティブバースト. 植物の生長調節 36, 143-149.

道家紀志(2002)植物の菌類病研究の現状と将来展望—感染生理学を中心として. 植物感染生理談話会論文集第38号, 植物-微生物相互作用研究の現状と将来展望, pp. 77-88.

Doke, N., Hikota, T., Kawamura, H., Miura, Y., Kawakita, K., Yoshioka, H., Umemura, Y. (1994) Plant immunization in potato culture: its basis and application. In Proceedings of the 4th APA Triennial Conference, Edited by E. T. Rasco, F. B. Aromin, and C. H. balatero, Asian Potato Association, Daekwanryeong, Korea, pp. 29-36.

Doke, N., Park, H.-J., Katou, S., Komatsubara, H., Makino, T., Ban, S., Kawakita, K., Doke, N. (2000) The oxidative burst in plants: mechanism and function in induced resistance. In Delivery and Perception of Pathogen Signals to Plants, Edited by N. T. Keen, S. Mayama, J. E. Leach and S. Tsuyumu, APS Press, St. Paul, USA, pp. 184-193.

Doke, N., Sanchez, L. M., Yoshioka, H., Kawakita, K., Miura, Y., Park, H.-J. (1998) The oxidative burst system in plants: a strategic signal transduction system for triggering active defense and for parasites to overcome. In Molecular Genetics of Host-Specific Toxins in Plant Disease, Edited by K. Kohomoto and O. Yorder, Kluwer academic Publications, Dordrecht, The Netherlands.

Doke, N., Yoshioka, H., Kawakita, K., Sugie, K., Sunazaki, K., Park, H.-J. (2002) Mechanism of local and systemic oxidative bursts induced by infection or elicitor in potato. In Biology of Plant-Microbe Interactions 3, Edited by S. A. Leong, C. Allen and E. W. Triplett, Int. Soc. Mol. Plant-Microbe Interact., St. Paul, Minnesota, USA, pp. 113-117.

Doke, N., Yoshioka, H., Sugie, K., Numata, K., Nakajima, K., Park, H.-J., Sunazaki, K., Yamasita, M., Kawakita K., Katou, S. (2004) The superoxide generating NADPH oxidase in plants: its molecular basis and role in induction of local and systemic induced resistance against pathogens. In Genomic and Genetic Analysis of Plant Parasitism and Defense, Edited by S. Tsuyumu, J. E. Leach, T. Shiraishi and T. J. Wolpert, APS Press, St. Paul, USA, p. 316.

Groom, Q. J., Tores, M. A., Fordham-Skelton, A. P., Hammond-Kosack, K. E., Robinson, N. J., Jones, J. D. G. (1996) rbohA, a rice homologue of the mammalian *gp91phox* respiratory burst oxidese gene. Plant J. 10, 515-522.

Katou, S., Sendsa, K., Yoshioka, H., Doke, N., Kawakita, K. (1999) A 51 kDa protein kinase of potato activated with hyphal wall components from *Phytophthora infestans*. Plant Cell Physiol. 40, 825-831.

Katou, S., Yamamoto, A., Yoshioka, H., Kawakita, K., Doke, N. (2003) Functional analysis of potato mitogen-activated protein kinase kinase, StMEK1. J. Gen. Plant Pathol. 69, 161-168.

加藤新平・吉岡博文・川北一人・道家紀志(2003) Virus-induced gene silensing による *PPS* 遺伝子の機能解析. 日植病報 69, 258.

Keller, T., Damude, H. G., Werner, D., Doerner, P., Dixon, R. A., Lamb. C. (1998) A plant homolog of the neutrophile NADPH oxidese $gp91^{phox}$ subunit gene encodes a plasma membrane protein with Ca^{2+} binding motifs. Plant Cell 10, 255-266.

Kobayashi, M., Kawakita, K., Maeshima, M., Doke, N., Yoshioka, H. (2006) Subcellular localization of Strbohproteins and NADPH-dependent O_2^--generating activity in potato tuber tissues. J. Exp. Bot. 57, 1373-1379.

Nakane, E., Kawakita, K., Doke, N., Yoshioka, H. (2004) Elicitation of primary and secondary metabolism during defense in the potato. J. Gen. Plant Pathol. 69, 378-384.

Noritake, T., Kawakita, K., Doke, N. (1996) Nitric oxide induces phytoalexin accumulation in potato tuber tissues. Plant Cell Physiol. 37, 113-116.

大浦生子・川北一人・道家紀志・吉岡博文(2003)エリシター応答性 36 Kda プロテインキナーゼによる StrbohB のリン酸化. 日植病報 69, 249. (講要)

Park, H.-J., Doke, N., Miura, Y., Kawakita, K., Noritake, T., Komatsubara, H. (1998) Induction of a systemic oxidative burst by elicitor-stimulated local oxidative burst in potato plant tissues: a possible systemic signaling in systemic acquired resistance. Plant Sci. 138, 197-208.

Park, H.-J., Miura, Y., Kawakit, K., Yoshioka, H., Doke, N. (1998) Physiological mechanism of a subsystemic oxidative burst trigred by elicitor-induced local oxidative burst in poato tuber slices. Plant Cell Physiol. 39, 1218-1225.

住本英樹(2005)動物における Nox ファミリーの役割とその活性化機構. 蛋白質・核酸・酵素 50, 302-309.

Torres, M. A., Onouchi, H., Hamada, S., Machida, C., Hammond-Kosack, K. E., Jones, J. D. G. (1998) Six *Arbidopsis thaliana* homlogues of the human respiratory burst oxidase ($gp91^{phox}$). Plant J. 14, 365-370.

山溝千尋・口村和男・加藤新平・道家紀志・吉岡博文(2003) Agroinfiltration 法による Potato vetispiradien synthase 3 遺伝子プロモーターの機能解析. 日植病報 69, 249. (講要)

山溝千尋・口村和男・加藤新平・川北一人・道家紀志・小林晃・吉岡博文(2004)ファイトアレキシン合成遺伝子プロモーターを利用した耐病性植物の作出. 日植病報 70, 200.

Yamamizo, C., Kuchimura, K., Kobayashi, A., Katou, S., Kawakita, K., Jones, J. D. G., Doke, N., Yoshioka, H. (2006) Rewiring mitogen-activated protein kinase cascade by positive feedback confers potato blight resistance. Plant Physiol. 140(2), 681-692.

Yamamoto, A., Katou, S., Yoshioka, H., Doke, N., Kawakita, K. (2003) Nitrate reductase, a nitric oxide producing enzyme, is induced by pathogen signals. J. Gen. Plant Pathol. 69, 218-229.

Yamamoto, A., Katou, S., Yoshioka, H., Doke, N., Kawakita, K. (2004) Involvement of nitric oxide generation in hypersensitive cell death induced by elicitin in tobacco cell suspension culture. J. Gen. Plant Pathol. 70, 85-92.

Yamashita, M., Sunazaki, K., Yoshioka, H., Kawakita, K., Doke, N. (2003) Mechanism of dispatching and transduction of early systemic signal for induction of systemic acquired resistance in plants. 8th Ingernational congress of Plant Patholpguy, Christchurch, New Zealand, p. 177. (abstract)

吉岡博文・川北一人・道家紀志(2004)植物の生体防御機構. 島本功・渡辺雄一郎・柘植尚志監修, 分子レベルからみた植物の耐病性. 秀潤社. pp. 103-110.

Yoshioka, H., Kuchimura, K., Doke, N. (2001a). Molecular cloning of the cDNA and gene for sesquiterpene cyclase in potato. In Plant Diseases and Their Control: The Selected Papers of the First Asian Conference on Plant Pathology, Edited by Z. Shimai, Z. Guanghe and L. Huaifang, China Agricultural Scientech Press, Beijing, pp. 36-40.

吉岡博文・口村和男・山溝千尋・池田直希・加藤新平・川北一人・小林晃・道家紀志(2003)宿主植物の抵抗性制御と糸状菌病に対する耐病性強化の展望. 植物感染生理談話会論文集第 39 号, 作物の耐病性強化戦略と植物 - 病原体相互作用の分子機構研究, pp. 101-110.

Yoshioka, H., Miyabe, M., Hayakawa, Y., Doke, N. (1996). Expression of genes for phenylalanine ammonia-lyase and 3-hydroxy-3-methylglutaryl CoA reductase in aged potato tubers infefected with *Phytophthra infestans*. Plant Cell Physiol. 37, 81-90.

Yoshioka, H., Numata, N., Nakajima, K., Katou, S., Kawakita, K., Rowland, O., Jones, J. D. G., Doke, N. (2003) *Nicotiana benthamiana* $gp91^{phox}$ homologs NbrbohA and NbrbohB participate in H_2O_2 accumulation and resistance to *Phytophthora infestans*. Plant Cell 15, 706-718.

Yoshioka, H., Sugie, K., Park, H.-J., Maeda, H., Tsuda, N., Kawakita, K., Doke, N. (2001b) Induction of plant $gp91^{phox}$ homolog by fungal cell wall, arachidonic acid and salicylic acid in potato. Mol. Plant-Microbe Interact. 14, 725-736.

第2章 植物のプログラム細胞死

1. 植物の感染防御応答におけるプログラム細胞死の制御機構

1-1. はじめに

多細胞生物は発生，分化および老化の過程で不要になった細胞を除去するためにプログラム細胞死（Programmed Cell Death: PCD）と呼ばれる能動的な細胞死誘導機構を保有している。例えば，オタマジャクシの尾の退縮や水掻きの消失，落葉時の離層形成など生活環の特定の段階，あるいは組織の特定部位において限定的にPCDが生じることが知られている。このような秩序立った細胞死は，生物が外来のストレスを受けた時にも起こることが知られており，ストレスにより損傷を受けた細胞を特異的に除去すると考えられている。近年，ヒトをはじめとする動物細胞を用いてアポトーシスと呼ばれるPCDの研究が盛んに行われており，癌や神経疾患，免疫疾患など様々な医学分野における疾患の制御や新薬開発への足がかりとして期待されている。

これに呼応するように植物病理学分野でも，植物の感染応答に際した種々の細胞死がPCDの特徴を有することが明らかとなり，植物の細胞死に関する知見が急速に蓄積している。これらの中には，非親和性関係にある病原体の感染を受けた植物が示す過敏感細胞死（Hypersensitive Response: HR）や親和性関係にある病原菌からの毒素による細胞死などが含まれている。つまり，植物と病原菌間における植物のPCDは，病原菌に対する抵抗性反応の一環として生じるものと，病原菌の植物への戦略過程の一つとして誘導されるものが存在すると考えられている。これらの感染応答に関わるPCDの分子機構を解明することは，病原菌の植物への感染を制御することを可能とし，ひいては農作物生産の大きな支障となっている微生物病害を抑制，軽減する上で重要な意味をもつと考えられる。

そこで本節では，エンバク冠さび病（*Puccinia coronata* f. sp. *avenae*）に対する品種特異的な過敏感細胞死とエンバク葉枯病菌（*Cochliobolus victoriae*）が産出する宿主特異的毒素ビクトリンによって起こる細胞死の二つをモデル系として，植物におけるPCDを制御する分子機構とその感染応答における抵抗性あるいは罹病性誘導への役割について述べる。

1-2. エンバクにおける過敏感細胞死および宿主特異的毒素による細胞死における核DNAの分解

PCDに特徴的な現象の一つとして速やかな核DNAの分解が知られている。その役割としては，PCDの際にゲノムを構成しているDNAが分解されることで細胞死のプログラムが後戻りできなくなり，また不必要な遺伝子合成による影響を避けることができるからと考えられている。動物細胞の主要なPCD機構であるアポトーシスでは，細胞死に先立って核の断片化やヘテロクロマチンの凝集などDNA分解に付随した形態的な変化が認められる。また，この過程における生化学的な特徴として，核DNAラダー化現象が知られている。これは核DNAがランダムに分解されるのではなく，第一段階として50-300 kbp単位の大きな断片に分解され，次に約180 bpのヌクレオソームを単位とした切断を受けるという二段階の秩序立った過程を経るため，電気泳動で解析した際に分解産物がヌクレオソーム単量体(約180 bp)の整数倍のバンド(ラダー)として観察されるというものである。

当研究室で用いられているエンバク(*Avena sativa* L.)は，冠さび病菌に対して，明確な品種特異性を示す。非親和性の冠さび病菌の侵入を受けた細胞では急激なHRが起こり，その周縁の細胞を含んだ感染部位ではファイトアレキシンの合成・蓄積や種々の抵抗性遺伝子の発現が認められる(Mayama et al., 1986; Yang et al., 2004)。この過敏感細胞死の過程を形態学的に検討したところ，動物細胞のアポトーシスの特徴とされるヘテロクロマチンの凝集と凝集部位における核DNAの切断がEM-TUNEL法などにより明らかとなった(図2-1-1A)(Yao et al., 2001)。またこの際，核DNAを電気泳動で分析すると，明確なラダー化を起こしていた(図2-1-1B)(Tada et al., 2001)。これらの結果は，エンバクのHR細胞死が動物のアポトーシスと極めて類似した機構を介して起こっていることを示している。また，興味深いことに菌の侵入

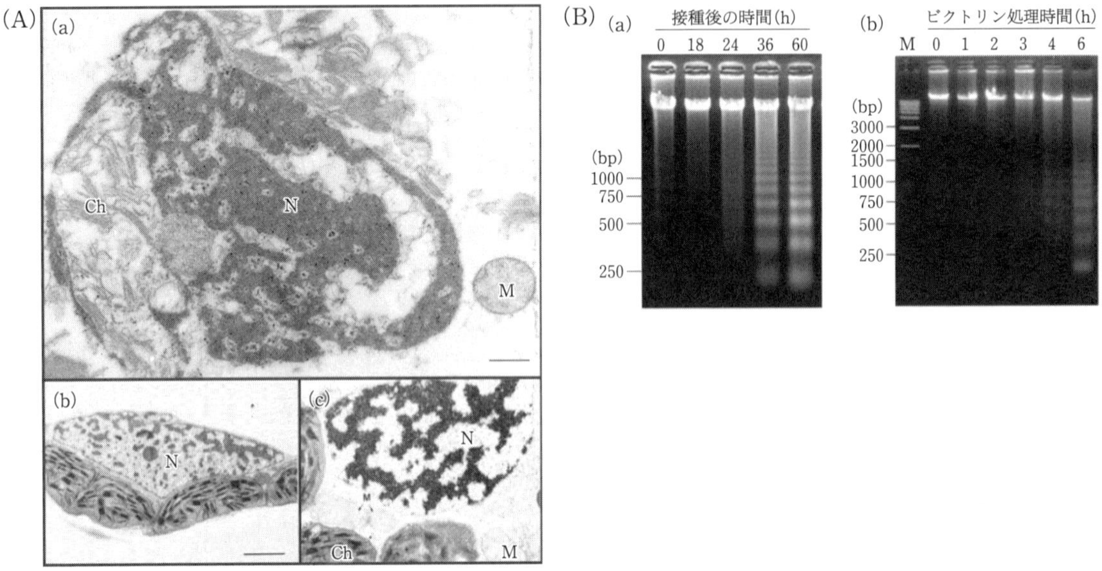

図2-1-1　エンバクの過敏感細胞死および宿主特異的毒素による細胞死における核の形態的変化と核DNAラダー化(Yao et al., 2001, Fig. 2 [p. 16])。スケールは(a)：200 nm，(b)：2.5 μm。(A)過敏感細胞死および宿主特異的毒素による細胞死が誘導された細胞の電子顕微鏡像。(a)エンバク品種勝冠1号に非親和性冠さび病菌レース203を接種し，24時間後の過敏感細胞死を起こしている細胞。(b)コントロールとして水処理をした細胞。(c)エンバク品種Iowa X469に宿主特異的毒素ビクトリンを処理し，6時間後の細胞死を起こしている細胞。水処理をした細胞では核内部に濃いグレーで示されるクロマチンが散在しているが(b)，さび病菌を接種した細胞では大きな塊となっており，クロマチンが凝集していることが示された(a)。同様に宿主特異的毒素ビクトリンによってもクロマチンの凝集が観察された(c)。よって，非親和性病原菌と宿主特異的毒素の異なる二つの細胞死誘導因子によって，同様の核の形態的変化が誘導されることが明らかとなった。Ch：葉緑体，M：ミトコンドリア，N：核。(B)非親和性病原菌接種および宿主特異的毒素ビクトリン処理により誘導されるエンバク核DNAのラダー化。エンバク品種勝冠1号に非親和性冠さび病菌レース203を接種したエンバク葉(a)およびエンバク品種Iowa X469に宿主特異的毒素ビクトリンを処理した葉(b)よりCTAB法を用いてDNAを抽出した。これをアガロースゲル電気泳動に供試し，エチジウムブロマイドによりDNAを可視化した。非親和性病原菌とビクトリンのどちらにおいても，時間を経るに従ってDNAの180 bp単位での断片化が確認された。このことからヘテロクロマチンの凝集と同様に，核DNAのラダー化も過敏感細胞死および宿主特異的毒素による細胞死に共通した現象であると考えられた。

を受けたHR細胞だけでなく，それに隣接する細胞もアポトーシス様の細胞死を起こしていることが明らかとなった(Yao et al., 2001)。これは細胞死のシグナルが直接菌の侵入を受けた細胞から周囲に伝達されるという点で興味深いが，この際の隣接細胞へのシグナリングに活性酸素種が重要な役割を果たしていることが薬理学的な解析から明らかとなっている(Tada et al., 2004)。

一方，エンバク葉枯病は，病原菌である *C. victoriae* が産出する宿主特異的毒素ビクトリンが病原性決定因子となって起こるが，この毒素への感受性はエンバクの優性の一遺伝子座(*Vb*)によって支配されることが遺伝学的な解析より示されている(Mayama et al., 1995)。*Vb* 遺伝子座を保有するエンバク品種では，10^{-8}〜10^{-9}M という極めて低濃度のビクトリンにより急激な細胞死を起こす。この細胞死は，これまで毒素によって引き起こされる受動的な細胞死と考えられていたが，この過程における核DNAやクロマチンの変化を同様に解析したところ，ヘテロクロマチンの凝集および明瞭な核DNAのラダー化が観察され，これが形態学的・生化学的にアポトーシス様の細胞死であることが示唆された(図2-1-1A，B)(Yao et al., 2001; Tada et al., 2001)。

これらの結果は，植物病理学的に興味深い二つの示唆を与えている。一つは病原菌の感染に対して起こるHR細胞死は遺伝的にプログラムされた細胞の自殺であり，動植物を通じて共通の機構が存在するということである。そしてもう一つは病原菌によって産出される植物毒素ビクトリンによって少なくともプログラム細胞死機構の一部の経路が誘導されるということである。前者の意義は，これまでの植物病理学の研究で確立された感染応答におけるHRの位置付けとよく符合し理解しやすいが，後者の説明としては，二つの仮説が考えられる。一つは，ビクトリンは低濃度で処理された場合，PRタンパク質の発現やファイトアレキシンの合成といった抵抗性反応を誘導することから，エリシター的な働きをするとされており，ここで観察されたビクトリンによるアポトーシス様細胞死もそういった一連の抵抗性反応の一部として解釈する考え方である。もう一つは，植物病原菌が宿主特異的毒素の作用により，宿主の自殺プログラムを作動させて細胞死を誘導し，感染を成立させているという仮説である。現時点における知見を総合すると，病原菌の毒素がアポトーシス様細胞死を誘導する例がビクトリンだけでなく，*Alternaria* 属菌が産出する宿主特異的なAAL毒素や種々の菌が分泌する非特異的毒素などにおいても報告されていること(Wang et al., 1996; Yao et al. 2002a)，またアポトーシスの抑制遺伝子を植物に導入した場合，元来親和性の毒素生産菌が感染できなくなるなどの報告から(Lincoln et al. 2002)，後者の仮説がより有力と考えられる。この植物病原菌による宿主細胞のPCDの誘導という現象は，感染応答における毒素の意義という点からも，極めて興味深いといえる。

本研究で観察されたHRに伴う核の断片化やDNAのラダー化は，前述したトマトにおける宿主特異的毒素処理の他にもこれまでにササゲのさび病菌感染時の抵抗反応やHRを誘導するエリシター処理など(Ryerson and Heath, 1996; Sasabe et al., 2000)，様々な系において確認されている。また，胚芽形成や高温ストレスなどにより生じるPCDにおいてもDNAのラダー化が認められており(Giuliani et al., 2002; Sun et al., 1999)，植物のPCDにおいて核DNAが分解される過程で共通した機構の存在が推察された。しかし，老化や形態形成による細胞死など一部のPCDでは，DNAのラダー化は生じないことから(Gunawardena et al., 2004)，植物には異なるDNA分解様式をとるPCDも存在すると考えられている。

1-3. エンバクの核DNAラダー化および核の分解に関わる細胞内因子の探索

動物のアポトーシスでは，特異性の高いカスパーゼと呼ばれるタンパク質分解酵素(プロテアーゼ)の活性化と，カスパーゼを介した核酸分解酵素(ヌクレアーゼ)の活性化が核DNAの分解に重要な役割を果たしていることが知られている(Enari et al., 1998)。植物においても同様のプロテアーゼやヌクレアーゼを介したシグナル経路の存在を示唆する多くの報告があるが，これまで植物のアポトーシス様細胞死に関与する分子はほとんど同定されていないのが現状である。そこで，核DNAラダー化に関与するヌクレアーゼの同定を試みた。

単離したエンバクの核を用いた無細胞のアポトーシスアッセイ系を確立し，薬理学的なアプローチにより，核の断片化やDNAのラダー化を引き起こす細胞内の因子の解析を試みた。ビクトリン処理したエンバク葉から抽出した可溶性タンパク質(細胞抽出液)は，プロトプラストを経由して調製したエンバク単離核にDNAのラダー化と核の断片化を引き起こした(図2-1-2B，C)(Kusaka et al., 2004)。このin vitroのDNAのラダー化はヌクレアーゼ阻害剤のATAにより完全に阻害され，システインプロテアーゼ阻害剤のE-64によっても有意に抑制された(図2-1-2B)(Kusaka et

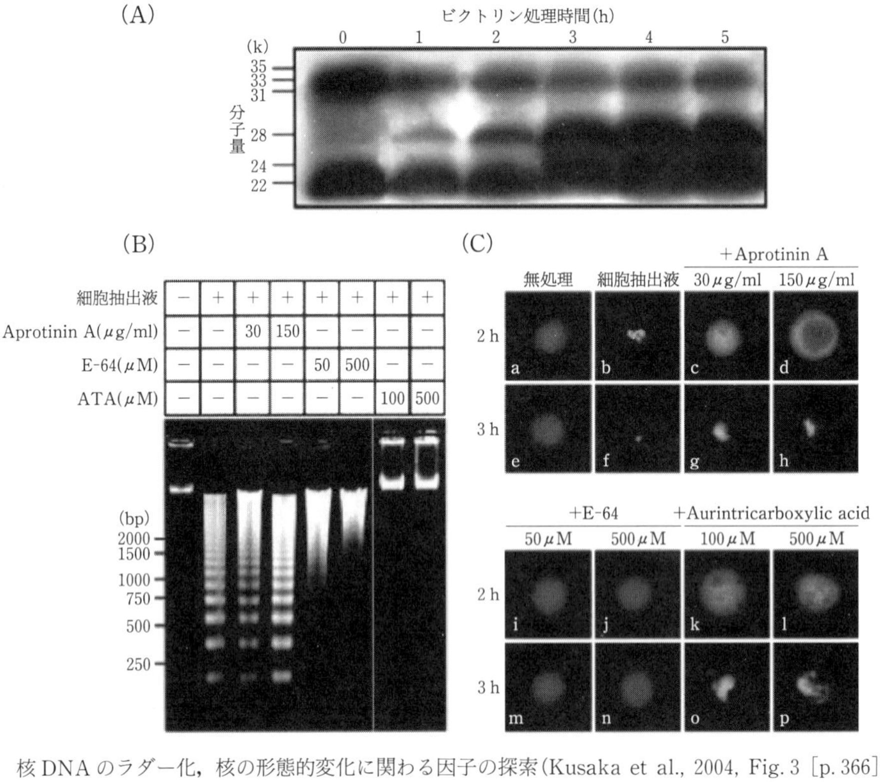

図2-1-2　核DNAのラダー化，核の形態的変化に関わる因子の探索(Kusaka et al., 2004, Fig. 3 [p. 366])。(A) エンバク品種Iowa X469に宿主特異的毒素ビクトリンを処理した際に観察されるエンバクのヌクレアーゼ活性。エンバクにビクトリンを処理し，経時的に回収した葉から可溶性タンパク質を抽出し，DNAを含むアクリルアミドゲルにて電気泳動に供試した。泳動後にゲル内をヌクレアーゼの活性に適した条件化に置くことで，ヌクレアーゼが存在する領域のDNAが分解される。その結果，エチジウムブロマイドにより染色されなくなり，活性が黒いバンドとして検出される。ビクトリン処理を行うと恒常的に検出される分子量35，33，22 kDaのヌクレアーゼに加え分子量28(p28)，24(p24) kDaのヌクレアーゼ活性が誘導される。これは，核DNAのラダー化(図2-1-1B-b)時期とほぼ一致して検出される。(B)，(C)無細胞系のアポトーシスアッセイを用いた核DNAのラダー化，核の形態的変化に関わる因子の探索。ビクトリンを6時間処理したIowa X469葉から可溶性タンパク質を抽出し，エンバクから単離した核とともに培養することで核DNAのラダー化と核の分解が誘導できる(パネルB，左から2レーン目；パネルC，bおよびf)。ここに各種阻害剤を加えることで核DNAラダー化，核の形態的変化を誘導する実行因子の探索を試みた。DNAのラダー化は，セリンプロテアーゼ活性を阻害するAprotininの影響を受けなかったが，システインプロテアーゼ阻害剤のE-64により顕著に抑制され，ヌクレアーゼ阻害剤のATAにより完全に阻害された(B)。よって，核DNAラダー化の誘導にはヌクレアーゼは不可欠で，この過程にシステインプロテアーゼも重要な役割を果たすと考えられた。一方，核の分解は，E-64によりほぼ完全に阻害され，Aprotinin，ATAにより有意に抑制された(C)。よって，核の分解にはE-64感受性のシステインプロテアーゼが必須で，セリンプロテアーゼやヌクレアーゼも反応の一端を担っていると考えられた。

al., 2004)。よって，DNAのラダー化にはヌクレアーゼが主要な役割を担い，システインプロテアーゼも重要であると考えられた。一方，核の断片化はE-64によって完全に抑制され，セリンプロテアーゼ阻害剤のAprotininとATAは核の断片化を遅らせる効果があった(図2-1-2C)(Kusaka et al., 2004)。これは，核の断片化にはE-64感受性のシステインプロテアーゼが必須で，セリンプロテアーゼとヌクレアーゼが部分的に関与することを支持するものである。これらの結果は，エンバクの核の断片化および核DNAラダー化の両方に，ヌクレアーゼとプロテアーゼが関与していることを示唆しており，エンバクにおけるこれらの過程はプロテアーゼとヌクレアーゼの両方が協調的に作用する複合的な現象であると考えられた。

次に核DNAラダー化に関与するヌクレアーゼの分子種を解析する目的で，ビクトリン処理により誘導されるヌクレアーゼを解析した。電気泳動ゲルにDNAを含ませたin gelの活性染色でヌクレアーゼを解析をすると，健常葉では分子量35, 33, 22 kDaの構成的なヌクレアーゼが認められるが，ビクトリン処理を行うとそれらに加え分子量28(p28)，24(p24)kDaのヌクレアーゼ活性が核DNAラダー化の時期と一致して検出されることが明らかとなった(図2-1-2A)(Tada et al., 2001)。また，無細胞系で核DNAラダー化のイオン要求性および至適pHを調査したところ，この過程にはマグネシウムやカルシウムなどの二価陽イオンは必要ないことが示され，反応至適pHはおよそ6.5であった。これらの性質はin gelで調査したp28ヌクレアーゼの特徴とよく一致していた(Tada et al., 2001; Kusaka et al., 2004)。また，p28はssRNAの分解活性を多少有するエンド型のDNaseであったが，核DNAラダー化には，エンド型の活性が必要とされ矛盾しない。これらのことから，少なくとも無細胞系での核DNAラダーにはp28が関与している可能性が大きいと考えられ，HRやビクトリン処理によって誘導されるエンバクのアポトーシス様細胞死における核DNAラダー化を担うヌクレアーゼ種として期待される。

1-4. 宿主特異的毒素ビクトリンが誘導する細胞死のシグナル経路の解析

PCDには核の形態的な変化が生じる前段階で，様々な物質を介したシグナルの伝達が行われている。シグナル伝達に直接関わる低分子物質はセカンドメッセンジャーと呼ばれ，代表的なものにカルシウムイオンや活性酸素，脂質などが挙げられる。これらの多くが細胞内に構成的に存在する物質で，シグナルを受け取るとその量や局在性を変化させることによりシグナルを他の物質に伝達する。そこで，ビクトリンによって生じるPCDのシグナル伝達にどのような経路が関与しているのか，DNAのラダー化を指標とした薬理学的アプローチにより解析を行った。その結果，ビクトリンによる核DNAラダー化はカルシウムイオンのキレート剤やカルシウムチャネルの阻害剤によって，ほぼ完全に抑制され，また活性酸素の除去剤を処理することでも抑制された(図2-1-3)。よってエンバクの核DNAラダー化には，カルシウムイオンの細胞内への流入や活性酸素が介在したシグナル伝達系が存在することが示唆された。上述したように無細胞系における核DNAラダー化では，二価陽イオンは必要とされないことから，ここでみられるカルシウム依存性は，ビクトリンによる細胞死経路の初期段階におけるシグナリングであると考えられる。カルシウムイオンの細胞内への流入は，動植物を問わず多くのストレス応答に共通してみられる現象であり，ここからカルモジュリンやカルシニューリンなどを介した下流へのシグナル伝達経路が知られている。ビクトリンによる細胞死では，カルモジュリンの阻害剤であるTrifluoperazine処理により核DNAラダー化が抑制されないことが示されており，カルモジュリン以外のカルシウム介在性経路により下流へのシグナル伝達が行われると推定されている。

活性酸素は動・植物のPCDのさまざまな過程において生じることが知られており，ビクトリンによる細胞死の誘導過程において活性酸素の生成が起こるか調査した。活性酸素を蛍光顕微鏡下で可視化できる蛍光試薬を用いて，ビクトリン処理による活性酸素の生成を時間を追って観察したと

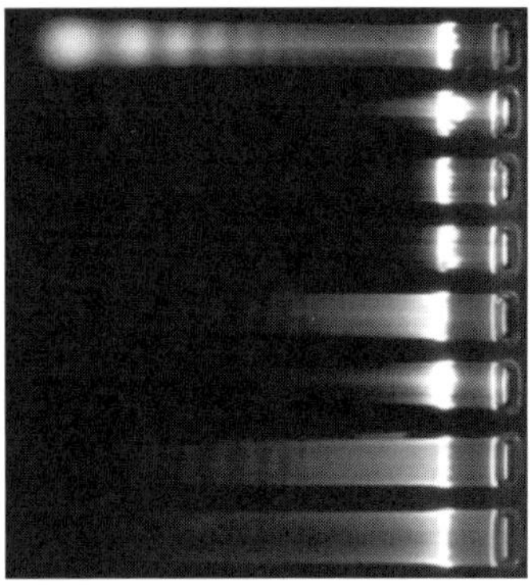

図2-1-3　宿主特異的毒素による細胞死のシグナル伝達経路の解析。薬理学的な手法を用いて，シグナル伝達経路の阻害が宿主特異的毒素ビクトリンにより誘導される核DNAのラダー化に与える影響を調べた。ビクトリン処理の際に，各試薬を同時に加えて6時間後に核DNAのラダー化を検出した。その結果，カルシウムイオンの挙動および活性酸素の生成を阻害する各種試薬により核DNAラダー化が抑制された。よって，カルシウムイオンの細胞内への流入と活性酸素の生成がビクトリンの細胞死のシグナル伝達系に関与していることが示唆された。特にカルシウムイオンの動きを阻害する試薬により，より強い核DNAラダー化の阻害がみられた。EGTA：カルシウムイオンのキレート剤，EDTA：2価陽イオンのキレート剤，$ZnCl_2$：カルシウムイオンの拮抗阻害剤，Ruthenium Red：カルシウムイオンチャネル阻害剤，Nifedipine：カルシウムイオンチャネル阻害剤，SOD：活性酸素のスーパーオキサイドの除去剤，NAC：活性酸素の除去剤。

ころ，処理後30分の初期段階で有意な活性酸素の生成蓄積が認められた(図2-1-4A)(Sakamoto et al., 2005)。また，初期に細胞内で発生する活性酸素はミトコンドリアに局在する傾向があり，細胞壁においても生成されていることが蛍光顕微鏡観察と塩化セリウム法を用いた電子顕微鏡観察により明らかとなった(図2-1-4B，C)(Yao et al., 2002b; Sakamoto et al., 2005)。

動物のアポトーシスでは，ミトコンドリアがシグナル伝達で中心的な役割を果たしてることが知られている(Hengartner, 2000)。細胞膜に存在するdeath receptorを介するアポトーシスなどの一部の系では，ミトコンドリアを経由しない例も知られるが，多くのストレス誘導型のアポトーシスではミトコンドリアを介して細胞死へと至る。すなわちこれらの経路はミトコンドリア膜上でのROSの発生・Ca^{2+}のミトコンドリア内への流入，PT pore(permeability transition pore)の形成からミトコンドリアの膜透過性が変化という一連の生化学反応へとつながる。これにより通常ではミトコンドリア膜を通過しえないチトクロームc，AIF(Apoptosis inducing factor)，Smac/DIABLOといったタンパク性の細胞死シグナルなどが細胞質へと放出され，カスペースを中心とした細胞死の実行因子の活性化が起こるとされている(Hengartner, 2000)。植物のPCDにおいても，ストレスに応答してチトクロームcが放出されることがいくつかの系で報告されているが(Hoeberichts and Woltering, 2003)，それ以外のミトコンドリア由来の細胞死関連因子は未だ同定されていない。

しかし，植物のPCDへのミトコンドリアの関与を示唆する報告は多く，例えばタバコの病原細菌である*Erwinia amylovora*が感染に際して分泌するHarpinはタバコ細胞にHRを誘導するが，この過程でミトコンドリアの電子伝達系が阻害され細胞死へと至ることが示唆されている(Xie and Chen, 2000)。また，この電子伝達系の阻害を補償する作用をもつalternative oxidase(AOX)を阻害するとミトコンドリアにおけるROSの発生が助長され細胞死が加速されることなども明らかとなっている(Maxwell et al., 1999)。これらのことから，少なくとも植物細胞においてもミトコンドリアを基点としてPCDが起こりうると考えられ，本研究で示されたビクトリン処理による初期のミトコンドリアでの活性酸素の生成もその一連の反応の一部と考えられる。動物のアポトーシスにお

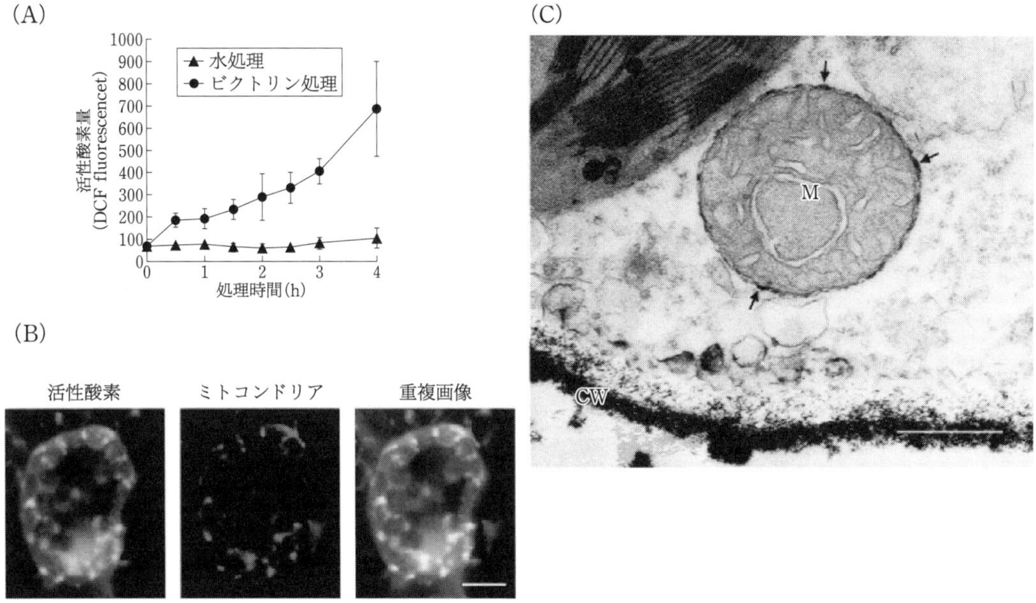

図 2-1-4　エンバク細胞において宿主特異的毒素ビクトリン処理により生成する活性酸素種(Sakamoto et al., 2005, Fig. 2 [p. 390]; Yao et al., 2002b, Fig. 3 [p. 571])。(A)宿主特異的毒素ビクトリン処理により誘導されるエンバク細胞の活性酸素の変化を，活性酸素量に応じて蛍光を発する蛍光プローブ，DCF を用いて検出した。その結果，ビクトリン処理後 30 分から有意な活性酸素の増加が認められ，それ以後も継続して活性酸素の生成がみられた。(B)ビクトリン処理後，初期段階での活性酸素の発生源を明らかにするために，Mitotracker Red を用いてミトコンドリアをラベルした上で，DCF の蛍光顕微鏡観察を行った。ビクトリン処理後 1 時間のエンバク葉肉細胞において，DCF で強く染色されるシグナルが，Mitotracker Red で示されるミトコンドリアと一致したことからミトコンドリアで活性酸素が生成していると考えられた。(C)同様に電子顕微鏡を用いた塩化セリウム法により活性酸素の生成を調査した。その結果，細胞壁とミトコンドリアの膜(矢印で示された場所)において活性酸素の生成が認められた。CW：細胞壁，M：ミトコンドリア，スケールバーは B：10 μm，C：1 μm。

けるミトコンドリアの働きと同様に，植物においてもミトコンドリアは細胞死のシグナル経路で重要な働きをしていると思われる。

1-5. おわりに

エンバクの冠さび病菌に対する HR や宿主特異的毒素ビクトリンによる PCD は，核の形態的な変化やラダー化など動物のアポトーシスと類似した反応を示した。また，低分子のセカンドメッセンジャーであるカルシウムイオンや活性酸素などの関与は動・植物の PCD において広くみられることから，両生物間での PCD 機構の共通点は多いように思われる。しかしながら，植物ではセカンドメッセンジャーから核の分解へとつなぐシグナル分子の同定はほとんどなされていない。また，動物のアポトーシスに関わるタンパク質のいくつかは，そのオーソログがゲノムプロジェクトの終了している植物ゲノムにおいても確認できないことからも，PCD の過程が必ずしも動・植物間で保存されていない可能性も考えられる。今後は動物のアポトーシスに添った形での研究のアプローチだけでなく，それとは異なる新たな手法を用いて，植物独自の PCD 機構が解明されることが期待される。

参考文献

Enari, M., Sakahira, H., Yokoyama, H., Okawa, K., Iwamatsu, A., Nagata, S. (1998) A caspase-activated DNase that degrades DNA during apoptosis, and its inhibitor ICAD. Nature 391, 43-50.

Giuliani, C., Consonni, G., Gavazzi, G., Colombo, M., Dolfini, S. (2002) Programmed cell death during embryogenesis in maize. Ann. Bot. (Lond.). 90, 287-292.

Gunawardena, A. H., Greenwood, J. S., Dengler, N. G. (2004) Programmed cell death remodels lace plant leaf shape during development. Plant Cell 16, 60-73.
Hengartner, M. O. (2000) The biochemistry of apoptosis. Nature 407, 770-776.
Hoeberichts, F. A., Woltering, E. J. (2003) Multiple mediators of plant programmed cell death: interplay of conserved cell death mechanisms and plant-specific regulators. Bioessays 25, 47-57.
Kusaka, K., Tada, Y., Shigemi, T., Sakamoto, M., Nakayashiki, H., Tosa, Y. and Mayama, S. (2004) Coordinate involvement of cysteine protease and nuclease in the executive phase of plant apoptosis. FEBS Lett. 578, 363-367.
Lincoln, J. E., Richael, C., Overduin, B., Smith, K., Bostock, R., Gilchrist, D. G. (2002) Expression of the antiapoptotic baculovirus p35 gene in tomato blocks programmed cell death and provides broad-spectrum resistance to disease. Proc. Natl. Acad. Sci. USA 99, 15217-15221.
Maxwell, D. P., Wang, Y., McIntosh, L. (1999) The alternative oxidase lowers mitochondrial reactive oxygen production in plant cells. Proc. Natl. Acad. Sci. USA 96, 8271-8276.
Mayama, S., Bordin, A. P. A., Morikawa, T., Tanpo, H., Kato, H. (1995) Association of avenalumin accumulation with co-segregation of victorin sensitivity and crown rust resistance in oat lines carrying the *Pc-2* gene. Physiol. Mol. Plant Pathol. 46, 263-274.
Mayama, S., Tani, T., Ueno, T., Midland, S. L., Simms, J. J., Keen, N. T. (1986) The purification of victorin and its phytoalexin elicitor activity in oat leaves. Physiol. Mol. Plant Pathol. 29, 1-18.
Ryerson, D. E., Heath, M. C. (1996) Cleavage of nuclear DNA into oligonucleosomal fragments during cell death induced by fungal infection or by abiotic treatments. Plant Cell 8, 393-402.
Sakamoto, M., Tada, Y., Nakayashiki, H., Tosa, Y., Mayama, S. (2005) Two phases of intracellular reactive oxygen species production during victorin-induced cell death in oats. J. Gen. Plant Pathol. 71, 387-394.
Sasabe, M., Takeuchi, K., Kamoun, S., Ichinose, Y., Govers, F., Toyoda, K., Shiraishi, T., Yamada, T. (2000) Independent pathways leading to apoptotic cell death, oxidative burst and defense gene expression in response to elicitin in tobacco cell suspension culture. Eur. J. Biochem. 267, 5005-5013.
Sun, Y. L., Zhao, Y., Hong, X., Zhai, Z. H. (1999) Cytochrome c release and caspase activation during menadione-induced apoptosis in plants. FEBS Lett. 462, 317-321.
Tada, Y., Hata, S., Takata, Y., Nakayashiki, H., Tosa, Y., Mayama, S. (2001) Induction and signaling of an apoptotic response typified by DNA laddering in the defense response of oats to infection and elicitors. Mol. Plant-Microbe Interact. 14, 477-486.
Tada, Y., Mori, T., Shinogi, T., Yao, N., Takahashi, S., Betsuyaku, S., Sakamoto, M., Park, P., Nakayashiki, H., Tosa,Y., and Mayama, S. (2004) Nitric oxide and reactive oxygen species are not required for hypersensitive cell death but induce apoptosis in the adjacent cells during the defense response of oats. Mol. Plant-Microbe Interact. 17, 245-253.
Wang, H., Li, J., Bostock, R. M., Gilchrist, D. G. (1996) Apoptosis: A Functional Paradigm for Programmed Plant Cell Death Induced by a Host-Selective Phytotoxin and Invoked during Development. Plant Cell 8, 375-391.
Xie, Z., Chen, Z. (2000) Harpin-induced hypersensitive cell death is associated with altered mitochondrial functions in tobacco cells. Mol. Plant-Microbe Interact. 13, 183-90.
Yang, Q., Trinh, H. X., Imai, S., Ishihara, A., Zhang, L., Nakayashiki, H., Tosa, Y., Mayama, S. (2004) Analysis of the involvement of hydroxyanthranilate hydroxycinnamoyltransferase and caffeoyl-CoA 3-O-methyltransferase in phytoalexin biosynthesis in oat. Mol. Plant-Microbe Interact. 17, 81-89.
Yao, N., Imai, S., Tada, Y., Nakayashiki, H., Tosa, Y., Park, P., Mayama, S. (2002a) Apoptotic cell death is a common response to pathogen attack in oats. Mol. Plant-Microbe Interact. 15, 1000-1007.
Yao, N., Tada, Y., Park, P., Nakayashiki, H., Tosa, Y., Mayama, S. (2001) Novel evidence for apoptotic cell response and differential signals in chromatin condensation and DNA cleavage in victorin-treated oats. Plant J. 28, 13-26.
Yao, N., Tada, Y., Sakamoto, M., Nakayashiki, H., Park, P., Tosa, Y., Mayama, S. (2002b) Mitochondrial oxidative burst involved in apoptotic response in oats. Plant J. 30, 567-579.

2. 感染シグナル誘導性プログラム細胞死の制御と情報伝達の分子機構

2-1. はじめに

植物は，病原菌の感染を認識し，病原菌を道連れにした過敏感反応(hypersensitive response: HR)と呼ばれる局所的なプログラム細胞死を誘導する(図2-2-1)。次世代耐病性植物を創出するためには，HR誘導に関与する因子の機能を解析し，耐病性強化の鍵を握る遺伝子を見出すことが重要な課題と考えられる。しかしこの細胞死は，感染部位で局所的に誘導されるため，植物体に病原菌を感染させる実験系では，多くの場合，均一な反応を誘導させることが難しい。そこで我々は，病原菌由来のタンパク質性シグナル分子(エリシター)を用いて，培養細胞系に高度に同調的に細胞死を誘導するモデル系を確立した(Kadota and Kuchitsu, 2006)。本節では，植物の過敏感細胞死誘導の鍵を握る因子と考えられるカルシウムイオン(Ca^{2+})と，これまで全く研究されていなかった細胞死と細胞周期との関係に重点を置いて，培養細胞の同調的細胞死誘導系を用いて明らかにされたプログラム細胞死の制御や情報伝達機構について解説する。こうしたアプローチは，HR情報伝達における，シグナル分子の時間的空間的動態の可視化と情報伝達の特異性決定機構，Ca^{2+}チャネル遺伝子の構造とHR情報伝達における機能，細胞死実行の分子機構，HR情報伝達における細胞周期

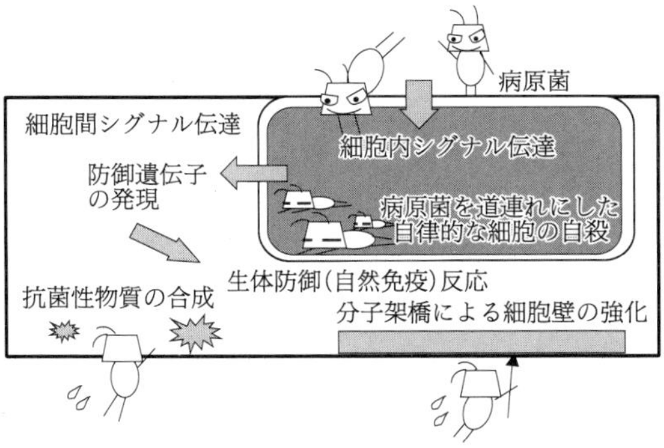

図2-2-1　病原菌感染に対する植物の防御応答

制御の意義とその機構などに新しい光を当て，耐病性の強化の新しい戦略の提案につながると期待される。

2-2. 感染シグナル誘導性プログラム細胞死の引き金としてのCa^{2+}動員やイオンフラックスの制御とその分子機構

タバコ培養細胞BY-2(Nagata et al., 1992)と，植物病原性の卵菌 *Phytophthora cryptogea* 由来の精製したタンパク質性エリシター(cryptogein)を用いて，同調的に過敏感細胞死が誘導される実験系を確立した。Ca^{2+}感受性発光タンパク質aequorinを発現した細胞やイオン選択性電極を用いたマルチチャネル同時測定装置を用いて解析した結果，エリシター処理後約1分後から，一過性かつ二相性の細胞質のCa^{2+}濃度変化が誘導され，それに引き続いてスーパーオキシドアニオンラジカル($^{\bullet}O_2^-$)や過酸化水素(H_2O_2)などの活性酸素種(ROS)の生成が誘導されることが，明らかとなった(図2-2-2)(Kadota et al., 2004b)。細胞膜上のNADPHオキシダーゼが活性化されて生成された$^{\bullet}O_2^-$が，H_2O_2やヒドロキシルラジカル($^{\bullet}OH$)などに変換されると考えられる(Kuchitsu et al., 1995; Lamb and Dixon, 1997)。

薬理学的な解析から，一山目は細胞外からのCa^{2+}動員，二山目はホスフォリパーゼを介した細胞内Ca^{2+}ストアからのCa^{2+}動員と考えられた。また細胞質のCa^{2+}濃度変化に引き続いてH^+，Cl^-などのイオンフラックスやROS生成が誘導されること，そしてこれらの反応を誘導する

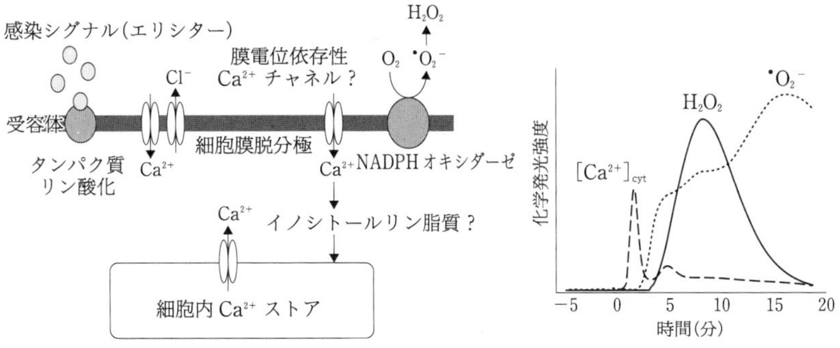

図2-2-2　植物の感染シグナル認識における細胞膜上の初期応答反応とその分子機構のモデル

には細胞外からのCa^{2+}流入が必須であることが判明した。一方，Cl^-流出によって誘導される膜電位の脱分極がCa^{2+}流入に重要であることが示唆され，Ca^{2+}流入には電位依存性Ca^{2+}透過チャネルが関与すると考えられた。Cl^-流出もCa^{2+}キレート剤BAPTAによって濃度依存的に阻害されたことから，細胞外のCa^{2+}が陰イオンチャネルの活性化に必要と考えられる(Kadota et al., 2004b)。

Ca^{2+}感受性発光タンパク質aequorinの遺伝子を導入したタバコの実生を用いて，エリシターにより誘導される細胞死の様式を調べるとともに，高感度CCDカメラを用いて化学発光を連続観察することにより，細胞死過程における細胞質Ca^{2+}動態を解析したところ，植物個体においてもエリシターの認識直後からCa^{2+}の動員が誘導されることが明らかとなった。

イネ培養細胞を用いて感染防御応答を誘導するために，防御反応を誘導する物質(エリシター)を探索したところ，植物病原菌(*Trichoderma viride*)由来のxylanaseタンパク質(TvX)が特異的に，イネ培養細胞において，①過敏感細胞死，②細胞の褐変化，③活性酸素種(ROS)の生成，④MAPキナーゼの活性化，⑤防御応答遺伝子の誘導などを強く誘導することが判明した。これら一連の反応は，培地中のCa^{2+}を取り除くことで抑制されたことから，TvXエリシターシグナル伝達に，細胞外からのCa^{2+}流入が必要であることが示唆された。トランスポゾン*Tos17*挿入遺伝子破壊株(Hirochika, 2001)の解析から，このエリシターにより活性化されるMAPKは，OsMPK2/OsMPK6であることが明らかとなった(Kurusu et al., 2005)。

2-3. プログラム細胞死制御の鍵を握る膜電位依存性Ca^{2+}チャネルの同定と機能解析

これまで植物細胞においてCa^{2+}チャネル遺伝子の機能が同定された例はほとんどなく，本実験系は植物のシグナル伝達におけるCa^{2+}チャネルの機能を解析する上で格好のモデル系と考えられた。細胞質Ca^{2+}濃度変化を誘導する分子実体を明らかにするため，電位依存性Ca^{2+}透過チャネルの候補であるtwo pore channel(TPC1)遺伝子をイネ(OsTPC1; Kurusu et al., 2004)，タバコから2種類(NtTPC1A，NtTPC1B; Kadota et al., 2004b)単離した。これらは，哺乳動物に広く存在するTPC1(Ishibashi et al., 2000)と相同な遺伝子と考えられるが，哺乳動物では全く機能が解明されていない(Kuchitsu et al., 2005)。OsTPC1はイネゲノム上に1コピー存在し，培養細胞・幼苗・茎・成葉を含め，植物体全体において低レベルで発現していた。

二次構造予測の結果，TPC1は6回の膜貫通領域(S1-S6)と1個のpore loopをもつドメインが2回繰り返された構造を示し，S4領域には膜電位センサー相同性の高いドメインが存在していた。また植物のTPCファミリーにのみ，Ca^{2+}結合モチーフであるEF-ハンド領域が存在していたことから，Ca^{2+}チャネルがCa^{2+}自体によって制御されている可能性が考えられる。

Ca^{2+}取り込み能が低下していることが報告されている酵母*CCH1*(L型Ca^{2+}チャネルの相同遺伝子)の欠損変異株*cch1*に*OsTPC1* cDNAを導入したところ，生育と$^{45}Ca^{2+}$取り込み能の両方が相補され，電位依存性Ca^{2+}チャネルの阻害剤verapamilにより顕著に抑制された(Kurusu et al., 2004)。一方，N末端に緑色蛍光タンパク質GFPを連結したGFP-OsTPC1融合タンパク質を，パーティクルガンを用いて一過的に発現させたところ，細胞膜上にパッチ状のGFP蛍光が観察された。このパターンは，ABA受容部位の局在(Yamazaki et al., 2003)と類似しており，これらの結果は，OsTPC1が多量体もしくは他の因子と複合体を形成して細胞膜上の特定の部位に局在し，電位依存性Ca^{2+}チャネルとして機能する可能性も考えられる(Kurusu et al., 2005)。

NtTPC1A/Bの発現を抑制したaequorin発現BY-2細胞株を作出し解析した結果，この発現抑制株ではエリシター誘導性細胞質Ca^{2+}濃度変化，防御関連遺伝子の発現，細胞死の誘導が顕著に抑制されていたことから，NtTPC1A/Bが防御反応の誘導に必須であることが明らかとなった。また，この発現抑制株ではショ糖や酸化ストレス

(H_2O_2) などの刺激により誘導される細胞質 Ca^{2+} 濃度変化も抑制されており (Kadota et al., 2005a), NtTPC1s はエリシターだけでなく，様々な Ca^{2+} シグナル伝達系に関与していることが明らかとなった。

OsTPC1 の機能を調べるために，広範な組織で過剰な異所発現を誘導する 35 S プロモーターに *OsTPC1* cDNA を連結させ，強制発現させたイネ過剰発現株を作製した。また約 4 万系統のイネミュータントタグラインから PCR スクリーニングにより，レトロトランスポゾン *Tos17* の挿入による遺伝子機能破壊株 (*Ostpc1*) を単離した。イネ自身における OsTPC1 の Ca^{2+} 輸送能を調べるため，培養細胞の増殖に対する Ca^{2+} 感受性を解析したところ，過剰発現株では高濃度 (30 mM) の Ca^{2+} 条件下で増殖が低下し，Ca^{2+} 毒性が増大していた。一方 Ca^{2+} 欠乏条件下では逆に増殖抑制が緩和された。*Ostpc1* では過剰発現株とは逆に，高 Ca^{2+} 条件下で，Ca^{2+} 毒性が緩和された。こうした結果は，OsTPC1 がイネの細胞においても Ca^{2+} 輸送能をもつことを示唆している。

通常生育下における植物体の表現型を観察したところ，過剰発現株においては，発現レベルに応じて生育遅延・矮化・枯死などの変化がみられた。また過剰発現株では，顕著に根の緑化が観察され，過剰発現株の根には野生型株の 40 倍ものクロロフィルが蓄積していた。葉緑体の発達過程には，Ca^{2+} が必要であることが示唆されており，これらの結果は OsTPC1 が，Ca^{2+} 流入を制御することにより，植物の生長・分化制御過程のシグナル伝達系に関与することを示唆する。一方，機能破壊株 *Ostpc1* では，土壌中における発芽率の低下や出穂期の遅れを含む弱い生育遅延が観察されたことから，OsTPC1 の発生過程への関与も示唆された (Kurusu et al., 2004)。

OsTPC1 過剰発現株と機能破壊株を TvX で処理したところ，過剰発現株においては OsMPK2 の活性化や過敏感細胞死等が著しく促進され，エリシターに対する感受性が上昇した。一方 *Ostpc1* では，逆にエリシターに対する感受性は顕著に低下していた。すなわち，OsTPC1 が植物の感染防御応答において，Ca^{2+} 流入を制御することにより，MAP キナーゼカスケードの活性化や過敏感細胞死の誘導を含む生体防御反応の調節因子として重な役割を果たすと考えられる (Kurusu et al., 2005)。動員された Ca^{2+} は，細胞内で calmodulin に代表される Ca^{2+} 結合タンパク質と結合し，情報伝達の制御に関与すると考えられる (Karita et al., 2004)。TPC1 のようなシグナル伝達系の根幹をなす上流因子の発現や機能を改変することにより，極めて広範囲の高次機能の制御が可能になり，抜本的なストレス耐性植物作出への分子的基盤となることも期待される。

一方 ROS の生成には，細胞外からの Ca^{2+} 流入が必須であったが，*Ostpc1* と野生型株との間で ROS 生成能に変化がなかった。この結果は，NADPH オキシダーゼによる ROS の生成は，OsTPC1 を介さない少量の Ca^{2+} 流入でも誘導される可能性を示唆している。発現抑制株を用いた解析や，生理学的解析から，エリシターにより誘導される膜電位依存性 Ca^{2+} チャネルは，TPC1 ファミリー1 種類ではなく，他の種類のものの関与も予測された。そこで我々は，TPC1 ファミリーとは全く異なる新規細胞膜局在型 Ca^{2+} チャネル候補遺伝子をイネ，タバコから単離し，その機能を解析している。

2-4. プログラム細胞死過程における細胞周期の制御

動物細胞では，プログラム細胞死 (アポトーシス) の制御系と細胞周期の制御系との間に密接なクロストークが存在し，癌抑制遺伝子 p53 に代表される両方を制御する因子が細胞の運命決定に重要な役割を担っている (Levine, 1997)。植物は移動して悪環境から逃避する能力を欠くため，外部環境変化に対する優れた適応機構を発達させており (来須・朽津, 2004)，例えば高塩濃度などのストレス条件下に置くと，根は伸長を停止し死滅するが，通常環境下に戻すと，一度分化した細胞から根が再び形成される。このように環境条件に応答して植物の生長・分化，防御機構は複雑かつ厳密に制御されており (図 2-2-3)，それらを制御する細胞内情報伝達・処理機構を解明することは，基礎科学の重要課題であると同時に，病原菌感染に強く，悪環境下でも栽培可能な植物を作出し，21世紀の人類の最重要課題といわれる食糧問題，地球環境問題の解決を目指す上で重要な基礎となる。しかしこれまで，感染防御応答，環境ストレス応答と細胞周期制御は，それぞれ独立した機構として別々に研究され，これらがどのように関係し，また協調的に制御されるかはほとんど未解明だった。

フローサイトメトリー法による解析から，エリシター処理によりG1期，G2期の細胞の割合が増加し，S期の細胞の割合が減少することが明らかとなり，細胞死誘導に先立って細胞周期が特定部位で停止すると考えられた。細胞死誘導に伴う細胞周期停止点を明らかにするため，3種類の独立な方法で細胞周期の進行を同調化して，核の形態観察，フローサイトメトリー法による解析を行ったところ，M期，G1期にエリシター処理した細胞は，G1/S期で，S期にエリシター処理した細胞は，G2/M期でそれぞれ細胞周期が停止し，その後防御遺伝子の発現や細胞死が誘導された(Kadota et al., 2004c)。一般にG1/S期，G2期/M期に細胞周期移行のチェックポイントが存在すると考えられているが，本研究の結果は，エリシターが二つのチェックポイントの両方で細胞周期を停止させ，細胞の増殖から死への転換の引き金を引くと考えられる。

細胞死や防御関連遺伝子の発現誘導はエリシターを受容する細胞周期の時期に依存しており，細胞周期のS期とG1期でエリシターを受容した時のみ細胞死が誘導された。それに対してG2期とM期の細胞は，エリシターを受容しても，細胞周期がG1期に進行した後で再びエリシターを受容しないと細胞死，防御関連遺伝子の発現が誘導されない(図2-2-4)ことが明らかとなった。このような防御反応誘導に対する細胞周期依存性について詳細な解析を行ったところ，エリシター処理後数分で起こる一過的な活性酸素生成，一過的なMAPキナーゼの活性化は細胞周期のどの時期でも起こるのに対して，細胞死に重要と考えられている長時間の持続的な活性酸素生成，持続的なMAPキナーゼの活性化は，S期とG1期一定の時間以上，持続的にエリシターを受容した時のみ誘導された(Kadota et al., 2006)。このことは，エリシターの受容は細胞周期のどの時期でも起こるのに対して，細胞死をはじめとする防御反応は細胞周期の特定の時期でしか誘導されないことを示している。また，エリシター処理後，数分で起こる細胞質Ca^{2+}濃度変化は，細胞周期のどの時期でも起こるものの，細胞死を誘導できないG2期，

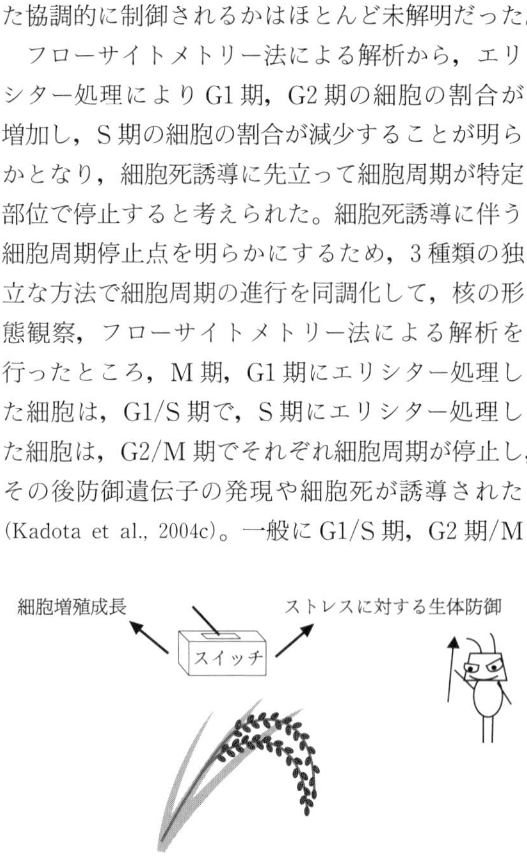

図2-2-3　生体防御反応と細胞周期とのクロストーク

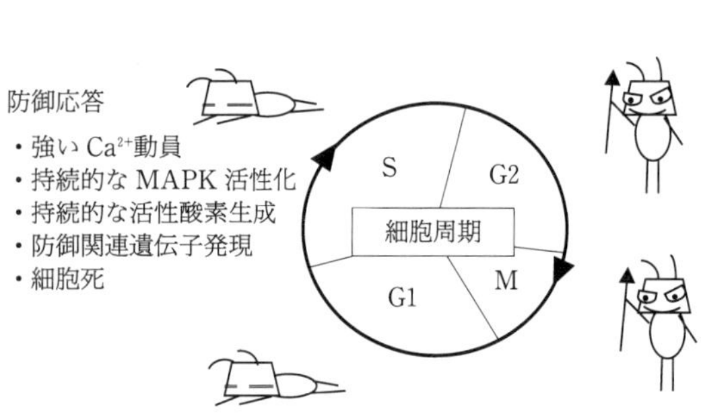

図2-2-4　防御反応は細胞周期の特定の時期で感染シグナルを認識した時のみ誘導される。

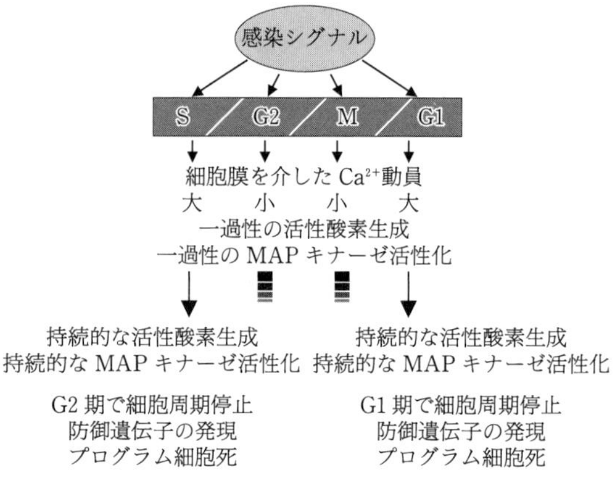

図2-2-5　感染防御シグナル伝達系の細胞周期依存性

M 期ではその変化が大きく抑制されていた(図 2-2-5)(Kadota et al., 2005)。このことは G2，M 期の細胞では，エリシターが受容体によって認識されてから，細胞質 Ca^{2+} 濃度変化を誘導するまでの過程でシグナル伝達系が抑制されている可能性を示唆している。

以上のように，植物の細胞死の誘導過程で細胞周期が G1 期および G2 期で停止すること，また細胞死をはじめとする防御反応の誘導機構は細胞周期の時期に依存している。植物の HR の誘導は，細胞周期によって厳密に制御を受けていることが明らかになった。本研究の成果は，耐病性と生育促進とを併せ持つ植物作出のための基礎として重要となることが期待される。

2-5. 比較ゲノム解析により見出された動植物の新規プログラム細胞死関連因子の機能解析

プログラム細胞死(PCD)は，植物，動物の双方において個体が生存するために適切な制御のもと個々の細胞を死に導く重要なメカニズムである。近年動物細胞のアポトーシス制御因子が数多く同定されたが，そのほとんどは，植物ゲノム中に相同遺伝子が見出されていない。我々は，新しい比較ゲノム解析の手法を開発し，植物の新奇細胞死制御因子の単離と機能解析を試みている。

ヒトのアポトーシス抑制因子 IAP(inhibitor of apoptosis protein)は，その主要ドメインである BIR を介して caspase と結合することにより，その活性を抑制する。相同性検索法を工夫することにより，BIR ドメインと類似のドメイン BLD (BIR-like domain)をもつ新奇遺伝子 AtILP1 (Arabidopsis thaliana IAP-like protein)，AtILP2 を同定し，さらに AtILPs の ortholog としてヒトゲノム中に機能未知の新奇因子 HsILP を同定した。HsILP はヒト培養細胞 HEK293 において etoposide により誘導されるアポトーシスを抑制する活性をもつ(Higashi et al., 2005)ことが明らかとなり，このような比較ゲノム解析手法(瀬下ら, 2006)の有効性を示している。

2-6. 耐病性の創出に向けて

次世代の耐病性植物の創出のためには，HR シグナル伝達系に関与する新規遺伝子の機能を解析し，耐病性の強化の鍵を握る遺伝子を発見することが最重要課題と考えられる。本節で述べた同調的 HR 誘導系，HR における細胞周期制御の意義を解明するモデル系，シグナル分子の時間的空間的動態の可視化などのバイオイメージング技術，Ca^{2+} などのイオンの動態やイオンチャネルの機能解析技術などのユニークな実験系を活用することにより，HR 情報伝達におけるシグナル分子の時間的空間的動態の可視化と情報伝達の特異性決定機構，Ca^{2+} チャネル遺伝子の構造と HR 情報伝達における機能，HR の分子機構，HR 情報伝達における細胞周期制御の意義とその機構などに新しい光が当てられることが期待される。

かつては，生理学と病理学，生理学と遺伝学とは，対極のアプローチと考えられ，互いに独立して研究が進められがちだった。しかし，今後，植物の生体防御・自然免疫機構の全体像を解明し，植物の耐病性を強化するための戦略を立てるためには，植物生理学と植物病理学，分子生理学と分子遺伝学とを車の両輪とし，またゲノム情報を媒介として，動物と植物の生体防御機構を比較対照しながら研究を進めていくことが肝要と考えられる。

参考文献

Higashi, K., Takasawa, R., Yoshimori, A., Goh, T., Tanuma, S., Kuchitsu, K. (2005) Identification of a novel gene family, paralogs of an inhibitor of apoptosis proteins present in plants, fungi, and animals. Apoptosis 10, 471-480.

Hirochika, H. (2001) Contribution of the Tos17 retrotransposon to rice functional genomics. Curr. Opin. Plant Biol. 4, 118-122.

Ishibashi, K., Suzuki, M., Imai, M. (2000) Molecular cloning of a novel form (two-repeat) protein related to voltage-gated sodium and calcium channels. Biochem. Biophys. Res. Commun. 270, 370-376.

Kadota, Y., Fujii, S., Ogasawara, Y., Maeda, Y., Higashi, K., Kuchitsu, K. (2006) Continuous recognition of the elicitor signal for several hours is prerequisite for induction of cell death and prolonged activation of signaling events in tobacco BY-2 cells. Plant Cell Physiol. 47, 1337-1342.

Kadota, Y., Furuichi, T., Ogasawara, Y., Goh, T., Higashi, K., Muto, S., Kuchitsu, K. (2004a) Identification of putative voltage-dependent Ca^{2+}-permeable channels involved in cryptogein-induced Ca^{2+} transients and defense responses in tobacco BY-2 cells. Biochem. and Biophys. Res. Commun. 317, 823-830.

Kadota, Y., Furuichi, T., Sano, T., Kaya, H., Murakami, Y., Gunji, W., Muto, S., Hasezawa, S., Kuchitsu, K. (2005a) Cell cycle-dependent regulation of oxidative stress responses and Ca^{2+} permeable channels NtTPC1A/B in tobacco BY-2 cells. Biochem. Biophys. Res. Commun. 336, 1259-1267.

Kadota, Y., Goh, T., Tomatsu, H., Tamauchi, R., Higashi, K., Muto, S., Kuchitsu, K. (2004b) Cryptogein-induced initial events in tobacco BY-2 cells: pharmacological characterization of molecular relationship among cytosolic Ca^{2+} transients, anion efflux and production of reactive oxygen species. Plant Cell Physiol. 45, 160-170.

Kadota, K., Kuchitsu, K. (2006) Regulation of elicitor-induced defense responses by Ca^{2+} channels and cell cycle in tobacco BY-2 cells. Biotech. in Agr. and Forest. (In: Tobacco BY-2 cells: From cellular dynamics to omics, Edited by Nagata, T., Matsuoka, K. and Inze, D.) 58, 207-221.

Kadota, Y., Watanabe, T., Fujii, S., Higashi, K., Sano, T., Nagata, T., Hasezawa, S., Kuchitsu, K. (2004c) Crosstalk between elicitor-induced cell death and cell cycle regulation in tobacco BY-2 cells. Plant J. 40, 131-142.

Kadota, Y., Watanabe, T., Fujii, S., Maeda, Y., Ohno, R., Higashi, K., Sano, T., Muto, S., Hasezawa, S., Kuchitsu, K. (2005b) Cell-cycle dependence of elicitor-induced signal transduction in tobacco BY-2 cells. Plant Cell Physiol. 46, 156-165.

Karita, E., Yamakawa, H., Mitsuhara, I., Kuchitsu, K., Ohashi, Y. (2004) Three types of tobacco calmodulins characteristically activate plant NAD kinase at different Ca^{2+} concentration and pHs. Plant Cell Physiol. 45, 1371-1379.

Kuchitsu, K., Kadota, Y., Kurusu, T. (2005) Roles of the putative voltage-gated Ca^{2+} permeable channels, the TPC1 family, in plant stress signaling. J. Agr. Meteorol. 60, 1109-1111.

Kuchitsu, K., Kosaka, H., Shiga, T., Shibuya, N. (1995) EPR evidence for generation of hydroxyl radical triggered by *N*-acetylchitooligosaccharide elicitor and a protein phosphatase inhibitor in suspension-cultured rice cells. Protoplasma 188, 138-142.

来須孝光・朽津和幸(2004)アブシジン酸情報伝達とイオンチャネル．細胞工学別冊，植物細胞工学シリーズ 20，新版 植物ホルモンのシグナル伝達，秀潤社，pp. 112-124.

Kurusu, T., Sakurai, S., Miyao, A., Hirochika, H., Kuchitsu, K. (2004) Identification of a putative voltage-gated Ca^{2+}-permeable channel (OsTPC1) involved in Ca^{2+} influx and regulation of growth and development in rice. Plant Cell Physiol. 45, 693-702.

Kurusu, T., Yagala, T., Miyao, A., Hirochika, H., Kuchitsu, K. (2005) Identification of a putative voltage-gated Ca^{2+} channel as a key regulator of elicitor-induced hypersensitive cell death and mitogen-activated protein kinase activation in rice. Plant J. 42, 798-809.

Lamb, C., Dixon, R. A. (1997) The oxidative burst in plant disease resistance. Annu. Rev. Plant Physiol. Plant Mol. Biol. 48, 251-275.

Levine, A. J. (1997) p53, the cellular gatekeeper for growth and division. Cell 88, 323-331.

Nagata, T., Nemoto, Y., Hasezawa, S. (1992) Tobacco BY-2 cells as the “HeLa” cell in the cell biology of higher plants. Internatl. Rev. Cytol. 132, 1-30.

瀬下真吾・賀屋秀隆・松井藤五郎・朽津和幸・大和田勇人(2006)Multi-Domain HMMsearch：マルチドメインを持つ遠縁なタンパク質のための相同性検索ツール FIT2006(第5回情報科学技術フォーラム)論文集 2，153-156.

Yamazaki, D., Yoshida, D., Asami, T., Kuchitsu, K. (2003) Visualization of abscisic acid perception sites on the plasma membrane of stomatal guard cells. Plant J. 35, 129-139.

第3章 毒素と病原性

1. ACR毒素を介した特異性決定の分子機構

1-1. はじめに

自然界に分布する糸状菌は，10万種にのぼると推定される。その中の約8,000種は生きた植物に侵入し，植物体から栄養を吸収して増殖する能力(病原性)を進化の過程で獲得し，病原菌となることができた。しかしながら，ほとんどの病原菌は，それぞれ限られた植物種あるいは植物品種にのみにしか病害を引き起こすことはできず，これを病原菌の宿主特異性と呼ぶ。このような病原菌の宿主特異性を決定する因子が明らかになった例は極めて限られ，また宿主植物側の特異的感受化の分子機構もほとんど解明されていない。そのため，病原菌寄生性における宿主特異性の分子機構の解明は，植物病理学とストレス応答関連の植物生理学における研究分野の中心課題の一つとなっている。

宿主特異的毒素を生産する糸状菌 *Alternaria alternata* は，これら病原性・宿主特異性を決定する因子(宿主特異的毒素)がすでに同定され，またその因子の化学構造も明らかとなっている点で有効な研究モデルであると考えられる。*Alternaria* 属菌の大部分は自然界で腐生生活を営むことが知られ，宿主特異的毒素を生成する植物病原性 *A. alternata* は，毒素生合成遺伝子クラスター獲得による同種内の変異系統であることが明らかになってきた(Kohmoto et al., 1995; 柘植ら，2002)。宿主特異的毒素は，特定種の植物にのみ毒性を示し，他生物はもちろんのこと，同属植物の他品種にさえ毒性を示すことはない。

一般に，宿主特異的毒素は低分子の2次代謝物であり，*A. alternata* が生産するいずれの宿主特異的毒素も以下の3点の共通性質を示す。その性質とは，①その毒素を生産する *A. alternata* の宿主植物にのみ毒性を示すこと，②菌の宿主特異的毒素生産性の有無と病原性の有無が一致すること，③植物の毒素感受性と毒素生産菌に対する病害感受性が一致することである(Scheffer and Livingston, 1984; Nishimura and Kohmoto, 1983; Kohmoto et al., 1995)。現在までに，*A. alternata* が生産する7つの異なる宿主特異的毒素のうち，6毒素については化学構造が決定されている(図3-1-1)(Kohmoto and Otani, 1991)。これら宿主特異的毒素は，10^{-9}–10^{-8} M の低濃度でそれぞれの宿主植物にのみ毒性を示し，菌の胞子発芽時から植物組織への侵入時に毒素が生産・放出され，その作用によって宿主の抵抗反応が抑制されている可能性が示されてきた(Gomi et al., 2002a, b, 2003a, b)。カンキツラフレモン(*Citrus jambhiri* Lush.)の防除関連遺伝子の発現は，非病原性菌の接種により著しく誘導されるが，ラフレモンに病原性を示すACR毒素生産菌は，これらの遺伝子発現を抑制(サプレッション)することが明らかとなってきた。これらの結果は，宿主特異的毒素は単に特異的な病徴発現のための毒性因子であるのみならず，植物の生体防御機構を抑制するサプレッサー的作用ももち，菌の植物組織への感染を成立させる感染誘導因子

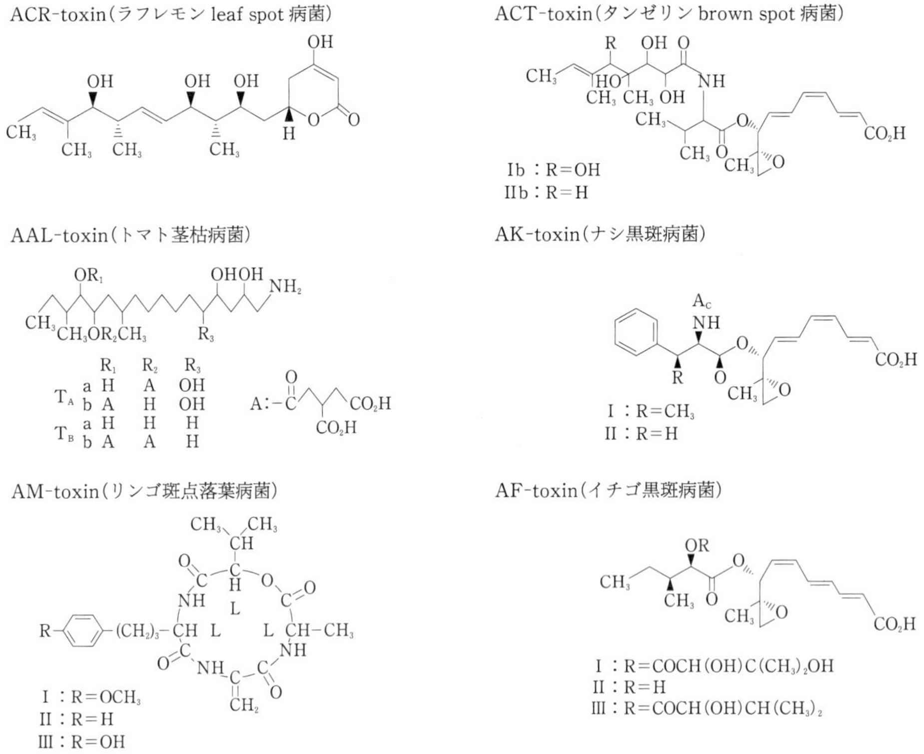

図3-1-1　*Alternaria alternata* が生産する宿主特異的毒素の化学構造。各毒素の名称とそれぞれの毒素を生産する病原菌名を記載した。より詳細については，Kohmoto and Otani(1991)を参照。

として位置付けられてきたこれまでの概念(Nishimura and Kohmoto, 1983; Kohmoto et al., 1995)を裏付ける結果となっている。

1-2. カンキツの宿主特異的毒素生産性 *Alternaria* 病害

我々は，カンキツに感染する *Alternaria* 病害の研究を進めてきた。特定のカンキツ品種に発病する *Alternaria* 病害は，1903年オーストラリアで最初に報告された(Cobb, 1903)。本病は Alternaria brown spot 病と呼ばれ，*Alternaira* 属菌により引き起こされることはわかっていたが，1966年に分生胞子の形態などから病原体はカンキツ黒腐病菌と同じ *A. citri* Ellis & Pierce と同定された(Pegg, 1966)。1974年には米国フロリダ州でも本病が確認され(Whiteside, 1976)，現在では世界各地のカンキツ栽培地帯で重要病害の一つとなっている(Akimitsu et al., 2003; Timmer et al., 2003)。本病に感染すると，幼葉に斑点が現れ，やがてハローに囲まれた輪紋斑が形成される。病徴が進展すると葉枯を起こして落葉し，防除しなければやがて感染した樹木が枯死する。この落葉上に形成された分生胞子が飛散し次の感染源となる。感染は果実にもみられ，壊死斑を形成し落果する。本病原菌は，当初 *A. citri* と同定されたが，後にタンゼリン・マンダリンなどを宿主とする系統と後で詳細に解説するラフレモンを宿主とする系統の異なる宿主範囲をもつ2系統の *A. alternata* により引き起こされ，またそれぞれの系統が異なる宿主特異的毒素を生産することが明らかになった(Kohmoto et al., 1979; Kohmoto et al., 1991)。現在では，これら2系統は *A. alternata* tangerine pathotype と *A. alternata* rough lemon pathotype と呼ばれ，両菌により引き起こされる病害は，それぞれ Alternaria brown spot 病と Alternaria leaf spot 病として区別され(Akimitsu et al., 2003; Timmer et al., 2003)，またそれぞれの系統が生成する ACT および ACR 毒素はその化学構造も明らかにされている（図 3-1-1）（Gardner et al., 1985; Kohmoto et al., 1993; Nakatsuka et al., 1986）。

この宿主特異的毒素の一つである ACR 毒素の第一次作用点は宿主細胞のミトコンドリアにあり，毒素の作用機構は酸化的リン酸化の脱共役と補因子の漏出による TCA 回路の停止であることが明らかとなった（Akimitsu et al., 1989）。また，この毒素に対する宿主カンキツのレセプター遺伝子探索を進め，ドーパミン，グルタミン酸，黄体形成ホルモンなどのレセプターの部分領域と高い相同性を示すラフレモンミトコンドリアゲノム遺伝子 *ACRS* を単離した（Ohtani et al., 2002）。*ACRS* 遺伝子を介した宿主特異性決定機構の解析をさらに進展させ，毒素への感受性/抵抗性は本遺伝子転写物へのプロセッシングの有無により制御されていることも明らかにした（Ohtani et al., 2002）。この制御機構の解明から，*ACRS* 遺伝子転写物からの翻訳を人為的に停止させれば ACR 毒素耐性となり，本毒素耐性化すれば ACR 毒素生成菌であるカンキツ Leaf spot 病に抵抗性の植物を創成できると考えている。この発想に至るまでの研究背景と，ACR 毒素のミトコンドリアレセプターについての近年の研究成果を以下に示したい。

1-3. 宿主特異的 ACR 毒素を介した特異性決定機構

先にも述べたように，ACR 毒素は Alternaria leaf spot 病菌（*A. alternata* rough lemon pathotype）により生産される。本病害は，一般にカンキツの台木品種として用いられるラフレモンと，ラフレモンを片親とした交雑品種であるラングプールライム（*C. limonia*）にのみ発病する。1929 年に南アフリカで最初に発病が報告され，現在世界各国のカンキツ地帯において台木育成用のナーザリー圃場で主に問題となっている（Akimitsu et al., 2003; Timmer et al., 2003）。Alternaria leaf spot 病菌は，胞子発芽時に分子量 496 の脂肪酸型のポリケチド化合物である宿主特異的 ACR 毒素を分泌し，本毒素は 10 ng/mL という低濃度で上記の感受性カンキツ葉にのみ壊死を誘起する（図 3-1-1）（Gardner et al., 1985; Nakatsuka et al., 1986; Kohmoto et al., 1991）。ACR 毒素感受性と Alternaria leaf spot 病菌に対する感受性は完全に一致し，ACR 毒素は Alternaria leaf spot 病菌に抵抗性のカンキツ品種に対してはいっさい毒性を示さず，また非病原性菌胞子に ACR 毒素を混ぜてラフレモン葉に接種すると Alternaria leaf spot 病菌と同様の病徴が誘起されることから，本病原菌の病原性決定因子と考えられている（Akimitsu et al., 1989; Kohmoto et al., 1991）。また，本毒素の生合成に関わる酵素遺伝子クラスターは，ACR 毒素生成菌が共通して保持する 1.5 Mb の小型染色体上に座乗することも明らかになり，現在クラスター遺伝子配列の決定と毒素生産性におけるその機能について標的遺伝子破壊法を用いた解析が進展中である（Masunaka, Miyamoto, Kamei, Akimitsu, 未発表）。

ACR 毒素の作用点は感受性カンキツのミトコンドリアであった。Kohmoto et al.（1984）による毒素処理カンキツ葉の電顕所見で，ACR 毒素処理後 1 時間以内のラフレモン葉細胞ミトコンドリアの 10–18% に膨潤などの異変がみられ，処理後 6 時間でほぼ 100% のミトコンドリアに異変が起きることが報告された。毒素処理後の細胞内異変は感受性ラフレモン葉のミトコンドリアに限られていたことから（Kohmoto et al., 1984），次に各種カンキツ葉からの単離ミトコンドリアを用いて，酸化的リン酸化に対する ACR 毒素の作用を解析した。酸素電極法と単離ミトコンドリアを用いて，NADH またはリンゴ酸駆動の酸化的リン酸化に対する ACR 毒素作用を検定した結果，ACR 毒素はラフレモンミトコンドリアにのみ，脱共役と TCA 回路関連補因子のミトコンドリア外部への漏出を誘起することが明らかとなった（Akimitsu et al., 1989）。また，pH 電極と単離ミトコンドリアを用いた解析でも，ACR 毒素処理直後から膜電位の消失が起こり，ACR 毒素の作用機構は毒素処理直後に起こるミトコンドリア膜への孔（pore）形成ではないかと推測された（Akimitsu et al., 1989）。

これら ACR 毒素のラフレモンミトコンドリアに対する作用は，*Cochliobolus heterostrophus* race T の生産する T 毒素のテキサス型雄性不稔細胞質系統のトウモロコシミトコンドリアに対する作用と極めて似ており，また両毒素の化学構造はいずれも長鎖の脂肪酸型のポリケチドであった(Akimitsu et al., 1989; Dewey et al., 1986; Dewey et al., 1988; Levings, 1990)。T毒素への感受性を担うレセプター遺伝子 *Turf13* がテキサス型雄性不稔細胞質系統のミトコンドリアゲノムから単離され，本遺伝子を大腸菌で発現させると通常毒素耐性の大腸菌が毒素感受化することが報告された(Dewey et al., 1986; Dewey et al., 1988; Levings, 1990)。ACR毒素はその作用と毒素構造がT毒素に類似することから，ACR毒素への感受性を担う遺伝子もラフレモンミトコンドリアのゲノム上に存在し，さらにACR毒素耐性の大腸菌でこのACR毒素感受性遺伝子を発現させれば，*Turf13* の場合と同様に大腸菌が毒素感受化するのではないかと考えた。

そこで，発現ベクターを用いて様々なサイズ・領域のラフレモンミトコンドリアゲノム断片を大腸菌でランダムに発現させて，ACR毒素混入・非混入培地で生育させ，毒素混入培地でのみ生育不良を起こすコロニーを選抜したところ，ACR毒素に感受性を示す変異株J104を得ることができた(Ohtani et al., 2002)。このJ104株に挿入されていた355 bpをプローブとして単離した，本挿入領域を含む2.3 kbのラフレモンミトコンドリアゲノムを解析したところ，本領域はtRNA-Alaの二つのエキソン間の介在領域(self-splicing group II intron)に座乗していた。さらに，植物ミトコンドリアでの挙動が確認されている開始・終始コドンの検索と各種deletion検定から，大腸菌の毒素感受化に必要な171 bpのORF推定領域を明らかにし，*ACRS*(ACR-toxin Sensitivity)遺伝子と命名した(Ohtani et al., 2002)。この配列がコードする56推定アミノ酸配列の2次構造解析から，本ププチドはミトコンドリア膜貫入タンパクをコードすると考えられ，また本推定アミノ酸配列は，ドーパミンレセプター様タンパク，グルタミン酸レセプター，黄体形成ホルモンレセプターなどのいくつかのトランスメンブレン型のレセプターと部分的相同性を示すことが明らかとなった(Ohtani et al., 2002)。

さらに，ACR毒素感受化した大腸菌株J104からの発現タンパクを精製してポリクローナル抗体を作製し，ACR毒素感受性および抵抗性のカンキツミトコンドリアをウエスタンブロット解析した。その結果，抗ACRS抗体は毒素感受性ラフレモンミトコンドリアから分子量14，21，28 kDの3つのタンパクを検出したが，毒素抵抗性のカンキツミトコンドリアからは何も検出しなかった(Ohtani et al., 2002)。*ACRS* の推定アミノ酸配列から算出される遺伝子産物の分子量は6683であることから，ラフレモンミトコンドリアで検出されたタンパクは，本遺伝子産物の2量体，3量体，4量体であり，SDS-PAGEにより解離しないSDS耐性型多量体(SDS-resistant oligomer protein)を形成することが明らかとなった(図3-1-2)(Ohtani et al., 2002)。このようなSDS耐性型の多量体形成タンパクは，孔形成型の膜貫入レセプタータンパクに多く，ACR毒素の作用機構であるミトコンドリア膜への孔形成による脱共役とTCA回路の補因子の漏出と合致した。そこで，サブミトコンドリアパーティクルを用いたミトコンドリア膜の孔形成の実測を試みた。サブミトコンドリアパーティクルとは，ミトコンドリア膜に膜タンパクなどを貫入されたままの状態で，リポーソーム

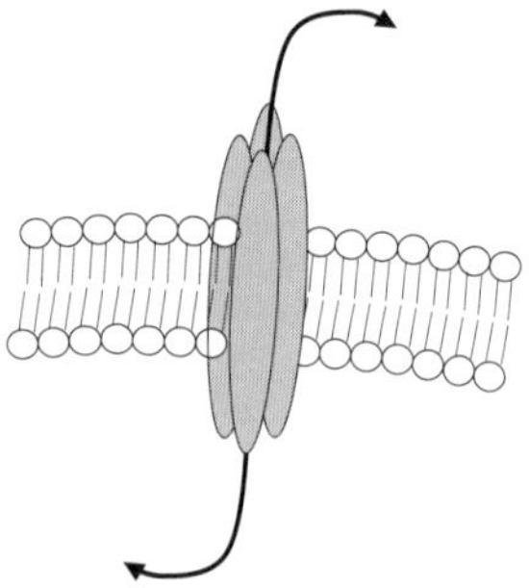

図3-1-2　*ACRS* 産物が形成する4量体ACR毒素レセプター。*ACRS* 配列から算出する産物の分子量は約7 kDで，ミトコンドリア膜で貫入型の4量体を形成することが明らかとなった(Ohtani et al., 2002)。このような多量体形成タンパクは，孔形成型の膜貫入レセプタータンパクに多く，ACRSも孔形成レセプターだと考えると，これまでに明らかになったACR毒素の作用機構と合致する。より詳細についてはOhtani et al. (2002); Akimitsu et al. (1989)を参照。

を形成させる手法である。このサブミトコンドリアパーティクル形成時に蛍光色素であるANTSとその消光剤であるDNTPの複合体を混入し，毒素処理後孔形成が起きて，ANTS/DNTPが漏出するとDNTPが解離して，ANTS由来の蛍光が測定できるという手法を用いたところ，ラフレモンミトコンドリア膜に毒素を処理した場合にのみ，膜に孔形成が起きて膜内の物質の漏出が認められることが近年明らかになっている(Ono and Akimitsu，未発表)。この膜への孔形成は，*ACRS*を発現させた大腸菌J104由来のパーティクルを用いた同様の検定においても認められることより，ラフレモンミトコンドリアにおけるACR毒素処理後の孔形成は*ACRS*発現産物との相互反応の結果誘起されていると考えている(Ono and Akimitsu，未発表)。

ここで*Turf13*と*ACRS*を比較してみたい(表3-1-1)。T毒素はラフレモンに全く毒性を示さず，またACR毒素もテキサス型細胞質雄性不稔系統のトウモロコシに毒性を示さない(Akimitsu et al., 1989)。T毒素に対する感受性を支配するトウモロコシミトコンドリア遺伝子*Turf13*の配列とACR毒素感受性を支配するラフレモンミトコンドリア遺伝子*ACRS*の配列にも類似性は認められなかった(Ohtani et al., 2002)。両遺伝子とも類似化学構造の毒素レセプターをコードする点では共通であるが，*Turf13*は毒素感受性と同時に雄性不稔形質も支配することが知られているのに対して(Dewey et al., 1986; Dewey et al., 1988; Levings, 1990)，ラフレモンは雄性不稔ではないため，両遺伝子の配列や産物の機能に違いがあることは当初から予測していた。さらに，*Turf13*はテキサス型細胞質雄性不稔系統のミトコンドリアゲノムにのみ存在して，T毒素への感受性はミトコンドリアゲノムにおける*Turf13*の有無で決定されていたのとは異なり(Dewey et al., 1986; Dewey et al., 1988; Levings, 1990)，*ACRS*はACR毒素に抵抗性のカンキツミトコンドリアゲノムにも存在し，その配列には点変異もなく，カンキツにおけるACR毒素感受性は*ACRS*の存在・不在では決定されていなかった(Ohtani et al., 2002)。

ACR毒素感受性・抵抗性のカンキツミトコンドリアゲノムにおける*ACRS*領域の配列に差がみられなかったことから，次に本遺伝子の推定ORF領域の転写物への修飾を3′RACEにより解析した。その結果，*ACRS*の転写物全長はACR毒素感受性のラフレモンミトコンドリアRNAからのみ検出され，検定したすべての毒素抵抗性カンキツミトコンドリアRNAでは，転写物が断片化し分解されていることが明らかとなった(Ohtani et al., 2002)。一般に植物ミトコンドリア遺伝子の転写物は，editingやprocessingなどの修飾を受けることが知られる。そこで，*ACRS*配列に含まれるprocessingサイトモチーフと3′RACE産物から得た断片配列情報から解析した結果，ACR毒素抵抗性カンキツのミトコンドリアでは*ACRS*転写物はprocessingモチーフ近辺で切断され，そのために本遺伝子産物が翻訳されないことが明らかとなった(図3-1-3)(Ohtani et al., 2002)。

表3-1-1 ACR毒素感受性遺伝子*ACRS*とT毒素感受性遺伝子*Turf13*の特異性決定機構の比較。より詳細については，Akimitsu et al. (1989); Ohtani et al. (2002); Levings (1990)を参照。

比較項目	*ACRS*	*Turf13*
毒素生産菌	*Alternaria alternata* rough lemon pathotype	*Cochliobolus heterostrophus* race T
宿主特異的毒素	ACR毒素(分子量496；脂肪酸型ポリケチド)	T毒素(C35-C45；長鎖脂肪酸型ポリケチド)
宿主植物	ラフレモン・ラングプールライム	テキサス型細胞質雄性不燃系統トウモロコシ
作用機構	ミトコンドリア膜孔形成；脱共役，TCA回路補因子の漏出	ミトコンドリア膜孔形成；脱共役，TCA回路補因子の漏出
感受性遺伝子	ミトコンドリア遺伝子*ACRS*；171 bp(遺伝子産物7 kD)	ミトコンドリア遺伝子*Truf13*；354 bp(遺伝子産物13 kD)
特異性機構	*ACRS*遺伝子mRNAの修飾の有無	*Turf13*遺伝子自体の有無
その他	不稔形質はもたない	*Turf13*は雄性不稔形質も支配

1-4. おわりに

これらの研究成果から，ACR毒素に対する抵抗性・感受性はカンキツミトコンドリアゲノムのtRNA-Alaの介在領域の転写物のprocessingの有無により決定されることが明らかになった(図3-1-3)(秋光ら，2004)。植物や動物と微生物間の相互反応において，初めて病害・疾病発生の特異性がミトコンドリア遺伝子転写物の修飾によって決定される例が示された。元独立法人果樹研究所カンキツ研究部(現静岡大学農学部)の大村博士らとの共同研究で，この修飾因子は核支配であることが示唆され，現在この*ACRS*のmRNA修飾に関与する蛋白の単離に成功している(Tatano, Ono and Akimitsu, 未発表)。ラフレモンは，これらRNA修飾タンパクによる*ACRS* mRNAへの修飾が滞り，他の品種では切断・分解されてしまう領域の転写物がORFとして翻訳され，その産物が4量体のACR毒素孔形成膜レセプターとなるため，この欠損したmRNA修飾機能を相補することにより毒素耐性化することができると考えている(図3-1-4)。*ACRS*が座乗するtRNA-Alaの介在領域のmRNA修飾については，これまで全く知見がないが，今後ACR毒素耐性機構の構築とともに是非進展させていきたい。

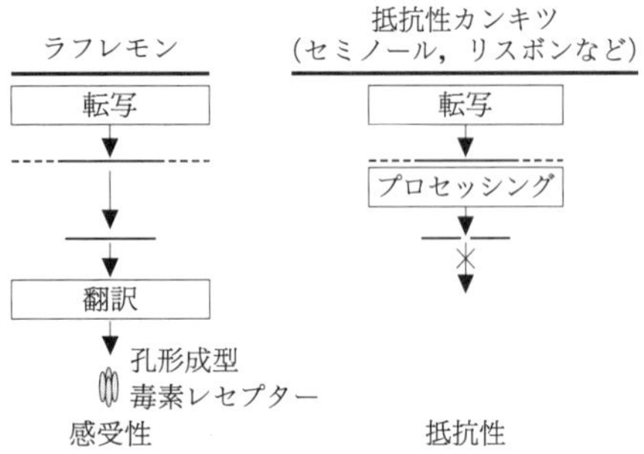

図3-1-3　ACR毒素に対する宿主特異的感受化の分子機構。カンキツミトコンドリアゲノムのtRNA-Alaの介在領域に座乗するACRSのmRNAプロセッシングの有無が特異性の決定因子であり，この因子は核支配されている。

参考文献

Akimitsu, K., Kohmoto, K., Otani, H., Nishimura, S. (1989) Host-specific effect of toxin from the rough lemon pathotype of *Alternaria alternata* on mitochondria. Plant Physiol. 89, 925-931.

秋光和也・大谷耕平・尾谷浩・山本弘幸(2004)植物のミトコンドリア病の謎に迫る――プロセッシングの有無が宿主特異的ACR毒素に対する感受性のカギを握る. 化学と生物 42, 81-83.

Akimitsu, K., Peever, T. L., Timmer, L. W. (2003) Molecular, ecological and evolutionary approaches

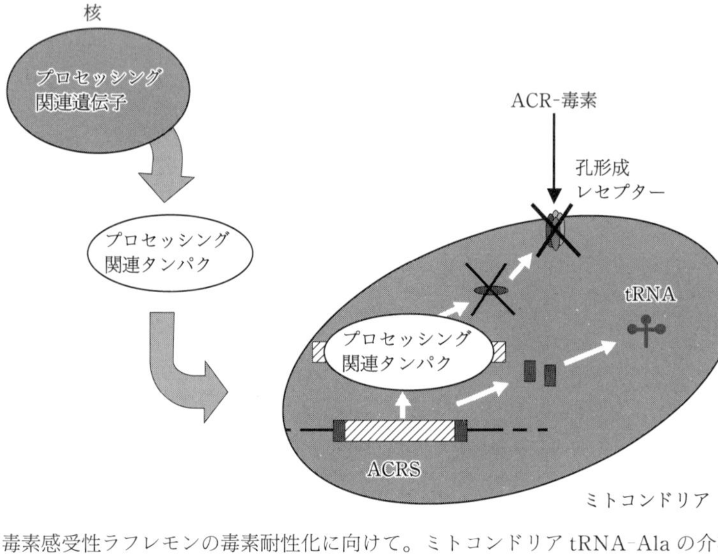

図3-1-4　ACR毒素感受性ラフレモンの毒素耐性化に向けて。ミトコンドリアtRNA-Alaの介在領域に座乗する*ACRS*遺伝子のプロセッシングに関連する遺伝子により，毒素耐性植物でみられる*ACRS*mRNAの修飾を相補すれば，ラフレモンミトコンドリアもACR毒素耐性化する。

to understanding Alternaria diseases of citrus. Mol. Plant Pathol. 4, 435-446.

Cobb, N. A. (1903) Letters on the disease of plants — *Alternaria* of the citrus tribe. Agric. Gaz. N. S. W. 14, 955-986.

Dewey, R. E., Levings, C. S. 3rd, Timothy, D. H. (1986) Novel recombinations in the maize mitochondrial genome produce a unique transcriptional unit in the Texas male-sterile cytoplasm. Cell 44, 439-449.

Dewey, R. E., Siedow, J. N., Timothy, D. H., Levings, C. S. (1988) A 13-kd maize mitochondrial protein in *E. coli* confers sensitivity to *Bipolaris maydis* toxin. Science 239, 293-295.

Gardner, J. M., Kono, Y., Tatum, J. H., Suzuki, Y., Takeuchi, S. (1985) Structure of major component of ACRL toxins, host-specific phytotoxic compounds produced by *Alternaria citri*. Agri. Biol. Chem. 49, 1235-1238.

Gomi, K., Itoh, N., Yamamoto, H., Akimitsu, K. (2002a) Characterization and functional analysis of class I and II acidic chitinase cDNA from rough lemon. J. Gen. Plant Pathol. 68, 191-199.

Gomi, K., Yamamoto, H., Akimitsu, K. (2002b) Characterization of lipoxygenase gene in rough lemon induced by *Alternaria alternata*. J. Gen. Plant Pathol. 68, 21-30.

Gomi, K., Yamamoto, H., Akimitsu, K. (2003a) Epoxide hydrolase: A mRNA induced by a fungal pathogen *Alternaria alternata* on rough lemon (*Citrus jambhiri* Lush). Plant Mol. Biol. 53, 189-199.

Gomi, K., Yamasaki, Y., Yamamoto, H., Akimitsu, K. (2003b) Characterization of a hydroperoxide lyase gene and effect of C6-volatiles on expression of genes of the oxylipin metabolism in Citrus. J. Plant Physiol. 160, 1219-1231.

Kohmoto, K., Akimitsu, K., Otani, H. (1991) Correlation of resistance and susceptibility of citrus to *Alternaria alternata* with sensitivity to host-specific toxins. Phytopathology 81, 719-722.

Kohmoto, K., Itoh, Y., Shimomura, N., Kondoh, Y., Otani, H., Kodama, M., Nishimura, S., Nakatsuka, S. (1993) Isolation and biological activities of two host-specific toxins from the tangerine pathotype of *Alternaria alternata*. Phytopathology 83, 495-502.

Kohmoto, K., Kondoh, Y., Kohguchi, T., Otani, H., Nishimura, S., Scheffer, R. P. (1984) Ultrastructural changes in host cells caused by host-selective toxin of *Alternaria alternata* from rough lemon. Can. J. Bot. 62, 2485-2492.

Kohmoto, K., Otani, H. (1991) Host recognition by toxigenic plant pathogens. Experientia 47, 755-764.

Kohmoto, K., Otani, H., Tsuge, T. (1995) *Alternaria alternata* pathogens. In Pathogenesis and Host Specificity in Plant Diseases: Histopathological Biochemical, Genetic and Molecular Bases, Vol II. Eukaryotes, Edited by Kohmoto, K., Singh, U. S. and Singh, R. P., Pergamon, Oxford/NY/Tokyo, pp. 51-64.

Kohmoto, K., Scheffer, R. P., Whiteside, J. O. (1979) Host-selective toxins from *Alternaria citri*. Phytopathology 69, 667-671.

Levings, C. S. (1990) The texas cytoplasm of maize: Cytoplasmic male sterility and disease susceptibility. Science 250, 942-947.

Nakatsuka, S., Goto, T., Kohmoto, K., Nishimura, S. (1986) Host-specific Phytotoxins, In Natural Products and Biological Activities, Edited by Imura, H., Goto, T., Murachi, T. and Nakajima, T., Univ. of Tokyo Press, Tokyo, pp. 11-18.

Nishimura, S., Kohmoto, K. (1983) Host-specific toxins and chemical structures from *Alternaria* species. Annu. Rev. Phytopathol. 21, 87-116.

Ohtani, K., Yamamoto, H., Akimitsu, K. (2002) Sensitivity to *Alternaria alternata* toxin in citrus because of altered mitochondrial RNA processing. Proc. Natl. Acad. Sci. USA 99, 2439-2444.

Pegg, K. G. (1966) Studies of a strain of *Alternaria citri* Pierce, the causal organism of brown spot of Emperor mandarin. Queensland J. Agric. Anim. Sci. 23, 14-18.

Scheffer, R. P., Livingston, R. S. (1984) Host-selective toxins and their role in plant diseases. Science 223, 17-21.

Timmer, L. W., Peever, T. L., Dolel, Z., Akimitsu, K. (2003) Alternaria diseases of citrus-Novel pathosystems. Phytopathologia Mediterranea 42, 99-112.

柘植尚志・児玉基一朗・秋光和也・山本幹博(2002)植物病原糸状菌の宿主特異的毒素生合成の分子機構——毒素生合成遺伝子群をコードするCD染色体. 化学と生物 40, 654-659.

Whiteside, J. O. (1976) A newly recorded *Alternaria*-induced brown spot disease on Dancy tangerinein Florida. Plant Dis. Rep. 60, 326-329.

第 4 章 感染のシグナル伝達と防御応答制御

1. 防御応答遺伝子群の発現制御モニタリングとその応用

1-1. はじめに

多くの遺伝子は様々な外的・内的要因によってその発現が制御されている。遺伝子の発現状況を知ることは，その細胞・個体が置かれている状況に関する情報を得るための有力な手段である。高等植物の遺伝子は様々な環境要因で発現制御されるが，特に病原感染に対しては耐病性に関連する防御応答遺伝子群の顕著な発現誘導が観察され，それらの発現を目安として植物体の病害抵抗性発現状況を知ることができる。我々は植物細胞および個体レベルにおける防御応答関連遺伝子の発現制御状況を連続的にモニター可能なレポーター遺伝子導入植物を利用した高感度非破壊的遺伝子発現検出法，転写活性化状況を簡便に計測可能で信頼性の高い一過性発現検出系について詳細に検討を加えてきた。それらを利用して，植物の防御反応に関連する諸現象の理解，遺伝子の単離や情報伝達系解析のための新規な手法を開発し，防御応答遺伝子発現制御に関する新たな知見を得ることを目的とした研究に着手した。本節では，植物の防御応答発現動態に関連する遺伝子群の転写制御機構に関する応用研究について解説するとともに，抵抗性誘導活性を示す新規な化合物，遺伝子，環境因子などの探索につながる応用研究例についても言及する。

1-2. 発光レポーター遺伝子を用いた実験系

植物の全身獲得抵抗性(SAR)の誘導は病害応答遺伝子群の発現を指標としてモニターすることができる。病原感染やサリチル酸(salicylic acid: SA)などの抵抗性誘導活性がある化合物を植物体に処理した場合，病害応答遺伝子群の強い発現誘導が起こり，続いてそれらがコードするタンパク質の蓄積に至る。従って，これらの遺伝子発現あるいはタンパク質の蓄積を検出することにより，植物の病害抵抗性の発現状況を知ることができる(Buchel and Linthorst, 1999)。しかし，遺伝子発現やタンパク質の量的変動を観察する手段として用いられる様々な手法は通常，生体組織からの核酸・タンパク質の抽出あるいは組織固定が必要であり，それらの時間的・空間的変化を追跡するためには多くの試料を犠牲にする必要がある。また，信頼性の高いデータを得るためにはより多くの試料を用いなければならず，そのための労力は膨大なものとなる。

そのような煩雑な作業を回避し，効率よく遺伝子発現情報を得るためにはレポーター遺伝子を用いる方法が広く用いられている。レポーター遺伝子としては酵素活性など定量可能なマーカータンパク質をコードするものが用いられ，その活性を定量することによって間接的に遺伝子の発現状況を知るための目安とすることができる。特に発光レポーター遺伝子を導入した形質転換植物を用いる非破壊的測定は，それらの煩雑な過程を省き，簡便にデータを得るための手法として有効である。我々はレポーター遺伝子を用いた病害応答遺伝子の発現制御解析系の開発を試みてきた。ここではホタルルシフェラーゼ(firefly luciferase: F-LUC)をレポーターとして用いた，病害応答遺伝子発現の観察例を紹介する。F-LUCはホタルの発光遺伝子でありレポーター遺伝子としては1986年に応用が開始された(Ow et al., 1986)。F-LUCを用いたアッセイ系は遺伝子発現を経時的に観察する実験系として，現時点では，高等植物において遺伝子発現の量的変動を非破壊的に連続観察可能な唯一の系であると思われる(図4-1-1)。F-LUC遺伝子産物は，他のレポーター遺伝子産物と比較して植物体内での半減期が短い。特に，基質となるルシフェリンの存在下ではF-LUC活性が不安定であるため，転写量の変動がF-LUC活性に反映されやすいという特徴をもつ(Millar et al., 1992)。F-LUCの発光基質であるD-ルシフェリンは植物細胞・組織への浸透性が優れ，細胞毒性も認められない。これらの利点を活かし，微弱な生物発光を検出可能な高感度カメラなどを用いた*in vivo*での遺伝子発現測定法が開発され，実際に変異体の選抜などに利用されている(Murray et al., 2002; Maleck et al., 2002)。一方，非破壊的レポーターとして，緑色蛍光タンパク質(green fluorescent protein: GFP)とその色調変異体群あるいは赤色蛍光タンパク質などがあり，検出が容易であるため細胞レベルの観察に多用されているが，励起光の照射が必要であること，定量実験が困難であることなどから，遺伝子発現レベルを観察する目的で使用するのは一般的ではない。

1-3. 防御応答遺伝子の発現制御モニタリング

タバコ培養細胞(BY-2)由来の*PR-1a*遺伝子はサリチル酸処理によって明瞭な発現誘導を示すことから，防御応答発現指標として有用であると考えられた(Horvath and Chua, 1996)。そこで，サリチル酸応答性遺伝子プロモーターのモデル実験系として，発光遺伝子(F-LUC)をレポーターとしたBY-2細胞由来*PR-1a*遺伝子プロモーターとの融合遺伝子(*PR-1a*:: F-LUC)を作成した。アグロバクテリウム法により*PR-1a*:: F-LUC導入形質転換タバコおよびBY-2細胞を取得し，それらを用いた非破壊的遺伝子発現解析系を構築した。これらの実験系でサリチル酸やBTHなどの全身獲得抵抗性誘導薬剤処理による，*PR-1a*遺伝子の発現誘導のモニタリングが可能であることを確認し，さらに実用性を検証するために化合物探索実験などを行った。具体的には*PR-1a*-LUC導入形質転換タバコ葉に各種薬剤を処理し，*PR-1a*-LUCの発現誘導の経時的・定量的観察を試みた。その結果，形質転換タバコ葉を用いた実験系は特異性が高く，抵抗性誘導因子の探索と特徴付けに有効であることが判明した(図4-1-2)(渡壁ら，

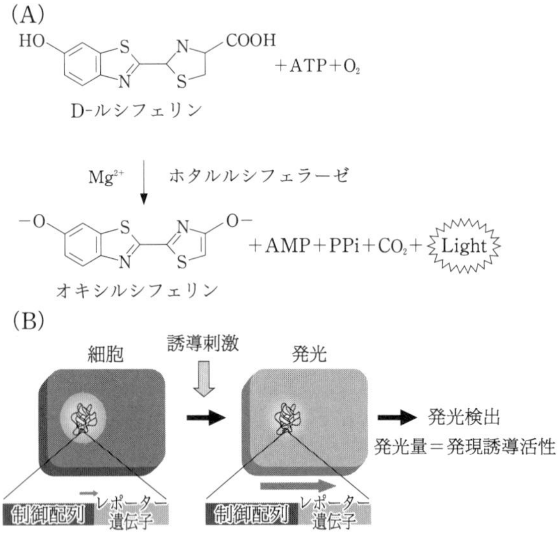

図4-1-1　ホタルルシフェラーゼを用いた遺伝子発現モニタリング。(A)ホタルの発光遺伝子であるルシフェラーゼは基質であるルシフェリンを酸化し，発光とオキシルシフェリン，二酸化炭素を生成する反応を触媒する。(B)アグロバクテリウム法あるいは直接導入法により核内に挿入されたレポーター遺伝子は連結した制御配列によって発現制御されるので，誘導刺激によって転写量が増大し，遺伝子産物であるルシフェラーゼタンパク質が蓄積する。基質であるルシフェリンは膜透過性に優れており細胞内へ容易に浸透するので，細胞内のルシフェラーゼによって加水分解され発光する。

2001)。また，*PR-1a*-LUCはシロイヌナズナにおいても病害応答性レポーター遺伝子として機能し，その応答性はシロイヌナズナ*PR-1*遺伝子プロモーターよりも優れていることを見出した(小野ら，2004)。シロイヌナズナを用いた系では芽生えを用いて96穴マルチウェルプレートによるハイスループット系としても機能し，抵抗性誘導活性を示す化合物のスクリーニングや性能評価に有用であることが示された(図4-1-3)(平塚，2003)。

MAPK(Mitogen-activated Protein Kinase)カスケードを介して誘導される防御応答シグナル伝達系の存在が明らかとなっているが，その発現制御に関する詳細は必ずしも明らかではない(Asai et al., 2002)。そこで，シロイヌナズナ*MPK3*(Mitogen-activated Protein Kinase 3)遺伝子プロモーターについてもF-LUC遺伝子をレポーターとした系を構築し，形質転換シロイヌナズナを用いて灰色かび病菌(*Botrytis cinerea*)感染による全身的な遺伝子発現誘導の観察を試みた(図4-1-4)(田中ら，2004)。このようなモニタリング系は病害応答シグナルの組織間移行に関する研究などに貢献できるものと思われる。

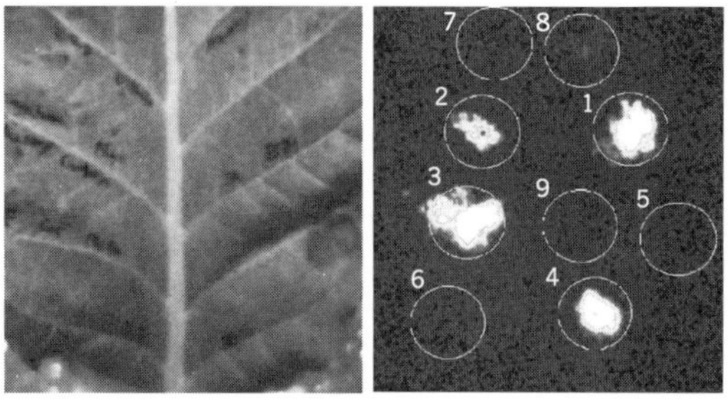

図4-1-2　タバコ*PR-1a*遺伝子プロモーターとホタルルシフェラーゼ融合遺伝子を導入した形質転換タバコ葉を用いた抵抗性誘導剤による遺伝子発現誘導のモニタリング。抵抗性誘導剤は植物活性化剤Plant activatorとも呼ばれ，直接的な殺菌活性は示さないが，植物の防御応答を活性化することにより間接的に病害抵抗性を増強する作用を示す。タバコ*PR-1a*遺伝子は防御応答発現に伴って明瞭な転写活性化が観察されることから，防御応答発現の指標として用いられ，抵抗性誘導剤処理によっても発現誘導が起こる。そこで，*PR-1a*遺伝子プロモーターとルシフェラーゼ遺伝子を連結した融合遺伝子を構築してタバコに導入し，各種化合物による発現誘導を観察した。切り取った1枚のタバコ葉に0.5 mMルシフェリンを噴霧処理し，右図の円内に各種化合物を等量スポットし，36時間経過後に観察した。左図はタバコ葉の反射光像で，右図は同じ撮影範囲の発光像である。発光像の取得には光電子倍増管によるフォトンカウンティングが可能なVIMカメラを用いている。この方法では，各試料の*PR-1a*遺伝子誘導活性の経時的な定量が可能であり，化合物の抵抗性誘導活性の評価方法として有用である。

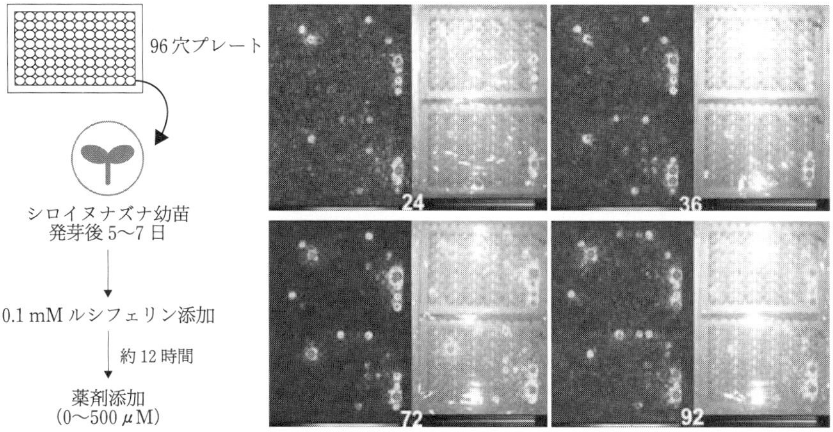

図4-1-3　形質転換シロイヌナズナ芽生えを用いたタバコ*PR-1a*遺伝子プロモーター発現誘導のモニタリング。タバコ*PR-1a*遺伝子はシロイヌナズナに導入しても抵抗性誘導剤処理や病原菌感染によって誘導される。その発現誘導は，本葉展開前の幼植物体においても明瞭に観察することができる。そこで，シロイヌナズナ種子を96穴マルチウェルプレートに播種し，ルシフェリン添加後に各種薬剤をアッセイ開始前にルシフェリンを添加することにより抵抗性誘導活性を示す化合物のスクリーニングを試みた。操作手順は左図に示す通り極めて簡便である。右図は薬剤添加後24，36，72および92時間後の経時的な*PR-1a*プロモーターの発現観察結果である。2枚の96穴プレートで，右下の4サンプルにはそれぞれサリチル酸とBTHを陽性コントロールとして添加している。各図の左側がVIMカメラによる発光像，左側は発光像と反射光像の合成画像を示している。複数のサンプルから*PR-1a*プロモーター発現誘導活性が検出されている。この実験系を用いれば，短時間で微量の化合物試料を用いた多検体のスクリーニングが可能である。

1-4. 防御応答と関連するDNA組換え，DNA傷害応答性遺伝子発現

植物では病原感染やSAR誘導剤処理によるDNA組換え率の上昇が報告されており，それは病害ストレスにより誘導されるゲノムレベルの抵抗性誘導の結果であると解釈されている(Kovalchuk et al., 2003)。そこで，*PR*遺伝子群とDNA組換え関連遺伝子群との発現制御機構の関連を検討する目的で，DNA組換え酵素をコードし，DNA傷害応答性を示すシロイヌナズナ*RAD51*

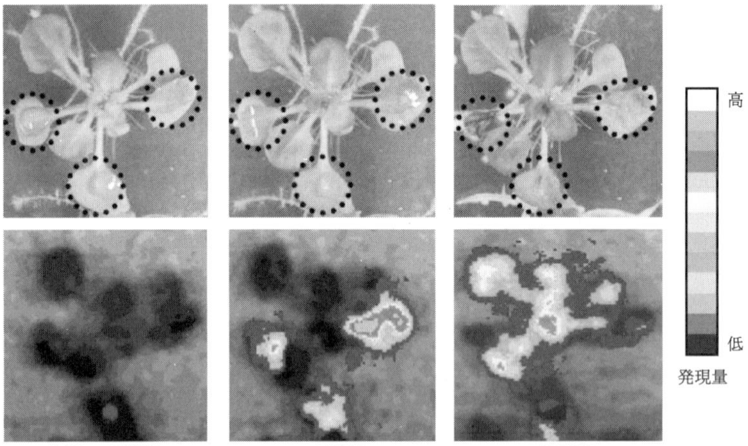

図4-1-4　形質転換シロイヌナズナ芽生えを用いた*MPK3*遺伝子プロモーター発現誘導のモニタリング。シロイヌナズナ*MPK3*遺伝子は様々なストレスにより発現するが，抵抗性誘導剤処理や病原菌感染によっても誘導が観察され，病害応答における役割に関心がもたれている。そこで*MPK3*遺伝子プロモーターとルシフェラーゼ遺伝子の融合遺伝子を作成してシロイヌナズナに導入し，その発現動態について観察した(田中ら，2004)。上段図は明視野像で，図中の点線円内に約10^4個の灰色かび病菌(*Botrytis cinerea*)胞子を接種した後，病徴進展と*MPK3*遺伝子プロモーターの発現状況を経時的に観察した。接種葉における*MPK3*遺伝子の発現は接種後12時間でピークを迎えるが，接種後48時間以降では非接種葉における発現が始まり，72時間後には接種部位とほぼ同等な発現量を示すことがわかる。このような病害応答遺伝子発現の時間的・空間的な連続観察は発光レポーターを用いた実験系の有効な使用方法である。口絵1参照。

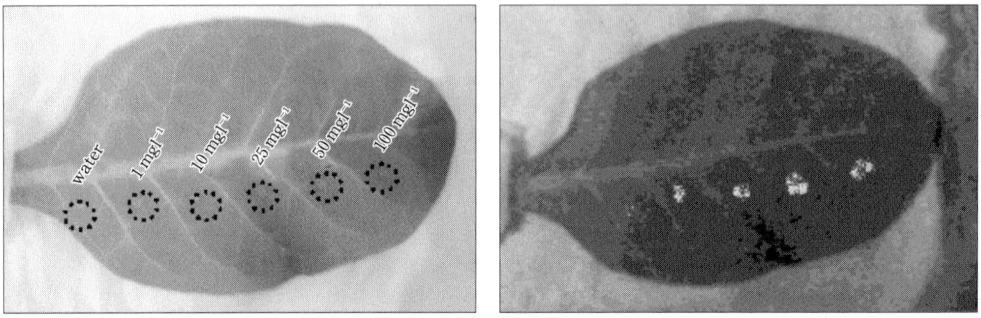

図4-1-5　形質転換タバコ葉を用いたシロイヌナズナ*AtRAD51*遺伝子プロモーター発現誘導のモニタリングによるDNA傷害活性検出(Maeda et al., 2004, Fig. 4 [p. 116])。シロイヌナズナ*AtRAD51*遺伝子はDNA組換え酵素をコードし，DNA切断刺激により特異的に誘導される。この図では*AtRAD51*遺伝子プロモーターをホタルルシフェラーゼ遺伝子に連結した融合遺伝子を導入した形質転換タバコを作成し，その成葉の表面に段階希釈したブレオマイシンを滴下し，*AtRAD51*遺伝子プロモーターの発現状況を観察している。処理濃度に依存した発光が観察され，ブレオマイシン処理により誘発されたDNA切断によって，発現誘導が起こっていることが示されている。同様な化合物処理を試みたところ，*AtRAD51*遺伝子プロモーターの発現誘導は特異性が高く，植物ホルモンや重金属処理のような各種ストレスでは誘導されないことが判明した(Maeda et al., 2004)。左図は明視野像で，点線円内にブレオマイシンを処理した。右図は反射光像にVIMカメラで取得した発光像を重ねたものである。

遺伝子の発現制御領域について詳しく調べた(Maeda et al., 2004)。実験系として，特異的にDNA切断を生成することが知られている抗生物質であるブレオマイシンによる処理を用い，一過性発現系と形質転換植物による詳細な欠失実験と機能獲得実験を実施した。その結果，DNA傷害応答因子として44塩基対の新規なシス制御領域が同定され，UV-B照射による発現誘導についても確認された。この検出系はDNA傷害特異的に誘導され，他のストレスでは誘導されないため特異性が高く，遺伝毒性評価のためのバイオセンサーとしても期待がもたれる(図4-1-5)。さらに，耐病性シグナル伝達との関連について調べる目的で，BTHとSA処理による*RAD51*遺伝子プロモーターの発現誘導について調査したが，培養細胞と成葉における誘導は観察されなかった。しかし，DNA傷害を特異的に生成するブレオマイシン処理によって病害応答性プロモーターである*PR-1a*およびシロイヌナズナ*MPK3*遺伝子プロモーターの活性化が観察されたことから，DNA傷害応答と病害応答遺伝子発現の関連性が示唆される実験結果も得られている(田中ら，2004)。

1-5. 遺伝子銃による一過性発現系の遺伝子発現解析への応用

遺伝子銃による一過性発現系は形質転換が容易でない植物を対象とした実験に有効であり，我々も生殖細胞における防御応答遺伝子発現と，特異的転写制御因子の関係に関する研究などにおいて活用し，成果を収めている(Morohashi et al., 2003)。一過性発現では遺伝子導入の効率に限界があるので，高感度なレポーター遺伝子が望ましい。そこで，ウミシイタケ(*Renilla reniformis*)由来の発光遺伝子(*Renilla* luciferase: R-luc)を用いた方法が開発された。R-lucはセレンテラジンを基質として優れた発光活性を示し，F-LUCと同程度の検出感度が得られる。R-lucとF-LUCは明瞭な基質特異性があり，同時に発現させた場合でもそれぞれの発現レベルを独立に計測することが可能である。その性質を利用したDual Luciferase Reporter Assay法が開発され，植物細胞における一過性発現系の評価方法としても用いられている(Matsuo et al., 2001)。遺伝子銃を用いた一過性発現系は迅速簡便な手法であり，対象となる組織・細胞を選ばず，少量のプラスミドDNAを用いて同時に複数の遺伝子を導入発現させることが可能であるため，複数制御因子の共発現実験などにも好適である(図4-1-6)。シロイヌナズナのSAR関連制御遺伝子であるNPR1/NIM1タンパク質がタバコ細胞内においても機能し，*PR-1a*遺伝子の転写誘導に直接関与することなどが明らかにされている(Ono et al., 2004)。

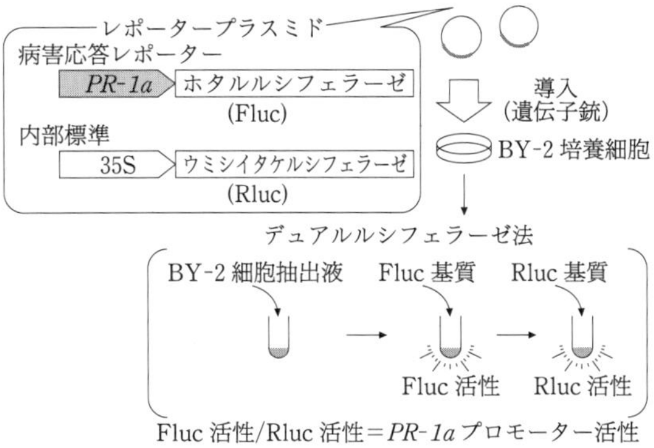

図4-1-6　デュアルルシフェラーゼ法(Dual Luciferase Reporter Assay：DLRA)の実験手順。遺伝子銃を用いた一過性発現系におけるアッセイ系では2種類のルシフェラーゼ遺伝子を用いたDLRAが頻繁に用いられる。ここでは病害応答性レポーター遺伝子プロモーターとしてホタルルシフェラーゼ(F-luc)を連結したタバコ*PR-1a*遺伝子プロモーターを用い，内部標準としてウミシイタケルシフェラーゼ(R-luc)を連結したカリフラワーモザイクウイルス35Sプロモーターを用いている。遺伝子銃を用いて細胞・組織に両方のプラスミドDNAを導入し，処理区と対照区に分割し，一定時間経過後に細胞抽出液で磨砕抽出後，F-luc活性を測定する。続けて，R-luc基質を加え，同時にF-lucが失活する緩衝液条件に切り替え，R-luc活性のみを計測する。タバコ*PR-1a*遺伝子プロモーターの活性は相対値relative activityとして評価する。制御因子の作用について検討するには，それらを35SプロモーターなどでДで発現させるプラスミドDNAを加える。

1-6. 新規な発光レポーターを用いた実験系

レポーター遺伝子の発現量を正確に評価するためには，内部標準を用いる必要がある。一過性発現実験では，常に2種類のレポーター遺伝子の発現量を測定し，相対値として算出し比較する方法が常用され，発光レポーター遺伝子では前述のデュアルルシフェラーゼ法が確立されている。しかし，非破壊的な測定では，植物体からの発光量の絶対値のみの比較となってしまい，得られるデータの信頼性に問題があった。最近，様々な発光波長特性をもつルシフェラーゼ遺伝子(多色ルシフェラーゼ遺伝子)を用い，色調が異なることを利用して，同時に 2 種類以上の発光遺伝子の発現量を計測する手法が開発された。我々は，それらの植物細胞への応用を企図し，一連の実験を行った。ホタルルシフェラーゼは緑黄色に光るが，Click beetle 由来のルシフェラーゼには赤色発光型と，緑色発光型の 2 種類があり，ともにホタルルシフェリンを基質とする。それらの発光は偏向フィルターを用いて分離することが可能である。植物組織中においてもそれらのレポーター遺伝子が効率よく発現し，色調の分別が可能であるか調べた。遺伝子銃を用いた一過性発現では，Click beetle ルシフェラーゼの明瞭な発現が認められ，赤と緑の分別が可能であることが判明した。また，色素体の存在などによる干渉なども特に問題にはなら

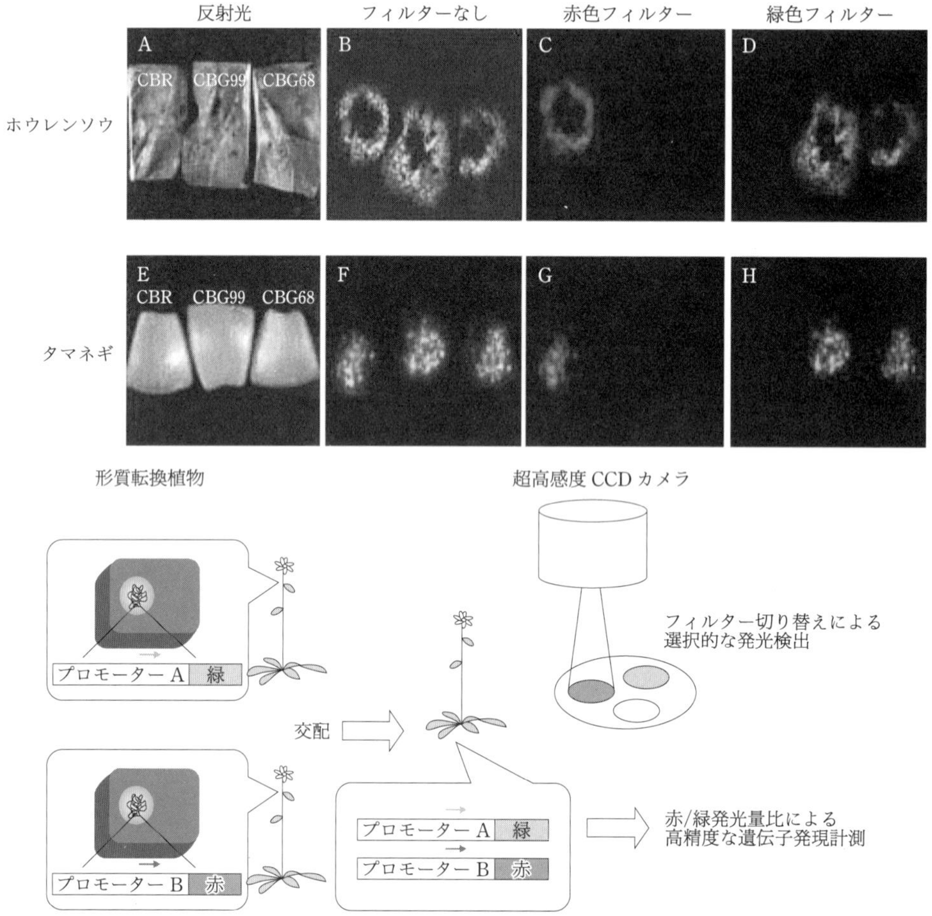

図 4-1-7　多色ルシフェラーゼを用いた遺伝子発現解析(Ogura et al., 2005, Fig. 1 [p. 152])。赤色発光型(CBR)と緑色発光型(CBG99 と CBG68)をカリフラワーモザイクウイルスの 35S プロモーターに連結したものを，遺伝子銃を用いてホウレンソウ葉(A〜D)とタマネギ鱗片(F〜I)に導入し，0.1 mM D-ルシフェリン水溶液をスプレーした後，高感度 CCD カメラを用いて観察した。A と E は反射光像，B と F は発光像(フィルターなし)，C と G は赤色フィルター(610 nm 以下の波長を除くロングパスフィルター)，D と H は緑色フィルター(510〜560 nm の波長帯を透過させるバンドパスフィルター)による発光像。偏光フィルターによって赤色発光と緑色発光の明瞭な区別が可能であることがわかる。下図は形質転換植物を用いたアッセイ系の概念図。

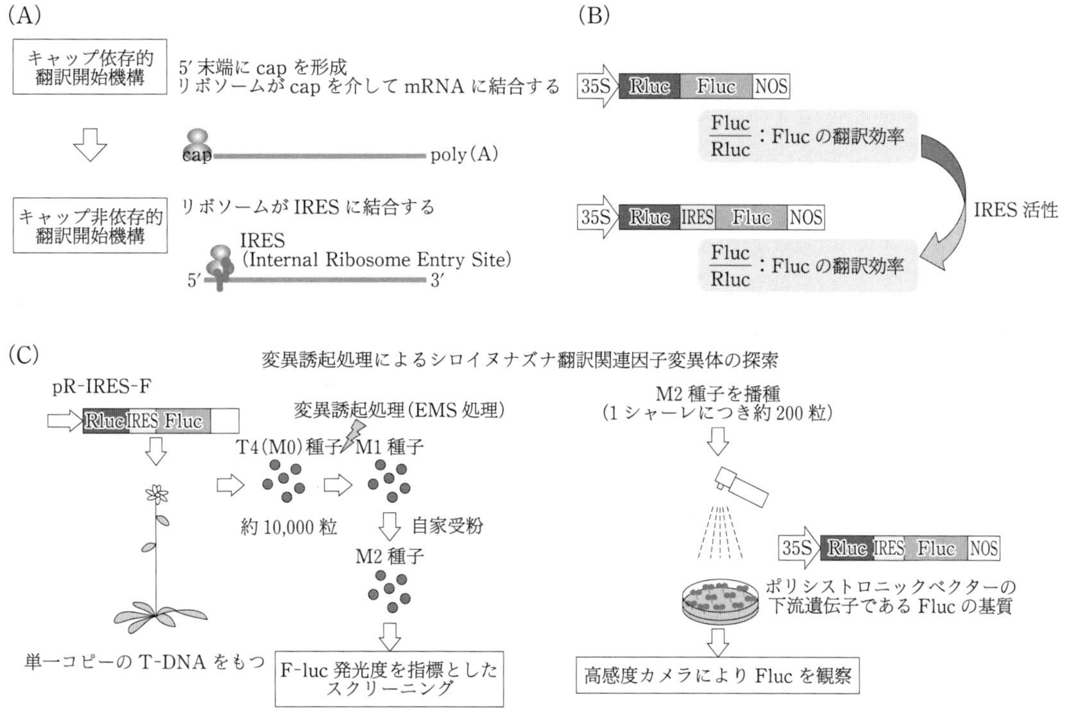

図 4-1-8　発光レポーターを用いた翻訳制御因子の解析。(A)真核生物の翻訳は 5′末端に形成されるキャップ構造を認識してリボソームが会合することにより開始されるが，ある種のウイルスゲノムや mRNA では特殊な高次構造を形成する IRES(internal ribosome entry site)によるキャップ依存的な翻訳とは独立な翻訳開始機構が存在する。(B)レポーター遺伝子を用いた IRES 活性の評価方法として，R-luc と F-luc の間に IRES 配列を挿入し，DLRA 法により F-luc の相対活性を調べる方法がある。(C)シロイヌナズナに IRES を挿入したコンストラクトを導入し，変異源処理を行い得られた M2 世代の種子を発芽させ，F-luc 活性を *in vivo* でモニターする。F-luc 活性が上昇，あるいは低下した変異体を取得し，原因遺伝子を同定する。

なかった(Ogura et al., 2005)。さらに，タバコ BY-2 細胞の形質転換体を用いた場合でも明瞭な発光活性が確認され，偏光フィルターによる色調の識別も可能であった。今後は形質転換植物を用いた系で実証試験が必要であるが，多色ルシフェラーゼによる植物体の非破壊的遺伝子発現測定系が確立されれば，様々な遺伝子発現変動を相対値として連続モニターすることが可能となり，発光遺伝子レポーターによる遺伝子発現モニタリングの精度と信頼性は飛躍的に向上することになる。それは防御応答遺伝子のように正確な動態観察が重要な遺伝子のモニタリング技術として極めて有力な手法となる(図 4-1-7)。一方，本節で述べてきた発光レポーター遺伝子による実験系を用いた翻訳制御に関する研究も実施され，効率のよい外来遺伝子の多重導入発現に用いることができる新規な翻訳活性化因子の探索・評価などに関する研究でも成果が上がっている(図 4-1-8)(Matsuo et al., 2004)。この方法を用いることにより，植物ウイルス由来の翻訳制御因子に関する研究などへの展開にも期待がもたれる。

今後，これらの実験技術を駆使した新たな創薬技術開発，耐病性戦略に寄与する有用遺伝子機能の同定などへの展開が予想される。得られる成果は環境負荷の低い植物保護手法の構築に大きく貢献することが期待される。

参考文献

Asai, T., Tena, G., Plotnikova, J., Willmann, M. R., Chiu, W. L., Gomez-Gomez, L., Boller, T., Ausubel, F. M., Sheen, J. (2002) MAP kinase signalling cas-

cade in *Arabidopsis* innate immunity. Nature 415, 977-983.
Buchel, A. S., Linthorst, H. J. M. (1999) PR-1A group of plant proteins induced upon pathogen infection. In Pathogenesis-related proteins in plants, Edited by S. K. Datta and S. Muthukrishnan, CRC Press, Boca Raton, pp. 21-47.
平塚和之(2003)病害抵抗性誘導剤の新規探索法．次世代の農薬開発，日本農薬学会編，ソフトサイエンス社，pp. 171-180.
Horvath, D. M., Chua, N.-H. (1996) Identification of an immediate-early salicylic acid-inducible tobacco gene and characterization of induction by other compounds. Plant Mol. Biol. 31, 1061-72.
Kovalchuk, I., Kovalchuk, O., Kalck, V., Boyko, V., Filkowski, J., Heinlein, M., Hohn, B. (2003) Pathogen-induced systemic plant signal triggers DNA rearrangements. Nature 423, 760-762.
Maeda, T., Watakabe, Y., Seo, S., Takase, H., Hiratsuka, K. (2004) Expression of the *AtRAD51* gene promoter in response to DNA damage in transgenic tobacco. Plant Biotechnol. 21, 113-118.
Maleck, K., Neuenschwander, U., Cade, R. M., Dietrch, R. A., Dangl, J. L., Ryals, J. A. (2002) Isolation and characterization of broad-spectrum disease-resistant Arabidopsis mutants. Genetics 160, 1661-1671.
Matsuo, N., Gilmartin, P. M., Hiratsuka, K. (2004) Characterization of the EMCV-IRES mediated bicistronic translation in plant cells. Plant Biotechnol. 21, 119-126.
Matsuo, N., Minami, M., Maeda, T., Hiratsuka, K. (2001) Dual luciferase assay for monitoring transient gene expression in higher plants. Plant Biotechnol. 18, 71-75.
Millar, A. J., Short, S. R., Hiratsuka, K., Chua, N. H., Kay, S. A. (1992) Firefly luciferase as a reporter of regulated gene expression in higher plants. Plant Mol. Biol. Rep. 10, 324-337.
Morohashi, K., Minami, M., Takase, H., Hotta, Y., Hiratsuka, K. (2003) Isolation and characterization of a novel GRAS gene that regulates meiosis-associated gene expression. J. Biol. Chem. 278, 20865-20873.
Murray, S. L., Thomson, C., Chini, A., Read, N. D., Loake, G. J. (2002) Characterization of a novel, defense-related Arabidopsis mutant, cir1, isolated by luciferase imaging. Mol. Plant-Microbe Interact. 15, 557-566.
Ogura, R., Matsuo, N., Wako, N., Tanaka, T., Ono, S., Hiratsuka, K. (2005) Multi-color luciferases as reporters for monitoring transient gene expression in higher plants. Plant Biotechnol. 22, in press.
Ono, S., Tanaka, T., Watakabe, Y., Hiratsuka, K. (2004) Transient assay system for the analysis of *PR-1a* gene promoter in tobacco BY-2 cells. Biosci. Biotechnol. Biochem. 68, 803-807.
小野祥子・渡壁百合子・田中恒之・西山洋平・平塚和之(2004)　PR-1a-ルシフェラーゼ導入シロイヌナズナを用いた病害応答変異体の探索．日植病報 70，242.
Ow, D. W., Wood, K. V., DeLuca, M., de Wet, J. R., Helinski, D. R., Howell, S. H. (1986) Transient and stable expression of the firefly luciferase gene in plant cells and transgenic plants. Science 234, 856-859.
田中恒之・小野祥子・平塚和之(2004)　発光レポーターを用いたシロイヌナズナ MPK3 遺伝子発現解析系の開発．日植病報 70，242.
渡壁百合子・小野祥子・平塚和之(2001)　形質転換植物を用いた抵抗性誘導剤の作用機作解析．日本農薬学会誌 26，296-299.

2. 植物の病傷害防御応答の転写制御ネットワーク

2-1. はじめに

微生物の感染に際して，植物では個々の細胞が微生物由来の感染シグナルであるエリシターを認識して生体防御応答が誘導される。感染防御応答では，PR 遺伝子，抗菌性物質やシグナル物質の生産に関わる酵素遺伝子，細胞壁の補強に関わる遺伝子，さらにシグナル伝達や転写制御に関わる遺伝子などの劇的な発現変動が起こる。このように，植物の生体防御応答の機能発現においては，多様な遺伝子の可塑的な発現制御が重要な役割を果たしている。また，植物細胞は多種多様な微生物の感染に対抗するために多様な認識機構を有しているが，防御応答において発現変動する遺伝子群には高い共通性がみられ，普遍的な転写制御機構の存在が推定される。従って，植物の感染防御機構の解明と病害抵抗性向上の技術開発のためには，防御応答における遺伝子発現の転写制御機構を理解することが重要である(鈴木・進士，2002)。

植物の感染防御応答における転写制御機構を明らかにすることを目的として，糸状菌由来のエリシター［*Trichoderma viride* が生産するキシラナーゼ（TvX）および *Phytophthora infestans* 細胞壁抽出物（PiE）］によって生体防御応答が誘導されるタバコ（*Nicotiana tabacum* cv. Xanthi および cv. Xanthi-NC）植物とタバコ（*Nicotiana tabacum* cv. Xanthi）由来の培養細胞（XD6S 株）を用いて研究を行っている。この実験系では，これまでにエリシターに応答して，活性酸素の発生，MAP キナーゼの活性化，防御遺伝子の発現，過敏感細胞死などの防御応答が誘導されることを明らかにしている（Suzuki, 1999）。

この実験系において，エリシターによって転写が誘導される防御遺伝子の5′上流のプロモーター領域において転写制御に関わるDNA配列（シスエレメント）の解析を行うとともに，このシスエレメントに結合して転写を制御する転写因子遺伝子の機能解析を行った。これらの転写因子遺伝子の中には，感染防御応答と密接な関係にある傷害応答において発現が誘導されるものがあり，その時の転写制御機構についても解析を行った。また，エリシターによって細胞増殖の抑制とともに細胞周期関連遺伝子の発現抑制が起こることを見出し，その抑制機構について解析した。

本節では，これらの研究結果を紹介するとともに植物の防御応答遺伝子発現の転写制御ネットワークと感染ストレスへの適応機構について考察する。

2-2. 微生物エリシターにより発現誘導される防御遺伝子の転写制御機構の解析

(1) シスエレメントの解析

タバコでは，微生物感染あるいはエリシターに応答してクラスI塩基性キチナーゼ（BCHN）遺伝子（CHN48，CHN50 など）および β-1,3-グルカナーゼ遺伝子（GLN2 など）の転写が活性化する。CHN50 遺伝子プロモーター領域の−788 から−345 の領域は，エリシター応答性の転写活性を有する（Fukuda and Shinshi, 1994）。この領域と相同性の高い配列が CHN48 遺伝子プロモーター領域にも存在し，GCC box および W box を含む。我々の研究室では，GCC box がエチレン応答性の転写活性化に必要かつ十分なシスエレメントであることを明らかにしている（Ohme-Takagi and Shinshi, 1995; Shinshi et al., 1995）。また，W box はパセリ培養細胞においてエリシター応答性のシスエレメントとして同定された配列である（Rushton et al., 1996）。BCHN 遺伝子プロモーターのこれらの配列について loss-of-function および gain-of-function 実験を行い，エリシター応答性の転写制御への関与を解析した。その結果，GCC box がエチレン非依存的なエリシター応答性のシスエレメントとしても機能することを明らかにした（Yamamoto et al., 1999）。一方，CHN50 遺伝子のプロモーター領域の−788 から−345 の領域中の TGAC モチーフをコアにもつ W box 配列を同方向に2つ含む領域（ELRE）がエリシター応答性エレメントとして機能することが示唆された（Fukuda and Shinshi, 1994）。そこで，CHN48 遺伝子のプロモーターの ELRE を含む−125 から−69 の領域およびその配列に変異を挿入した配列について，レポーター遺伝子解析を行った（図 4-2-1）。その結果，ELRE が確かにエリシター応答性エレメントとして機能することを示した（Yamamoto et al., 2004）。この ELRE を介したエリシターによる転写活性化がプロテインキナーゼ阻害剤によって抑制され，タンパク質リン酸化を介して制御されていることが示唆された（Yamamoto et al., 2004）。このことは，エリシターによる BCHN 遺伝子の発現誘導がプロテインキナーゼ阻害剤で抑制されること（Suzuki et al., 1995），エリシターシグナル伝達系に MAP キナーゼカスケードが関与していること（Suzuki, 2002）と一致している。

(2) 転写因子 NtWRKY による制御

パセリにおいて，W box を介したエリシター応答性の転写を制御する転写因子として WRKY が同定されている（Rushton et al., 1996）。そこで，エリシター処理したタバコ培養細胞から WRKY ドメインの相同性に基づく PCR によって NtWRKY1/2/4 の cDNA を単離した（Yamamoto et al., 2004）。これらは，WRKY ドメインを二つ有しており，いわゆるクラスIに属する（Eulgem et al., 2000）。NtWRKY1 および 2 は，エリシター

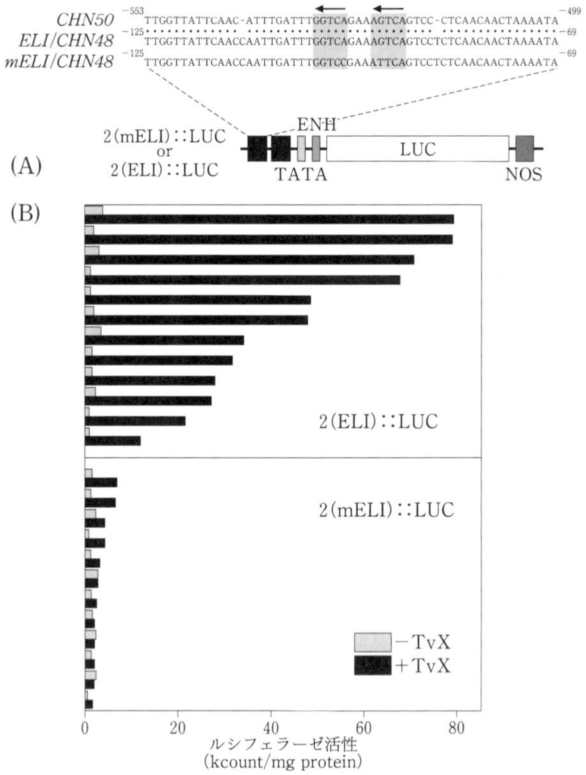

図4-2-1　BCHN遺伝子のエリシター応答性シスエレメントの解析
(Yamamoto et al., 2004, Fig. 1[p. 282])

に応答して発現誘導されるのに対して，NtWRKY4は恒常的に低レベルの発現がみられる(図4-2-2A)(Yamamoto et al., 2004)。また，これらのタンパク質がCHN48遺伝子のW boxと特異的に結合することを確認した。また，NtWRKY1/2/4がELREを介した転写を活性化することを示した。さらに，NtWRKY1/4の転写活性はエリシター処理により上昇し，NtWRKY4ではより顕著であった(Yamamoto et al., 2004)。従って，NtWRKY4については，感染防御応答において，エリシターシグナルによる翻訳後修飾がその機能発現に関与していると考えられた。

(3) 転写因子ERFによる制御

これまでに，GCC boxを介した転写がERFによって制御されることを明らかにしている。タバコのERF1-4のうちERF1/2/4は転写活性化因子であり，ERF3は転写抑制因子である(Ohta et al., 2000)。エリシター処理したタバコ培養細胞で

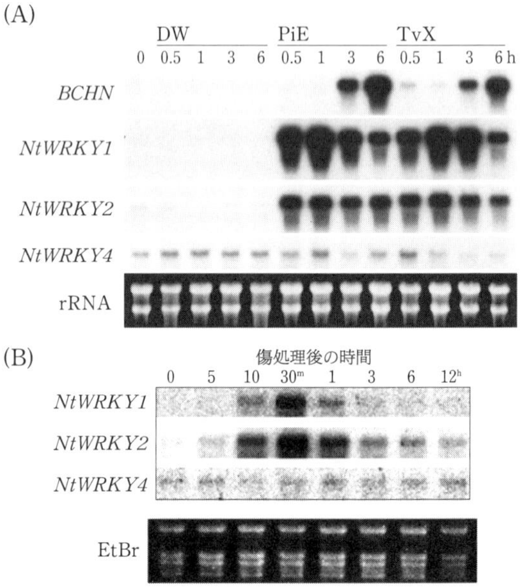

図4-2-2　NtWRKY遺伝子の発現。(A)タバコ培養細胞(XD6S)でのエリシターによる発現誘導(Yamamoto et al., 2004, Fig. 6 [p. 285])。(B)タバコ葉の傷による発現誘導(Nishiuchi et al., 2004, Fig. 6 [p. 55360])。

は，いずれもBCHN遺伝子の発現上昇に先んじてERF2/3/4の発現が上昇した(Yamamoto et al., 1999)。しかし，ERF3/4が一過的に発現上昇するのに対して，ERF2は持続的であり，エリシターによるBCHN遺伝子の転写誘導にはERF2がより密接に関与すると考えられた。

さらに，ERF2を恒常的に発現する形質転換タバコ植物およびERF2を恒常的に発現するがその核への移行がデキサメタゾン(DEX)によって制御できる形質転換タバコを作成し，内生遺伝子の発現を調べた(Nakano et al., 2006)。ERF2が過剰発現している形質転換タバコ植物では，シス配列GCC boxをもつBCHN遺伝子およびERF3遺伝子の発現量が，ERF2を過剰発現していない植物体に比べて上昇していた。この時のBCHN遺伝子の発現レベルは，エリシターによる誘導と比べて，それほど高くはなかった。一方，制御領域にGCC boxをもたない防御関連遺伝子Hsr203Jの発現量は，ERF2の発現量と無関係であった。また，ERF2の核移行制御型の形質転換タバコ植物を用いた解析では，DEX処理依存的にBCHN遺伝子の発現が緩やかに上昇し，これに先立ってERF3遺伝子の発現が速やかに上昇する結果を得た。この時，Hsr203Jの発現は，DEX処理によって誘導されなかった。さらに，エチレンのシグナル伝達阻害剤STSをDEXと併用した実験から，核内でのERF2によるGCC boxを介した内生遺伝子(BCHN，ERF3)の転写活性化は，必ずしもエチレンシグナルを必要としないことが示唆された。

さらに，ERF2の恒常的な過剰発現によるBCHN遺伝子の発現レベルが必ずしも高くはないことと，DEX処理によってERF3遺伝子の速やかな発現上昇とBCHN遺伝子の緩やかな発現上昇が起こることは，転写抑制因子であるERF3がBCHN遺伝子のGCC boxに結合し，その発現に対して抑制的に働くことによると考えられた。後述するように，傷害応答では迅速かつ一過的にERF2，ERF4およびERF3遺伝子の発現上昇が誘導される。しかし，その条件ではBCHN遺伝子などの発現上昇はみられない。このことは，ERF3の転写抑制機能によるBCHN遺伝子発現の恒常性維持機構の存在を示唆している。BCHN遺伝子が可塑的に発現して生体防御機能を発現するためには，エリシターやエチレンあるいはジャスモン酸のシグナル伝達系の活性化によって，転写活性化因子の活性化と同時に転写抑制因子の機能抑制が起こることが必要と考えられる。

2-3. 傷によるERF遺伝子の迅速な発現誘導の制御機構の解析

上述のようにエリシターによるBCHN遺伝子の転写誘導には，ERF遺伝子の発現誘導が重要であることが示唆された。タバコにおいてERF遺伝子の発現はエリシター(Yamamoto et al., 1999)の他にエチレン(Kitajima et al., 2000)および傷害(Suzuki et al., 1998)によって誘導され，これらの刺激に対する応答は互いに密接に関わり合っているが，転写制御の相互関係についての知見は少ない。

傷によるERF遺伝子の発現誘導は迅速かつ顕著であり，エチレンに非依存的に活性化する(Suzuki et al., 1998)。また，ジャスモン酸にも非依存的であると考えられる(未発表)。植物体において，ERF遺伝子は傷害により局所的および全身的な発現が一過的に活性化される(Nishiuchi et al., 2002)。このような傷によるERF遺伝子の発現誘導は，転写の活性化を介していることを明らかにした(Nishiuchi et al., 2002)。中でもERF3遺伝子の傷応答性が顕著であるので，その転写制御機構についてさらに詳細に解析した。ERF3遺伝子のプロモーター断片をレポーターとしてGUS遺伝子に接続した融合遺伝子を導入した形質転換植物を用いたレポーター遺伝子実験により解析した(図4-2-3)。その結果，TATAボックス近傍のW boxが傷害応答性の転写活性化に関与することを明らかにした(Nishiuchi et al., 2004)。また，ゲルシフト法により，そのW box配列と相互作用し，傷害処理によって結合活性が増加する核タンパク質の存在を明らかにした。さらに，そのW boxを介した転写活性化にNtWRKYが関与することを明らかにした(Nishiuchi et al., 2004)。NtWR-

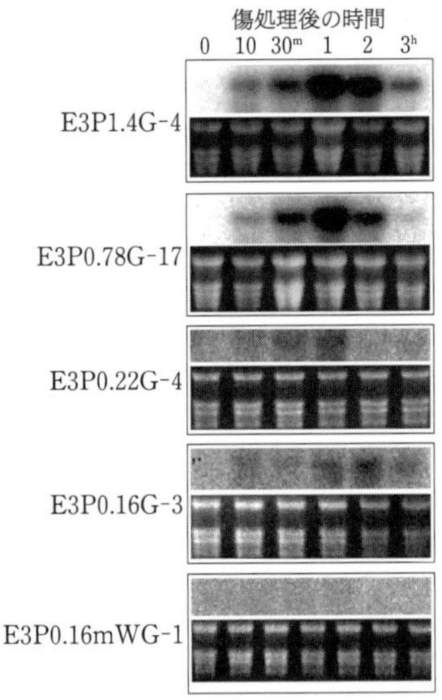

図4-2-3　タバコ葉におけるERF3遺伝子プロモーター断片の傷応答性転写活性の解析(Nishiuchi et al., 2004, Fig. 2 [p. 55357])

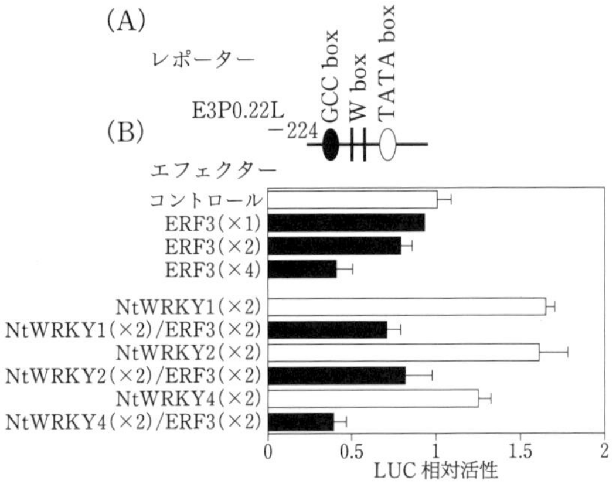

図4-2-4　ERF3遺伝子プロモーターを介した転写活性のERF3による抑制(Nishiuchi et al., 2004, Fig. 7 [p. 55360])

KY4遺伝子は，低レベルで恒常的に発現しており，傷害によって発現が変化しないが，NtWRKY1と2は傷害処理によって迅速な発現誘導を示した(図4-2-2B)。一方，そのW box近傍に位置するGCC boxを除くことで，傷によって上昇したERF3 mRNAレベルのピーク後の低下が遅延し(図4-2-3)，一過的発現にGCC boxが関与することを明らかにした。タバコのNtWRKY1，2，4がERF3プロモーターのW boxと相互作用することをゲルシフト法によって示し，トランジェントアッセイによりNtWRKY1，2，4がW-boxを介して転写活性化因子として機能することを明らかにした(図4-2-4)。さらにERF3遺伝子の転写活性およびNtWRKYによる転写活性化がERF3自身によって抑制されることを示し(図4-2-4)，ERF3遺伝子の傷応答性の一過的発現には自己抑制(autorepression)機構が関与していることが示唆された。このことは，一過的なストレス条件下においてERF3がGCC boxをもつ多様な遺伝子の発現を過度に抑制しないようにして，植物細胞の恒常性を維持するための機構であると考えられる。

2-4. エリシターによる細胞周期関連遺伝子の発現抑制

植物の感染防御応答誘導のシグナル伝達系および転写制御機構の研究を行う過程で，エリシター処理によって細胞分裂の制御に関与するMAPキナーゼやサイクリン遺伝子の発現抑制および細胞増殖の抑制が起こることを見出した(Suzuki et al., 2006)。タバコ培養細胞にエリシターを処理するとA，B，D-タイプのサイクリン遺伝子の発現量が減少する(図4-2-5)。Dタイプのサイクリン遺伝子の発現抑制は，これらのmRNAの分解の促進によることが示唆された(図4-2-5C)。これに対して，AタイプおよびBタイプのサイクリン遺伝子の発現抑制は，転写の抑制によって起こることが示唆された(図4-2-5C)。Bタイプサイクリン遺伝子の増殖中の細胞での発現は，M期特異的なシスエレメントおよびこれと特異的に相互作用するmybタイプの転写因子NtmybA1あるいはNtmybA2によって制御されていることが明らかにされている(Ito et al., 2001)。エリシターは，これらmybによる転写活性を抑制する(図4-2-6)(Suzuki et al., 2006)こと，さらにmyb遺伝子自体の発現も抑制することを明らかにした(Suzuki et al., 2006)。

エリシターを処理したタバコ培養細胞においては，防御応答とともに細胞周期関連遺伝子の発現

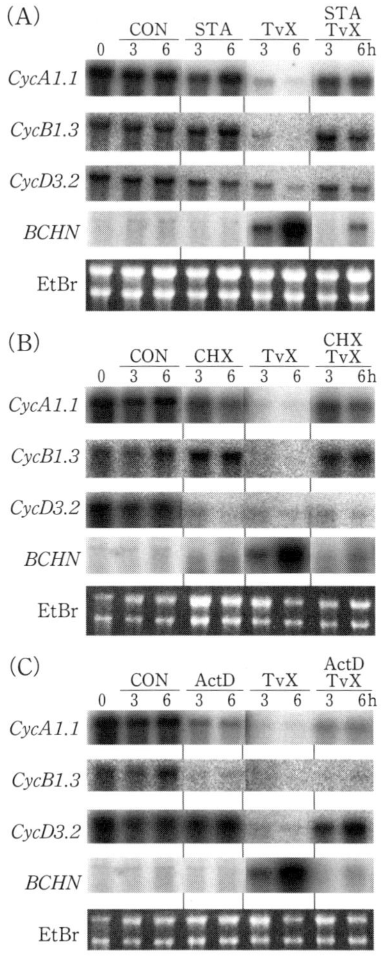

図 4-2-5　エリシターによるサイクリン遺伝子の発現抑制(Suzuki et al., 2006, Fig. 4 [p. 186])

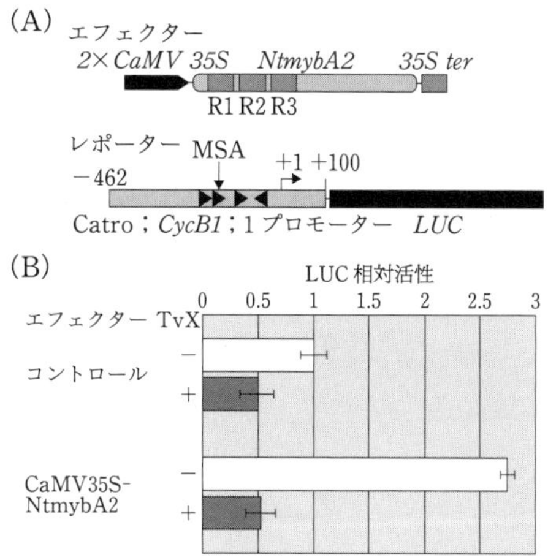

図 4-2-6　エリシターによる B タイプサイクリン遺伝子の転写抑制(Suzuki et al., 2006, Fig. 6 [p. 188])

および細胞増殖の抑制が起こることは，エリシターシグナル伝達系のどこかのステップにおいて細胞増殖のシグナル伝達系に対して抑制的に働く機構が存在すると考えられる(Suzuki, 2002；鈴木ら, 2004)。このような反応の生理的な意義を理解するための手掛かりを得るために，タバコ幼植物体に対してエリシターを処理した場合の成長過程，遺伝子発現などの解析も行っている。液体培地で生育させたタバコ幼植物体にエリシター(TvX)を処理すると，培養細胞と同様に MAP キナーゼの活性化や防御遺伝子発現などの感染防御応答が誘導され，これと同時にサイクリンなど細胞周期関連遺伝子の発現抑制および成長の抑制が起こることを見出した(論文準備中)。この時，成長抑制は，特に根において顕著であった。また，エリシターを除くと，根では成長が再開し，エリシターによる伸長抑制は可逆的な反応であることを明らかにした。このようなエリシターに対する根の応答は，根圏における植物と微生物の相互作用の一端を反映していると考えられた。従って，エリシターによる根の成長抑制および生体防御の制御についての分子機構の解析は，根圏での植物と微生物との相互作用に関する研究のモデルシステムとして有効であると考えられる。

2-5. おわりに

本研究では，防御遺伝子のエリシター応答性の転写制御には少なくとも二つのシスエレメントが関与することを明らかにした。また，それぞれのシスエレメントを介した転写を制御する転写因子は遺伝子ファミリーを形成しており，転写活性化因子だけでなく抑制因子も含んでいる。さらに，それらの転写因子自身の発現誘導も防御遺伝子発現に関与している。このように，エリシターによる防御遺伝子発現誘導は，特定の転写因子とシスエレメントの相互作用が活性化して防御遺伝子の発現が誘導されるという単純な機構ではなく，傷害や植物ホルモンのシグナル伝達系とのクロストーク，複数のシスエレメント，複数の転写活性化因子あるいは転写抑制因子の間の相互作用などが関わっており，複雑な転写制御ネットワークを介して制御されていると考えられた。

植物において病原体に直接的に対抗するための感染防御応答と可逆的な成長抑制が同時に起こることは，恒常性を維持しつつ病原菌に対抗するために物質やエネルギーを有効に利用するための代謝系および成長を制御する機構であると考えられ，植物の環境ストレスへの適応機構の一つであると考えられる。従って，植物の感染防御機構では，生体防御に直接関わる遺伝子だけでなく，代謝系や成長・分化などに関わる遺伝子も含めて，多様な遺伝子の可塑的な発現変動が調節されていると考えられる。そこで，EST解析およびDNAアレイ解析などの手法を用いて，これまでタバコでは知見の少なかった感染防御応答過程での包括的な遺伝子発現プロファイルの解析を行っている。今後は，環境ストレスへの適応機構という観点からも感染防御応答の転写制御ネットワークを理解するための研究を進めていきたい。その結果，植物の耐病性向上が可能になるとともに，環境ストレス条件下における成長を促進してバイオマス生産を効率的に行うための技術開発が可能となると考えられる。

参考文献

Eulgem, T., Rushton, P. J., Robatzek, S., Somssich, I. E. (2000) The WRKY superfamily of plant transcription factors. Trends Plant Sci. 5, 199-206.

Fukuda, Y., Shinshi, H. (1994) Characterization of a novel cis-acting element that is responsive to a fungal elicitor in the promoter of a tobacco class I chitinase gene. Plant Mol. Biol. 24, 485-493.

Ito, M., Araki, S., Matsunaga, S., Itoh, T., Nishihama, R., Machida, Y., Doona, J. H., Watanabe, A. (2001) G2/M-phase-specific transcription during tha plant cell cycle is mediated by c-Myb-like transcription factors. Plant Cell 13, 1891-1905.

Kitajima, S., Koyama, T., Ohme-Takagi, M., Shinshi, H., Sato F., (2000) Characterization of gene expression of NsERFs, transcription factors of basic PR genes from *Nicotiana sylvestris*. Plant Cell Physiol. 41, 817-824.

Nakano, T., Nishiuchi, T., Suzuki, K., Fujimura, T., Shinshi, H. (2006) Studies on transcriptional regulation of endogenous genes by ERF2 transcription factor in tobacco cells. Plant Cell Physiol. 47, 554-558.

Nishiuchi, T., Shinshi, H., Suzuki, K. (2004) Rapid and transient activation of transcription of the ERF3 gene by wounding in tobacco leaves: Possible involvement of NtWRKYs and autorepression. J. Biol. Chem. 279, 55355-55361.

Nishiuchi, T., Suzuki, K., Kitajima, S., Sato, F., Shinshi, H. (2002) Wounding activates immediate early transcription of genes for ERFs in tobacco plants. Plant Mol. Biol. 49, 473-482.

Ohme-Takagi, M., Shinshi, H. (1995) Ethylene-inducible DNA-binding proteins that interact with an ethylene-responsive element. Plant Cell 7, 173-182.

Ohta, M., Ohme-Takagi, M., Shinshi, H. (2000) Three ethylene-responsive transcription factors in tobacco with distinct transactivation functions. Plant J. 22, 29-38.

Rushton, P. J., Torres, J. T., Parniske, M., Wernert, P. I., Hahlbrock, K., Somssich, I. E. (1996) Interaction of elicitor-induced DNA-binding proteins with elicitor response elements in the promoter of parsley PR1 genes. EMBO J. 15, 5690-5700.

Shinshi, H., Usami, S., Ohme-Takagi, M. (1995) Identification of an ethylene-responsive region in the promoter of a tobacco class I chitinase gene. Plant Mol. Biol. 27, 923-932.

Suzuki, K. (1999) Elicitor signal transduction that leads to hypersensitive reaction in cultured tobacco cells. Plant Biotechnol. 16, 343-351.

Suzuki, K. (2002) MAP kinase cascades in elicitor signal transduction. J. Plant Res. 115, 237-244.

鈴木馨・進士秀明(2002)　エリシターシグナルの伝達と防御遺伝子発現．化学と生物 40，191-199．

Suzuki, K., Fukuda, Y., Shinshi, H. (1995) Studies on elicitor-signal transduction leading to differential expression of defense genes in cultured tobacco cells. Plant Cell Physiol. 36, 281-289.

Suzuki, K., Nishiuchi, T., Nakayama, Y., Ito, M., Shinshi, H. (2006) Elicitor-induced down-regulation of cell cycle-regulated genes by fungal elicitors in tobacco cells. Plant, Cell & Env. 29, 183-191.

鈴木馨・西内巧・進士秀明(2004)　微生物感染応答．植物の環境応答と形態形成のクロストーク，岡穆宏・岡田清孝・篠崎一雄編，シュプリンガー・フェアラーク東京，pp. 53-61．

Suzuki, K., Suzuki, N., Ohme-Takagi, M., Shinshi, H. (1998) Immediate early induction of mRNAs for ethylene-responsive transcription factors in tobacco leaf strips after cutting. Plant J. 15, 657-665.

Yamamoto, S., Nakano, T., Suzuki, K., Shinshi, H. (2004) Elicitor-induced activation of transcription via W box-related cis-acting elements from a basic chitinase gene by WRKY transcription factors in tobacco. Biochim. Biophys. Acta 1679, 279-287.

Yamamoto, S., Suzuki, K., Shinshi, H. (1999) Elicitor-responsive, ethylene-independent activation of GCC box-mediated transcription that is regulated by both protein phosphorylation and dephosphorylation in cultured tobacco cells. Plant J. 20, 571-579.

3. 転写因子 EIN3 の分解制御によるシグナル伝達

3-1. はじめに

植物は病原微生物の攻撃にさらされた時，種々の防御反応関連遺伝子を発現させ防御機構を起動させる。防御遺伝子には，PR(pathogenesis-related protein)2 と呼ばれる β-1,3-グルカナーゼや PR3 と呼ばれるキチナーゼのような菌類の細胞壁を分解する酵素の遺伝子などがある。このような防御遺伝子の発現は細胞内シグナル伝達系により厳密に制御されており，サリチル酸，エチレン，ジャスモン酸などはシグナル伝達分子として防御遺伝子の発現に関わっている。例えばサリチル酸シグナル伝達系は酸性 PR タンパク質の発現を誘導し，エチレン/ジャスモン酸シグナル伝達系は塩基性 PR タンパク質の発現を誘導することが知られており，また，防御遺伝子の発現にはシグナル伝達に応答した転写レベルでの調節が非常に重要であると考えられている(大橋, 1994)。一方で，光合成によって生合成される糖はエネルギー源として用いられているだけでなくシグナル分子として植物の生長制御に関わっているが(Rolland et al., 2002)，ストレス応答においても糖のレベルが大きな影響を与えることが知られている。ストレス応答遺伝子や病原菌に応答した遺伝子の発現が糖によって影響されることが示されており(Roitsch, 1999; Ho et al., 2001)，また，最近の遺伝学的研究からエチレン情報伝達系と糖情報伝達系のクロストークも示唆されている(Rolland et al., 2002)。従って，内的環境と外的刺激の両方によって転写因子の活性が調節され，それに基づいて遺伝子の発現パターンが変化して，病原応答が引き起こされると推察することができる。しかしながら，シグナル伝達系による病原応答に関わる転写因子の調節の分子メカニズムはほとんど不明である。

3-2. エチレン情報伝達系

ストレスホルモンとして有名なエチレンは病害応答でも重要なシグナル伝達分子として機能している。シロイヌナズナをエチレン存在下の暗所で発芽・生育させたると triple response と呼ばれる表現型(芽生えの茎と根の伸長阻害，茎の肥大，芽生えの先端部のフック形成)を示すことが知られている。異常な triple response を示す変異体を単離して，その原因遺伝子を特定することにより，エチレン情報伝達系のいくつかの構成因子が同定されている(Stepanova and Ecker, 2000; Guo and Ecker, 2004)。ETR1(ETHYLENE RESISTANCE 1)はエチレン受容体であり，膜貫通ドメインとヒスチジンキナーゼドメインをもつタンパク質である(図 4-3-1)。エチレン応答に関わる遺伝子として最初にクローン化された遺伝子，*CTR1*(*CONSTITUTIVE TRIPLE RESPONSE 1*)はセリン/スレオニンキナーゼ Raf に似たタンパク質をコードしており，CTR1 タンパク質は ETR1 のヒスチジンキナーゼドメインと直接的に結合したことからエチレン情報伝達系において CTR1 は ETR1 のすぐ下流に位置すると考えられている。また，*ctr1* 変異株は恒常的に triple response を示すことから，CTR1 はエチレン情報伝達の負の制御因子として機能していると考えられている。植物にしか見出されない DNA 結合ドメインをもつ核タンパク質である EIN3(ETHYLENE INSENSITIVE 3)は，ETR1 や CTR1 などによって構成されるエチレン情報伝達系の制御下にあるエチレンに応答した遺伝子発現の鍵を握る転写因子であると推察されている。EIN3 は，*GST* 遺伝子プロモーターなどの標的遺伝子プロモーターに結合することによって直接的にエチレン応答遺伝子の発現を制御すると同時に，EIN3 は ERF1 と呼ばれる転写因子の遺伝子のプロモーターに結合することから，ERF1 制御

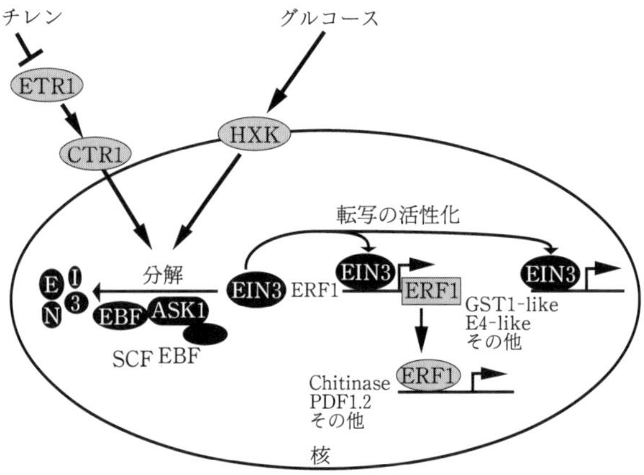

図4-3-1　エチレン情報伝達系とグルコース情報伝達系による拮抗的なEIN3の分解制御のモデル。エチレンはEIN3の核内での分解を抑制し，一方，グルコースはEIN3の分解を促進する。分解されなかったEIN3は転写因子をコードするERF1遺伝子の発現を活性化し，ERF1の制御下にあるキチナーゼ遺伝子などの発現が活性化される。また，EIN3は転写因子ERF1を介さずに，直接的にGST1様遺伝子などの防御遺伝子の発現も促進する。EIN3を特異的に認識するF-boxタンパク質であるEBF1とEBF2は，E3複合体であるSCFを構成しているとみられる。エチレン情報は，エチレン受容体であるETR1とMAPKKKとみられるCTR1を介して核に伝達されると考えられる。ETR1はゴルジ体に存在することが知られているが，CTR1の細胞内局在は明らかにされていない。一方，グルコース情報は核内あるいは核膜上に存在するヘキソキナーゼ(HXK)によって伝達される。ただし，HXKは細胞質分画と核分画の両方から検出されたことから，一部が核内あるいは核膜上に存在すると考えられる。

下の遺伝子の発現も間接的に支配していると考えられている(図4-3-1)。

3-3. 転写因子EIN3の機能解析

EIN3の転写因子としての機能を解析するために，トウモロコシ葉肉細胞のプロトプラストを用いた一過的発現系における発現誘導システムを確立した(図4-3-2)。人工的転写因子LexA-VP16-GRの転写促進活性はデキサメタゾンの濃度で調節することが可能なので，LexA-VP16-GRの制御下でEIN3が発現するようにEIN3発現ベクターを構築した。また，レポータープラスミドは，下流にレポーター遺伝子としてルシフェレース(*LUC*)遺伝子をもつ35S最小プロモーターの上流にEIN3結合部位を挿入することにより作成した。トウモロコシのプロトプラストに，LexA-VP16-GR発現ベクター，EIN3発現ベクター，レポータープラスミドをエレクトロポーレション法によって同時に導入した後，デキサメタゾンを用いてEIN3の発現を誘導して解析を行った。その結果，プロトプラスト内のLUC活性はデキサメタゾンの濃度に依存したEIN3の発現量とEIN3の結合部位の数に応じて上昇することが確認され，EIN3は転写促進因子として機能してLUC遺伝子の発現を促進しそれによりLUC活性が上昇したと判断された(図4-3-2)。

3-4. 糖シグナル伝達系によるEIN3活性の制御

高濃度のグルコースの存在は発芽時の子葉の緑化の阻害を引き起こすが，*etr1*変異株では野生型の場合に比べて低濃度のグルコースによってこの現象が確認できること，また，恒常的にエチレン情報伝達系が作動している*ctr1*変異株を用いてこの現象を観察するためには，野生型の場合に比べてより高濃度のグルコースの存在が必要であることから，エチレン応答に糖が影響を及ぼしていると考えられている。この現象のメカニズムを検討するために，EIN3による転写の促進が糖の存在によって影響を受けるか否かを検討した。エレクトロポーレションの後に，糖の存在下と比存在下で培養したプロトプラスト中のLUC活性を比較した結果，EIN3の転写促進効果は糖によっ

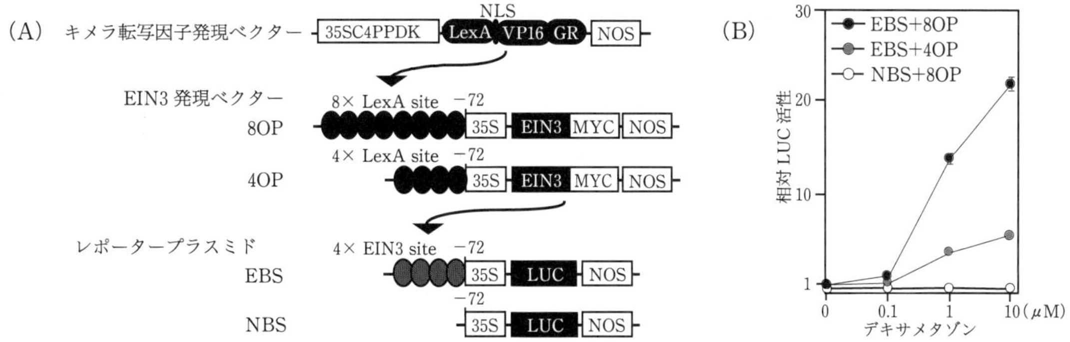

図 4-3-2　発現誘導システムを用いた転写因子 EIN3 の機能解析(Yanagisawa et al., 2003, Fig. 1a・b [p. 522])。(A)発現誘導システムの模式図。人工的な転写因子(LexA-VP16-GR)は，大腸菌の転写因子 LexA の DNA 結合ドメイン(LexA)，核局在シグナル(NLS)，Herpes simplex virus 由来の転写活性化ドメイン(VP16)とグルココルチコイド受容体(GR)からなる。この転写因子の転写促進活性は GR の融合により普段は抑制されているが，デキサメタゾンが存在するとこれが GR に結合して GR による活性抑制が解除され，この転写因子は転写促進活性を示すようになる。EIN3 発現ベクターは，LexA 結合部位を上流にもつ 35S 最小プロモーターの制御下で MYC エピトープ標識された EIN3 が発現するように構築されているので，LexA-VP16-GR の活性に応じて EIN3 の発現量は変化する。従って，人工的転写因子の活性の制御により EIN3 の発現を調節することができる。また，LexA 結合部位の数を変えることにより，EIN3 の発現量を変化させることもできる。レポータープラスミドとしては，EIN3 の結合配列をもつものともたないものを使用し，レポーター遺伝子としてはルシフェレース(*LUC*)遺伝子を用いた。これらのプラスミドを同時に 1 つの細胞に導入し，LUC 活性を測定することにより，EIN3 の発現量に応じた転写の促進効果を解析した。(B)デキサメタゾンによって誘導された LUC 活性。キメラ転写因子発現ベクター，EIN3 発現ベクター，レポータープラスミドとユビキチン遺伝子プロモーター制御下にある *β*-グルクロニダーゼ(*GUS*)遺伝子をもつコントロールプラスミドをトウモロコシのプロトプラストに導入した。デキサメタゾン存在下あるいは非存在下で 6 時間培養した後，GUS 活性と LUC 活性を測定して，その比(LUC/GUS)を求めた。NBS レポータープラスミドと 8OP 発現ベクターを用いた遺伝子導入を行い，デキサメタゾン非存在下で培養した試料から得られた LUC/GUS を 1 として，各々の試料の相対 LUC 活性を求めた。

て抑制されることが判明した(Yanagisawa et al., 2003)。

次に，35S プロモーターの制御下で EIN3 を発現するように構築したベクターをプロトプラストにエレクトロポーレション法により導入した後，そのプロトプラストをグルコース存在下と非存在下で培養して EIN3 の蓄積における糖の効果を調べた。結果，EIN3 の蓄積はグルコースの存在によって阻害されることが判明した。恒常的に機能するプロモーターである 35S プロモーターの制御下での発現にもかかわらず EIN3 の蓄積が阻害されたことから，糖の存在は EIN3 タンパク質の分解に影響を及ぼしている可能性が高いと考え，EIN3 の分解速度を[^{35}S]メチオニンを用いた *in vivo* labeling 法により調べた(図 4-3-3)。一過的に EIN3 を発現しているトウモロコシのプロトプラストを[^{35}S]メチオニン存在下で培養した後，非放射性メチオニンを過剰量加えて[^{35}S]メチオニンを含む EIN3 タンパク質の合成を停止した。この段階を放射性標識された EIN3 の分解の始まりとして，1 時間後，3 時間後，6 時間後に，分解されずに残っている放射性標識された EIN3 タンパク質の量を測定した。その結果，生理的濃度のグルコース(10 mM)の存在により，EIN3 タンパク質の分解が加速されることが明らかとなった(図 4-3-3)。EIN3 の *in vitro* 分解系を確立してプロテアーゼ阻害剤の効果を調べた結果，MG132，ALLM，ALLN などの 26S プロテアソームの阻害剤は EIN3 の分解を阻害したが，ロイペプチンは阻害せず，主要な EIN3 分解活性は 26S プロテアソームによるものであることが示唆された(Yanagisawa et al. 2003)。

完全長の EIN3 と緑色蛍光タンパク質(GFP)との融合タンパク質をトウモロコシのプロトプラストで発現させて細胞内局在を調べたところ，EIN3 は転写因子であるということと一致して，

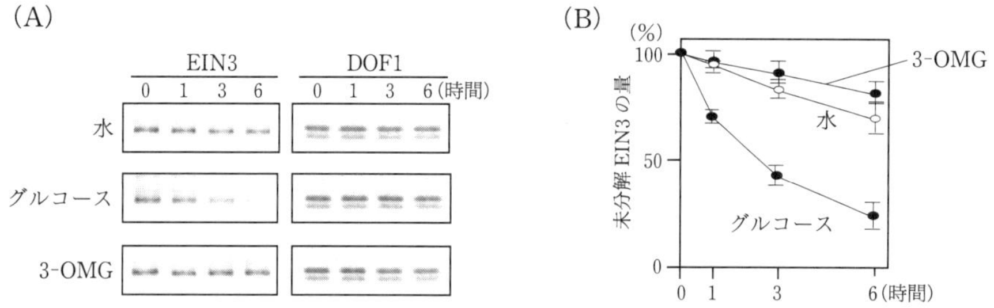

図 4-3-3　グルコースによる EIN3 の分解の促進(Yanagisawa et al., 2003, Fig. 2c・d [p. 522])。(A)放射性同位体を用いた EIN3 の分解の解析。35S プロモーター制御下で EIN3 を発現するように構築した発現ベクターをエレクトロポーレーション法によってトウモロコシのプロトプラストに導入した後，^{35}S 標識されたメチオニン存在下で 3 時間，そのプロトプラストを培養した。その後に，終濃度で 1000 倍になるように放射性同位体を含まないメチオニンを加え，同時に，終濃度が 10 mM になるように，グルコースあるいはグルコースのアナログである 3-*O*-メチルグルコース(3-OMG)を加えた。あるいは，コントロールとして加えたグルコース溶液と等量の水を加えた。この時を放射性同位体を含む EIN3 の分解開始として，1 時間後，3 時間後，6 時間後に分解されずに残っている放射性標識された EIN3 の量を調べた。EIN3 は MYC エピトープをもつ融合タンパク質として発現させているので，抗 MYC 抗体を用いて選択的に免疫沈降させた後，沈殿物を SDS-ポリアクリルアミドゲル電気泳動により分析した。コントロールとして，HA エピトープ標識された転写因子 DOF1 を発現するためのベクターも EIN3 発現ベクターと同時にプロトプラストに導入した。グルコース存在下では，3-OMG 存在下よりも，EIN3 の分解が速いことがわかる。この現象は，DOF1 の場合にはみられない。(B)分解されなかった放射性標識された EIN3 の量。分解開始時の量を 100％とした。

このタンパク質は核に局在することが明らかとなった。また，このタンパク質の蓄積はグルコースによって阻害された(図 4-3-4)。同様の現象はアラビドピシスのプロトプラストを用いた実験でも確認された。EIN3 の N 末端側領域だけを GFP と融合させたタンパク質は，核に局在したが，糖に対する応答性は示さなかったことから，EIN3 の C 末端側領域が糖応答には必要であると判断された。

ヘキソキナーゼ(HXK)は糖センサーの一つとして機能しており，HXK 依存型代謝非依存型シグナル伝達系は糖シグナルの主要な伝達経路であるとみられている(Rolland et al., 2002)。そこで，HXK を介した糖シグナル伝達系が EIN3 の分解の制御に関わっているかを検討した。その結果，①HXK の過剰発現により，低濃度のグルコースによっても EIN3 活性は抑制されるようになること，②シロイヌナズナの野生株中ではグルコースは EIN3 活性を抑制するが HXK の変異株(*gin2*)ではそのような抑制はみられないこと，③点変異により酵素活性をもたない HXK の過剰発現によっても EIN3 の蓄積は阻害されることがわかり，HXK を介したグルコース情報伝達系が直接的に EIN3 の分解の制御に関わっていると判断された(図 4-3-1)。また，HXK は核内あるいは核膜上に一部存在していたことから，HXK は直接的に核内に情報を伝達している可能性が推察された(Yanagisawa et al., 2003)。

3-5. EIN3 過剰発現体の表現型

エチレンとグルコースの拮抗的作用を植物個体レベルで確認するために，FLAG エピトープタグを融合した EIN3 を過剰発現している形質転換シロイヌナズナを作成した。この形質転換体は，エチレンに対して感受性が増しており，一方で，グルコースに対しては感受性が低下していた。これに対して *ein3* 変異株はエチレン非感受性であり，グルコースに対しては高い感受性を示した(図 4-3-5)。また，この形質転換体，野生株および *ein3* 変異株を用いた解析から，エチレン応答した表現型の強度と EIN3 タンパク質の蓄積量が一致することも確認された。さらに，この形質転換シロイヌナズナを用いて，エチレン存在下あるいはグルコース存在下での EIN3 の分解速度を調べた結果，エチレンの存在は EIN3 の分解を遅らせ，グルコースは EIN3 の分解を促進することが

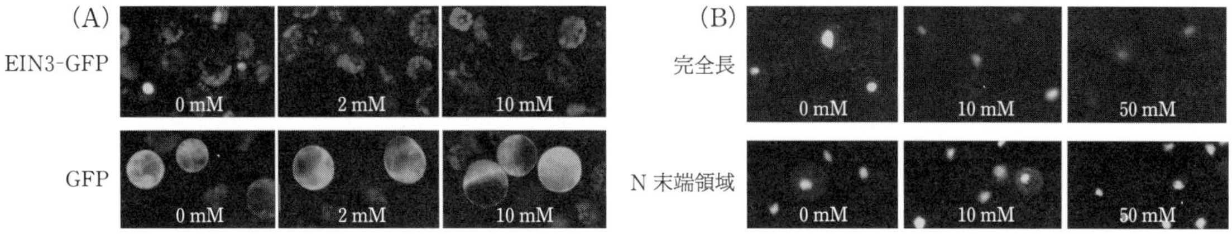

図 4-3-4　緑色蛍光タンパク質(GFP)を用いた解析(Yanagisawa et al., 2003, Fig. 3a・b [p. 523])。(A)EIN3 と GFP の融合タンパク質を発現させるためのベクターあるいは GFP 発現ベクターをトウモロコシのプロトプラストに導入した後，グルコース存在下(2 mM または 10 mM)あるいはグルコース非存在下でプロトプラストを培養した。GFP を発現させた場合は細胞全体から蛍光が検出されるが，EIN3-GFP 融合タンパク質を発現させた場合は核からのみ蛍光が検出され，EIN3 が核に局在する性質があることがわかる。また，EIN3-GFP の蓄積はグルコースによって著しく阻害されるため，グルコースが存在する場合は EIN3-GFP 由来の蛍光はほとんどみえない。グルコースは GFP 自体の発現には影響を与えないので，GFP の場合は，グルコースの存在とは無関係に同程度の蛍光が観察される。(B)シロイヌナズナのプロトプラストを用いたグルコース応答領域の解析。GFP に 628 個のアミノ酸からなる完全長の EIN3 と N 末端領域(最初のアミノ酸残基から 449 番のアミノ酸残基まで)を融合させた時のグルコース応答性を比較した。完全長の場合は，グルコースによって蓄積が阻害され蛍光強度が低下しているが，N 末端側領域だけの場合は蛍光強度の低下がみられないことから，C 末端領域にグルコースに応答してタンパク質としての安定性を変化させる領域が存在することがわかる。

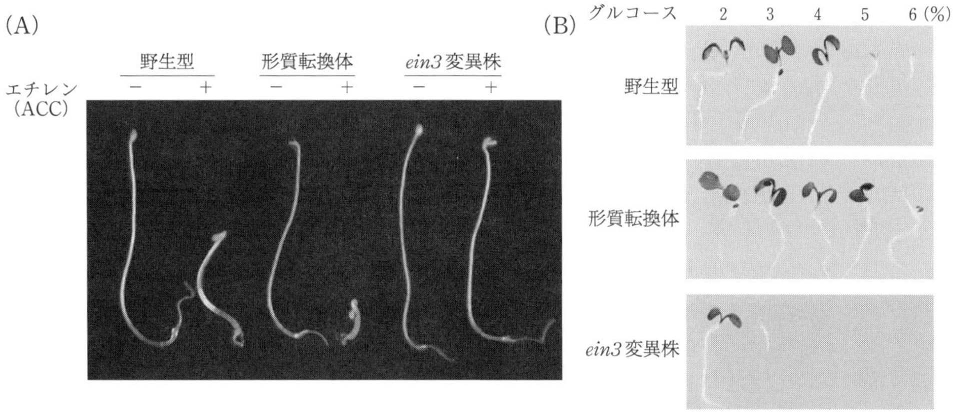

図 4-3-5　EIN3 過剰発現体の表現型解析(Yanagisawa et al., 2003, Fig. 4a・d [p. 524])。(A)35S プロモーター制御下で *EIN3* 遺伝子を発現するように構築したキメラ遺伝子が導入されたシロイヌナズナ(形質転換体)，野生株と *ein3* 変異株のエチレン応答性の比較。暗黒下で 20 μm のエチレン前駆体(ACC)を含む培地と含まない培地で 5 日間発芽・生育させた。エチレン前駆体非存在下では相違がみられなかったが，エチレン前駆体存在下では形質転換体は野生株に比べて強いエチレンに応答した表現型を示した。これに対し，*ein3* 変異株はエチレン前駆体存在下でも強いエチレンに応答した表現型を示さなかった。(B)形質転換体のグルコース感受性。野生株は 5% グルコース存在下で，グルコースによる子葉の緑化の抑制がみられた。形質転換体の子葉の緑化の抑制には，より高濃度のグルコースが必要だったのに対し，*ein3* 変異株の場合は，より低濃度のグルコースの存在によって子葉の緑化の抑制が確認された。

わかった。ユビキチン依存型タンパク質の分解系の阻害剤である MG132 は EIN3 の分解を阻害したことから，ユビキチン依存型タンパク質分解系による転写因子 EIN3 の分解がシグナルに応答した表現型の鍵であることが示唆された(Yanagisawa et al., 2003)。

3-6. EIN3 分解システム

26S プロテアソームはユビキチン化されたタンパク質を分解する。多くの場合，その分解に先立つタンパク質のユビキチン化を情報伝達系が制御していると考えられている。ユビキチン化には E1(Ub-activating enzyme)，E2(Ub-conjugating enzyme), E3(Ub-protein ligase)という3つの複合体が関与するが，標的タンパク質を認識してユビキチン化しているのはE3複合体であり，シロイヌナズナでは4種のE3複合体(HECT, SCF, Ring/U-box, APC)が存在している(Vierstra, 2003)。その中の一つであるSCF複合体の場合，F-boxタンパク質と呼ばれるサブユニットが標的タンパク質と特異的結合することにより，タンパク質の特異的分解が成立している。シロイヌナズナには694個という多数のF-boxタンパク質の遺伝子が見つかっているが，この中の二つの相同性のあるF- boxタンパク質(EBF1とEBF2)がEIN3と直接的に相互作用したことから，これらがEIN3の特異的分解に関与すると考えられた。そこで，*ebf1*と*ebf2*変異株の表現型が調べられた。いずれかの*EBF*遺伝子の破壊だけでは表現型に著しい変化は観察されなかったが，両方の*EBF*遺伝子が破壊されると*ctr1*変異株と同じく恒常的にエチレンに応答しているような表現型を示すことがわかった(Potuschak et al., 2003; Guo and Ecker, 2003; Gagne et al., 2004)。実際，この二重変異体ではエチレンの有無にかかわらずEIN3タンパク質が蓄積していた(図4-3-6)。この二重変異体と*ein3*変異株をかけ合わせると*ein3*変異株の表現型になることから，EBF1と2の役割はEIN3の機能制御に関するものであることも確かめられ，また，EBF1は核に局在していることやEBF1とEBF2ともにE3複合体のサブユニットであるASK1(シロイヌナズナの酵母Skp1ホモログ)と直接的に結合できることも確認された。従って，核内におけるEBFを介したEIN3のユビキチン化と分解がエチレン応答の鍵であると結論付けられた。EBF1とEBF2は酵母での糖シグナル伝達に関与するF-boxタンパク質Grr1pと相同性をもっていた(Gagne et al. 2001)。

3-7. おわりに

エチレン情報伝達系はEIN3の蓄積を制御することにより遺伝子の発現制御を行っていることが判明した。エチレンはEIN3の分解を抑制し，グルコースは逆にEIN3の分解を促進することにより二つのシグナル伝達系は拮抗的にEIN3タンパ

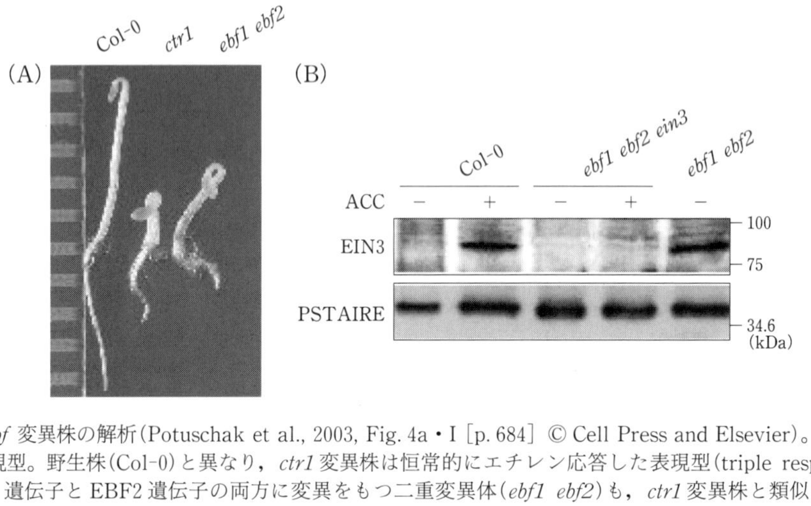

図4-3-6　*ebf*変異株の解析(Potuschak et al., 2003, Fig. 4a・I [p. 684] © Cell Press and Elsevier)。(A) *ebf*変異株の表現型。野生株(Col-0)と異なり，*ctr1*変異株は恒常的にエチレン応答した表現型(triple response)を示す。EBF1遺伝子とEBF2遺伝子の両方に変異をもつ二重変異体(*ebf1 ebf2*)も，*ctr1*変異株と類似した表現型を示す。(B) *ebf*変異株におけるEIN3の蓄積の解析。生体内に取り込まれるとすぐさまにエチレンに変換されるエチレン前駆体(ACC)を加えた培地あるいは加えていない培地上で生育させたシロイヌナズナから細胞抽出液を調製し，EIN3特異的抗体を用いてウエスタンブロット解析を行った。野生株(Col-0)では，ACCが存在する場合はEIN3を検出することができるが，ACC非存在下ではEIN3の蓄積量は検出限界以下であった。*ebf1 ebf2　ein3*三重変異体の場合，EIN3はいずれの条件でも検出されない。恒常的にエチレン応答の表現型を示す*ebf1 ebf2*二重変異体の場合は，ACC非存在下で生育させた場合でもEIN3は検出され，その蓄積量は，ACC存在下で生育させた野生株中での蓄積量にほぼ等しかった。各々のレーンで等しい量のタンパク質が泳動されていることは，エチレン応答とは無関係なPSTAIREタンパク質を検出することにより確認された。

ク質の蓄積に影響を及ぼしていた。近年，転写因子の分解の制御が様々なシグナル伝達の鍵であることが示されているが，この結果は転写因子の分解制御がシグナル伝達系のクロストークのメカニズムでもありえることを示している(図4-3-1)(Yanagisawa, 2003；柳澤，2004a，b)。EIN3の分解はEBF1/2という特定のF-boxタンパク質を含むSCF複合体によりユビキチン化された後，26Sプロテアソームによって行われているとみられるが，今後，エチレン情報伝達系とグルコース情報伝達系が，それぞれ，いかにこの分解系を制御しているのかを明らかにすることにより，内的環境と外的刺激の両方によって決定されるストレス応答の巧妙な仕組みの全容がみえてくるかもしれない。

参考文献

Gagne, J. M., Smalle, J., Gingerich, D. J., Walker, J. M., Yoo, S.-D., Yanagisawa, S., Vierstra, R. 4D. (2004) Arabidopsis EIN3-binding F-box 1 and 2 form ubiquitin-protein ligases that repress ethylene action and promote growth by directing EIN3 degradation. Proc. Natl. Acad. Sci. USA 101, 6803-6808.

Guo, H., Ecker, J. R. (2003) Plant Responses to ethylene gas are mediated by SCFEBF1/EBF2-dependent proteolysis of EIN3 transcription factor. Cell 115, 667-677.

Guo, H., Ecker, J. R. (2004) The ethylene signaling pathway: new insights. Curr. Opin. Plant Biol. 7, 40-49.

Ho, S.-L., Chao, Y.-C., Tong, W.-F., Yu, S.-M. (2001) Sugar coordinately and differentially regulates growth- and stress-retaled gene expression via a complex signal transduction netweork and multiple control mechanisms. Plant Physiol. 125, 877-890.

大橋祐子(1994)　植物の防御機構とサリチル酸．植物の遺伝子発現，長田敏行・内宮博文編，講談社，pp. 157-168.

Potuschak, T., Lechner, E., Parmentier, Y., Yanagisawa, S., Grava, S., Koncz, C., Genschik, P. (2003) EIN3-dependent regulation of plant ethylene hormone signaling by two Arabidopsis F-box proteins: EBF1 and EBF2. Cell 115, 679-689.

Roitsch, T. (1999) Source-sink regulation by sugar and stress. Curr. Opin. Plant Biol. 2, 198-206.

Rolland, F., Moore, B., Sheen, J. (2002) Sugar sensing and signaling in plants. Plant Cell 14, S185-S205.

Stepanova, A. N., Ecker, J. R. (2000) Ethylene signaling: from mutants to molecules. Curr. Opin. Plant Biol. 3, 353-360.

Vierstra, R. D. (2003) The ubiquitin/26S proteasome pathway, the complex last chapetr in the life of many plant proteins. Trends Plant Sci. 8, 135-142.

柳澤修一(2004a)　植物におけるシグナル伝達系のクロストーク：転写因子の分解の制御が鍵．蛋白質・核酸・酵素 49，2131-2138.

柳澤修一(2004b)　植物の生長を決める巧妙な仕組み：エチレンシグナルと糖シグナルのクロストーク．ブレインテクノニュース 101，19-23.

Yanagisawa, S., Yoo, S.-D., Sheen, J. (2003) Differential regulation of EIN3 stability by glucose and ethylene signalling in plants. Nature 425, 521-525.

4. キュウリモザイクウイルス抵抗性におけるシグナル伝達機構

4-1. はじめに

キュウリモザイクウイルス(CMV)は，85科365属775種の植物を宿主とし，野外ではアブラムシにより容易に伝搬されることから，農業生産に大きな被害を与えている植物ウイルスである(高浪，1996；Palukaitis and Garcia-Arenal, 2003)。CMVは3分節の一本鎖(＋)RNAゲノムをもつ多粒子性ウイルスで，病原性の異なる系統間で分節ゲノムRNAを組換えたpseudorecombinantウイルスの作成や，ウイルスゲノムcDNAから感染性RNAを*in vitro*転写する実験系が確立していたことから，他のウイルスに先行して病原性などを決定している遺伝子の機能解析が精力的に進められてきたウイルスの一つである(Shintaku et al., 1992; Suzuki et al., 1991, 1995)。一方，CMV感染に対して宿主植物がどのような機構で抵抗性を発現したり病徴を呈したりするかについては，タバコモザイクウイルス(TMV)感染タバコにおける研究と比較すると限られた知見しか得られていない(本書98ページを参照)。宿主応答に関わるウイルス遺伝子についての解析が様々なウイルス種で進みつつある現在，CMVを含む種々のウイルスに対して，宿主はどのように抵抗性機構を多様化させているのかを知ることが，ウイルス感染に対する宿主の防御応答機構を明らかにする上で重要になってきている(高橋，2004)。

全ゲノムの塩基配列が明らかになっているシロイヌナズナ(*Arabidopsis thaliana*，n=5)はCMVの宿主であるが，シロイヌナズナのエコタイプC24はCMV黄斑系統[CMV(Y)]に対して過敏感反応(HR)による抵抗性を示し，CMVインドネシア系統[CMV(B2)]には全身感染することが見出された(図4-4-1)(Tomaru and Hidaka, 1960; Suastika et al., 1995; Takahashi et al., 1994, 2001)。一方，エコタイプColumbiaは両CMV系統に罹病性である。ここでは，このCMV(Y)感染C24において抵抗性発現を決定しているウイルスおよび宿主遺伝子の解析と抵抗性発現に関わるシグナル伝達機構を中心に，CMV抵抗性の分子機構を紹介する。

4-2. シロイヌナズナにおけるキュウリモザイクウイルス抵抗性

シロイヌナズナのエコタイプColumbiaがCMVに対して罹病性を示すことはSosnovaとPolakにより報告されていたが(Sosnova and Polak, 1975)，その他のエコタイプのCMV感染に対する応答や，CMV系統における病原性の差異などについては明らかにされていなかった。我々は，183種類のエコタイプにCMV(Y)を接種し，その応答を解析することから研究を始めた。CMV(Y)をシロイヌナズナの完全展開葉に摩擦接種し，接種葉および植物体全身に現れる病徴の観察と，ウイルス外被タンパク質に対する抗体を用いた免疫学的手法(Press blot法)によりウイルスの移行を調べた(図4-4-2)。その結果，エコタイプC24の接種葉において過敏感反応(HR)で認められるような局部壊死病斑が形成され，ウイルスは全身移行せず病斑部に局在化することが明らかになった(Takahashi et al., 1994)。また，病斑形成に伴い感染特異的タンパク質(pathogenesis-related proteins: PR proteins)遺伝子の発現(Takahashi et al., 2004)やサリチル酸の蓄積(Ishihara et al., 未発表)が認められたことから，C24はCMV(Y)に対してHRによる抵抗性を示すことが明らかになった。シロイヌナズナにおけるウイルス抵抗性については，CMV(Y)-C24系以外に，*Turnip crinkle virus*(TCV)とエコタイプDi-17においてHRによる抵抗性反応や，*Tobacco etch virus*とエコタイプColumbiaにおけるウイルス長距離移行抑制による抵抗性についての研究が進んでいる(Dempsey et al., 1993; Chisholm et al., 2000; Whitham et al., 2000)。

4-3. キュウリモザイクウイルス抵抗性を決定する非病原性遺伝子と抵抗性遺伝子

1971年にFlorが提唱した遺伝子対遺伝子説に従えば，宿主品種がウイルス系統に対して示す抵抗性は，ウイルスゲノム上に存在する非病原性遺

図 4-4-1　シロイヌナズナエコタイプC24のCMVに対する応答。CMV(B2)接種C24では激しい矮化と黄化症状が認められた(左：Takahashi et al., 2001, Fig. 1 [p. 342])。CMV(Y)接種葉では局部壊死病斑が形成された。

伝子と，植物がもつ抵抗性遺伝子の組み合わせにより決定されていると解釈される。C24 における CMV(Y)抵抗性機構の解析は，これら遺伝子の単離，同定から始められた。

(1) CMV(Y)がもつ非病原性遺伝子の解析

CMV は 3 分節ゲノム RNA を有することから，CMV(Y)抵抗性に関わるウイルスの非病原性遺伝子を明らかにするため，はじめに CMV(Y)と CMV(B2)の間でゲノム RNA を相互に交換した

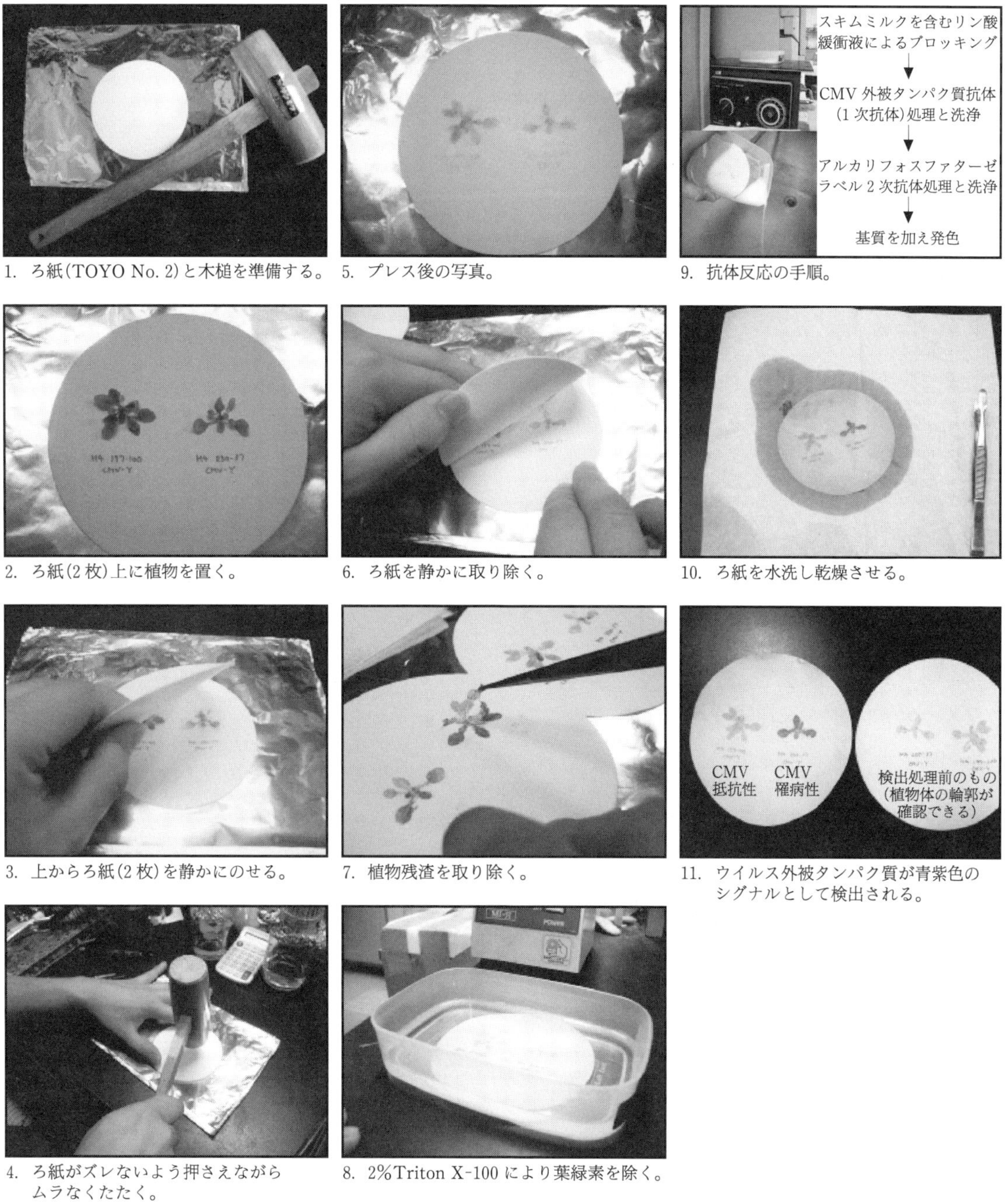

1. ろ紙(TOYO No. 2)と木槌を準備する。
2. ろ紙(2 枚)上に植物を置く。
3. 上からろ紙(2 枚)を静かにのせる。
4. ろ紙がズレないよう押さえながらムラなくたたく。
5. プレス後の写真。
6. ろ紙を静かに取り除く。
7. 植物残渣を取り除く。
8. 2%Triton X-100 により葉緑素を除く。
9. 抗体反応の手順。
10. ろ紙を水洗し乾燥させる。
11. ウイルス外被タンパク質が青紫色のシグナルとして検出される。

図 4-4-2　Press blot 法による CMV の検出。罹病性の植物体では青紫色のシグナルが全身から検出されている(11)。Press blot 法は，Srinivasan and Tolin (1992)をもとに関根らにより一部改変されている。

pseudorecombinantウイルスを作成した。C24におけるpseudorecombinantウイルスの抵抗性誘導を調べたところ，CMV(Y)RNA3を含むウイルスはすべてHRを誘導し，CMV(B2)RNA3を含むウイルスはすべて全身感染したことから，CMV(Y)RNA3が抵抗性発現に関与していることが明らかになった。RNA3には細胞間移行タンパク質(3a)と外被タンパク質(CP)がコードされていることから，次にCMV(Y)とCMV(B2)間でキメラRNA3を作成し，CMV(Y)RNA1，RNA2とともにC24に接種を行った。その結果，CMV(Y)外被タンパク質遺伝子をもつウイルスがC24にHRを誘導したことから，CMV外被タンパク質遺伝子が非病原性遺伝子として機能していることが明らかになった(Takahashi et al., 2001)。CMVの外被タンパク質は，それ以外にも，ウイルスの細胞間移行，黄化や矮化など全身病徴の発現，宿主範囲の決定，アブラムシ伝搬性などにも関与していることが知られている(Perry et al., 1994; Suzuki et al., 1995; Ryu et al., 1998; Sugiyama et al., 2000; Takahashi et al., 2000)。CMV(Y)外被タンパク質遺伝子の非病原性遺伝子としての機能は，CMVが宿主と相互作用しながら感染・増殖する過程で，外被タンパク質が示す多様な働きの一つと考えられる。

(2) C24がもつ抵抗性遺伝子の解析

C24のCMV(Y)抵抗性遺伝子についての解析は，C24とColumbiaの交配後代(F2)を用いたCMV(Y)抵抗性の遺伝分析から始められた。F2世代では抵抗性：罹病性が3：1に分離したことから，CMV(Y)抵抗性は単一優性遺伝子により支配されていることが明らかになった(Takahashi et al., 1994)。次に，シロイヌナズナでは染色体全体にわたってマッピングに利用できる分子マーカーが整備されていることから(Konieczny and Ausubel, 1993; Bell and Ecker, 1994; http://www.arabidopsis.org/)，それらのマーカーを用いてCMV(Y)抵抗性遺伝子が5番染色体に座乗していることが明らかになり，*RCY1*[Resistance to CMV(Y)]と命名された。さらに，*RCY1*を単離するため，約980個体のF2個体を用いて高密度マッピングを行ったところ，*RCY1*は第5染色体の長腕上の約150 kbの領域にマップされた。この領域はmajor recognition complex J(*MRC-J*)と呼ばれ，糸状菌や細菌などの病原体に対する抵抗性遺伝子が多数存在する領域の一つである(Botella et al., 1997)。全ゲノム塩基配列が公開されているエコタイプColumbiaにおけるこの領域の塩基配列を調べたところ，既報の抵抗性遺伝子産物と類似した構造をもつタンパク質をコードしている遺伝子が一つだけ存在することが明らかになった。γ線およびエチルメタンスルホン酸(EMS)処理により作出されたCMV(Y)感受性C24変異体では，この遺伝子内に塩基の欠失や置換が認められた(図4-4-3)。さらに，この候補遺伝子を感受性エコタイプWSやColumbiaに形質転換したところCMV(Y)抵抗性が高まったことや，CMV(Y)感受性C24変異体に導入すると抵抗性が回復したことから，この遺伝子が*RCY1*であると結論した(Takahashi et al., 2002; Sekine et al., 2006)。*RCY1*がコードするRCY1タンパク質は，分子量約104 kDaでCoiled coil(CC)-Nucleotide binding(NB)-Leucine-rich repeat(LRR)構造を含んでいることから，既報の病害抵抗性遺伝子のNB-LRRファミリーの中のCC-NB-LRRサブグループに属するものと考えられた(Hammond-Kosack and Jones, 1997; Dangl and Jones, 2001)。また，EMS処理によって単離されたCMV(Y)感受性C24変異体は6ライン得られているが，それら変異体の*RCY1*遺伝子の塩基配列解析より，3ラインはLRRドメイン内に変異が生じ(2ラインは1アミノ酸置換，1ラインはナンセンス変異)，2ラインはNBドメインに変異が生じ(1アミノ酸置換，ナンセンス変異が1ラインずつ)，1ラインはCCドメインに1アミノ酸置換が生じていた(図4-4-4)(Sekine et al., 2006)。同じCC-NB-LRRサブグループに属するジャガイモXウイルス(PVX)抵抗性遺伝子*Rx*では，抵抗性遺伝子としての機能にCC，NBS，LRR各ドメインが関わるRxタンパク質の折りたたみ構造が重要であることが報告されている(Bendahmane et al., 1999; Moffett et al., 2002)。RCY1タンパク質のアミ

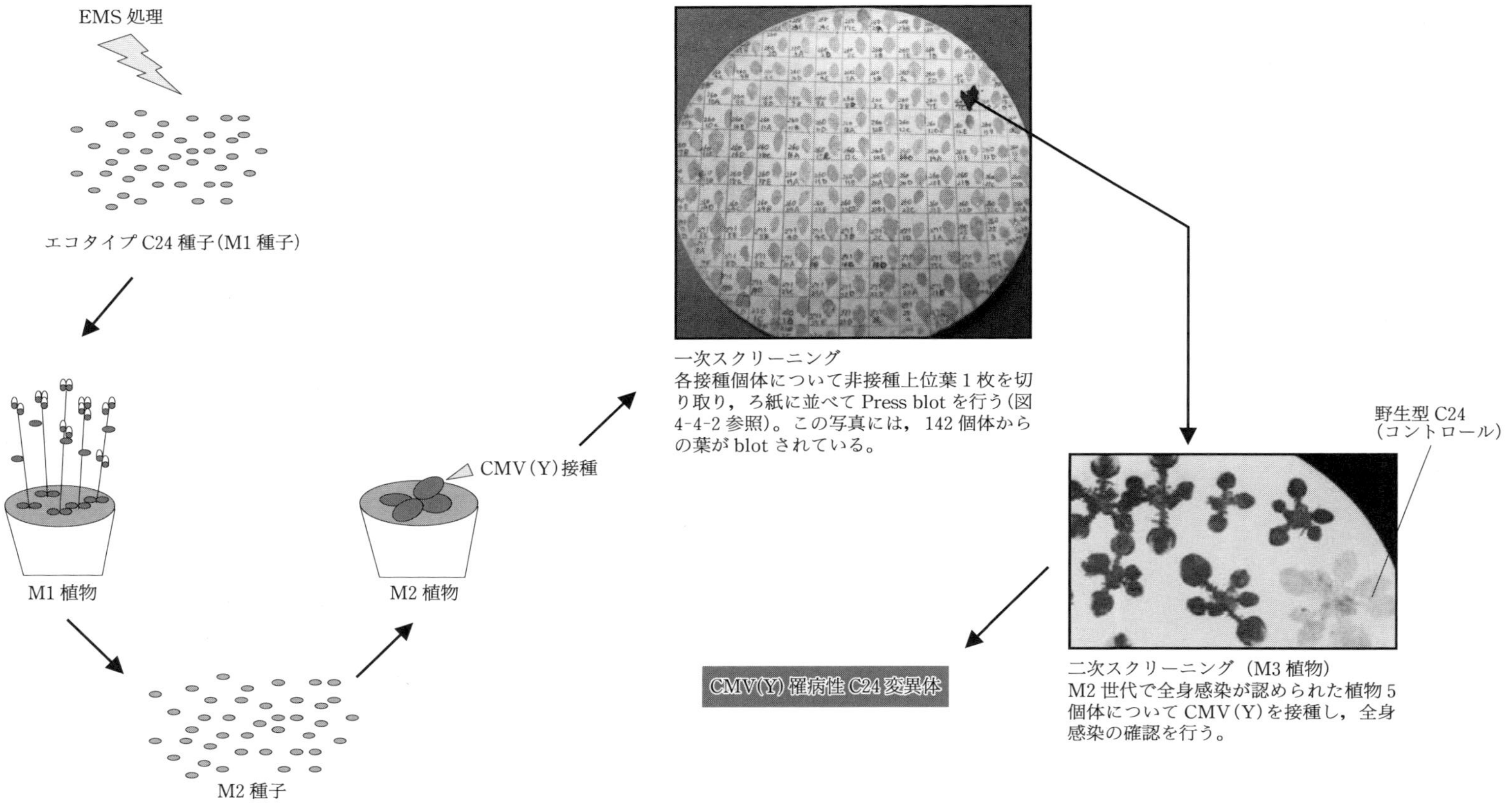
EMS 処理
エコタイプ C24 種子(M1 種子)
M1 植物
M2 種子
M2 植物
CMV(Y)接種
一次スクリーニング
各接種個体について非接種上位葉 1 枚を切り取り，ろ紙に並べて Press blot を行う(図 4-4-2 参照)。この写真には，142 個体からの葉が blot されている。
野生型 C24
(コントロール)
二次スクリーニング（M3 植物）
M2 世代で全身感染が認められた植物 5 個体について CMV(Y)を接種し，全身感染の確認を行う。
CMV(Y) 罹病性 C24 変異体

図 4-4-3　CMV(Y)に対して罹病性を示すシロイヌナズナエコタイプ C24 変異体の単離法。0.3%(v/v)のエチルメタンスルホン酸(EMS)を C24 種子に 16 時間処理し，十分水洗後に播種する。M2 植物の完全展開葉 2 枚に CMV(Y)を接種する。接種 7 日目の非接種上位葉について，ウイルス外被タンパク質に対する抗体を用いた Press blot 法(図 4-4-2 参照)により，ウイルスの全身感染を調べる(一次スクリーニング)。全身感染が認められた個体より採種し，M3 植物の 4〜5 個体について，同様にウイルスの全身感染を確認する(二次スクリーニング)。接種したすべての個体でウイルスの全身感染が認められたものを，CMV(Y)罹病性 C24 変異体ラインとする。これまでに，約 30,000 個体をスクリーニングし，独立な罹病性変異体が 6 ライン得られている。

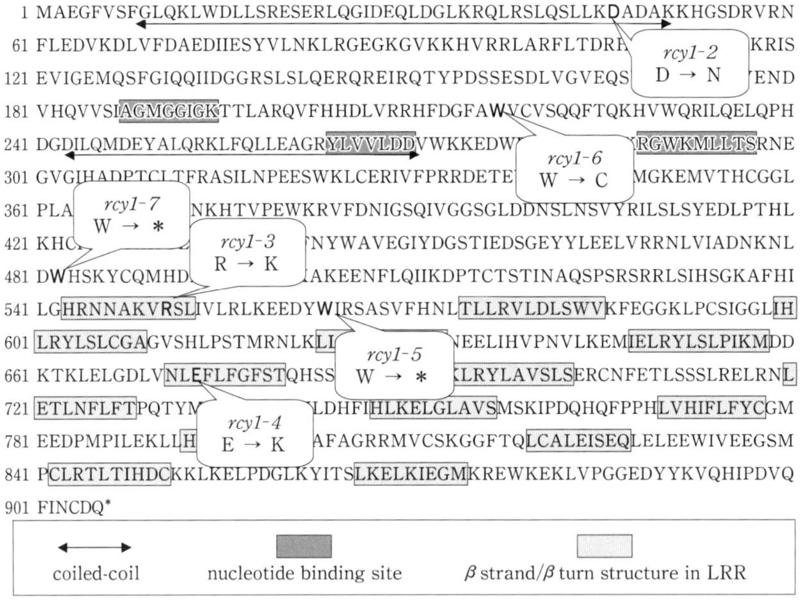

図4-4-4　RCY1タンパク質のアミノ酸配列とCMV(Y)罹病性C24変異体(*rcy1-2-1-7*)のRCY1タンパク質におけるアミノ酸置換部位。＊印はストップコドンを示す。

ノ酸変異による高次構造の変化とCMV(Y)抵抗性との関係についても興味がもたれる。

⑶ *RPP8*/*HRT*/*RCY1* 遺伝子座

C24の*RCY1*遺伝子領域と他のエコタイプにおける同遺伝子領域について比較解析を行ったところ，エコタイプLandsbergではアブラナ科べと病菌Emco5(*Peronospora parasitica* biotype Emco5)に対する抵抗性遺伝子*RPP8*，エコタイプDi-17ではTCVに対する抵抗性遺伝子*HRT*が存在し，*RCY1*，*RPP8*，*HRT*は互いに対立遺伝子の関係にあることが明らかになった(McDowell et al., 1998; Cooley et al., 2000; Takahashi et al., 2002)。従って，*RCY1*，*RPP8*，*HRT*は，共通の祖先抵抗性遺伝子に由来するものと推察できる。これらの抵抗性遺伝子に共通して認められるNB-LRRドメインを含むタンパク質をコードする遺伝子(*R*-like genes)は，シロイヌナズナのゲノム上に約200コピー存在する(Meyers et al., 1999, 2003)。その大半は数〜十数コピーのクラスターを形成してゲノム上に散在しており，進化の過程で祖先抵抗性遺伝子が不等交差(unequal crossing-over)と遺伝子変換(gene conversion)を繰り返すことにより誕生したものと考えられている(Michelmore and Meyers, 1998; Meyers et al., 2003)。それに対して，*RPP8*/*HRT*/*RCY1*遺伝子座はクラスター構造をとらず，エコタイプ間で異なった病原体に対応する抵抗性遺伝子に進化したことから，NB-LRRクラスの抵抗性遺伝子の中では少数派に属するのかもしれない。しかし，*RPP8*/*HRT*/*RCY1*遺伝子座を含む約20 cMのゲノム領域(*MRC-J*領域)には，べと病菌抵抗性遺伝子*RPP21*-*RPP24*，白さび病抵抗性遺伝子*RAC3*，*Pseudomonas*抵抗性遺伝子*RPS4*，*Tobacco ringspot virus*(TRSV)抵抗性遺伝子*TTR1*やそれらのパラログが多数存在している(Botella et al., 1997)。シロイヌナズナは，抵抗性遺伝子クラスターを形成してゲノム上で多様化したり，エコタイプの分化にともなって対立遺伝子が異なった病原体に対する抵抗性遺伝子として進化することによって，集団として種々の病原体から自らを守ってきたものと考えられた。

4-4. キュウリモザイクウイルス抵抗性に関わるシグナル伝達系

(1) サリチル酸，ジャスモン酸，エチレンを介したシグナル伝達系の関与

病害抵抗性に関与するシグナル伝達物質としてはサリチル酸(SA)，ジャスモン酸(JA)，エチレン(ethylene)などが知られている(Dong, 1998; Glazebrook, 2001)。シロイヌナズナでは，それらの物質を介したシグナル伝達系に異常をきたしている変異体が存在することから，それらの変異体を用いて，各シグナル伝達系のCMV(Y)抵抗性への関与について解析がなされた。はじめにSA，JA，ethyleneシグナル伝達系がそれぞれ異常をきたした変異体(SAシグナル伝達系変異体 *nahG*，*eds5-1*，*npr1-5*；JAシグナル伝達系変異体 *coi1*，*jar1*；ethyleneシグナル伝達系変異体 *etr1-3*，*ein2-1*)とC24をそれぞれ交配し，各交配後代から *RCY1* と変異遺伝子をホモにもつラインを選抜した。次に，それらにCMV(Y)を接種し，接種葉における局部壊死病斑の出現とウイルスの全身移行について解析した(Takahashi et al., 2002)。その結果，*coi1 RCY1* 変異体と *jar1 RCY1* 変異体では野生型C24と同様に抵抗性が誘導されたが，*nahG RCY1* 変異体と *eds5-1 RCY1* 変異体では約15%の個体でウイルスの全身移行が認められた。しかし，SAの下流に位置する *NPR1* の変異体(*npr1-5 RCY1*)ではすべて抵抗性を示した。従って，*NPR1*-independentでSAを介したシグナル伝達系が抵抗性に関わっていることが明らかになった。また，*etr1-3 RCY1* 変異体と *ein2-1 RCY1* 変異体では，約8%の個体でウイルスの全身移行が認められたことから，ethyleneを介したシグナル伝達系の関与も明らかになった。さらに，2重変異体である *nahG etr 1-3 RCY1* 変異体にCMV(Y)を接種したところ，約60%の個体でウイルスの全身移行が認められた。従って，*RCY1* によるCMV(Y)抵抗性の発現には，SAとethyleneを介したシグナル伝達系が関与していると考えられたが，一方，2重変異体でもすべての個体が罹病性を示すことはなかったことから，SAとethyleneシグナル伝達系以外にも抵抗性発現を調節している新規のシグナル伝達系が存在するものと推察された。

RCY1 の対立遺伝子であるアブラナ科べと病菌抵抗性遺伝子 *RPP8* や，TCV抵抗性遺伝子 *HRT* についても，同様の手法で解析がなされた。その結果，*HRT* によるTCV抵抗性がSAを介したシグナル伝達系のみに依存しているのに対して，*RPP8* によるべと病菌抵抗性はSAシグナル伝達系に加えて新規なシグナル伝達系の関与が明らかになっている(図4-4-5)(Kachroo et al., 2000; McDowell et al., 2000)。

(2) サリチル酸シグナル伝達系とジャスモン酸シグナル伝達系のクロストーク

上述のように，JAシグナル伝達系に異常をきたした変異体は完全なCMV(Y)抵抗性を示したが，JAシグナル伝達系は *RCY1* によるCMV(Y)抵抗性に全く寄与していないのであろうか？SAを介したシグナル伝達系に異常をきたした変異体 *eds5-1 RCY1* と，JAを介したシグナル伝達系に異常をきたした変異体 *coi1 RCY1* を交配することにより，2重変異体(*eds5-1 coi1 RCY1*)を作出した。次に，変異体 *eds5 RCY1*，変異体 *coi1 RCY1*，2重変異体(*eds5-1 coi1 RCY1*)およびコントロール個体(*EDS5 COI1 RCY1*)に，CMV(Y)をそれぞれ接種し，CMV(Y)抵抗性と防御関連遺伝子(*PR-1*，*PR-5*，*PDF1.2*，*HEL*)の発現を調べた。*PR-1* と *PR-5* の発現はSAシグナル伝達系により制御されており，*PDF1.2* と *HEL*

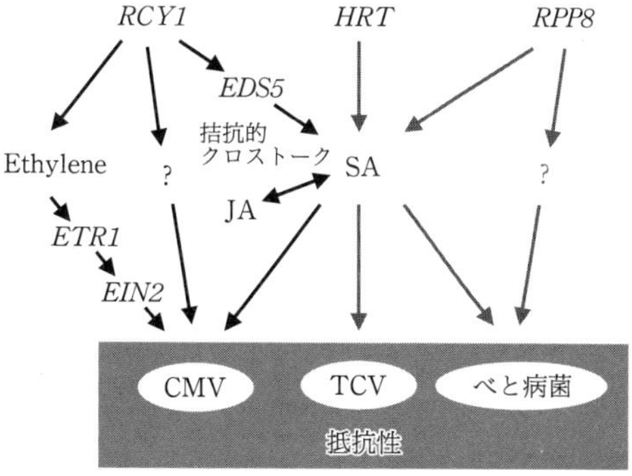

図4-4-5 CMV，TCV，べと病菌抵抗性におけるSA，JA，ethyleneシグナル伝達系の関与(Takahashi et al., 2002を改変)

の発現はJAシグナル伝達系により制御されていることが明らかになっている(Glazebrook, 2001)。CMV(Y)を接種した結果，接種葉における*PR-1*，*PR-5*の発現および抵抗性の誘導は*eds5*変異によって阻害されたが，それらは*eds5 coi1* 2重変異体では回復していた。また，*PDF1.2*と*HEL*の発現は，CMV(Y)を接種したコントロール(*EDS5 COI1 RCY1*)ではわずかに誘導されるのみであるが，*eds5-1*変異によって強く誘導され，*eds5-1 coi1* 2重変異体で再び低下した。従って，CMV(Y)感染C24では，SAシグナル伝達系とJAシグナル伝達系が拮抗的にクロストークしているものと考えられた。SAシグナルとJAシグナル間のクロストークは，外部からのSA，JA処理でもすでに報告されている(Niki et al., 1998)。JAシグナル伝達系はSAシグナル伝達系を負に制御することでCMV(Y)抵抗性の発現をfine-tuneしているのかもしれない(Takahashi et al., 2004; Shah, 2003)。

(3) *EDS1*，*NDR1*非依存性シグナル伝達系の存在

NB-LRRドメインをもつタンパク質をコードする抵抗性遺伝子は，そのN末端部分がToll/interleukin receptor-like(TIR)ドメインであるかCoiled-coil(CC)ドメインであるかにより2つサブグループに分けられている(TIR-NB-LRRクラスとCC-NB-LRRクラス；Hammond-Kosack and Jones, 1997; Dangl and Jones, 2001)。TIR-NB-LRRクラスの抵抗性遺伝子に支配されているシグナル伝達系の下流では，リパーゼ様タンパク質をコードする*EDS1*が機能しているのに対して，CC-NB-LRRクラスに属する抵抗性遺伝子の多くは，そのシグナル伝達系の下流にmembrane-associated proteinをコードする*NDR1*が存在することが知られている(Aarts et al., 1998)。*RCY1*によるCMV(Y)抵抗性にはいずれの遺伝子が関与しているかについて，*ndr1*と*eds1*変異体をそれぞれC24と交配した後代より分離した*ndr1 RCY1*および*eds1 RCY1*変異体を用いて調べたところ，いずれもCMV(Y)抵抗性を示した(Takahashi et al., 2005)。従って，*RCY1*によるCMV(Y)抵抗性には，*NDR1*，*EDS1*非依存シグナル伝達系が関与しているものと考えられた。*NDR1*，*EDS1*非依存シグナル伝達系の存在については，これまでにべと病菌抵抗性遺伝子(*RPP7*，*RPP8*，*RPP13*)で報告されているのみである(McDowell et al., 2000; Bittner-Eddy and Beynon, 2001)。この中で，*RPP8*は上述したように*RCY1*の対立遺伝子であり，いずれも完全な抵抗性発現にはSAシグナル伝達系を必要とすることから，*RCY1*と*RPP8*の下流のシグナル伝達系の比較解析について特に興味がもたれる。

(4) 脂質を介したシグナル伝達系とCMV抵抗性

*RCY1*によるCMV(Y)抵抗性の発現には，上述のように複数のシグナル伝達系によるネットワークが存在するものと推察される。その中で，SAを介したシグナル伝達系は重要な役割を果たしているものと考えられる。そこで，SAシグナル伝達系が恒常的に活性化されているシロイヌナズナ変異体(*cpr5*，*acd1*，*acd2*，*ssi1*，*ssi2*)のCMV(Y)抵抗性について検討がなされた。これら5種類の独立な変異体は，CMV(Y)抵抗性遺伝子*RCY1*をもたず，野生型に比べてSA蓄積量が上昇しているとともに，著しい矮化，PRタンパク質遺伝子の恒常的な発現，生育条件に依存した自発的な細胞死の誘導，全身獲得抵抗性(SAR)の誘導などが認められている(Glazebrook et al., 1996; Shah et al., 1999, 2001; Bowling et al., 1997; Cao et al., 1994)。これらの表現型が，SAの過剰蓄積による2次的な結果なのか，それとも変異を生じた遺伝子に直接制御されているものなのかは明らかではないが，SAシグナル伝達系が活性化されていることは，すべての変異体で共通していると考えられる。*cpr5*，*acd1*，*acd2*，*ssi1*，*ssi2*変異体にそれぞれCMV(Y)を接種したところ，*cpr5*，*acd1*，*acd2*，*ssi1*では，接種葉におけるウイルス増殖，上位葉へのウイルス移行とも野生型との間に明瞭な差は認められなかった。しかし，興味深いことに*ssi2*変異体のみで，*RCY1*が存在しないにもかかわらずCMV(Y)の増殖と全身移行の顕著な抑制が認められた(図4-4-6)(Sekine et al., 2004)。*ssi2*変異体では，さらにEMS処理を繰り

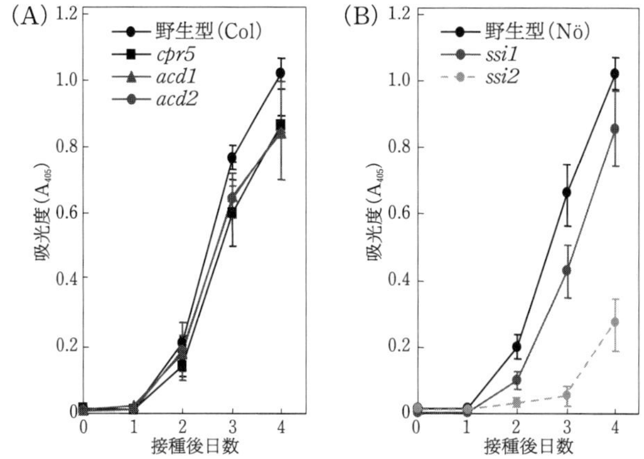

図 4-4-6　シロイヌナズナ変異体におけるウイルス増殖(Sekine et al., 2004, Fig. 3 [p. 627]を改変)。SA シグナル伝達系が活性化されている変異体(*cpr5*, *acd1*, *acd2*, *ssi1*, *ssi2*)および野生型(Columbia, Nössen)の CMV(Y)接種葉におけるウイルス増殖を ELISA 法に定量した。

返すことによって SA シグナル伝達系の恒常的活性化が抑制されている復帰変異体(*ssi2 sfd*)が数ライン単離され，その原因遺伝子 *sfd* の解析が進んでいる。そこで次に，それら復帰変異体の CMV(Y)に対する応答を調べたところ，復帰変異体 *ssi2 sfd1-4* では，CMV(Y)に抵抗性を示さなくなっていた。*SFD1* と *SFD4* はそれぞれ glycerol phosphate dehydrogenase と plastidic ω6-desaturase をコードしていることが明らかになっている(Nandi et al., 2003, 2004)。また，*SSI2* は stearyl-ACP desaturase をコードしている(Kachroo et al., 2001)。これらは脂質代謝に関与する遺伝子であり，それらの変異により CMV(Y)の増殖が阻害されたことから，脂質を介したシグナルが CMV(Y)の増殖移行を制御している可能性が考えられた。しかし，この脂質が関与するシグナル伝達系が，*RCY1* によって支配されている CMV(Y)抵抗性に直接関与しているかどうかについてはさらに検討が必要であろう。

4-5. おわりに

本研究より，シロイヌナズナのエコタイプ C24 における CMV(Y)抵抗性は，ウイルス外被タンパク質と CC-NB-LRR タンパク質をコードする抵抗性遺伝子 *RCY1* により決定されていることが明らかになった。さらに，その抵抗性発現には，SA と ethylene を介したシグナル伝達系に加えて新規シグナル伝達系が関与し，SA シグナル伝達系は JA を介したシグナル伝達系と拮抗的にクロストークしていることが示された。また，興味深いことは，CMV(Y)抵抗性遺伝子 *RCY1* の対立遺伝子が，エコタイプ Di-17 の TCV 抵抗性遺伝子 *HRT* とエコタイプ Landsberg のべと病菌 Emco5 抵抗性遺伝子 *RPP8* としてすでに同定されていたことである。つまり，*RPP8*/*HRT*/*RCY1* 遺伝子座は，進化の過程でエコタイプの分化に伴い異なった病原体に対する抵抗性遺伝子として多様化した可能性を強く示しているのである。しかし，それら抵抗性遺伝子により支配されているシグナル伝達系についてみてみると，*HRT* は SA を介したシグナル伝達系のみにより TCV 抵抗性を発現し，*RPP8* は SA シグナル伝達系と新規シグナル伝達系によりべと病菌抵抗性を発現するのに対して，*RCY1* の下流におけるシグナル伝達系はこのいずれの場合とも異なっていた(図 4-4-5)。つまり，それぞれの抵抗性遺伝子の下流にあるシグナル伝達系も抵抗性遺伝子の進化に伴い独立に変化してきたものと考えられた。その結果，SA シグナル伝達系を共通の経路として利用しながらも，同時に他のシグナル伝達系を独自に活性化させ，各種の病原体に対する抵抗性を獲得してきたものと推察される。本研究から得られた知見は，抵抗性遺伝子とシグナル伝達系の多様化を示す具体的な事例を提供したことになると考えられる。また，CMV抵抗性の分子機構については，CMV(Y)抵抗性誘導に伴う遺伝子発現変動の網羅的解析やspermineを介したシグナル伝達系の関与など多面的な解析が進められている(Ishihara et al., 2004; Zheng et al., 2004, 2005)。さらに，脂質を介したシグナル伝達系がCMV抵抗性に関与することも示されたように，本実験系を用いて，ウイルス抵抗性における多様なシグナル伝達系の存在が明らかになることを期待したい。

参考文献

Aarts, N., Metz, M., Holub, E., Staskawicz, B. J., Daniels, M. J., Parker, J. E. (1998) Different requirements for *EDS1* and *NDR1* by disease resistance genes define at least two *R* gene-mediated signaling pathways in *Arabidopsis*. Proc. Natl. Acad. Sci. USA 95, 10306-10311.

Bell, C. J., Ecker, J. R. (1994) Assignment of 30 microsatellite loci to the linkage map of *Arabidopsis*. Genomics 19, 137-144.

Bendahmane, A., Kanyuka, K., Baulcombe, D. C. (1999) The *Rx* gene from potato controls separate virus resistance and cell death responses. Plant Cell 11, 781-791.

Bittner-Eddy, P. D., Beynon, J. L. (2001) The Arabidopsis downy mildew resistance gene, *RPP13-Nd*, functions independently of *NDR1* and *EDS1* and does not require the accumulation of salicylic acid. Mol. Plant-Microbe Intertact. 14, 416-421.

Botella, M. A., Coleman, M. J., Hughes, D. E., Nishimura, M. T., Jones, J. D. G., Somerville, S. C. (1997) Map positions of 47 *Arabidopsis* sequences with sequence similarity to disease resistance genes. Plant J. 12, 1197-1211.

Bowling, S. A., Clarke, J. D., Liu, Y. D., Klessig, D. F., Dong, X. N. (1997) The *cpr5* mutant of Arabidopsis expresses both NPR1-dependent and NPR1-independent resistance. Plant Cell 9, 1573-1584.

Cao, H., Bowling, S. A., Gordon, A. S., Dong, X. N. (1994) Characterization of an Arabidopsis mutant that is nonresponsive to inducers of systemic acquired resistance. Plant Cell 6, 1583-1592.

Chisholm, S. T., Mahajan, S. K., Whitham, S. A., Yamamoto, M. L., Carrington, J. C. (2000) Cloning of the *Arabidopsis RTM1* gene, which controls restriction of long-distance movement of tobacco etch virus. Proc. Natl. Acad. Sci. USA 97, 489-494.

Cooley, M. B., Pathirana, S., Wu, H.-J., Kachroo, P., Klessig, D. F. (2000) Members of the Arabidopsis *HRT/RPP8* family of resistance genes confer resistance to both viral and oomycete pathogens. Plant Cell 12, 663-676.

Dangl, J. L., Jones, J. D. G. (2001) Plant pathogens and integrated defence responses to infection. Nature 411, 826-833.

Dempsey, D. A., Wobbe, K. K., Klessig, D. F. (1993) Resistance and susceptible responses of *Arabidopsis thaliana* to turnip crinkle virus. Phytopathology 83, 1021-1029.

Dong, X. (1998) SA, JA, ethylene, and disease resistance in plants. Cur. Opin. Plant Biol. 1, 316-323.

Flor, H. H. (1971) Current status of the gene-for-gene concept. Annu. Rev. Phytopathol. 9, 275-296.

Glazebrook, J. (2001) Genes controlling expression of defense responses in *Arabidopsis*-2001 status. Curr. Opin. Plant Biol. 4, 301-308.

Glazebrook, J., Rogers, E. E., Ausubel, F. M. (1996) Isolation of Arabidopsis mutants with enhanced disease susceptibility by direct screening. Genetics 143, 973-982.

Hammond-Kosack, K. E., Jones, J. D. G. (1997) Plant disease resistance genes. Annu. Rev. Plant Physiol. Plant Mol. Biol. 48, 575-607.

Ishihara, T., Sakurai, N., Sekine, K.-T., Hase, S., Ikegami, M., Shibata, D., Takahashi, H. (2004) Comparative analysis of expressed sequence tags in resistant and susceptible ecotypes of *Arabidopsis thaliana* infected with Cucumber mosaic virus. Plant Cell Physiol. 45, 470-480.

Kachroo, P., Shanklin, J., Shah, J., Whittle, E. J., Klessig, D. F. (2001) A fatty acid desaturase modulates the activation of defense signaling pathways in plants. Proc. Natl. Acad. Sci. USA 98, 9448-9453.

Kachroo, P., Yoshioka, K., Shah, J., Dooner, H. K., Klessig, D. F. (2000) Resistance to turnip crinkle virus in Arabidopsis is regulated by two host genes and is salicylic acid dependent but *NPR1*, ethylene, and jasmonate independent. Plant Cell 12, 677-690.

Konieczny, A., Ausubel, F. M. (1993) A procedure for mapping *Arabidopsis* mutations using co-dominant ecotype-specific PCR-based markers. Plant J. 4, 403-410.

McDowell, J. M., Cuzick, A., Can, C., Beynon, J., Dangl, J. L., Holub, E. B. (2000) Downy mildew (*Peronospora parasitica*) resistance genes in Arabidopsis vary in functional requirements for *NDR1*, *EDS1*, *NPR1* and salicylic acid accumulation. Plant J. 22, 523-529.

McDowell, J. M., Dhandaydham, M., Long, T. A., Aarts, M. G. M., Goff, S., Holub, E. B., Dangl, J. L. (1998) Intragenic recombination and diversifying selection contribute to the evolution of downy mildew resistance at the *RPP8* locus of Arabidopsis. Plant Cell 10, 1861-1874.

Meyers, B. C., Dickerman, A. W., Michelmore, R. W., Sivaramakrishnan, S., Sobral, B. W., Young, N. D. (1999) Plant disease resistance genes encode members of an ancient and diverse protein family within the nucleotide-binding superfamily. Plant J. 20, 317-332.

Meyers, B. C., Kozik, A., Griego, A., Kuang, H. H., Michelmore, R. W. (2003) Genome-wide analysis of NBS-LRR-encoding genes in Arabidopsis. Plant Cell 15, 809-834.

Michelmore, R. W., Meyers, B. C. (1998) Clusters of resistance genes in plants evolve by divergent selection and a birth-and-death process. Genome Res. 8, 1113-1130.

Moffett, P., Farnham, G., Peart, J., Baulcombe, D. C. (2002) Interaction between domains of a plant NBS-LRR protein in disease resistance-related cell death. EMBO J. 21, 4511-4519.

Nandi, A., Krothapalli, K., Buseman, C. M., Li, M., Welti, R., Enyedi, A., Shah, J. (2003) *Arabidopsis sfd* mutants affect plastidic lipid composition and suppress dwarfing, cell death, and the enhanced disease resistance phenotypes resulting from the deficiency of a fatty acid desaturase. Plant Cell 15, 2383-2398.

Nandi, A., Welti, R., Shah, J. (2004) The *Arabidopsis thaliana* dihydroxyacetone phosphate reductase gene *SUPPRESSOR OF FATTY ACID DESATURASE DEFICIENCY 1* is required for glycerolipid metabolism and for the activation of systemic acquired resistance. Plant Cell 16, 465-477.

Niki, T., Mitsuhara, I., Seo, S., Ohtsubo, N., Ohashi, Y. (1998) Antagonistic effect of salicylic acid and jasmonic acid on the expression of pathogenesis-related (PR) protein genes in wounded mature tobacco leaves. Plant Cell Physiol. 39, 500-507.

Palukaitis, P., Garcia-Arenal, F. (2003) Cucumoviruses. Adv. Virus Res. 62, 241-323.

Perry, K. L., Zhang, L., Shintaku, M. H., Palukaitis, P. (1994) Mapping determinants in cucumber mosaic virus for transmission by *Aphis gossypii*. Virology 205, 591-595.

Ryu, K. H., Kim, C.-H., Palukaitis, P. (1998) The coat protein of cucumber mosaic virus is a host range determinant for infection of maize. Mol. Plant-Microbe Interact. 11, 351-357.

Sekine, K.-T., Ishihara, T., Hase, S., Kusano, T., Shah, J., Takahashi, H. (2006) Single amino acid alterations in *Arabidopsis thaliana* RCY1 compromise resistance to *Cucumber mosaic virus*, but differentially suppress hypersensitive response-like cell death. Plant Mol. Biol. 62, 669-682.

Sekine, K.-T., Nandi, A., Ishihara, T., Hase, S., Ikegami, M., Shah, J., Takahashi, H. (2004) Enhanced resistance to *Cucumber mosaic virus* in the *Arabidopsis thaliana ssi2* mutant is mediated via an SA-independent mechanism. Mol. Plant-Microbe Interact. 17, 623-632.

Shah, J. (2003) The salicylic acid loop in plant defense. Curr. Opin. Plant Biol. 6, 365-371.

Shah, J., Kachroo, P., Klessig, D. F. (1999) The Arabidopsis *ssi1* mutation restores pathogenesis-related gene expression in *npr1* plants and renders defensin gene expression salicylic acid dependent. Plant Cell 11, 191-206.

Shah, J., Kachroo, P., Nandi, A., Klessig, D. F. (2001) A recessive mutation in the *Arabidopsis SSI2* gene confers SA- and *NPR1*-independnet expression of *PR* genes and resistance against bacterial and oomycete pathogens. Plant J. 25, 563-574.

Shintaku, M. H., Zhang, L., Palukaitis, P. (1992) A single amino acid substitution in the coat protein of cucumber mosaic virus induces chlorosis in tobacco. Plant Cell 4, 751-757.

Sosnova, V., Polak, Z. (1975) Susceptibility of *Arabidopsis thaliana* (L.) Heynh. To infection with some plant viruses. Biologia Plantarum (Praha) 17, 156-158.

Srinivasan, I., Tolin, S. A. (1992) Detection of three viruses of clovers by direct tissue immunoblotting. Phytopathology 82, 721.

Suastika, G., Tomaru, K., Kurihara, J., Natsuaki, K. T. (1995) Characteristics of two isolates of cucumber mosaic virus obtained from banana plants in Indonesia. Ann. Phytopathol. Soc. Jpn. 61, 272.

Sugiyama, M., Sato, H., Karasawa, A., Hase, S., Takahashi, H., Ehara, Y. (2000) Characterization of symptom determinants in two mutants of Cucumber mosaic virus Y strain, causing distinct mild green mosaic symptoms in tobacco. Physiol. Mol. Plant Pathol. 56, 85-90.

Suzuki, M., Kuwata, S., Kataoka, J., Masuta, C., Nitta, N., Takanami, Y. (1991) Functional analysis of deletion mutants of Cucumber mosaic virus RNA3 using an *in vitro* transcription system. Virology 183, 106-113.

Suzuki, M., Kuwata, S., Masuta, C., Takanami, Y. (1995) Point mutation in the coat protein of *Cucumber mosaic virus* affect symptom expression and virion accumulation in tobacco. J. Gen. Virol. 76, 1791-1799.

高橋英樹(2004) ウイルスに対する宿主抵抗性. 植物細胞工学シリーズ 19, 新版 分子レベルからみた植物の耐病性, 島本功・渡辺雄一郎・柘植尚志監修, 秀潤社, pp. 182-193.

Takahashi, H., Goto, N., Ehara, Y. (1994) Hypersensitive response in cucumber mosaic virus-inoculated *Arabidopsis thaliana*. Plant J. 6, 369-377.

Takahashi, H., Kanayama, Y., Zheng, M. S., Kusano, T., Hase, S., Ikegami, M., Shah, J. (2004) Antagonistic interactions between the SA and JA signaling pathways in *Arabidopsis* modulate expression of defense genes and gene-for-gene resistance to Cucumber

mosaic virus. Plant Cell Physiol. 45, 803-809.
Takahashi, H., Miller, J., Nozaki, Y., Sukamto, Takeda, M., Shah, J., Hase, S., Ikegami, M., Ehara, Y., Dinesh-Kumar, S. P. (2002) *RCY1*, an *Arabidopsis thaliana RPP8/HRT* family resistance gene, conferring resistance to Cucumber mosaic virus requires salicylic acid, ethylene and a novel signal transduction mechanism. Plant J. 32, 655-667.
Takahashi, H., Sekine, K.-T., Ishihara, T., Hase, S., Ikegami, M., Shah, J. (2005) Signal transduction pathways governing resistance to *Cucumber mosaic virus*. In Genomic and Genetic Analysis of Plant Parasitism and Defense, Edited by S. Tsuyumu, J. E. Leach, T. Shiraishi and T. Wolpert, APS Press, St. Paul, USA, pp. 185-194.
Takahashi, H., Sugiyama, M., Sukamto, Karasawa, A., Hase, S., Ehara, Y. (2000) A variant of *Cucumber mosaic virus* is restricted to local lesions in inoculated tobacco leaves with a hypersensitive response. J. Gen. Plant Pathol. 66, 335-344.
Takahashi, H., Suzuki, M., Natsuaki, K., Shigyo, T., Hino, K., Teraoka, T., Hosokawa, D., Ehara, Y. (2001) Mapping the virus and host genes involved in the resistance response in Cucumber mosaic virus-infected *Arabidopsis thaliana*. Plant Cell Physiol. 42, 340-347.
高浪洋一(1996)　ククモウイルス属．植物ウイルスの分子生物学―分子分類の世界，古澤巌・難波成任・高橋壮・高浪洋一・都丸敬一・土崎常男・吉川信幸著，学会出版センター，pp. 113-154.
Tomaru, K., Hidaka, J. (1960) Strains of cucumber mosaic virus isolated from tobacco plants. III. A yellow strain. Bull. Hatano Tobacco Exp. Station 46, 143-149.
Whitham, S. A., Anderberg, R. J., Chisholm, S. T., Carrington, J. C. (2000) Arabidopsis *RTM2* gene is necessary for specific restriction of tobacco etch virus and encodes an unusual small heat shock-like protein. Plant Cell 12, 569-582.
Zheng, M. S., Takahashi, H., Miyazaki, A., Hamamoto, H., Shah, J., Yamaguchi, I., Kusano, T. (2004) Up-regulation of *Arabidopsis thaliana NHL10* in the hypersensitive response to *Cucumber mosaic virus* infection and in senescing leaves is controlled by signalling pathways that differ in salicylate involvement. Planta 218, 740-750.
Zheng, M. S., Takahashi, H., Miyazaki, A., Yamaguchi, K., Kusano, T. (2005) Identification of the *cis*-acting elements in *Arabidopsis thaliana NHL10* promoter responsible for leaf senescence, the hypersensitive response against *Cucumber mosaic virus* infection, and spermine treatment. Plant Sci. 168, 415-422.

5. ウイルス感染応答のシグナル伝達機構――TMV-タバコ系

5-1. はじめに

タバコモザイクウイルス(TMV)に感染したタバコ細胞は，TMVに対する抵抗性遺伝子*N*依存的に自発的壊死を誘導する。従って，TMVの隣接健全細胞への移行は阻害され，感染細胞集団は壊死病斑として認識される。これは典型的な過敏感反応(HR)であり，HRの情報は感染部位から全身に伝播し，遠隔未感染部位にもTMV抵抗性が誘導される。このHRという植物独特の効率的な自己防御機構の研究は，植物における耐病性機構を研究する上で，魅力的である。TMV-タバコの系では，*N*遺伝子が温度感受性であることを利用した同調的HR誘導系が使えるので，経時的に植物の抵抗性応答のシグナル伝達が解析できるというメリットもある。我々は，HRシグナル伝達系を①HRに伴う病害シグナル物質の生成とその機能解析，②HRに伴って発現が変動する遺伝子やその産物の特性解析を行うことにより，研究してきた。また，HRシグナル伝達系と一部クロストークすると考えられる傷害シグナル伝達系も，複雑なHR系を一部分離して解析するための対照実験系と位置付けて解析してきた。これらの知見は，耐病性植物作出，新生理活性物質の開発などに役立つとともに，植物における広義の環境ストレス応答機構解明に資するものと考えている。

5-2. 同調的HR誘導系におけるHRシグナル物質の生成と機能

(1) サリチル酸，ジャスモン酸，エチレン

*N*遺伝子の機能が阻害される30°CでTMVを増殖させておいたタバコ葉を，*N*遺伝子が働ける20°Cに移すと，約8時間後に一気に葉組織からのイオン漏出が起こるので，HR細胞死が同調的に起こることがわかる。サリチル酸(SA)とジャスモン酸(JA)の蓄積とエチレン(ET)の放出

はともに温度シフトしてから6時間後，すなわちイオン漏出の2時間前に認められた。ここで増加したSAが酸性*PR*遺伝子群の，JAやETが塩基性*PR*遺伝子群の発現を誘導することが，種々の実験から示された(Ohashi et al., 2001, 2004)。我々は，JAの蓄積には*WIPK*(病傷害誘導性のMAPK)遺伝子の発現が重要であることを傷害誘導系で示したが，この同調的HR誘導系においては，20°Cに温度シフト後，3時間で*WIPK* mRNAが蓄積し，次にWIPKの活性化(MAPKの基質であるMBPをリン酸化する活性の上昇)とJAの蓄積が，遅れてJAおよび傷害誘導性の塩基性*PR*遺伝子の転写産物が蓄積することがわかった(Seo et al., 2001)。最近，我々は，タバコMAPK4を単離し，これがJAシグナル伝達経路で働くことを発見した(Gomi et al., 2005)。WIPKやMAPK4などを含めたMAPKカスケードがHRに伴うJA蓄積とそれに引き続いて起こる塩基性*PR*遺伝子群(これらは傷害誘導性でもある)の発現に重要な働きを担っているものと思われる。

(2) スペルミン

ポリアミンの一種であるスペルミン(Spm)を酸性および塩基性*PR*遺伝子発現の誘導物質として同定した。SpmはHR誘導後，細胞間隙に蓄積する。Spm処理は，SAとは無関係にこれら*PR*遺伝子群の発現やTMV抵抗性を誘導した。また，SpmはWIPKやSIPK(タバコの病傷害誘導性のMAPK，WIPKやMPK4と異なり転写レベルでの誘導はない)の活性化を誘導することがわかった(Takahashi et al., 2003)。

(3) WAF-1

病傷害誘導性MAPKであるWIPKを活性化し，耐病性に寄与する物質が，HR病斑形成によりタバコ葉で増加するのではないか，と推定した。そこで，HR病斑のできたタバコ葉15 kgからWIPKの活性化能を指標に未知物質を抽出，分画したところ，酢酸エチル可溶性中性画分にその活性を発見したので，HPLCで単一ピークになるまで精製した。その構造を理研と共同で解析したところ，新規のジテルペンと同定された。この物質をWAF-1(WIPK-activating factor-1)と名付け(図4-5-1A)，その特性を調べたところかなり不安定であることがわかった。さらに，市販のスクラレオライドを材料にWAF-1の化学合成にも成功した。天然および合成WAF-1は，ともに植物ホルモン並みの低濃度，ナノモルレベルでWIPKのみならずSIPKも活性化し(図4-5-1B)，健全タバコ葉に処理するとTMV抵抗性を誘導した(図4-5-1D)。化学合成時に生成した類縁体の一つが構造的に安定であり，タバコ植物体中には存在しないことを利用して，これをスタンダード標品としたWAF-1の定量法を確立した。この方法により，HRや傷害に伴って，WAF-1の内生量が数倍に増加することが明らかになった(図4-5-1C)。これらの結果は，HRに伴って増加したこれら低分子シグナル物質は，MAPKカスケードを活性化して抵抗性発現に寄与することを示唆し，低分子病傷害シグナル物質の病傷害抵抗性に果たす役割の重要性が再認識された(Seo et al., 2003)。

5-3. HRに伴ってその発現が変動する遺伝子の役割

(1) 2種のペルオキシダーゼ遺伝子

同調的HR誘導後，3時間で発現誘導を受ける新規タバコペルオキシダーゼ(POX)遺伝子を2種単離した。POXは過酸化水素の除去，活性酸素生成に関与し，病傷害耐性に重要な働きをするのではないかと考えられている。このうちの一つ*tpoxC1*は，傷害では誘導されないがHR病斑形成特異的に誘導され，*tpoxN1*はHRでも傷害でも誘導される。しかしこれらの遺伝子発現は，既知の*PR*遺伝子の誘導シグナル物質であるSA，JAやETでは誘導されず，Spmでわずかに誘導されるのみであった(Hiraga et al., 2000a, b, 2001; Sasaki et al., 2002)。これらの結果は，HRシグナル伝達にこれらの*POX*遺伝子を誘導する未知の系が存在することを示唆している。最近，我々は*tpoxN1*のプロモーター中に，維管束組織特異的かつ傷害誘導性の新規シス配列を同定し，さらに，これらに新規の転写因子が結合することを発見した(Sasaki et al., 2006)。

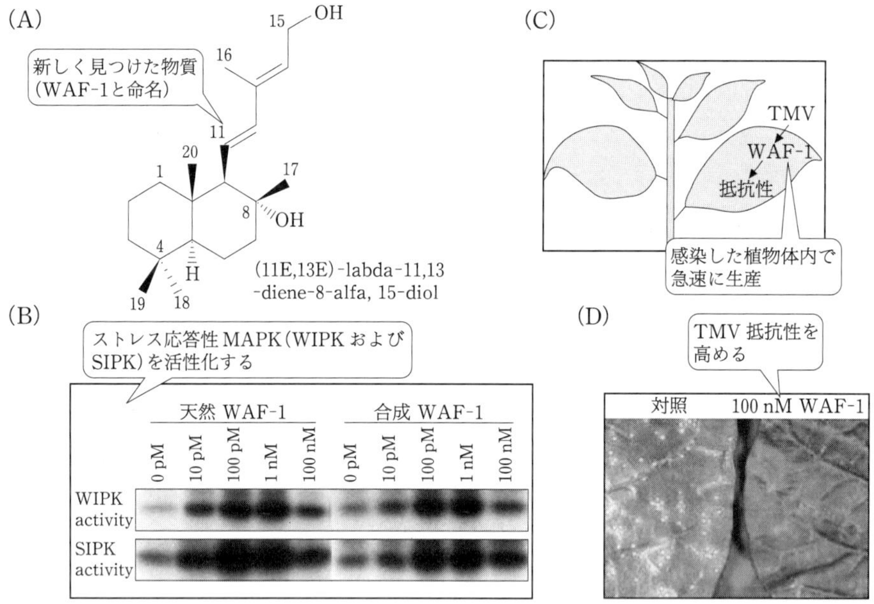

図 4-5-1　WIPK 活性化物質 WAF-1 の構造とその特性(Seo et al., 2003, Fig. 5 [p. 867])。(A) HR 病斑のできた TMV 感染葉から，WIPK(病傷害誘導性 MAP キナーゼ)の活性化を誘導する低分子物質として，WAF-1 を単離した。これは新規のジテルペンであった。(B) WAF-1 は，植物ホルモン並みの低濃度 nano molar level で，WIPK のみならず SIPK(病傷害によって活性化されるが，転写レベルでの制御を受けない)を活性化した。また，化学的に WAF-1 を合成することに成功した。この合成 WAF-1 は，天然 WAF-1 と同様，WIPK や SIPK などの MAPK を活性化することができた。(C) 化学合成時に副産物として得られた WAF-1 類縁体を標準品として，WAF-1 の定量法を確立した。この方法を用いて，実際に HR 病斑形成時や傷害時に WAF-1 の内生量が数倍に増加することを明らかにした。(D) WAF-1 をあらかじめ処理しておいたタバコ葉は，TMV 感染によって誘導される局部病斑のサイズが小さくなる，すなわち抵抗性になることが明らかになった。

(2) 葉緑体局在性プロテアーゼ遺伝子

温度シフト後，その転写産物が 6 時間後には急減する遺伝子として *DS9* 遺伝子を単離した。本遺伝子は AAA スーパーファミリータンパク質に属する葉緑体メタロプロテアーゼ FtsH をコードし，その遺伝子産物は実際に ATPase 活性および亜鉛依存的なプロテアーゼ活性を示した。この遺伝子の転写産物も翻訳産物も，TMV 感染で減少したが，*N* 遺伝子が機能できる 20°Cに移すことによってさらに減少した。また，TMV を感染させ 30°Cにおいたタバコ葉(TMV は増殖しているが HR 病斑は形成されていない)にアクチノマイシン D を処理したり，熱ショックを与えると TMV 感染部位に HR 様病斑が誘導されることを我々の一人は見つけていたが，これらの処理によっても DS9 タンパク質量が減少することが明らかになった。DS9 タンパク質は一つの膜貫通ドメインを有しているが，葉緑体に運ばれ，チラコイドを足場にストローマ側に存在することが，電子顕微鏡観察の結果明らかになった。光化学系 II を構成する D1 タンパク質は強光下で特異的な箇所で切断されるが，そのままにしておくと葉緑体の機能が阻害される。FtsH はその標的タンパク質の一つである D1 タンパク質をさらに細かく分解することにより葉緑体の恒常性維持に寄与するものと考えられる。*DS9* のセンスまたはアンチセンス遺伝子を過剰発現させ，DS9 タンパク質量を増減させた形質転換体を作ったところ，前者では TMV 感染により形成される病斑の直径が対照より大きく，後者では小さくなった。これらの結果は「葉緑体のホメオスタシスを保つために働いていると考えられるこの DS9 プロテアーゼは，TMV 感染や *N* 遺伝子発現の影響を受けてその量が減少する。この減少が葉緑体の機能を喪失させ，その結果，HR細胞死を促進させる」ことを示唆している（Seo et al., 2000）。葉緑体というオルガネラを介した植物のユニークなHR細胞死誘導の仕組みである。

(3) カルモジュリン遺伝子

TMV感染あるいは傷害を受けたタバコより13種類のカルモジュリン（CaM）遺伝子 *NtCaM 1-13* を単離した。これらの遺伝子は，よく保存された4つの Ca^{2+} 結合モチーフ（EFハンド）をもつCaMをコードしていた。推定アミノ酸配列などから，これらは，タイプⅠ（*NtCaM1/2*），タイプⅡ（*NtCaM3/4/5/6/7/8/11/12* および *NtCaM9/10*）およびタイプⅢ（*NtCaM13*）に分類された。それぞれの遺伝子に特異的なプローブを用いたノザン解析の結果から，これらはTMV感染によるHR，傷害，SAおよびJA処理などにより異なる制御を受けることが明らかになった。例えば，*NtCaM1/2* はTMV感染に伴うHRと傷害で，*NtCaM3/4* は傷害と高温処理でその転写産物が蓄積し，*NtCaM13* は発現レベルは低いが，HR，傷害，SA処理で転写産物の蓄積がみられた。

次に，CaMのタンパク質レベルでの変動を解析した。3タイプの代表として，*NtCaM1*，*NtCaM3* および *NtCaM13* を選び，*in vitro* で作成したこれらのタンパク質を，加熱処理および Ca^{2+} 依存的疎水性カラムクロマト，さらに抗原アフィニテイクロマトにより精製し，各タイプのCaMにほぼ特異的な抗体を得ることができた。これらを用い全CaMに占める各タイプのCaMタンパク質量を調べた。TMV感染葉にHR誘導をかけると，NtCaM1，NtCaM3およびNtCaM13は42，46，13％であったものが温度シフト48時間後には19，42，39％とNtCaM1が減りNtCaM13の比率が増大すること，健全葉では，21，69，10％であったものが，傷6時間後には40，59，1％とNtCaM1および3タイプが大部分を占めるような大幅な変動をすることがわかった。傷処理後に *NtCaM13* の転写産物は一過的に増加するが，そのCaMタンパク質は急速に減少した。このことはCaMの蓄積が転写後の制御を受けることを示唆する。そこで26Sプロテアソームの特異的な阻害剤を共存させたところ，傷害によるNtCaM13や1の蓄積が増大した。これらの結果は，傷害応答においては，少なくともこれらの量は，プロテアソームによるタンパク質分解系によって制御されていることを示唆する（Yamakawa et al., 2001）。

次に，CaMの標的タンパク質活性化の特異性を解析した。精製CaMタンパク質を用いた *in vitro* 実験から，活性酸素の発生に関与するNADキナーゼ（NADK）は，NtCaM3＞NtCaM1＞NtCaM13の順に活性化されること，NOシンターゼはその逆の順で活性化されること，がわかった。動物由来のCaMはほぼ中間的な特性を示した（図4-5-2A）（Karita et al., 2004）。

植物から精製したNADKを用いて，CaMに

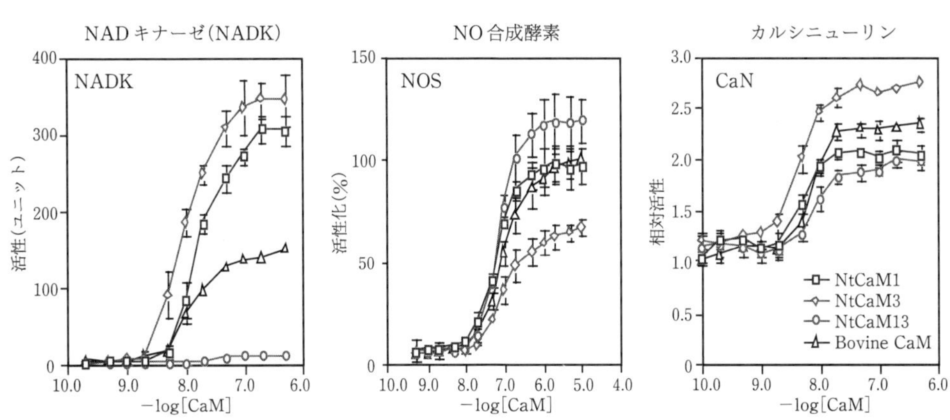

図4-5-2(1)　CaMの標的タンパク質活性化の特異性（Karita et al., 2004, Fig. 3 [p. 1375]）

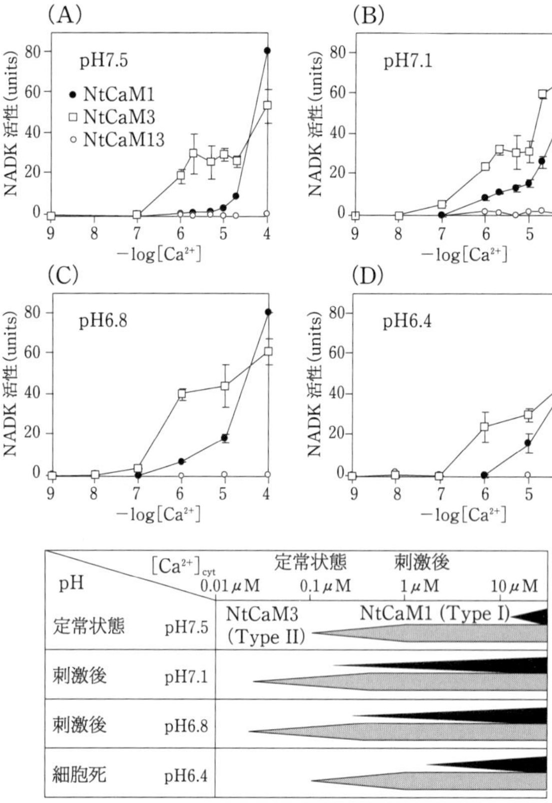

図 4-5-2(2)　3タイプの CaM による NADK 活性化—細胞内 Ca^{2+} 濃度や pH の影響 (Karita et al., 2004, Fig. 3 [p. 1375])。恒常型 CaM である NtCaM3 は，低濃度の Ca^{2+} 下で NADK 活性化能を有するが，傷害誘導型の NtCaM1 はより高い Ca^{2+} 濃度で初めて活性化される。HR 誘導型の NtCaM13 は，調べたどの Ca^{2+} 濃度においても活性化できなかった。エリシターなどによって刺激を受けると細胞内 pH が低下することがわかっているが，NtCaM1 および 3 は，低下した pH 下でより効率的に活性化した。

よる活性化に及ぼす Ca^{2+} 濃度の影響を調べたところ，刺激なしの細胞内 Ca^{2+} 濃度である 0.1 μM 程度では，NtCaM3 のみが活性化能をもっていたが，エリシターなどで刺激を与えた後の Ca^{2+} 濃度といわれる数 μM では NtCaM1 も活性化能を示すことがわかった。しかし，それ以上の Ca^{2+} 濃度にしても NtCaM13 は NADK 活性化能を示さなかった。さらに細胞内 pH の影響を調べたところ，NtCaM3 および NtCaM1 ともに，刺激なしの細胞内 pH 7.5 におけるよりも，刺激後の細胞内 pH 7.1-6.8 でより効率的に NADK の活性化を行うことが明らかになった(図 4-5-2B)。

NtCaM13 遺伝子の過剰発現形質転換タバコでは酸性 *PR* 遺伝子が構成的に発現しており，また，*NtCaM1* 遺伝子を過剰発現あるいは発現抑制したタバコにおいては，傷害シグナル伝達に関与する *WIPK* 遺伝子の発現がそれぞれ促進あるいは抑制を受ける傾向があった。*NtCaM13* の過剰発現植物は生長するに従い，自然発生的壊死斑を作りやすくなる。我々は，壊死斑形成とは関係なく，この植物は TMV に抵抗性を獲得していることを明らかにした(Karita et al., 論文準備中)。

以上の結果は，「植物においては，標的タンパク質活性化の特異性が異なる3タイプの CaM が存在し，様々なシグナルに応答して変化する Ca^{2+} 濃度や pH などの細胞内環境をいち早く察知して，効率的にシグナルを下流に伝える。これらは転写レベルおよびタンパク質レベルで独自に制御されている。植物はCaMの存在比を変えることで，病傷害応答型シグナル伝達系の構築に重要な役割を担っている」という新規の知見を示唆した。以上は，植物特異的CaMの特性解析を，3タイプについて比較した初めての報告である。

では，CaMは実際に細胞内でどのような標的酵素を活性化するのだろうか？　HRおよび傷害葉からのcDNA発現ライブラリーから，多くのCaM結合タンパク質遺伝子候補を選抜したところ，既報の遺伝子以外に，MAPK脱リン酸化酵素遺伝子(MKP1)が含まれていた。この翻訳産物のCaM結合特性を調べたところ，C末側のBaaモチーフに配列特異的に結合すること，その結合はNtCaM1および3は強いが，NtCaM13は弱いことがわかった(Yamakawa et al., 2004)。さらに，病傷害関連MAPKであるSIPKをその上流MAPKKでリン酸化させた後にMKP1に加えると，SIPKが脱リン酸化されることが示された。さらに*Nicotiana benthamiana*葉にWIPKやSIPKの上流MAPKKを恒常活性型(StMEK1^{DD})にして導入した時起こる細胞死が，MKP1の一過的発現で抑制されることがわかった(Kato et al., 2005)。また，本遺伝子の過剰発現タバコは，TMVに対する抵抗性が増強していた。

これらの結果は，MKP1が病傷害応答で活性化されるMAPKカスケードを負に制御していることを示唆する。MAPK脱リン酸化酵素がNtCaM1および3タイプのCaMに結合する能力をもっていることを示したのは，動植物を含め，これが初めての例であるが，CaMとどのように相互作用して機能するかは，今後の解析に待たれている。

(4) 受容体型プロテインキナーゼ遺伝子

同調的HR誘導系において，温度シフト後2時間で*N*遺伝子依存的にそのmRNAが蓄積してくる遺伝子として受容体型プロテインキナーゼをコードする遺伝子を単離した。この遺伝子の転写産物は傷害によっても15分以内に蓄積し始めるので，*WRK*(wound-induced receptor-like protein kinase)と名付けた。これはN末側の細胞外ドメインとしてLRRsをもつ新規のタンパク質をコードし，そのC末端ドメインの翻訳産物は*in vitro*で自己リン酸化能を示した。*WRK*は低張処理で誘導されたが，植物防御シグナル物質(SA, JA, ET)や植物ホルモン類には応答しなかった。興味深いのは，タバコ葉を30℃から20℃に移すという単純な処理で2時間以内にその転写産物が蓄積することである。この蓄積はTMV感染と関係なく起こる。タバコの生育適温は20-30℃だが，この範囲の温度を10℃変化させるだけでその発現が誘導されるような遺伝子は今までに知られていない(Ito et al., 2002)。

5-4. 動物由来の細胞死抑制遺伝子のHRにおける役割

シロイヌナズナの全ゲノム配列が明らかになったが，この中には動物でよく研究されている細胞死関連遺伝子のホモログと断定できるような遺伝子は*BI-1*(Bax Inhibitor-1)以外見つかっていない。我々はヒトおよび線虫由来の細胞死抑制遺伝子*bcl-xL*および*ced-9*を過剰発現させた組換えタバコを作成し，TMV感染によるHRに及ぼす影響を解析した。すると，発現している細胞死抑制タンパク質量に依存して，温度シフト後の葉細胞からのイオン漏出のピーク時間の遅延とそのレベルの減少が認められた。この時，防御シグナル物質産生や*PR*遺伝子発現レベルが抑制されることから，植物においても動物の細胞死抑制タンパク質が機能することが示唆された。さらに，*bcl*過剰発現タバコを作成し局在性を調べるとBcl-xLはミトコンドリア画分に多量に検出された。これらの組換え細胞は耐塩性を示した(図4-5-3A)。非破壊的に^{31}Pを用いたNMRによりこれらの培養細胞中のpHを測定すると，0.3 M NaCl処理では，対照細胞の細胞質pH値が減少してくるのに，組換え細胞では処理前と同様の値を保持していた。さらに0.5 M NaClを処理すると，対照野生細胞の液胞膜は40分以内に破壊されるが，組換え細胞では細胞質のpHは下がりこそすれ液胞膜は維持されていることが示された(図4-5-3B)。0.2 M NaCl処理6時間後の野生タバコのけん濁培養細胞ではほとんどの細胞がR123(正常な膜電位

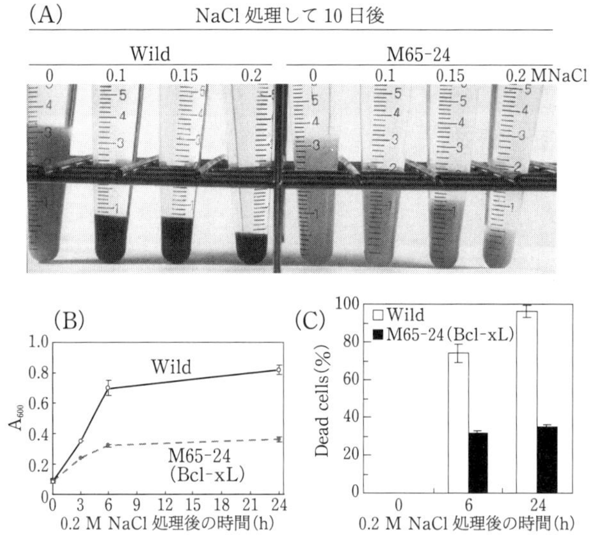

図 4-5-3(1)　動物の細胞死抑制遺伝子 *bcl-xL* 過剰発現タバコ細胞は耐塩性になる(Qiao et al., 2002, Fig. 5 [p. 997])。(A)タバコ培養細胞を種々の NaCl 濃度下で培養した時，*bcl-xL* 過剰発現細胞(M 65-24)は，死ににくくなっている。10 ml けん濁培養細胞中の細胞量(遠心分離後の写真)。(B)0.2 M　NaCl 処理後の細胞死の様相を，エバンスブルー染色して調べたもの。数値の高いほど，死細胞の割合が多いことを示す。(C)B と同じ処理をして，6 および 24 時間後に顕微鏡下で，死細胞数を調べた。

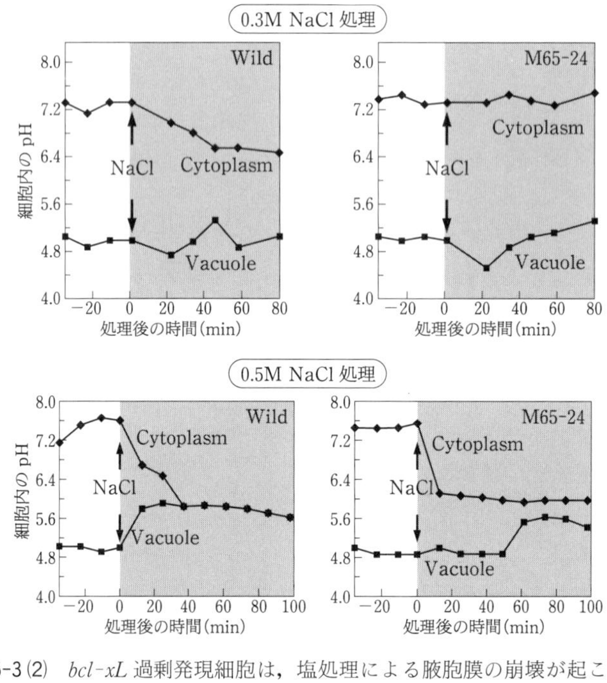

図 4-5-3(2)　*bcl-xL* 過剰発現細胞は，塩処理による腋胞膜の崩壊が起こりにくいことがその一原因で耐塩性を獲得している(Qiao et al., 2002, Fig. 7 [p. 998])。塩処理前後の培養細胞の細胞質および腋胞内の pH を非破壊的に調べたもの。

をもつミトコンドリアを染色する）で染色されなくなっていたが，Bcl-xLを高発現している培養細胞では約70%の細胞が染色された。③これらの組換えタバコでは，葉緑体での過酸化水素の発生を誘導するパラコート処理や，高塩処理，低温処理，紫外線照射などのストレスに対する抵抗性が増強していた。対照タバコやレポーター遺伝子を導入した組換えタバコに比べても，*bcl-xL*の機能喪失変異遺伝子を導入したタバコに比べても，有意の抵抗性増強が認められるので，「植物中で動物の細胞死抑制タンパク質が生産されることが植物のストレス耐性を強めている」ことが示唆された。面白いことに，これらの植物は傷害ストレスに対してもより耐性を示すようになり，切断した植物の茎からの発根やその後の植物全体の生育も明らかに旺盛であった（Qiao et al., 2002）。

5-5. おわりに

TMVの増殖が引き金となって，*N*遺伝子依存的にHRが誘導される時，細胞の中で何が起こっているのだろうか？　上述の結果はHR細胞死のシグナル伝達の一端について，新たな知見を与えてくれた。転写レベルで*WRK*，*WIPK*，*DS9*などいくつかの遺伝子が重要な働きをしているらしい。また，病傷害シグナル物質として，SA，JA，ETの他WAF-1が，またHRシグナル物質としてSpmが，これらストレスに応答して増加し，種々の抵抗性獲得に働いている。

30℃でTMVが増殖しているタバコ葉組織は*N*遺伝子が働けないため，目だった病徴は示さないが，24℃以下に置かれることにより*N*遺伝子が働きだし，細胞死シグナルが下流に伝えられる。HR誘導のため必要なこの24℃保持時間は，我々の経験から成熟タバコ葉では2-4時間である。この時間を過ぎれば，*N*遺伝子の機能できない30℃に再び戻しても細胞死のシグナルは下流に伝えられてしまっており，HR病斑は誘導される。この時間は〝Point of No Return〟といわれ，HR誘導に必要な最初の細胞内応答が起こるのに必要な時間である。この引き金を引く遺伝子としては，温度シフト後3-6時間でその転写が変化する*WRK*，*WIPK*，*DS9*はその重要な候補である。また，温度シフト後1-2時間で転写産物が蓄積する*CaM*も候補の一つである。しかし，ストレス刺激に対する迅速な細胞内応答は，まずタンパク質レベルで起こることが知られている。リン酸化によるMAPKカスケードなどはその典型である。迅速な対応が求められる病傷害においては，最初の早い応答は，すでに存在していたタンパク質が行い，二次応答は転写レベルでの活性化が対応しているのではないだろうか。次に予想される病原体の激しいアタックに対しては，シグナル伝達を担う遺伝子由来のタンパク質を補う意味でも，ある種の遺伝子の転写レベルでの活性化は重要と考えられる。環境ストレス応答でよく観察される二相性の応答は，これらを指すのではないだろうか。HRシグナル伝達系で重要な機能を担う遺伝子で，未知のものもまだ多いであろう。動物で明らかにされた細胞死関連遺伝子と類似の未知遺伝子も植物に存在している可能性はある。HRシグナル伝達系を明らかにするためには，これに関与する種々の遺伝子の同定が今後必要である。また，単離されていても，その機能解析が未熟の遺伝子も多く，今後の研究の進展が待たれる。

ここで紹介した我々の研究や，最近の他のグループの知見は，植物では葉緑体，ミトコンドリア，液胞などオルガネラが細胞死誘導に重要な働きをしていることを示唆した。これらの知見はまた，細胞質のみならず，各種の膜系の重要性を示す。さらに植物特有の細胞外（アポプラスト）における抵抗性応答も，病傷害シグナル物質の局在性や全身獲得抵抗性の機構と合わせて注目する必要がある。

参考文献

Gomi, K., Ogawa, D., Katou, S., Kamada, H., Nakajima, N., Saji, H., Soyano, T., Sasabe, M., Machida, Y., Mitsuhara, I., Ohashi, Y., Seo, S. (2005). A mitogen-activated protein kinase NtMPK4 activated by SIPKK is required for jasmonic acid signaling and involved in ozone tolerance via stomatal movement in tobacco. Plant Cell Physiol. 46, 1885-1893.

Hiraga, S., Ito, H., Sasaki, K., Yamakawa, H., Mitsuhara, I., Toshima, H., Matsui, H., Honma, M., Ohashi, Y. (2000a) Wound-induced expression of a tobacco peroxidase is not enhanced by ethephon and suppressed by methyl jasmonate and coronatine. Plant Cell Physiol. 41, 165-170.

Hiraga, S., Ito, H., Yamakawa, H., Ohtsubo, N., Seo, S., Mitsuhara, I., Matsui, H., Honma, M., Ohashi, Y. (2000b) An HR-induced tobacco peroxidase gene is responsive to spermine, but not to salicylate, methyl jasmonate, and ethephon. Mol. Plant-Microbe Interact. 13, 210-216.

Hiraga, S., Sasaki, K., Ito, H., Ohashi, Y., Matsui, H. (2001) A Large Family of Class III Plant Peroxidases. Plant Cell Physiol. 42, 462-468.

Ichimura, K., Shinozaki, K., Tena, G., Sheen, J., Henry, Y., Chanpion, A., Kres, M., Zhang, S., Hirt, H., Wilson, C., Heverie-Bors, E., Ellis, B. E., Morris, P. C., Innes, R. W., Ecker, J. R., Scheel, D., Klessig, D. F., Machida, Y., Mundy, J., Ohashi, Y., Walker, J. C. (2002) Mitogen-activated protein kinase cascades in plants: a new nomenclature. Trends Plant Sci. 7, 301-308.

Ito, N., Takabatake, R., Seo, S., Hiraga, S., Mitsuhara, I., Ohashi, Y. (2002) Induced expression of a temperature-sensitive leucine-rich repeat receptor-like protein kinase gene by hypersensitive cell death and wounding in tobacco plant carrying the *N* resistance gene. Plant Cell Physiol. 43, 266-274.

Karita, E., Yamakawa, H., Mitsuhara, I., Kuchitsu, K., Ohashi, Y. (2004) Three types of tobacco calmodulins characteristically activate plant NAD kinase at different Ca^{2+} concentration and pHs. Plant Cell Physiol. 45, 1371-1379.

Katou, S., Karita, E., Yamakawa, H., Seo, S., Mitsuhara, I., Kuchitsu, K., Ohashi, Y. (2005). Catalytic activation of the plant MAPK phosphatase NtMKP1 by its physiological substrate salicylic acid-induced protein kinase but not calmodulins. J. Biol. Chem. 280, 39569-39581.

Ohashi, Y., Seo, S., Mitsuhara, I., Yamakawa, H., Ito, N. (2001) Signaling Pathways for TMV- and Wound-Induced Resistance in Tobacco Plants. In Delivery and Perception of Pathogen Signals in Plants, Edited by N. Keen, S. Mayama, J. E. Leach and S. Tsuyumu, APS Press, St. Paul. USA, pp. 122-129.

Ohashi, Y., Seo, S., Mitsuhara, I., Yamakawa, H., Takabatake, R. (2004) Signal transduction in TMV-infected and wounded tobacco plants. In Genomic and Genetic Analysis of Plant Parasitism and Defense, Edited by S. Tsuyumu, J. E. Leach, T. Shiraishi and T. Wolpert, APS press, St. Paul, USA, pp. 249-257.

Qiao, J., Mitsuhara, I., Yazaki, Y., Sakano, K., Gotoh, Y., Miura, M., Ohashi, Y. (2002) Enhanced resistance to salt, cold and wound stresses by overproduction of animal cell death suppressors Bcl-xL and Ced-9 in tobacco cells—Their possible contribution through improved function of organella. Plant Cell Physiol. 43, 992-1005.

Sasaki, K., Hiraga, S., Ito, H., Seo, S., Matsui, H., Ohashi, Y. (2002) A wound-inducible tobacco peroxidase gene expresses preferentially in the vascular system. Plant Cell Physiol. 43, 108-117.

Sasaki, K., Ito, H., Mitsuhara, I., Hiraga, S., Seo, S., Matui, H., Ohashi, Y. (2006). A novel wound-responsive *cis*-element, VWRE, for the vascular system-specific expression of a tobacco peroxidase gene, *tpoxN1*. Plant Mol. Biol., in press.

Seo, S., Okamoto, M., Iwai, T., Iwano, M., Fukui, K., Isogai, A., Nakajima, N., Ohashi, Y. (2000) Reduced levels of chloroplast FtsH protein in tobacco mosaic virus-infected tobacco leaves accelerate the hypersensitive reaction. Plant Cell 12, 917-932.

Seo, S., Seto, H., Koshino, H., Yoshida, S., Ohashi, Y. (2003) A diterpene as an endogenous signal for the activation of defense responses to infection with tobacco mosaic virus and wounding in tobacco. Plant Cell 15, 863-873.

Seo, S., Seto, H., Yamakawa, H., Ohashi, Y. (2001) Transient accumulation of jasmonic acid during the synchronized hypersensitive cell death in *tobacco mosaic virus*-infected tobacco leaves. Mol. Plant-Microbe Interact. 14, 261-264.

Takahashi, Y., Berberich, T., Miyazaki, A., Seo, S., Ohashi, Y., Kusano, T. (2003) Spermine signaling in plants: activation of SIPK and WIPK by spermine is mediated through mitochondrial dysfunction. Plant J. 36, 820-829.

Yamakawa, H., Mitsuhara, I., Ito, N., Seo, S., Kamada, H., Ohashi, Y. (2001) Transcriptionally and post-transcriptionally regulated response of 13 calmodulin genes to tobacco mosaic virus-induced cell death and wounding in tobacco plant. Eur. J. Biochem. 268, 3916-3929.

Yamakawa, H., Katou, S., Seo, S., Mitsuhara, I., Kamada, H., Ohashi, Y. (2004) Plant mitogen-activated protein phosphatase interacts with calmodulins. J. Biol. Chem. 279, 928-936.

第 5 章
細菌病の病原性とシグナル伝達

1. 細菌の植物感染戦略の分子機構——多犯性病原細菌の場合

1-1. はじめに

病原菌がどのようにして植物に病気を引き起こすのかを理解するためには，まず，病原菌と植物との複雑な相互作用が存在することを知っておく必要がある。植物は，空気中，水中，土壌中などに広汎に存在する多数の植物病原菌から身を守る機構を元来もっている。特に，植物は，動物のように移動して外敵から逃げるということができないし，高度な免疫機構をもつわけでもないから，様々な工夫によって植物体内に入ってきた病原菌に対して，その活動を抑えたり，閉じ込めて殺すなどの抵抗反応を誘導する能力をもつ。従って，ほとんどの植物では，この抵抗反応が正常に誘導されるため，病原菌に遭遇しても病気にかからない。病気になる(病徴が出る)ということは，それぞれの病原菌が特定の植物(宿主)内のみで起こしうる例外的な反応といえる。この場合，宿主植物が本来の抵抗性反応誘導能力をもたないからというわけではなく，病原菌がその宿主植物内では，抵抗性反応の誘導を抑えるため，病原菌が蔓延ったと考えられている。植物病原細菌の場合，多くの病原糸状菌とは異なり積極的に植物の厚い外壁を突き破ることができず，気孔，水口，傷口などから受動的に侵入する。従って，病原菌と植物との攻防戦は，細菌が植物体内に侵入してから始まることになる。

そうだとすれば，侵入直後の植物側の抵抗性反応誘導の細菌による阻止機構を解明できれば，植物側の遺伝子操作，耕種的防除法，特異的薬剤処理などによって，この自然の耐病性戦略を強化した，病気にかからない植物にすることができるはずである。筆者は，このような夢をもって，植物と病原菌間の複雑な攻防戦を研究する道に入ることにした。具体的には，多犯性の軟腐性 *Erwinia* 属細菌と，宿主範囲の厳密な *Xanthomonas* 属細菌という全く異なる病原細菌 - 植物の相互作用を示す二つの病原細菌をモデル系として研究を行ってきた。本特定領域研究では，特に前者の系，すなわち多犯性病原細菌がどのような機構によって広範な植物種を騙して(抵抗反応の誘導を回避して)，自身の増殖，病徴発現に導くのかについて検討した。これらの結果について，最近の関連の研究を紹介しながら説明し，こうした知見をもとにした防除法についても考えてみたい。

1-2. 軟腐性 Erwinia 属細菌グループの病原性関連遺伝子

軟腐性 *Erwinia* 属細菌グループには，代表的なメンバーとして，*E. carotovora* subsp. *carotovora*，*E. chrysanthemi*，*E. carotovora* subsp. *atroceptica* があり，世界中に広く分布しており，様々な作物に甚大な被害を引き起こすことでよく知られている。この細菌グループは，その名のごとく植物に軟腐(soft rot)症状を引き起こす。軟腐症状は，植物細胞同士の膠着物質として存在するペクチン質が分解され，植物組織が崩壊するために起こる。従って，この高分子を分解するペクチナーゼが病徴発現に主要な役割を果たすことが予想されるが，実際，これまでの生化学的研究や遺伝学的研究によって，この予想が正しいことが示されている(Collmer and Keen, 1986)。これらの細菌は，植物体内に入るや否や，素早くペクチナーゼ(中でもペクチン酸リアーゼ：Pel)を大量に生産する能力をもち，これにより組織崩壊を引き起こすことができる。本病原細菌がどのようにして広範な植物で抵抗性反応の誘導を回避することができるのかというのは，謎である。我々は，この植物体内における組織崩壊酵素の並外れた生産および分泌能力によって，植物細胞を殺傷して，抵抗性反応の誘導を抑えるという荒っぽいやり方をするからではないかと考えてきた。これまで世界中の多くの研究グループが，本細菌グループの菌体外酵素の生産誘導，分泌機構について研究を行ってきているが，大体同じような発想に基づいているのではないかと思っている。

1-3. ペクチン酸リアーゼの基本的大量生産機構

(1) 基質分解産物誘導機構

生物は，種々タンパク質を生産する際，必要な時に，必要な量だけ生産するという基本的な生産制御システムをもっている。微生物における種々酵素の生産も然りで，周りに基質が存在する時にのみ，その生産誘導が開始される。しかし，Pelの場合，基質であるペクチン酸はガラクツロン酸の長くつながったポリマー(ポリガラクツロン酸)であり，このような巨大分子が転写，翻訳の場となる細菌細胞内に取り込まれるとは考えにくい。この謎を解いたのが，「基質分解産物誘導機構」(Product Induction Mechanism; Tsuyumu, 1977)である。すなわち，ポリガラクツロン酸は，基底状態でわずかに生産されている各種ペクチナーゼの作用によって少し分解され，分解産物の一つであるガラクツロン酸のダイマー(ジガラクツロン酸)がわずかに細胞内に取り込まれ，細胞内で代謝を受けて，KDG(2-keto-3-deoxy-gluconate)などが集積する。ペクチン質が周りに存在しない条件下では，本酵素を生産する必要がないので，負の制御因子であるKdgRが*pel*遺伝子の上流領域(オペレーターという)に結合して，その転写が抑えられている。基質であるポリガラクツロン酸が存在すると，分解，代謝されKDGとなり，これがKdgRに結合して，その立体構造を変化させ，KdgRはオペレーターから外れる。その結果，*pel*転写妨害が解除され，転写が始まるわけである(Nasser et al., 1991)。なお，KdgRは，Pelだけでなく，ポリガラクツロナーゼなどのその他のペクチナーゼや，ペクチン質の分解産物の代謝に関与する一連の酵素群の生産をも負に制御していることがわかっている。

一般に，病原細菌が植物細胞間隙(アポプラスト)に局在することを考えると，細胞間隙に充満するペクチン質は，病原細菌にとって重要なエネルギー源である。ペクチン質が分解・代謝され，真の誘導物質となり，ペクチン質を分解，代謝するための酵素群の生産を開始できるということは，本病原細菌の巧みな仕組みといえる。ただ，この機構だけでは，基質の分解が進むと，やがて高分子の基質が周囲に枯渇するにもかかわらず，不要なPelなどの生産を無駄に続けてしまう。このような不都合に対応するために，第2の制御機構が働く。細菌では，cAMPが結合タンパク質(cAMP認識タンパク質：CRP)と結合して，種々プロモーター領域を彎曲させて，RNA合成酵素が結合できるようにして転写を可能にする。本細菌の場合，ペクチン質の分解が進むと，その代謝効率が高いために，中間代謝産物が集積する。中間代謝産物の集積は，cAMP(環状AMP)のプールサイズを下げる信号となっており，その結果*pel*遺伝子の上流の彎曲がなくなり，転写が抑えられるという機構である。この制御機構は，〝Self Catabolite Repression〟(自己カタボライト抑制)と呼ばれる(Tsuyumu, 1979)。ともあれ，基質であるペクチン質は，誘導物質を供給するばかりでなく，その分解・代謝が進むと，今度は，逆に本酵素生産を抑制する情報を供給することになる。

(2) 植物体内におけるペクチン酸リアーゼのさらなる生産増強(超誘導)のための新規制御因子

上述のProduct Induction機構は，病原菌が植物体内に侵入した際に，すぐさまPelを生産するために有効な制御機構であることは，おわかりいただけたかと思う。しかし，軟腐性*Erwinia*属細菌は，植物体内では本酵素をさらに大量生産(超誘導：Hyperinduction)する。この超誘導には，生きた植物組織である必要はないようで，ジャガイモなどの種々植物の熱水抽出物を基質であるポリガラクツロン酸とともに培地に加えると，この超誘導が再現できた。そこで，この超誘導状態で培養した細菌の細胞破壊液と，基質のみの添加によるProduct Induction状態で培養した細菌の細胞破壊液を用いて，*pel*遺伝子の上流に結合するタンパク質を直接ゲルシフトアッセイ法で比較し，

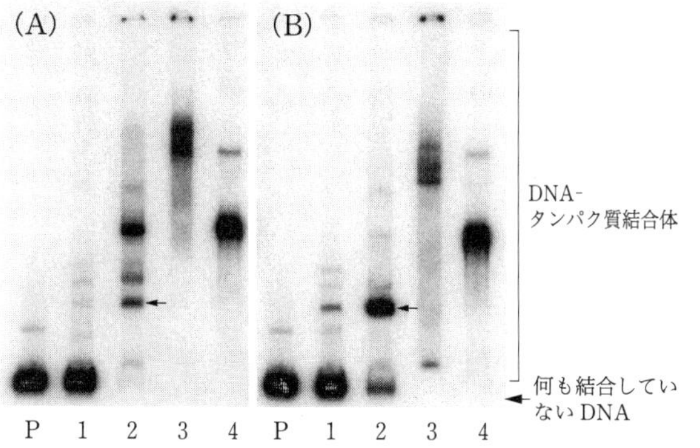

図5-1-1　ペクチン酸リアーゼの基質分解産物誘導と超誘導時の*pelE*上流領域に結合するタンパク質。*Erwinia carotovora* subsp. *carotovora* EC1株を基質分解誘導(基質であるポリガラクツロン酸を加えて培養)と超誘導(さらに，植物成分を加えて培養)状態で培養し，菌体を遠心分離によって集め，超音波処理により破壊し，破壊液をそのまま硫安分画し(1：0〜25%，2：25〜40%，3：40〜55%，4：55〜80%)，それぞれの分画を*pelE*上流領域のDNA断片をP^{32}で標識した標的DNAと混合した後，非変性状態で電気泳動した(ゲルシフトアッセイ)。Pには，標識DNA断片のみを泳動したもので，何も結合しない時に，この位置にスポットが出る。これに，1〜4の硫安分画の細胞破壊液を加えて，このDNAに結合するタンパク質が存在すると，分子量がその分高くなるため，Pのスポットが分子量の増加に応じて，シフトしたバンドとして観察される。上図では，2のレーンの矢印マークしたバンドをみると，(A)で観察されるバンドが，(B)では濃くなっているのがわかる。これが超誘導に必要な正の制御因子Pirのスポットである。ちなみに，やはりレーン2のさらに高分子領域に(A)で観察されるが，(B)では消えているスポットがみられる。これは，超誘導に際して，外れる必要のある制御因子(この場合は，負の制御因子)の存在もわかる。

超誘導条件下で出現する制御タンパク質が存在することを発見した(図5-1-1)。本タンパク質を純化し，N末端アミノ酸配列を決定し，この情報をもとにしてこの生産遺伝子をクローニングしたところ，本遺伝子は，既報のいずれの制御遺伝子とも相同性を示さない，新規の制御遺伝子であった。また，マーカーエクスチェンジ法によって作成した本遺伝子欠損変異株では，植物成分によるPelの超誘導能のみを失っており，野生型遺伝子の導入によって相補されたことから，本制御タンパク質がこの超誘導に必須の正の制御因子であることが示され，Plant Inducible Regulator(Pir)と命名した(Nomura et al., 1998)。

さらに，Pirは*pir*の発現を自己制御していることが，*pir*の上流領域を標的DNAとしたゲルシフトアッセイで明らかになった(Nomura et al., 1999)。すなわち，植物成分の存在下で，正の制御因子Pirの生産が誘導されて，Pelの超誘導に導いていることが示唆された。さらに興味深いことにPirと負の制御因子であるKdgRの*pel*の上流領域における結合部位はそれぞれ異なっていたが，互いにオーバーラップしていた。従って，植物体内のペクチン質の代謝によってKDGが集積し，プロモータ領域からKdgRが除かれる反応と，植物成分によって生産が誘導されたPirがその領域に結合できるようになる反応の競合があり，結果として後者が勝つと，Pelの超誘導が起こると考えられる。実際，反対の作用をもつ両制御因子が*pel*上流領域への結合を競合することが上記ゲルシフトアッセイで確認されている。

(3) 超誘導に必要な植物成分

上記Pelの超誘導に導く植物の成分は，各種植物の熱水抽出液中に存在するが，種々植物を用いて調べたところ，マンゴーなどの例外はわずかにあったが，ほとんどの植物の抽出液がこの超誘導能力をもっており(表5-1-1)，超誘導の信号となる物質は，植物に普遍的に存在する成分のようであった。ジャガイモを用いて，この有効成分を追ってみた結果，次のようなことがわかった。①分子量が1KD以下の低分子であること，②核酸，タンパク質，脂質などの分解産物ではないこと，

表5-1-1　各種植物の熱水抽出物のペクチン酸リアーゼ超誘導能。各植物を小片に切断後，煮沸し，濾過した液をオートクレーブにかけ，この熱水抽出液を分解産物誘導培地(最少培地+グリセロール+ポリガラクツロン酸)に加えた後，培養し，ペクチン酸リアーゼ活性を波長235 nmにおける紫外線吸光度の上昇によって測定し，その比活性が熱水抽出液の添加で上昇することで超誘導能を判定した。いずれも同程度の超誘導能を示したが，マンゴーとアボカドは，全くこの能力を示さなかった。

野　菜	超誘導能
ジャガイモ	++
大根	++
Turnip	++
人参	++
白菜	++
セルリー	++
Green pak choy	++
アスパラガス	++
ブロッコリ	++
(果物)	
リンゴ	++
トマト	++
バナナ	++
メロン	++
アボカド	−
イチゴ	++
パイナップル	++
キウイ	++
ミカン	++
マンゴー	−

③メタノール可溶性分画にくること，④熱安定性であること。そこで，メタノール抽出液をシリカゲルカラムで処理した後，超誘導活性分画を薄層クロマトグラフィーで解析したところ，グルコース，果糖，スクロースなどの糖のRf値およびスポットの形状と類似していた。これらの分画をNMRで解析した結果も，上記単糖，二糖類の解析結果と類似していた(Tri Joko，私信)。

そこで，市販の各種糖類を超誘導試験用培地(最少培地+グリセロール+ポリガラクツロン酸)に加えてみると，フルクトース，グルコース，スクロースの他，アラビノース，ガラクトース，マンノース，リボース，キシロース，メリビオース，ラフィノースなどの中である共通の構造をもったヘキソースは，0.25%以下の低濃度で与えた場合に，Pelの超誘導能を示した。しかし，これ以上の濃度を加えると，上記のカタボライド抑制機構によるものと考えられるが，かえってその生産が抑えられた。なお，2-deoxy-D-グルコースや6-deoxy-D-ガラクトースなどの代謝できない糖類も同様に超誘導能を示したことから，これら糖類は，代謝されてというよりは，信号物質としてPelの超誘導を司っていると考えるべきであろう。植物の細胞間隙には，ペクチン質と結合した形で，中性糖類が低濃度存在することを考えると，病原細菌が植物内に自分が存在することを察知する一つの信号ともいえる。

興味深いことに，根頭がん腫病菌*Agrobacterium tumefaciens*においても，病原性遺伝子群である*vir*遺伝子群の生産誘導にアセトシリンゴンなどの癒傷物質の他に糖(アルドース)が必要であることが知られている(Nester et al., 2005)。また，火傷病菌*Erwinia amylovora*の*scrYAB*オペロンや(Bogs and Geider, 2000)，インゲンかさ枯れ病菌*Pseudomonas syringae* pv. *phaseolicola*の*hrpAB*，*hrpC*，*hrpD*，*hrpE*，*hrpF*(Rahme et al., 1992)，*Xanthomonas campstris* pv. *vesicatoria*の*hrp*遺伝子群(Sculte and Bonas, 1992)も，スクロースやフルクトースで誘導されることが報告されている。こうしてみると，多くの植物病原細菌は，自身が植物体内に侵入したことを察知して，発病サイクルに入るために，やはり植物体内の低濃度の糖類を信号の一つとしているようである。

(4) 超誘導に絡むその他の植物体内微細環境の認識

ほとんどの病原細菌は，植物細胞間隙に局在する。ここにおける微細環境を考えた時，低濃度の糖類の他，酸性pH，低イオン濃度などがあるが，病原細菌は，これらも信号として捉えているようである。我々は，低リン酸濃度を認識して，一連の遺伝子群の制御を司るグローバルレギュレーターであるPhoP-PhoQ二分子制御機構(Two Components Regulatory System：TCSシステム)に注目した。この場合，細菌膜に組み込まれたセンサータンパク質であるPhoQは，細胞外の低リン酸濃度などの種々環境要因を察知して，特異的リン酸化を受けて，立体構造が変化(活性化)する。

転写制御因子であるPhoPは，このPhoQの活性化を認識して，自身も特異的にリン酸化され，立体構造が変化して活性化され，制御因子として機能できるようになり，多数の遺伝子のオペレーター領域に結合して制御する。

マーカーエクスチェンジ法により得た *phoP* および *phoQ* 遺伝子のインフレーム欠失変異株を，マグネシウム濃度やpHを変えた様々な培地で培養すると，次のような興味深い結果が得られた。①低(250 μM)マグネシウム濃度では，野生型ではPelの超誘導がみられるが，変異株では，これが半分以下の比活性になってしまった(図5-1-2A)，②高(10 mM)マグネシウム濃度では，今度はこの関係が逆転して，変異株ではPel超誘導がみられるが，野生型ではほとんどみられなくなった(図5-1-2B)，③非誘導時(Product inductionのためのポリガラクツロン酸，超誘導のための植物成分を加えない条件での培養)には，野生型では，低マグネシウム濃度，酸性条件下でPelの生産が最も高かったが，高マグネシウム濃度，中性条件下でその生産が極端に低下した。しかし，変異株では，逆に高マグネシウム濃度，中性条件下で最も高くなった(図5-1-3)。これらの結果から，本病原細菌は，低マグネシウム濃度と酸性pH条件(まさに，植物細胞間隙の条件)をPhoP-PhoQ TCSシステムを使って感知して，Pelの生産誘導を開始するための基底状態の生産を高めてProduct Inductionに導き，その後に，超誘導に導くことがわかった(Haque and Tsuyumu, 2005)。なお，野生型と *phoP* あるいは *phoQ* の変異株を白菜に接種すると，これらの変異株で病原力が著しく低下していた(図5-1-4)。このことは，PhoP-PhoQTCSがPelの超誘導に

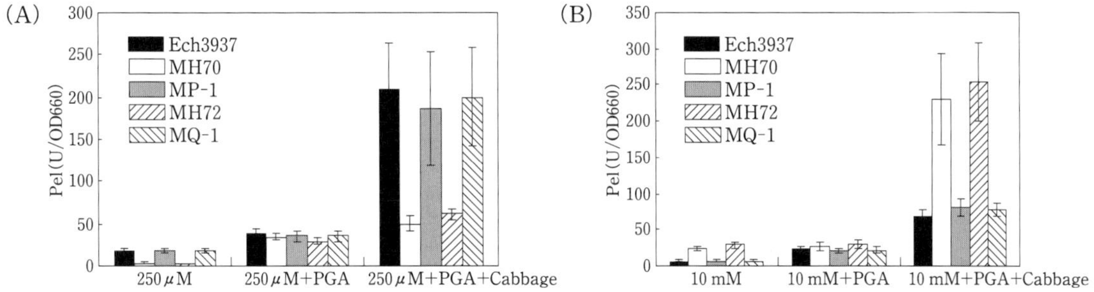

図5-1-2　(A)低マグネシウム濃度で，左から最少培地＋グリセロール，これにポリガラクツロン酸を加えた基質分解産物誘導培地，さらに白菜の熱水抽出物を加えた超誘導培地に野生型Ech3937，MH70(*phoP* 欠損変異株)，MP-1(MH70の *phoP*+による相補株)，MH72(*phoQ* 欠損変異株)，MQ-1(MH72の *phoQ*+による相補株)を培養し，ペクチン酸リアーゼの活性を測定し，比活性で表した。(B)高マグネシウム濃度(10 mM)で培養した時の結果である。(A)でみられた関係が(B)で逆転しているのに注目。

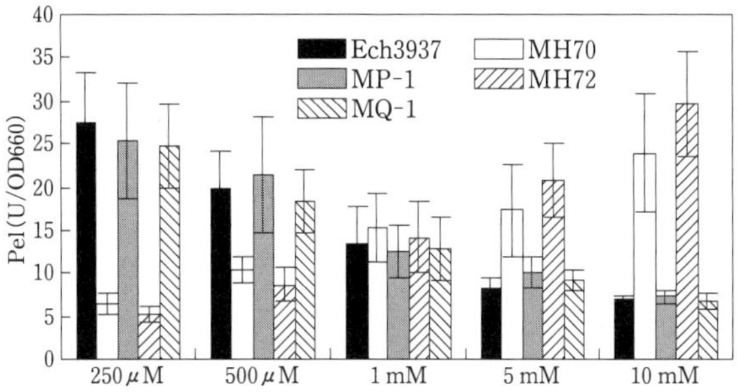

図5-1-3　各マグネシウム濃度で非誘導培地で培養した際の，ペクチン酸リアーゼ比活性。低濃度と高濃度で，野生型と変異株の本酵素の非活性が逆転している。菌株の名称は，図5-1-2と同じ。

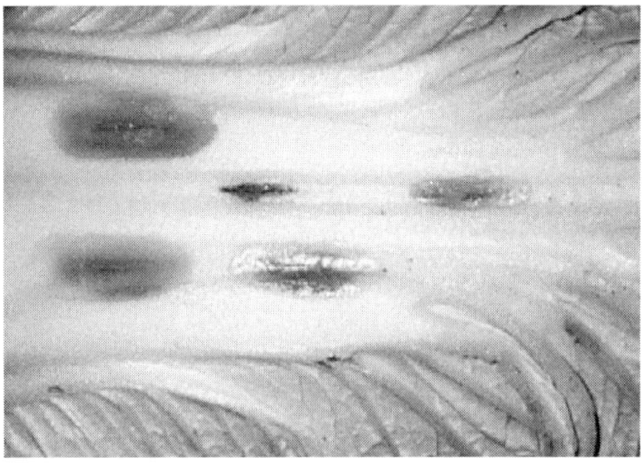

図5-1-4　野生型(*E. chrysnathemi* 3937株)(上段)，*phoP*-(MH72)(中段左)，*phoQ*-(MH70)(中段右)，MP-1(MH72の*phoPQ* cloneによる相補株)(下段左)，MQ-1(MH70の*phoPQ* cloneによる相補株)(下段右)を白菜に接種した際の病徴の違い。

重要であり，この超誘導が本グループ細菌の病原性に重要な役割を果たすことがわかる。なお，野生型菌は，植物由来の抗菌ペプチドMagainin IIに抵抗性を示すが，*phoP*，*phoQ*欠損変異株ではこの抵抗性が低下していた(Haque et al., 2005)。すなわち，PhoP-PhoQ TCSは，植物由来の抗菌物質に耐性を付与して，植物体内における生存を助けることでも一役担っているといえる。

1-4. その他のペクチン酸リアーゼの生産制御機構

⑴ 自己誘導機構

自己誘導(Autoinduction)機構は，海洋細菌*Vibrio fisherii*の発光遺伝子群(*luxA-E*)の制御機構として最初に発見されたものである。その後，抗生物質など多くの二次代謝産物生成用酵素や接合に関わる繊毛タンパク質などに続いて，Pelもこの自己誘導機構で制御されることがわかった。この制御機構は，細菌が増殖の際，培地中に自己誘導物質(Autoinducer)であるHomoserine lactoneを分泌し，これが定常期に培地中に十分量集積すると，今度は細菌細胞内に入り，種々二次代謝物の生産を開始させるという機構である。実は，*Erwinia*属細菌の増殖が定常期に入った後に，Pel比活性がさらに上昇を続けることが従来より知られており，「菌密度依存性誘導」と呼ばれていたが，自己誘導機構の発見によってその謎が解き明かされた。この制御機構は，軟腐性*Erwinia*属細菌が植物体内に侵入した後，十分増殖して仲間が増えるまで，発病因子である本酵素のフル生産を自重し，仲間が揃ったところで，フル生産を開始するということであり，これまた植物体内における病原菌にとって巧妙な制御機構といえる(Cui et al., 1995)。

⑵ まだあるペクチン酸リアーゼ生産制御機構

この他，軟腐性*Erwinia*属細菌では，植物体内での発病過程における刻々と変化する環境に応じて，病原菌として最適な発病因子の生産をするようにさらに多くの制御因子が絡んでいる。Pelの場合，PecS，PecM，PecT，RsmA-RsmB-RsmC，ExpM，Fur，OusA，Ddlなどが報告されている(Collmer and Keen, 1986)。たった一つの発病因子の生産を最適にするために，これだけ多くの制御因子が関与することに驚かされる。言い換えれば，これほど複雑な制御機構をもつことによって初めて植物体内における多犯性植物病原細菌としての生活を全うできると考えるべきであろう。

⑶ 発病因子の分泌機構

多くの植物病原細菌はグラム陰性であり，内膜と外膜の二重の膜によって囲まれており，種々タンパク質を菌体外に分泌するためには，この両方の膜を通す必要がある。このための病原細菌の工夫として，タイプⅠからⅣまでの4種の分泌機構があることが知られている(Ponciano et al., 2003)。

タイプⅠ機構は，比較的少数のタンパク質が構成成分となって，内膜と外膜の両方を突き通すトンネル(筒)を形成するもので，一段階で細胞内のタンパク質を菌体外に分泌する。被分泌タンパク質としては，プロテアーゼなどが知られている。

タイプⅡ分泌機構は，まず疎水性アミノ酸を多く含むシグナルペプチドを先頭にして前駆体タンパク質が内膜を通過した後，芋づる式に残りのペプチドが引きずり出される。次に，シグナルペプチダーゼがシグナルペプチドを切除した後，内膜と外膜にはさまれた空間(ペリプラズム領域)に残りの成熟タンパク質を放出する。このペリプラズムに出た成熟タンパク質は，外膜や内膜に局在するOutタンパク質群の共同作業で外膜を通過する。この2段階の分泌機構は，上述のPelをはじめとしたペクチナーゼやセルラーゼなどの分泌に使われる。Outシステムによる外膜通過機構は，病原細菌が大量の菌体外酵素を分泌し，病徴発現に導く上で重要な意味をもつ。

タイプⅢ分泌機構は，多くの病原性関連エフェクターを分泌するために動物および植物の病原細菌が共通してもつユニークな分泌機構であり，これらを構成するタンパク質は両病原細菌の間で相同性が高いことが報告されている。最近，根粒菌においてもこの相同領域が存在することが報告されていることから，細菌と植物細胞との相互作用に不可欠な分泌機構なのであろう。植物病原細菌では，タイプⅢ分泌機構は，病原性と抵抗性誘導の双方を司る *hrp* (Hypersensitive Reaction: HR＋Pathogenicity)遺伝子として，最初，トランスポゾンタッギングによって捉えられた。多数の *hrp* 遺伝子群は20–30 kbの領域にクラスターとして存在し，これらの翻訳産物が内膜や外膜の内側，膜内，外側に局在し，複雑なトンネルを形成し，菌体外の先端は毒針構造や繊毛構造を呈し，細菌細胞内の各種エフェクターを植物細胞内に注入する。

タイプⅣ分泌機構は，*Agrobacterium* 属細菌で発見されており，タイプⅢ分泌機構と同様に，菌体外には繊毛が突出している。この場合は，植物で転写されるプロモータを有したホルモン生産遺伝子などを含むT-DNAがTiプラスミドから一本鎖として写し取られ，これにVirD2タンパク質が結合し，この複合体をやはりトンネル構造を通して，植物体内に注入する点で他の分泌機構と区別される。この場合も，本細菌による病原性発現に必須の分泌機構である。

(4) 被分泌タンパク質の条件

上記のそれぞれの分泌機構は，どんなタンパク質をも分泌するわけではなく，それぞれの被分泌タンパク質は，分泌されるための共通的構造，あるいはドメインがあるようである。ここでは，Pelが分泌されるタイプⅡ分泌機構の場合についてのみ述べる。内膜をSecA依存的に通過するためには，上述のように，シグナルペプチドがN末端側に必要であり，Outシステムによって外膜を通過するためには，特異的なC末端部が必要である。しかし，これだけでは，どうやら無事に分泌されないようである。

各種腸内細菌でCytRは，本来ヌクレオチド関連の代謝制御因子として知られているが，その制御カスケード下流に，RpoH，RpoSなどのシグマ因子の制御や，タンパク質修飾関連酵素の制御を司る因子などが多数存在することが知られている。本遺伝子のトランスポゾンタッギング変異株の中に，病原性が著しく低下し，Pel，ポリガクツロナーゼ，セルラーゼ，プロテアーゼなどの菌体外酵素の生産が野生型と変わらないにもかかわらず，これらの酵素の分泌に異常をきたしているものが得られた。この変異株は，上記 *cytR* にトランスポゾンが導入されており，野生型 *cytR* 遺伝子の形質転換によって，上記表現型が相補された(Matsumoto et al., 2003a)。この結果から，CytR制御の下流発現系にこれらの菌体外酵素の分泌を司る分子が存在することが示唆された。なおこれらの菌体外酵素がタイプⅠおよびタイプⅡ分泌機構という異なる機構のいずれかで菌体外に分泌されることから判断すると，CytR制御下の分泌関連因子は，両タイプの分泌機構に共通して必須な分子であり，内膜通過のための立体構造の解除などのためのシャペロンタンパク質との結合や，内膜局在性NTPaseドメインをもつタンパク質による被分泌タンパク質の内膜トンネル入口への送り込みに関与するものと考えられる。

(5) 細菌の運動性と病原性

鞭毛関連タンパク質は，3段階の制御によって生産がコントロールされているが，軟腐性 *Erwinia* 属細菌のこの制御カスケードの大元にある *flhD*，*C* 制御遺伝子の変異株が病原性を喪失することを見出した(Matsumoto et al., 2003b)。*Pseudomonas syringae* グループでは，鞭毛構成タンパク質であるフラジェリンがエリシターとして作用する例が報告されているが(Taguchi et al., 2003)，軟腐 *Erwinia* 属細菌グループでは，フラジェリン生産遺伝子 *fliC* 欠損変異株ばかりでなく，鞭毛のモーター部生産遺伝子 *motA* 欠損変異株(鞭毛構造の保持は，電子顕微鏡で確認された)においても，病原性が著しく低下することがわかった(Hossain et al., 2005)。このことから，本病原細菌グループの場合，運動性が病徴拡大に重要な役割を担うことが明らかになった。ただ，この研究で，いずれの変異株もクリスタル紫で染色されるバイオフィルムを生成することができなくなることがわかった(Hossain et al., 2006)。バイオフィルムは，動物病原菌でも植物病原菌でも病原性に関与することが知られており，鞭毛による運動性が直接病原性に必要であるのではなく，バイオフィルム形成が病原性に必要である可能性もある。この点は，今後詰めていかなければならない。

1-5. おわりに

以上のように，広宿主植物病原 *Erwinia* 属細菌の場合，植物体内に侵入後，アポプラストに到着した際，その微細環境を PhoP-PhoQ TCS というセンサーシステムによって察知し，病原細菌の本来の活躍の場所であることを認識する。次に，この環境では，ペクチン質が主要な構成成分であることから，このペクチン質を上記センサーシステムによって基底状態のペクチナーゼの生産を高め，これらの酵素による分解を進め，集積した代謝産物の一つ KDG が誘導物質として，負の因子 KdgR に結合して，KdgR を DNA から外し，植物成分によって生産誘導された正の制御因子 Pir が代わって結合することにより，転写を最大限に高める構図が明らかになった。さらに，本病原細菌にユニークに存在する Out システムを使って，外膜を通過させて，大量の Pel を効率よく分泌することも明らかになった。このようにして超誘導，分泌された大量の Pel をはじめとした組織崩壊酵素は，組織を崩壊することにより，植物細胞が本来もつ抵抗性誘導能力を発揮できなくするものと考えられる。すなわち，少なくとも軟腐性 *Erwinia* 属細菌では，このような機構によって，多犯性になっていることが示唆された。従って，感染初期における発病因子の大量生産誘導および分泌機構を解明したことから，このような多犯性の植物病原細菌の発病を抑える戦略をたてることが可能となった。今後は，植物側の要因と病原細菌側の要因とをさらに明らかにすることによって，具体的な防除策を探っていきたいと思っている。

参考文献

Bogs, J., Geider, K. (2000) Molecular analysis of sucrose metabolism of *Erwinia amylovora* and influence on bacterial virulence. J. Bacteriol. 182, 5351-5358.

Collmer, A., Keen, N. T. (1986). The role of pectic enzymes in plant pathogenesis. Annu. Rev. Phytopathol. 24, 383-409.

Cui, Y., Chatterjee, A., Liu, Y., Dumenyo, C. K., Chatterjee, A. K. (1995) Identification of a global repressor gene, *rsmA*, of *Erwinia carotovora* subsp. *carotovora* that controls extracellular enzymes, *N*-(3-oxohexanoyl)-L-homoserine lactone, and pathogenicity in soft-rotting *Erwinia* spp. J. Bacteriol. 177, 5108-5115.

Haque, M. M., Tsuyumu, S. (2005) Virulence, resistance to magainin II, and expression of pectate lyase are controlled by the PhoP-PhoQ two-component regulatory system responding to pH and magnesium in *Erwinia chrysanthemi* 3937. J. Gen. Plant Pathol. 71, 47-53.

Haque, M. M., Yamazaki, A., Tsuyumu, S. (2005) Virulence, accumulation of acetyl-coenzyme A and pectate lyase synthesis are controlled by PhoP-PhoQ two-component regulatory system responding to organic acids in *Erwinia chrysanthemi* 3937. J. Gen. Plant Pathol. 71, 133-138.

Hossain, M. M., Shibata, S., Aizawa, S., Tsuyumu, S. (2005) Motility is an important determinant for pathogenesis of *Erwinia carotovora* subsp. *carotovora*. Physiol. Mol. Plant Pathol. 66, 134-143.

Hossain, M. M., Tsuyumu, S. (2006) Flagella-mediated motility is required for biofilm formation by *Erwinia carotovora* subsp. *carotovora*. J. Gen. Plant Pathol. 72, 34-39.

Matsumoto, H., Jitareerat, P., Baba, Y., Tsuyumu, S. (2003a) Comparative study of regulatory mechanisms for pectinase production by *Erwinia carotovora* and *Erwinia chrysanthemi*. Mol. Plant-Microbe Interact. 16, 226-237.

Matsumoto, H., Muroi, H., Umehara, M., Yoshitake, Y., Tsuyumu, S. (2003b) Peh production, flagellum synthesis, and virulence reduced in *Erwinia carotovora* subsp. *carotovora* by mutation in a homologue of *cytR*. Mol. Plant-Microbe Interact. 16, 389-397.

Nasser, W., Condemine, G., Plantier, R., Anker, D., Robert-Baudouy, J. (1991) Inducing properties of analogs of 2-keto-3-deoxygluconate on the expression of pectinase genes of *Erwinia chrysanthemi*. FEMS Lett. 81, 73-78.

Nester, E., Wood, D., Liu, P. (2005) Global analysis of *Agrobacterium*-Plant interaction. In Genomic and Genetic Analysis of Plant Parasitism and Defense, Edited by S. Tsuyumu, J. E. Leach, T. Shiraishi and T. Wolpert, APS press, St. Paul, USA, pp. 1-10.

Nomura, K., Nasser, W., Kawagishi, H., Tsuyumu, S. (1998) The *pir* gene of *Erwinia chrysanthemi* EC16 regulates hyperinduction of pectate lyase virulence gene in response to plant signals. Proc. Natl. Acad. Sci. USA 95, 14034-14039.

Nomura, K., Nasser, W., Tsuyumu, S. (1999) Self-regulation of Pir, a regulatory protein responsible for hyperinduction of pectate lyase in *Erwinia chrysanthemi*. Mol. Plant-Microbe Interact. 12, 385-390.

Ponciano, G., Ishihara, H., Tsuyumu, S., Leach, J. E. (2003) Bacterial effectors in plant disease and defense keys to durable resistance? Plant Dis. 87, 1272-1282.

Rahme, L. G., Mindrinos, M. N., Panapoulos, N. J. (1992) Plant and environmental signals control the expression of *hrp* genes in *Pseudomonas syringae* pv. *phaseolicola*. J. Bacteriol. 174, 3499-3507.

Schulte, R., Bonas, U. (1992) A *Xanthomonas* pathogenicity locus is induced by sucrose and sulfur-containing amino acids. Plant Cell 4, 79-86.

Taguchi, F., Shimizu, R., Nakajima, R., Toyoda, K., Shiraishi, T., Ichinose, Y. (2003) Differential effects of flagellins from *Pseudomonas syringae* pv. *tabaci*, tomato and glucinea on plant defense response. Plant Physiol. Biochem. 41, 165-174.

Tsuyumu, S. (1977) Inducer of pectic acid lyase in *Erwinia carotovora*. Nature 269: 237-238.

Tsuyumu, S. (1979) "Self-catabolite repression" of pectate lyase in *Erwinia carotovora*. J. Bacteriol. 137, 1035-1036.

2. 感染過程における細胞増殖および細胞死の制御機構

2-1. はじめに

根頭がん腫病や毛根病などの増生(こぶ)病では感染部位の宿主細胞が活発な分裂増殖を行い，罹病組織の肥大を引き起こす。一方，比較的高濃度の病原細菌が非親和性植物の葉肉組織に侵入した際には過敏感細胞死と呼ばれる一種の動的抵抗性反応が誘導される。これらのことから，宿主植物の細胞増殖や細胞死を制御する因子は病原菌の感染過程において重要な役割を担っていると考えられる。本節では，植物細胞の増殖能維持に必要なテロメラーゼおよび細胞死制御に関与するBax阻害因子などの病理学的機能に着目し，植物の罹病反応や抵抗性反応に果たす役割や情報伝達経路との関連に関する解析結果について述べる。

2-2. テロメラーゼ活性を介した根頭がん腫病の腫瘍肥大

根頭がん腫病は，広宿主域をもつ土壌細菌 *Agrobacterium tumefaciens* に起因する増生病で，本菌の病原性遺伝子が接合伝達様の機構により宿主細胞のゲノムに組み込まれて発現することで感染が成立する(Gelvin, 2003)。本病の特徴は，形質転換した植物細胞自身が病原性遺伝子によってオーキシンやサイトカイニンを生合成し，それらの作用により自律的な増殖を繰り返すことで生じる腫瘍(細胞塊)の肥大である。これまでに詳細な解析が行われている細菌側の病原性因子と比較して，宿主植物における感染特異的な因子に関しては不明な点が多い。一般に，高い増殖活性をもつ植物細胞ではテロメラーゼと呼ばれる染色体末端(テロメア)DNAの合成酵素が発現している(Oguchi et al., 1999)。テロメラーゼは一種の逆転写酵素で，通常のDNA複製機構では失われるテロメア配列を相補的なRNAを鋳型にして合成付加することにより，テロメアDNA長を一定に保持する働きを有している。ここでは，まず細胞増殖能の維持に必須であるテロメラーゼが根頭がん腫病における腫瘍肥大に果たす役割などを検討した。

腫瘍形成過程におけるテロメラーゼ活性の発現様式を調査するために，*A. tumefaciens* bv. 2 SUPP714株を発芽4週間後のシロイヌナズナの地際部に付傷接種し，経時的に接種部位およびがん腫組織からタンパク成分を抽出した後，TRAP(telomeric repeat amplification protocol)法

(Tamura et al., 1999)によりテロメラーゼ活性を測定した。その結果，がん腫の形成が始まる接種7日目以降にテロメラーゼの活性誘導が認められた(図5-2-1A，B)。本酵素活性は触媒サブユニットをコードする *AtTERT* 遺伝子の転写段階で調節されていることが知られている(Oguchi et al., 1999; Fitzgerald et al., 1999)。そこで，接種部位およびがん腫組織からRNAを抽出しRT-PCR法により *AtTERT* 転写産物の検出を行ったところ，テロメラーゼ活性の発現と一致してがん腫形成に伴って転写が誘導されることが示された(図5-2-1C)。従って，がん腫組織においてもテロメラーゼ活性が *AtTERT* の転写段階で制御されていると考えられた。また，*in situ* hybridization法によりがん腫組織内における *AtTERT* の発現部位を詳細に検討した結果，対照に用いた *cdc2a* の発現部位と一致して高い増殖活性を有する表層付近の細胞群で発現していたことから(データ示さず)，テロメラーゼ活性は細胞増殖と密接に関連して制御されていることが明らかになった。次に，がん腫組織からゲノムDNAを抽出し，TRF(terminal restriction fragment)法(Fitzgerald et al., 1999)によりテロメアDNA長を測定した結果，腫瘍組織ではテロメア長がほぼ一定に保持されていることが示

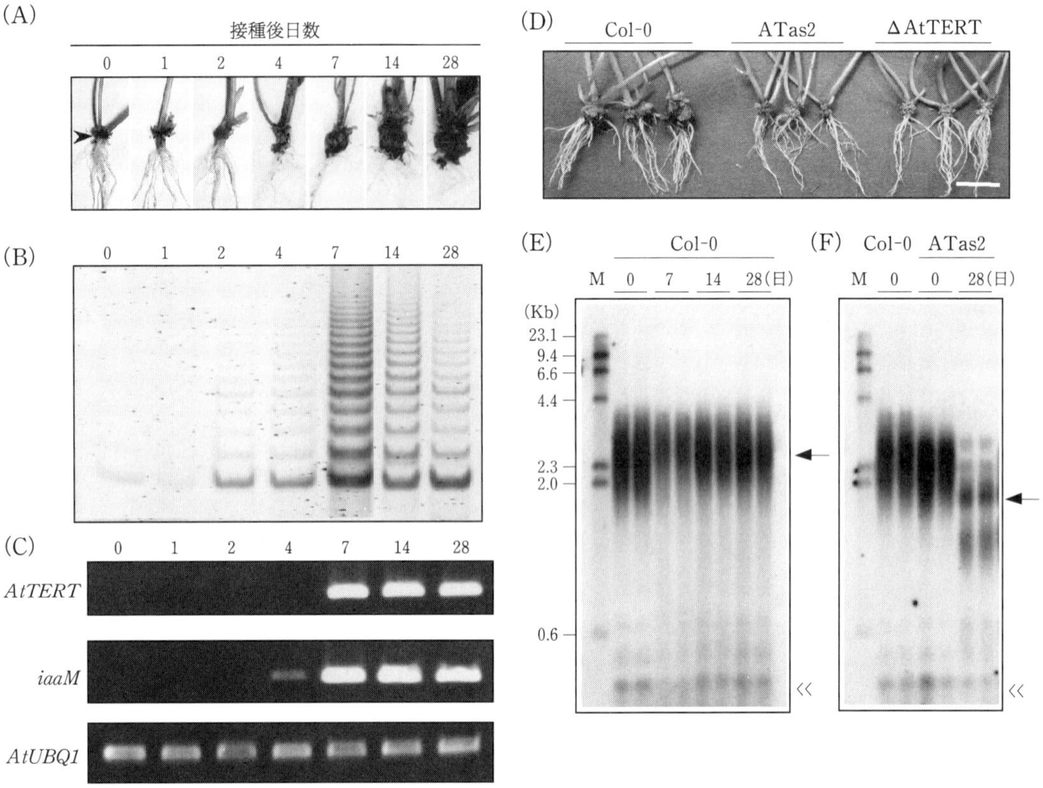

図5-2-1　がん腫組織におけるテロメラーゼの発現と腫瘍肥大。(A)シロイヌナズナにおけるがん腫形成。*A. tumefaciens* bv. 2 SUPP714株の菌液(10^8 cfu/ml)を地際部に付傷接種した。矢印は接種部位。(B)接種部位におけるテロメラーゼ活性。接種部位およびがん腫組織からタンパク成分を抽出し，TRAP法により酵素活性を検出した。(C)接種部位におけるテロメラーゼ遺伝子の発現。(B)と同じ材料からRNAを抽出し，RT-PCR法により *AtTERT* および *iaaM*(対照)の転写産物を検出した。ユビキチン遺伝子(*AtUBQ1*)は反応系の内部標準として用いた。(D)テロメラーゼ欠損株における腫瘍肥大の抑制。*AtTERT* のアンチセンス発現株(ATas2)および同遺伝子のT-DNA挿入欠損株(ΔAtTERT)にSUPP714株を接種し，4週間後に腫瘍の肥大状況を観察した。(E)がん腫組織におけるテロメア長。接種部位およびがん腫組織からゲノムDNAを抽出し，TRF法によりテロメアDNA長を測定した。矢印は平均テロメア長，二重矢印はゲノム内部のテロメア配列を示す。(F)テロメラーゼ欠損株におけるテロメア長の短小化。ATas2におけるテロメア長を(E)と同様に測定した。

された(図5-2-1E)。また，テロメラーゼ活性のがん腫形成における役割を明らかにするために，*AtTERT* のアンチセンス鎖を強発現するシロイヌナズナの形質転換体(ATas2)および本遺伝子をT-DNAの挿入により欠損した変異株(ΔAtTERT)を供試してがん腫の形成を誘導したところ，いずれにおいても腫瘍の肥大が顕著に抑制された(図5-2-1D)。さらに，テロメラーゼ欠損株において形成された矮小のがん腫組織ではテロメア長が有意に短小化していることが示された(図5-2-1F)。以上より，根頭がん腫病の腫瘍細胞において特異的に発現するテロメラーゼ活性は，細胞増殖能を長期間持続することにより，がん腫の肥大成長に寄与することが明らかになった。

2-3. テロメラーゼ阻害による細胞死の誘導

テロメアDNAの短小化は植物体の生育不全を引き起こすことから，テロメア長の維持は植物の生育にとって必須であるとされている(Riha et al., 2001)。しかし，テロメア長と植物細胞自身の増殖能や細胞死との関連は明らかではなかった。そこで，植物細胞のテロメラーゼにも有効であると予想されたほ乳類のテロメラーゼ阻害剤テロメスタチン(Shin-ya et al., 2001)を用いて，テロメラーゼ活性の阻害により生じるテロメアDNAの短小化が植物細胞に及ぼす影響について検討した。

まず，植物細胞のテロメラーゼに対するテロメスタチンの有効性を検定するために，シロイヌナズナの懸濁細胞培養に本薬剤を種々の濃度で添加し2時間培養した後，タンパク質成分を抽出してTRAP法によりテロメラーゼ活性を測定した。その結果，50ないしは100 μMの濃度でテロメスタチンを添加した場合にテロメラーゼ活性の完全な阻害が認められた(図5-2-2A)。テロメスタチンは *TERT* 遺伝子の転写に影響を与えず，テロメアDNA配列に特異的に結合したことから(データ示さず)，ほ乳類の場合と同様にテロメスタチンがテロメア末端のG-quadruplex構造(Kim et al., 2003)を安定化することによりテロメラーゼの末端伸長反応を阻害すると考えられた。次に，有効濃度(50 μM)のテロメスタチンを含有する培地中でシロイヌナズナの懸濁細胞を継代培養し，テロメアDNA長をTRF法により測定した結果，培養1週間後から顕著なテロメア長の短小化が起こり(図5-2-2B，平均長が2.1 kbから0.9 kbに短縮)，同時にアポトーシス細胞でみられる染色体の断片化が認められた(図5-2-2C)。また，継代2週間目からテロメアの短小化に伴って細胞増殖能の著しい低下が起こり(図5-2-2D)，トリパンブルー染色によって計測した死細胞数は急激な増加を示した(図5-2-2E)。以上から，テロメラーゼによるテロメア長の維持は植物細胞の生存と増殖に必須であり，テロメア長の短小化はアポトーシス様の細胞死を引き起こすことが明らかになった(Zhang et al., 2006)。

2-4. テロメラーゼ遺伝子の転写誘導機構

前述のように，根頭がん腫病組織におけるテロメラーゼ活性の誘導が *AtTERT* の転写段階で制御されていることが示されたので，本遺伝子の発現調節機構を解明する目的で転写調節領域の解析を行った。まず，*AtTERT* の5′上流領域をクローン化し，塩基配列の解析を行った。テロメラーゼ活性はオーキシンによって誘導されることが明らかにされているが(Tamura et al., 1999)，当該上流領域からは既知のオーキシン反応性のシスエレメントは見出されなかった。一方，翻訳開始点から420 bp上流にBBF結合モチーフと呼ばれるシス配列の存在が認められた。このモチーフは *A. rhizogenes* による毛根病の原因遺伝子である *rolB* の転写調節領域に存在するシス配列で，この配列に結合するタバコの因子(rolB domain B factor: BBF)により腫瘍細胞特異的に転写が制御されることが知られている(De Paolis et al., 1996)。また，BBFはオーキシン依存的に *rolB* の転写を活性化することが報告されている。そこで，種々の長さに削った *AtTERT* の5′上流領域をGUS(β-グルクロニダーゼ)遺伝子に融合させ，リポーター解析を行った。方法は，各融合遺伝子をシロイヌナズナの懸濁培養細胞由来のプロトプラストにPEG法で導入し，18時間暗所で培養後にGUS活性の一過的な発現を測定することにより

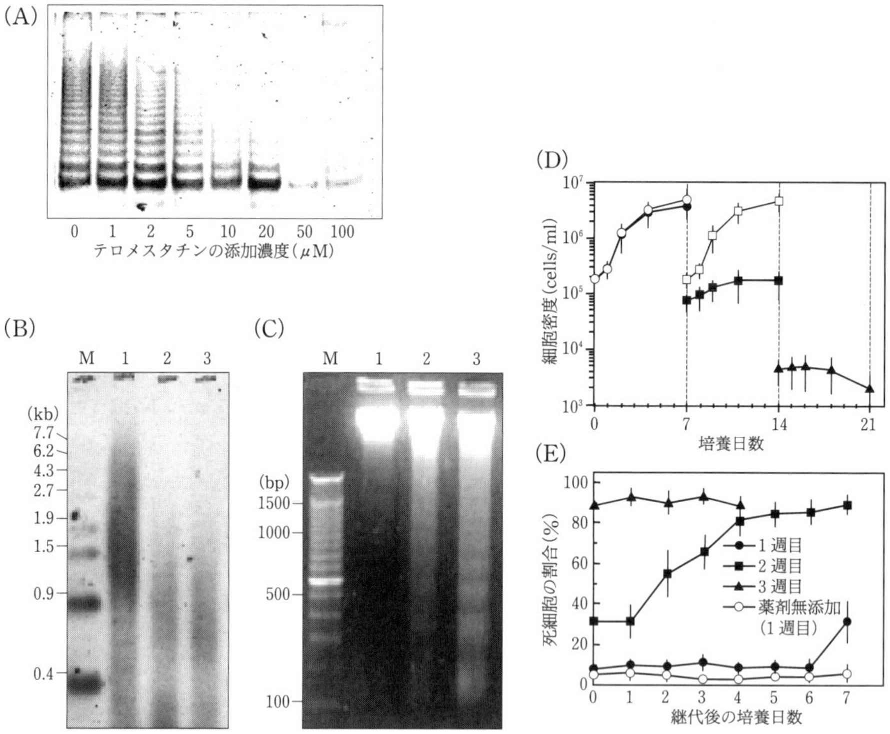

図 5-2-2　テロメアの短小化に伴う細胞死の誘導。(A)テロメスタチンによるテロメラーゼ活性の阻害。シロイヌナズナの懸濁細胞に各種濃度の薬剤を添加して2時間培養後に，タンパク成分を抽出し，TRAP法によりテロメラーゼ活性を測定した。(B)テロメスタチン処理によるテロメアDNAの短小化。有効濃度(50 mM)の阻害剤を含む培地で懸濁細胞を1週間ごとに継代培養し，継代時の細胞から抽出したゲノムDNAを用いてTRF法によりテロメア長を測定した。パネル上の数字は継代数を示す。(C)テロメスタチン処理による染色体の断片化。(B)で抽出したゲノムDNAを2%アガロースゲル電気泳動で分画し，エチジウムブロマイドで染色した。(D)テロメアの短小化に伴う細胞増殖能の低下。テロメスタチン添加区(黒)および無添加区(白)における細胞密度を光学顕微鏡下で測定した。(E)テロメアの短小化に伴う細胞死の誘導。トリパンブルーにより染色した死細胞の割合を(D)と同様に測定した。

検定した。その結果，上記BBFモチーフを削った場合にGUS活性の発現が基底レベルまで低下したことから，当該モチーフが*AtTERT*の転写調節に必須なシス配列であることが示された(図5-2-3A)。次に，この配列に結合することが予想されるシロイヌナズナのBBFをコードする遺伝子を培養細胞由来のcDNAライブラリーから単離した(*AtBBF1*，*AtBBF2*)。AtBBF1およびAtBBF2はいずれもアミノ末端領域にDofと呼ばれる植物特有のzinc fingerドメインをもつことが示され(図5-2-3B)，本領域を介してDNA配列に特異的に結合すると考えられた。また，*AtBBF*の植物器官およびがん腫組織での発現様式をRT-PCR法により検討したところ，いずれの器官およびがん腫組織でも同程度の発現が認められたことから(図5-2-3C)，本遺伝子の転写自体が*AtTERT*の転写調節に関与するものではないと考えられた。さらに，大腸菌のタンパク質発現系を用いて調製したAtBBF1およびAtBBF2の組換えタンパク質を用いて，ゲル移動度シフト検定法によりBBFモチーフに対する結合を検討した。その結果，いずれのタンパク質も同モチーフに特異的に結合することが示された(図5-2-3D)。以上から，シロイヌナズナにおけるテロメラーゼ活性の誘導を支配する*AtTERT*の転写は，本遺伝子上流の特異的なシス配列にAtBBFが結合することにより制御されると推察された。また，腫瘍細胞における特異的なテロメラーゼの発現や

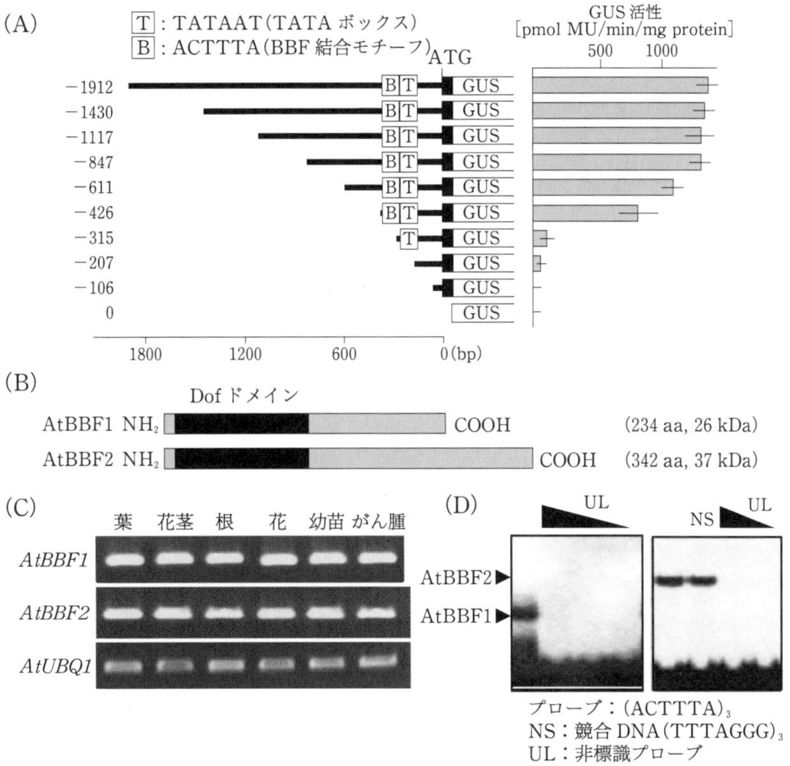

図 5-2-3　テロメラーゼ遺伝子の転写調節機構の解析。(A) *AtTERT* 遺伝子の 5′上流転写調節領域の解析。GUS 遺伝子の上流に種々の長さの 5′上流領域を融合し，シロイヌナズナの培養細胞由来のプロトプラストに PEG 法で導入した後，18 時間培養時の GUS 酵素活性を測定した。T は TATA ボックス，B は BBF 結合モチーフを示す。(B) AtBBF の構造。アミノ末端側に Dof ドメインを含む。(C) 各器官における BBF 遺伝子の転写量。シロイヌナズナの各器官から抽出した RNA を用いて，RT-PCR 法により転写産物の蓄積を検出した。(D) AtBBF の BBF 結合モチーフへの特異的な結合。大腸菌の大量発現系により調製した組換えタンパク質を用いて，ゲルシフト検定を行った。

オーキシン依存的な発現は AtBBF の機能を介して調節されているものと予想された。

2-5. テロメラーゼ活性による過敏感細胞死の抑制

近年，病原菌と非親和性植物の組み合わせで生じる過敏感細胞死の誘導過程において，染色体の凝集や断片化，細胞質の凝縮などの形態的変化が観察されることから，植物の過敏感細胞死が動物細胞におけるアポトーシスと呼ばれる遺伝的に制御された細胞死に類似した生理的反応であることが明らかにされてきた。一方，癌細胞におけるアポトーシスの研究から，人為的にアポトーシスを誘導させた癌細胞ではテロメラーゼ活性が著しく低下すること，テロメラーゼを強発現させたヒト細胞株ではアポトーシスの誘導に対して抵抗性を示すことが示され，テロメラーゼがアポトーシスの制御機構と密接に関連していることが想定されている。そこで，過敏感細胞死の制御における植物テロメラーゼの病理学的役割を検討した。

まず，過敏感細胞死の誘導時におけるテロメラーゼ活性の発現様式を調査した。タバコ BY-4 の葉肉組織に親和性の病原細菌である *Pseudomonas syringae* pv. *tabaci*（野火病菌）Pt7364 株または非親和性の *P. syringae* pv. *syringae* TMR124 株の菌液を 1×10^8 cfu/ml 濃度で注入した後，経時的に接種部位からタンパク質成分を抽出し，TRAP 法によりテロメラーゼ活性を測定した。その結果，過敏感反応を生じない前者では 6-8 時間後に一過的ではあるが顕著なテロメラーゼ活性の誘導が認められたのに対して，過敏感反応を起こす後者の場合には水のみを注入した対照区と同様に，8-10時間後に微弱な活性が検出されるにとどまった(データ示さず)。このことから，テロメラーゼ活性が過敏感細胞死の誘導過程において負の役割を果たす可能性が示唆された。そこで，シロイヌナズナのテロメラーゼ欠損株(ΔAtTERT)を用いて過敏感細胞死の誘導性を調査した。すなわち，シロイヌナズナに対して非親和性の *P. syringae* pv. *tomato* DC3000(*avrRpm1*)株の菌液を一桁ごとに希釈した各種濃度で調整し，各々をΔAtTERT株の葉肉組織に注入接種した後，24時間後に過敏感反応の誘導性を野生株(Col-0)と比較した。その結果，Col-0では1×10^7 cfu/ml以上の濃度で過敏感反応が生じたのに対して，ΔAtTERT株では一桁低い1×10^6 cfu/mlの濃度で当該反応の誘導が認められた(図5-2-4A)。また，この細胞死の誘導性は各濃度の菌液を注入

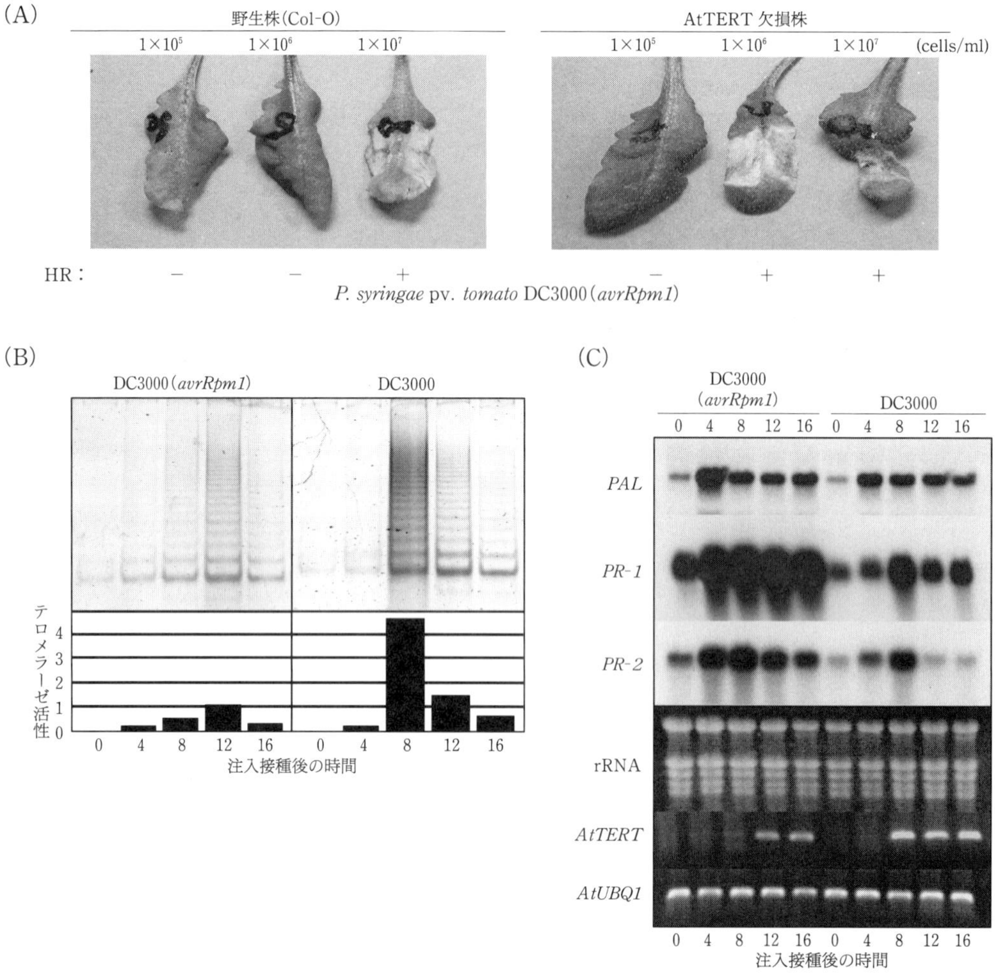

図5-2-4　過敏感細胞死に対するテロメラーゼの抑制的機能。(A)テロメラーゼによる過敏感細胞死の抑制。シロイヌナズナの野生株(Col-0)およびテロメラーゼ欠損株(ΔAtTERT)に非親和性の *P. syringae* pv. *tomato* DC3000(*avrRpm1*)株を各種濃度で注入接種し，24時間後に過敏感反応の誘導性を観察した。(B)親和性の植物-病原細菌間におけるテロメラーゼ活性の誘導。Col-0の葉身に親和性菌DC3000株と非親和性菌DC3000(*avrRpm1*)を注入接種し，接種部位におけるテロメラーゼ活性をTRAP法により経時的に測定した。(C)親和性の植物-病原細菌間における *AtTERT* の転写誘導。(B)と同様の接種部位からRNAを抽出し，病害抵抗性関連遺伝子(*PAL*，*PR-1*，*PR-2*)および *AtTERT* の転写産物を各々ノーザン法およびRT-PCR法で検出した。*AtUBQ1* は内部標準対照として用いた。

してから12時間後に採種した葉組織におけるH_2O_2の発生量および葉組織からの電解質の漏えい量によっても確認された。従って，テロメラーゼ活性は過敏感細胞死の誘導を抑制する働きをもつことが明らかになった。一方，親和性の*P. syringae* pv. *tomato* DC3000株や*P. syringae* pv. *maculicola* H3-6株について同様に検定したところ，いずれの細菌株も1×10^8 cfu/mlの濃度の菌液をCol-0の葉肉組織に注入した場合に過敏感反応様の壊死症状が認められたが，ΔAtTERT株では1×10^7 cfu/mlの菌液で同様の症状を呈した(データ示さず)。これらの反応が過敏感細胞死と同様であるかは不明であるが，テロメラーゼ欠損株では概して高い細胞死の誘導性をもつと考えられた。次に，親和性および非親和性の病原細菌と植物体の組み合わせにおいて，テロメラーゼ活性および抵抗性関連遺伝子の転写が誘導される時期を比較検討するために，シロイヌナズナのCol-0にDC3000株またはDC3000(*avrRpm1*)株を1×10^7 cfu/ml濃度で注入し，経時的にTRAP法によるテロメラーゼ活性の測定と，ノーザン法による*AtTERT*，*PAL*，*PR-1*および*PR-2*の転写産物の検出を行った。テロメラーゼ活性および*AtTERT*の転写産物は菌液を注入して8-12時間後に親和性の組み合わせの場合に検出され，非親和性の組み合わせで誘導される*PAL*，*PR-1*および*PR-2*の転写時期に比べて4時間程遅れていた(図5-2-4B，C)。また，非親和性の組み合わせではテロメラーゼ活性および*AtTERT*転写産物の蓄積ともに検出時期が2時間以上遅れ，検出量は微弱であった。これらの結果から，過敏感細胞死の誘導過程においてテロメラーゼ活性の発現を抑制する機構または病害感染過程で当該酵素活性を誘導する機構が存在すると予想された。そこで，病原性の発現と過敏感反応の誘導に必須な病原細菌のHrp分泌装置について，テロメラーゼ活性の誘導における役割を検討した。すなわち，DC3000株のHrp構成因子であるHrcCを欠損した変異株を用いて，親和性のシロイヌナズナに注入接種した際のテロメラーゼ活性の誘導性を調べたところ，活性誘導は認められなかった(データ示さず)。従って，感染過程における本酵素活性の誘導にはHrp分泌装置を介して植物細胞内に輸送される何らかのエフェクター因子の機能が必要であるものと推察された。また，*avrRpm1*のような*avr*遺伝子の産物が植物細胞内でテロメラーゼの発現を負に制御することも予想され，今後詳細な検討が求められる。

2-6. 過敏感細胞死におけるアポトーシス関連因子 Bax inhibitor の機能

上述のように植物細胞がアポトーシス様の細胞死を起こすことは知られているが，動物細胞におけるアポトーシス制御因子やその関連因子に対応する植物の相同因子が見出されないことから，その制御機構には不明な点が多く残されている。こうした状況下で，最近アポトーシスを抑制するBax inhibitorの相同因子がシロイヌナズナで同定され(AtBI-1)，様々なストレスにより誘導される細胞死に対して負の制御機能をもつことが示された(Kawai et al., 2003)。ここでは，AtBI-1の過敏感細胞死の制御における機能解析について述べる。

過敏感細胞死の誘導過程におけるAtBI-1の発現様式を調査するために，DC3000(*avrRpm1*)株の菌液を1×10^7 cfu/ml濃度でCol-0の葉肉組織に注入し，ノーザン法により経時的に*AtBI-1*の転写産物を検出したところ，対照に用いた*PAL*や*PR-1*のそれと同様に処理後4時間以内に転写誘導が認められた(図5-2-5A)。過敏感細胞死の誘導初期には急激な活性酸素の発生やサリチル酸を介した情報伝達経路が活性化されることが知られている。そこで，シロイヌナズナの懸濁細胞培養にH_2O_2またはサリチル酸を添加し，4時間培養後にノーザン法により*AtBI-1*の転写産物を検出したところ，いずれも5 μMのH_2O_2および0.5 mMのサリチル酸の処理により顕著な転写誘導がみられた(図5-2-5B)。また，サリチル酸を不活化するNahGを強発現させた形質転換株由来のカルス細胞を用いた場合には，サリチル酸添加による*AtBI-1*の転写誘導が認められなかった(図5-2-5C)。これらのことから，過敏感細胞死の

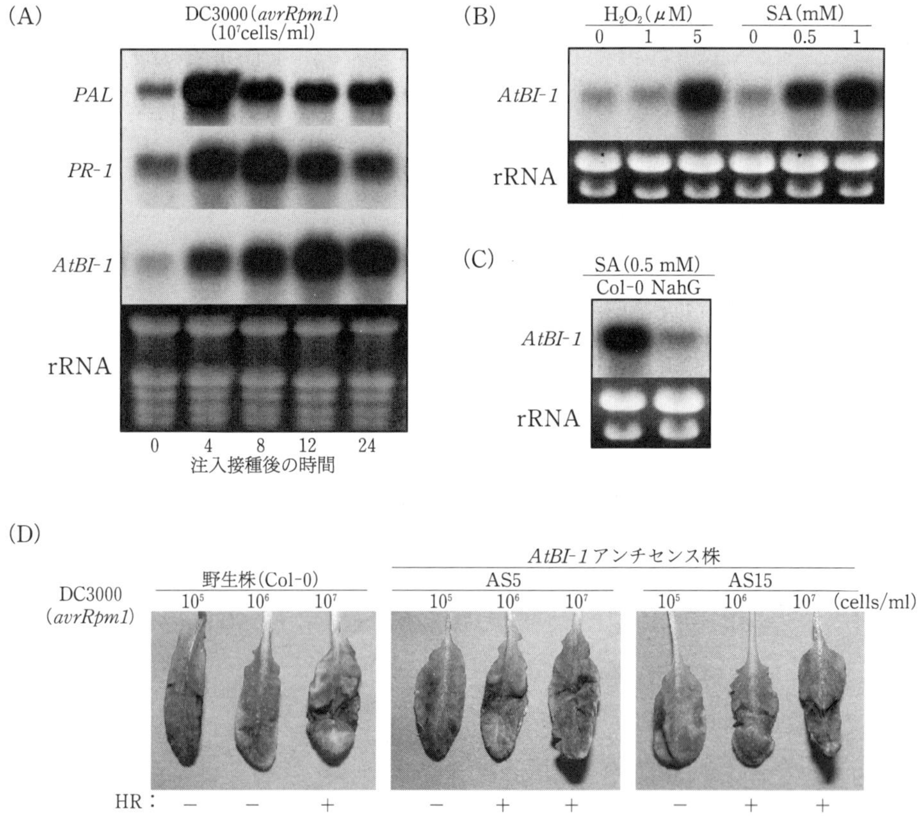

図5-2-5　シロイヌナズナのBax　inhibitorによる過敏感細胞死の抑制。(A)過敏感細胞死の誘導初期における*AtBI-1*の発現誘導。シロイヌナズナ(Col-0)の葉身に非親和性のDC3000(*avrRpm1*)を注入接種した後，接種部位から経時的に抽出したRNAを用いて，ノーザン法により*AtBI-1*および病害抵抗性関連遺伝子(*PAL*, *PR-1*)の転写産物を検出した。(B)過酸化水素およびサリチル酸処理による*AtBI-1*の発現誘導。シロイヌナズナの懸濁細胞に種々濃度の過酸化水素またはサリチル酸を添加し，4時間培養後に抽出したRNAを用いてノーザン法により*AtBI-1*の転写産物を検出した。(C)サリチル酸処理による*AtBI-1*の発現誘導。Col-0およびNahG強発現株由来のカルス細胞に0.5 mMのサリチル酸を処理し，4時間後に(B)と同様に*AtBI-1*の転写産物を検出した。(D)*AtBI-1*の発現抑制株における過敏感細胞死の誘導性。*AtBI-1*のアンチセンス発現株(AS5, AS15)にDC3000(*avrRpm1*)株を各種濃度で注入接種し，24時間後に過敏感細胞死の誘導性を野生株と比較した。

誘導経路の下流でAtBI-1が機能していると予想された。次に，*AtBI-1*のアンチセンス鎖を強発現するシロイヌナズナの形質転換体を用いて，DC3000(*avrRpm1*)株の菌液を種々の濃度で葉肉注入することにより，過敏感細胞死の誘導性を調査した。その結果，対照の野生株(Col-0)では10^7 cfu/ml以上の濃度で過敏感細胞死が誘導されたのに対して，*AtBI-1*の発現抑制株(AS5, AS15)では一桁低い細菌濃度で細胞死の誘導が認められた(図5-2-5D)。また，*AtBI-1*を恒常的に発現する形質転換株を用いた場合には，野生株の場合と比較して過敏感細胞死に対する抵抗性を示した(データ示さず)。従って，AtBI-1は細菌誘導性の過敏感細胞死を負に制御する働きをもつことが明らかになった。さらに，1×10^7 cfu/ml濃度のDC3000(*avrRpm1*)株の菌液を用いた場合，過敏感細胞死を起こさない*AtBI-1*の過剰発現株では細胞死を起こす野生株と同様に菌液注入部位でサリチル酸およびH_2O_2の発生が認められたが，葉組織からの電解質の漏出量は野生株のそれと比較して有意に低い値を示した。以上から，AtBI-1は過敏感細胞死の誘導経路においてサリチル酸や活性酸素の発生過程の下流，電解質漏出の上流で機能していると考えられた。恐らくは，膜脂質の過酸化やミトコンドリアからのチトクロームｃの放出などを抑制している可能性が考えられるが，詳細については今後の検討課題である。

2-7. おわりに

本研究により，細胞増殖の維持に必須なテロメラーゼは増生病の発病過程で腫瘍肥大に寄与することが立証され，またテロメラーゼ遺伝子の転写調節に関わる分子機構の一端が明らかにされた。一方，宿主細胞のテロメラーゼやBax inhibitorが病害抵抗性反応としての過敏感細胞死を抑制する働きをもつことが示され，その制御機構についても断片的ではあるが明らかになりつつある。植物の罹病性や抵抗性機構に対する理解をさらに深めるためには，それらを支配する情報伝達経路におけるテロメラーゼやBax inhihibitorの位置付けや他の関連因子群の機能解析が不可欠である。そうした知見の蓄積は，宿主の罹病性や病害抵抗性の制御因子あるいはシグナル伝達因子を標的にした分子育種的手法の開発を可能にし，耐病性を増強した植物の創出につながるものと期待される。

参考文献

De Paolis, A., Sabatini, S., De Pascalis, L., Costantino, P., Capone, I. (1996) A rolB regulatory factor belongs to a new class of single zinc finger plant proteins. Plant J. 10, 215-223.

Fitzgerald, M. S., Riha, K., Gao, F., Ren, S., McKnight, T. D., Shippen, D. E. (1999) Disruption of the telomerase catalytic subunit gene from *Arabidopsis* inactivates telomerase and leads to a slow loss of telomeric DNA. Proc. Natl. Acad. Sci. USA 96, 14813-14818.

Gelvin, S. B. (2003) *Agrobacterium*-mediated plant transformation: the biology behind the "gene-jockeying" tool. Microbiol. Mol. Biol. Rev. 67, 16-37.

Kawai-Yamada, M., Ohori, Y., Uchimiya H. (2003) Dissection of Arabidopsis Bax inhibitor-1 suppressing Bax-, hydrogen peroxide-, and salicylic acid-induced cell death. Plant Cell 16, 21-32.

Kim, M.-Y., Gleason-Guzman, M., Izbicka, E., Nishioka, D., Hurley, L. H. (2003) Telomestatin, a potent telomerase inhibitor that interacts quite specifically with the human telomeric intramolecular G-quadruplex. Cancer Res. 63, 3247-3256.

Oguchi, K., Liu, H., Tamura, K., Takahashi, H. (1999) Molecular cloning and characterization of AtTERT, a telomerase reverse transcriptase homolog in *Arabidopsis thaliana*. FEBS Lett. 457, 465-469.

Riha, K., McKnight, T. D., Griffing, L. R., Shippen, D. E. (2001) Living with genome instability: plant responses to telomere dysfunction. Science 291, 1797-1800.

Shin-ya, K., Wierzba, K., Matsuo, K., Ohtani, T., Yamada, Y., Furihata, K., Hayakawa, Y., Seto, H. (2001) Telomestatin, a novel telomerase inhibitor from *Streptomyces anulatus*. J. Am. Chem. Soc. 123, 1262-1263.

Tamura, K., Liu, H., Takahashi, H. (1999) Auxin induction of cell cycle regulated activity of tobacco telomerase. J. Biol. Chem. 274, 20997-21002.

Tamura, K., Oguchi, K., Takahashi, H. (2004) Telomerase functions in plant pathogenesis. In Genomic and Genetic Analysis of Plant Parasitism and Defense, Edited by J. E. Leach, T. Shiraishi and T. Wolpert, APS Press, St. Paul, USA.

Zhang, L., Tamura, K., Shin-ya, S., Takahashi, H. (2006) The telomerase inhibitor telomestatin induces telomere shortening and cell death in *Arabidopsis*. Biochim. Biophys. Acta 1763, 39-44.

3. イネにおける病原細菌認識と免疫反応誘導の分子機構

3-1. はじめに

地球上には8,000種類を超える植物病原菌が存在すると推定されている。自発的移動手段をもたない植物は，外界では常にこれらの植物病原菌と接触の機会にさらされている。しかし，ほとんどの場合，このような病原菌との接触が感染に至ることはなく，植物が植物病原菌によって加害されるのはごく一部のケースに限られる。これは，植物が大多数の植物病原菌から自己を守ることができる植物独自の免疫システムを有していることに他ならない。

イネ褐条病の原因菌である *Acidovorax avenae* には様々な単子葉植物を宿主とする菌株が存在する。ところが，これらの菌株間の宿主特異性は非常に厳密であり，例えば，イネを宿主とする菌株はイネ以外の単子葉植物に感染することができず，ヒエを宿主とする菌株はイネやその他の単子葉植物には感染できない。これまでの研究で，イネに対して非親和性の菌株をイネに接種した場合，活性酸素の発生(Iwano et al., 2002；岩野，2003)やDNAのラダー化を伴う過敏感細胞死(Che et al., 1999)，*PAL*，*Cht-1*，*LOX* といった防御関連遺伝子の発現(Che et al., 2002; Tanaka et al., 2003)などの一連の免疫反応が誘導されるが，イネに対して親和性の菌株を接種した場合，これらの反応のすべてが誘導されないことを明らかにし，イネとこれら菌株間の種間宿主特異性決定にイネによるこの菌の認識と免疫反応誘導が関与することを示した。本節では，これまでの研究で明らかになったイネの病原細菌認識の分子メカニズムと免疫反応誘導機構について概説したい。

3-2. イネによる *A. avenae* 非親和性菌株の特異的認識機構

(1) 認識物質としてのフラジェリンの同定

イネが非親和性 N1141 菌株を認識するのに対し，親和性 H8301 菌株は認識することができないことから，このような認識に関わる特異的物質が病原細菌の細胞表層に存在する可能性が考えられた。そこで，各菌体の表層抽出物(CE)のイネ過敏感細胞死誘導活性を調べたところ，N1141 菌株由来の CE のみが過敏感細胞死誘導活性を有することが明らかになった。また，この過敏感細胞死誘導活性はタンパク質分解酵素であるトリプシンやプロテイナーゼ K などで失活することから，活性物質の本体はタンパク質であることが推察された。

N1141 菌株由来の CE に含まれ細胞死誘導活性を有するタンパク質は，H8301 菌株由来の CE には含まれないか，または両者間で構造的な差異が存在すると予想された。そこで，この活性物質の探索のために，N1141 菌体に対する抗体を H8301 菌体で反応，吸収させた N1141 菌株特異抗体を作成した。この抗体は N1141 菌株と H8301 菌株の細胞表面に存在するタンパク質のうち，両方に共通の部分は認識しないが，N1141 菌株にだけ存在するタンパク質や両者で異なる構造部位を有するタンパク質を認識すると思われる。同様に H8301 菌株特異抗体も作成し，両菌株から調製した細胞表層物質 CE に対するウエスタンブロット解析を行った。その結果，N1141 菌株特異抗体は N1141 菌株由来の CE 中に存在する 50 kDa のバンドを，H8301 菌株特異抗体は H8301 菌株由来の CE 中に存在する同じ大きさのバンドのみをそれぞれ認識した(図 5-3-1A)。このバンドの N 末端アミノ酸配列を解析したところ，*Pseudomonas aeruginosa* や *Salmonella typhimurium* などのグラム陰性細菌の鞭毛を構成するタンパク質であるフラジェリンの N 末端と高い相同性が認められた(図 5-3-1A)。さらに，同じ特異抗体を用いて免疫組織化学的解析を行った結果，確かに特異抗体は鞭毛タンパク質を認識することが確認され，少なくともフラジェリンタンパク質は両菌株間で構造的に異なることが示された(図 5-3-1B)。そこで，両菌株からフラジェリンを精製し，実際にフラジェリンタンパク質に抵抗性反応の特異的誘導活性があるかどうかを調べた。その結果，非親和性 N1141 菌株由来のフラジェリンは，菌体を接種した場合よりは弱いものの，イネ培養細胞の過敏感細胞死を濃度依存的に誘導した。また，非親和性菌株のフラジェリンはイネの抵抗性遺伝子である *EL2*，*EL3*，*PAL*，*Cht-1* 遺伝子の発現を誘導するのに対し，親和性 H8301 菌株のフラジェリンを処理した培養細胞ではこの様な発現誘導は全く認められなかった。以上の結果は，*A. avenae* の非親和性菌株のフラジェリンはイネに対して免疫システムを誘導できる認識物質として機能することを示していると同時に，イネは N1141 菌株と H8301 菌株のフラジェリンの構造の違いを認識できるシステムを有していることも同時に示している(Che et al., 2000；蔡・磯貝，2002；蔡ら，2004)。

次に，非親和性 N1141 菌株と親和性 K1 菌株のフラジェリン欠損株を作成しイネの免疫反応誘導活性について解析した。その結果，予想通り N1141 フラジェリン欠損株はイネ培養細胞に対

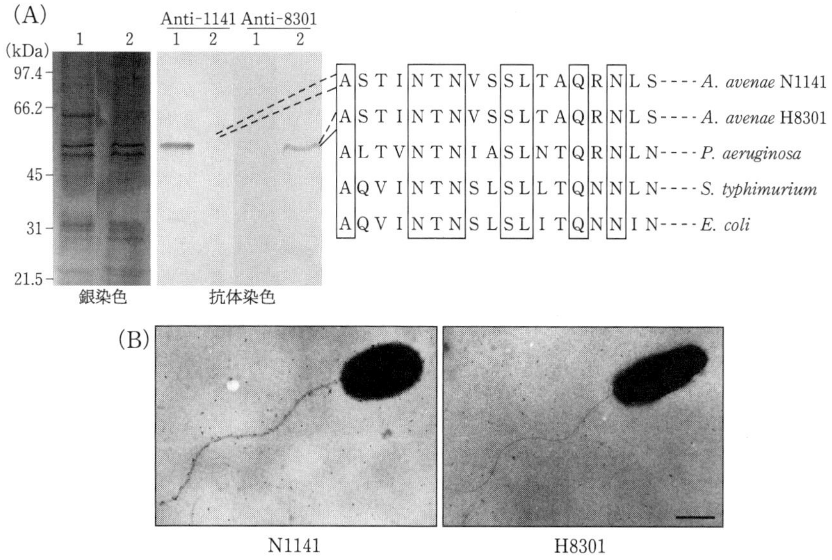

図 5-3-1　*A. avenae* 菌株特異タンパク質としてのフラジェリンの同定(che et al., 2000, Fig. 2 [p. 32350])。(A) N1141 菌体に対する抗体を H8301 菌体で反応，吸収させた N1141 菌株特異抗体(Anti-1141)と H8301 菌体に対する抗体を N1141 菌体で反応，吸収させた H8301 菌株特異抗体(Anti-8301)を用いたウエスタンブロッティング。左の 2 レーンは同じサンプルを銀染色で検出した電気泳動像。それぞれのレーン番号は，1：非親和性菌株表層画分，2：親和性菌株表層画分を示す。N1141 菌株特異抗体は N1141 菌株表層画分に存在する 50 kDa のバンドを，H8301 菌株特異抗体は H8301 菌株表層画分に存在する同じ大きさのバンドをそれぞれ認識した。このバンドの N 末端アミノ酸配列を解析したところ，*Pseudomonas aeruginosa* や *Salmonella typhimurium* などのグラム陰性細菌の鞭毛を構成するタンパク質であるフラジェリンの N 末端と高い相同性を示した(A 右)。(B) N1141 菌株特異抗体(Anti-1141)を用いた免疫電子顕微鏡写真。非親和性菌株の鞭毛にのみ金粒子が観察される。このことから，確かに N1141 菌株特異抗体(Anti-1141)は N1141 菌株の鞭毛タンパク質フラジェリンを特異的に認識することが確認された。バーの長さは 0.5 mm を表す。

して過敏感細胞死を誘導できなかった。さらに，N1141 野生株を接種したイネ培養細胞では核 DNA のラダー化が観察されるのに対し，欠損株を接種した培養細胞ではこのようなラダー化の誘導は認められなかった(図 5-3-2)(Tanaka et al., 2001)。一方，N1141 野生株を接種したイネおいて発現誘導される *EL2*，*EL3*，*PAL*，*Cht-1* 遺伝子についても調べたところ，*EL2* と *EL3* 遺伝子の発現は非親和性 N1141 フラジェリン欠損株では誘導されないのに対し，*PAL* と *Cht-1* 遺伝子は非親和性フラジェリン欠損株によっても野生株と同様に誘導されるということが明らかになった。このことは，イネ培養細胞における細胞死や DNA のラダー化，*EL2* や *EL3* 遺伝子の発現はフラジェリン分子によって誘導されるが，*PAL* や *Cht-1* 遺伝子の発現には別の因子が関与していることを示している(Tanaka et al., 2003)。

(2) イネにおけるフラジェリン認識機構の解析

次に，イネのフラジェリン認識機構に関する解析を行った。我々が認識物質としてのフラジェリンを報告したのとほぼ同時に，シロイヌナズナに対してフラジェリンの N 末端保存領域の配列を基に合成された 22 アミノ酸ペプチド(flg22)がトマトやシロイヌナズナの免疫反応を誘導することが報告された(Felix et al., 1999)。さらにシロイヌナズナにおいては，この flg22 が受容体型キナーゼ FLS2 によって受容されることも明らかになった(Gomez-Gomez and Boller, 2000)。そこで，*A. avenae* のフラジェリンで flg22 部分に相当するペプチドを作成し(flg22-avenae)，イネ免疫反応誘導について調べたところ，flg22 および flg22-avenae ともに誘導活性を示さなかった。そこで次に，様々なドメインごとに分けたフラジェリン断片を大腸菌で作成し，その免疫反応誘導活性に

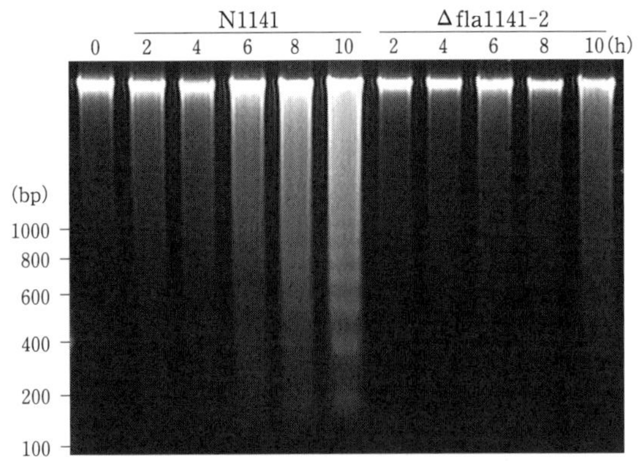

図5-3-2　*A. avenae* 非親和性 N1141 菌株とそのフラジェリン欠損株(Δfla1141-2)を接種したイネ培養細胞におけるDNAラダー化の検出(Tanaka et al., 2001, Fig. 1 [p. 297])。非親和性 N1141 菌株とフラジェリン欠損 Δfla1141-2 株をイネ培養細胞に接種し，0，2，4，6，8，10時間後にそれぞれの培養細胞からDNAを抽出し，アガロースゲル電気泳動で分離後，エチジウムブロマイドで染色した。非親和性 N1141 菌株を接種したイネ培養細胞では，接種後6時間からDNAのラダー化が認められ，接種後10時間では180 bpのヌクレオソーム単位を基本とする明瞭なDNAラダー化が検出されている。一方，フラジェリン欠損 Δfla1141-2 株を接種したイネ培養細胞では接種10時間後でもこのようなDNAのラダー化は検出されない。このことは，非親和性菌株接種時に認められるイネ培養細胞の過敏感細胞死に伴うDNAのラダー化はフラジェリン認識によって誘導されていることを示す。

ついて調べた。その結果，flg22とその断片を含むフラジェリンフラグメントにはイネ培養細胞の活性酸素発生を誘導する能力が全く認められなかった。しかし，フラジェリンのC末端部分を含む断片を処理した培養細胞では全長のフラジェリンを用いた場合と同様に活性酸素発生能が認められた。興味深いことに，flg22，flg22-avenaeとN末端部分を含む発現ペプチドは，シロイヌナズナに対しては同程度の活性酸素誘導能を有していた。これらの結果から，イネはシロイヌナズナやトマトとは異なるメカニズムでフラジェリンを認識しており，イネではFLS2とは異なる分子が受容体として機能している可能性が示された。

(3) フラジェリン認識の特異性決定機構

これまでの我々の研究で，非親和性菌株のフラジェリンはイネに様々な免疫反応を誘導するが親和性菌株のフラジェリンは誘導せず，両フラジェリン間には免疫誘導特異性が存在することが明らかになっている。両者のフラジェリンはともに492アミノ酸で構成されており，両分子間でのアミノ酸配列の相違は14カ所である(図5-3-3)。ところが，大腸菌で発現させた親和性・非親和性菌株のフラジェリン分子はイネの免疫反応を同様に誘導することが示され，両菌株のフラジェリンによるイネ免疫反応誘導特異性は両菌株間におけるアミノ酸の配列の違いに起因しているのではないことが判明した。そこで，フラジェリンの翻訳後修飾が免疫反応誘導特異性に関与しているのではないかと考え，フラジェリンの翻訳後修飾と免疫反応誘導特異性との関係について調べた。

我々は，認識物質としてのフラジェリンを同定する時に，*A. avenae* のフラジェリンには糖が結合していることをMALD-TOFMSや糖染色によって明らかにしている(Che et al., 2000)。そこでまず，この糖を脱離したフラジェリンを作製するためにアルカリ分解法やグリコシダーゼ分解法を試みたが，フラジェリンから糖鎖を脱離することはできなかった。そこで，*A. avenae* のフラジェリン糖鎖欠損株を作製し解析を行うことにした。フラジェリン修飾酵素の遺伝子が鞭毛オペロン中に存在する可能性が指摘されていたため，まず，*A. avenae* のフラジェリン遺伝子を含む鞭毛オペロンの解析を行った。その結果，N1141菌株の鞭毛オペロンは約60 kbであり，この中には55個の遺伝子が存在していることが明らかになった。また，この鞭毛オペロン中にはglycosyltransferaseやlipopolysaccharide synthase，methyltransferaseなどと相同性を有する翻訳後修飾に関与すると考えられる遺伝子群がクラスターとして存在することも明らかになった。同様に，K1菌株の鞭毛オペロンについても解析したところ，glycosyltransferaseやmethyltransferase，sugartransaminaseなどと相同性を有する遺伝子群がやはりクラスターとして存在することが示された。興味深いことに，両菌株間の鞭毛オペロンは極めて相同性が高いにもかかわらず，これら遺伝子クラスターを含む領域では両菌株間で相同性が低いことも明らかになった。そこで，まず両菌

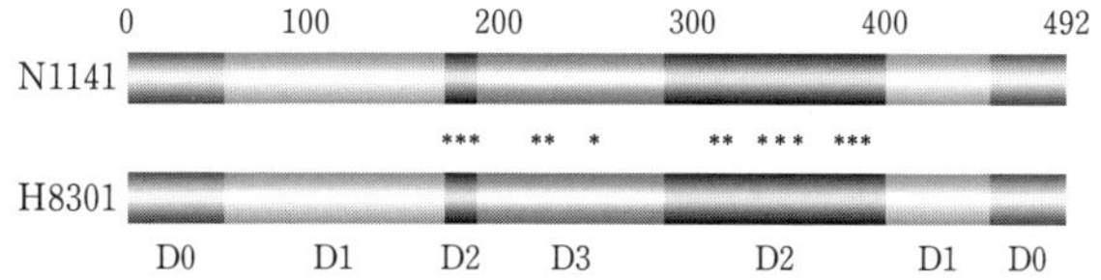

図 5-3-3　*A. avenae* 非親和性 N1141 菌株と親和性 H8301 菌株のフラジェリン構造の比較。非親和性 N1141 菌株と親和性 H8301 菌株のフラジェリン遺伝子から推定されるアミノ酸配列を比較した結果，両フラジェリンとも 492 アミノ酸で構成されており，両フラジェリン間で 14 アミノ酸のみが異なっていた。異なるアミノ酸残基の位置はアスタリスク(*)で示している。フラジェリンは N 末端と C 末端に D0 ドメインが存在しており，その内側に D1，D2 ドメインが位置し，フラジェリン分子の中央部分に D3 ドメインが存在している。一般に，D0，D1 ドメインのアミノ酸配列は様々な細菌のフラジェリン間でよく保存されており，鞭毛フィラメントを構成するのに必須であると考えられている。一方，D2，D3 ドメインのアミノ酸配列は種間で大きく異なっており，鞭毛フィラメントを構築した時にその表面に位置する部分と考えられている。両菌株のフラジェリンで異なる 14 残基のアミノ酸はすべてこの D2，D3 ドメインに存在しており，これらはすべて鞭毛の表面に位置すると予想される。

株に存在する glycosyltransferase 遺伝子に着目し，この遺伝子を欠損させた変異株をそれぞれ作製した。得られた変異株から精製したフラジェリンの分子量を MALDI-TOFMS によって測定したところ，アミノ酸配列から予想される分子量とほぼ一致した。そこで次に，この変異株からフラジェリンを精製し，イネ培養細胞における活性酸素発生の誘導について調べた結果，親和性 K1 菌株のフラジェリン糖鎖欠損変異株である KΔG 株のフラジェリンを処理したイネ培養細胞では K1 野生株のフラジェリンを処理した場合には認められなかった活性酸素の発生が確認された。次に，非親和性フラジェリンにより特異的に発現誘導される *PAL* 遺伝子についても K1 野生株と KΔG 株のフラジェリン処理で誘導に差があるかどうかを RT-PCR 法で調べた。その結果，KΔG 株から精製したフラジェリンは野生株由来のフラジェリンに比べ，約 3 倍の発現を誘導することが示された。一方，非親和性 N1141 菌株とその糖鎖欠損株から得られたフラジェリンでは，活性酸素，*PAL* の発現ともに両者間で顕著な違いは認められなかった。以上のことから，親和性 K1 菌株のフラジェリンでは，糖修飾されることによってイネによる認識が阻害されていることが示された。

次に，フラジェリンの糖鎖構造について非親和性 N1141 菌株と親和性 K1 菌株について調べた。まず，親和性 K1 野生株と KΔG 株からフラジェリンを精製し，SDS-PAGE 後，フラジェリンのバンドを切り出し，ゲル内でトリプシン消化を行った後，さらにアスパラギン酸エンドペプチダーゼ(Asp-N)で酵素消化を行った。この酵素消化により得られたペプチド断片を逆相 HPLC により分析し，両者間におけるペプチドマッピングの比較を行った。その結果，K1 野生株のみに認められるピークが一つ存在していた。そこで，このピークを分取し，アミノ酸配列解析と TOF-MS 解析を行ったところ，このペプチド断片は K1 菌株フラジェリンの 330-357 番目に相当するペプチド断片であることが明らかになった。さらに，このペプチド断片をキモトリプシンで再度消化し，HPLC により分離し，各断片を分取した。これらの断片についてもアミノ酸配列解析，MALDITOF-MS 解析を行った結果，この中のスレオニン分子に糖鎖が存在することが示された。このスレオニンに付加している糖鎖の分子量はフラジェリンに付加していると予想される糖鎖の分子量とほぼ等しいこと，および，K1 野生株と KΔG 株のフラジェリンのペプチダーゼ消化産物からはこのペプチド断片以外に異なる断片が認められないことから，K1 野生株のフラジェリンはこのスレオニン残基のみが糖鎖修飾されているものと示唆された。

3-3. フラジェリン受容情報の伝達機構

(1) イネ cDNA マイクロアレイの構築

フラジェリン認識の情報伝達機構を解析するためには，フラジェリン認識情報によって発現誘導される遺伝子群に関する情報が必要となる。そこで，フラジェリン認識シグナルの下流に存在する遺伝子群を網羅的に解析するために，イネ培養細胞を用いた cDNA マイクロアレイ解析を試みた。まず，イネ培養細胞由来の cDNA マイクロアレイチップを作製するためにイネ cDNA ライブラリーの作製を行った。イネ培養細胞に非親和性 N1141 菌を接種したものと未接種のままで1時間振盪培養を行った培養細胞から total RNA を抽出し，これをもとにそれぞれ cDNA ライブラリーを構築した。両方のライブラリーからランダムにクローンをピックアップし配列解析を行った結果，Oc-N1 ライブラリーより 2,662 クローン，Oc-N0 ライブラリーより 2,074 クローン，計 4,736 クローンの cDNA 塩基配列を得ることができた。これらの配列をもとにデータベースを構築し，個々の配列間の相同性を FASTA アルゴリズムで解析したところ，重複のないユニークな 3,353 クローンを得ることができた。

これらの構築したデータベースに含まれる遺伝子の機能をその相同性より予測し，MIPS *Arabidopsis thaliana* DataBase の functional categories の分類に従って 22 個にカテゴライズした。このような機能分類によって，既存の GenBank データベースに登録された遺伝子と相同性がないか，もしくは相同性が認められてもその機能が未知であったクローンは Oc-N0 ライブラリーで 44%，Oc-N1 ライブラリーで 38%であることが示された。また，Oc-N0 ライブラリーに比べ Oc-N1 ライブラリーで比較的多く含まれていた遺伝子は，エネルギー代謝(4.0%と 5.9%)，転写調節因子(5.4%と 6.6%)，タンパク質合成(10.0%と 12.9%)などであった。一方，Oc-N1 ライブラリーで存在比が少ない遺伝子群は，代謝調節(9.7%と 8.0%)，細胞成長，細胞伸長，DNA 合成(2.5%と 1.8%)，情報伝達(6.3%と 5.7%)であった(表 5-3-1)(Fujiwara et al., 2004)。

表 5-3-1　イネ cDNA マイクロアレイチップを作製するために構築した Oc-N0 ライブラリーと Oc-N1 ライブラリーに含まれる遺伝子の機能予測(Fujiwara et al., 2004, Table 1 [p. 987])。イネ培養細胞に非親和性 N1141 菌を接種したものと未接種のままで1時間振盪培養を行った培養細胞から total RNA を抽出し，これをもとにそれぞれ cDNA ライブラリーを構築した。両方のライブラリーからランダムにクローンをピックアップし配列解析を行った結果，Oc-N0 ライブラリーより 2,074 クローン，Oc-N1 ライブラリーより 2,662 クローン，計 4,736 クローンの cDNA 塩基配列を得ることができた。これら遺伝子の機能を FASTA アルゴリズムを用いた相同性解析により予測し，MIPS *Arabidopsis thaliana* DataBase の functional categories の分類に従ってカテゴライズした。

	Oc-N0[a]		Oc-N1[b]	
Functional Categories	No.	%	No.	%
代謝	202	9.7	214	8.0
エネルギー	82	4.0	156	5.9
細胞生長，細胞分裂，DNA 合成	52	2.5	48	1.8
転写	112	5.4	176	6.6
タンパク質合成	208	10.0	344	12.9
タンパク質運命	65	3.1	78	2.9
輸送促進	35	1.7	68	2.6
細胞輸送，輸送機構	16	0.8	31	1.2
細胞発生	32	1.5	52	2.0
細胞伝達/情報伝達	130	6.3	153	5.7
細胞救出，防御，細胞死，老化	131	6.3	182	6.8
イオン恒常性	0	0.0	3	0.1
細胞組織	46	2.2	87	3.3
運動	0	0.0	0	0.0
発生	34	1.6	37	1.4
転位因子，ウイルス，プラスミドタンパク質	6	0.3	15	0.6
組織特異的タンパク質	4	0.2	7	0.3
不明瞭分類	0	0.0	0	0.0
分類不能タンパク質	4	0.2	5	0.2
不明	452	21.8	505	19.0
相同性なし	461	22.2	499	18.7
無	2	0.1	2	0.1
計	2074	100.0	2662	100.0

(2) イネ cDNA マイクロアレイを用いた解析

上記の 3,353 クローンをテンプレートに用いて，PCR によりインサートの cDNA 配列を増幅し，スライドガラスにスポッティングし，イネ cDNA マイクロアレイチップを作製した。まず，実際のマイクロアレイ解析に先立ち，マイクロアレイで得られたデータの正確性，再現性などを確認した。菌体を接種していないイネ培養細胞より抽出したmRNAを用いて，Cy3標識およびCy5標識のcDNAプローブを合成し，作製したマイクロアレイスライドとハイブリダイゼーションを行って，それぞれのシグナルイメージを検出した。正確性を期すために6回分の反復実験を行い，得られた各蛍光シグナルを数値化し，各シグナル強度の総計をもとにグローバル補正による正規化を行った。その結果，約88%のシグナルが±1.5倍に，99%のシグナルが±2.0倍の範囲内に含まれることが明らかとなった。そこで，本マイクロアレイ解析では少なくとも±2.5倍以上の変動を示したシグナルが有意であると結論付けた。

次に，実際に作製したイネcDNAマイクロアレイを用いて解析を行った。*A. avenae*非親和性N1141菌株と親和性K1菌株のそれぞれを接種後0，0.5，1，2，3，4，5，6時間の培養細胞より得たmRNAをsignalとしてCy5標識したcDNAプローブを合成し，水接種後同時間の培養細胞より得たmRNAをcontrolとしてCy3標識したcDNAプローブを合成して，マイクロアレイスライドとハイブリダイゼーションを行った後，共焦点レーザースキャナー装置を用いてシグナルイメージを検出した。すべての実験は少なくとも6回の反復実験を行い，6回のシグナル値を用いて有意に発現変動が認められる遺伝子をBenjamini and Hochberg法を用いた多重比較検定により同定した。さらに，このような遺伝子の同定には±2.5倍以上の変動を示す遺伝子のピックアップ法も併用した。その結果，798の遺伝子が非親和性N1141または親和性K1菌株接種によって有意に発現変動することが示された。さらに，この798遺伝子の中で非親和性N1141と親和性K1菌株接種時に異なる発現パターンを示す遺伝子を*t*-検定によって調べたところ，131遺伝子が両菌株接種時に異なる発現パターンを示すことが明らかになった。

次に，この131遺伝子を，さらに経時的な発現パターンによって類似した発現パターンを示すいくつかのグループに分類するために，K-meansクラスタリングを行った。今回は，この131遺伝子についてデフォルトであるstandard correlationを使用して，9 setのクラスターに分類した。その結果，クラスター1番から6番は非親和性N1141菌株で発現誘導が認められる遺伝子群が分類され，このクラスター群には94個の遺伝子が含まれることが示された。また，クラスター7と8番には親和性K1菌株で発現誘導される5個の遺伝子が含まれており，クラスター9番には非親和性N1141菌株で発現抑制が認められる32個の遺伝子が含まれることが明らかになった。このようにk-meansクラスタリングは131遺伝子のうち，97%にあたる126遺伝子が非親和性N1141菌株接種時に発現誘導もしくは発現抑制される遺伝子であることを示した。興味深いことに，非親和性N1141菌株接種時に発現誘導される遺伝子群(94遺伝子)に含まれる遺伝子の予測される機能を調べた結果，転写調節(16.2%)，代謝(11.1%)，情報伝達(9.4%)細胞救助・防御・細胞死・老化(9.2%)に関与する遺伝子群が相対的に多く含まれることが示された。

次に，フラジェリン情報伝達の下流で制御される遺伝子群を明らかにするため，同様のマイクロアレイ解析を非親和性N1141フラジェリン欠損株(Δfla1141-2)を用いて行った。Δfla1141-2菌株を接種後0.5，1，2，3，4，5，6時間のイネ培養細胞より抽出したmRNAを用いて解析を行った結果，フラジェリン欠損株(Δfla1141-2)では，131遺伝子中46遺伝子の発現誘導が低下もしくは遅延していることが明らかになった。このようなフラジェリン認識の下流に存在すると考えられる遺伝子には，情報伝達に関与するcalmodulin-like proteinや転写調節に関与すると考えられているOsNAC，WRKY，病原菌の認識と情報伝達に関与すると考えられるLRR-kinase，OsEDS1などをコードする遺伝子が含まれていた。

以上の結果は，非親和性菌株接種によって特異的に誘導される遺伝子群の中で，フラジェリンの認識のみによって誘導される遺伝子は全体の約37%でしかなく，その他の遺伝子はフラジェリン以外の認識物質の下流に存在するか，またはフラジェリンとそれ以外の認識物質の両方の下流に存在することを示している。

3-4. *Hrp* 分泌機構を介したイネ免疫反応誘導機構

(1) 非親和性 N1141 菌株の *hrp* クラスターの構造

フラジェリンはイネの免疫システム誘導において重要な認識物質として作用することがマイクロアレイ解析によって明らかになったが，フラジェリンだけでイネの免疫システムが構築されるのではなく，その他の認識物質も関与することが示された。そこで，次にこのような認識物質について調べることにした。これまでの多くの研究から，植物による植物病原細菌の認識と免疫反応誘導には *hrp* (hypersensitive response/pathogenicity) クラスターと呼ばれる遺伝子群が関与することが明らかになっている。*hrp* 遺伝子は多くのグラム陰性植物病原細菌に存在し，この *hrp* 遺伝子群のいくつかの遺伝子はタイプⅢ分泌機構をコードしていることが明らかになっている。このタイプⅢ分泌機構は，細菌の内膜・外膜・ペリプラズム領域に局在する複数のタンパク質がトンネル構造を形成して，病原性タンパク質を細菌の細胞外に直接分泌する機構である。現在では，この細胞外分泌機構をコードする遺伝子と相同性を示す *hrp* 遺伝子は特に *hrc* (hypersensitive response/conserved) 遺伝子と呼ばれている。また，*hrp* 遺伝子クラスター内にはエリシター活性を有する harpin や popA というエフェクタータンパク質をコードする遺伝子も存在しており，これらが植物の防御システム構築に関与する可能性が示唆されている。

まず，非親和性 N1141 菌株の *hrp* 遺伝子クラスターの構造を明らかにするため，この菌株のコスミドゲノムライブラリーの作製を試みたところ平均インサートサイズが約 40 kbp のライブラリーが構築できた。次に植物病原細菌の *hrp* 遺伝子の中で比較的配列が保存されている *hrc*R 遺伝子の保存された配列をもとにプライマーを作成して N1141 菌ゲノムをテンプレートに PCR を行い，この PCR 産物をプローブとしてスクリーニングを行い，得られたクローンの配列を解析した結果，N1141 菌株の *hrp* 遺伝子クラスターを含む約 100 kb の配列を明らかにすることができた。配列解析の結果，N1141 菌株の *hrp* 遺伝子クラスターは約 35 kbp であり，この領域内に 26 個の遺伝子が存在することが明らかになった。これら遺伝子の機能を既知の *hrp* 遺伝子との相同性から推定したところ，*hrp* 分泌装置をコードする *hrc* 遺伝子が 9 個，*hrp* オペロンの転写を制御する遺伝子が 2 個，菌体外に分泌されるエフェクタータンパク質が 2 個それぞれ存在することが示された。また *hrp* 転写単位上流に存在する PIP (plant inducible promoter) 配列が 10 個存在することから，この *hrp* 遺伝子群には少なくとも 10 個の転写単位が存在することも明らかとなった。

(2) 非親和性 N1141 の *hrp* 遺伝子群のイネ免疫反応誘導への関与

そこで次に，N1141 菌株の *hrp* 遺伝子群がイネ免疫システム誘導にどのように関与しているのかを調べるために，*hrp* 分泌装置をコードする *hrcV*，*hrcQ* 遺伝子を欠損した Δ*hrc* 株，細胞外に分泌されるエフェクタータンパク質をコードする *hrpW* および *hrpY* を欠損させた Δ*hrpW* 株，Δ*hrpY* 株の 3 種類を作製し，イネ培養細胞に対する免疫反応誘導活性について調べた。まず，イネ培養細胞の過敏感細胞死誘導について調べたところ，Δ*hrc* 株と Δ*hrpY* 株では細胞死の抑制が認められたが，Δ*hrpW* 株では野生株と同様の細胞死誘導が認められた。次に，N1141 野生株によって特異的に誘導されるイネ抵抗性関連遺伝子についてマイクロアレイを用いて解析した。Δ*hrc* 株，Δ*hrpW* 株，Δ*hrpY* 株を接種し，0.5，1，2，3，4，5，6 時間後のイネ培養細胞より抽出した mRNA から signal として Cy5 標識した cDNA プローブを合成し，水接種後 0.5，1，2，3，4，5，6 時間の培養細胞より得た mRNA を control として Cy3 標識した cDNA プローブを合成してハイブリダイゼーションを行った。すべての実験は少なくとも 4 回の反復実験を行い，反復の平均値から得られた各シグナル強度をグローバル補正による正規化を行い，親和性菌株と非親和性菌株接種時に異なる発現を示す131遺伝子に限定して解析を行った。その結果，*hrpY* 欠損株Δ*hrpY* では，131遺伝子中6遺伝子の発現が低下もしくは遅延しており，その遺伝子は転写調節に関与すると考えられるglycin rich protein, cytochrome P450, OsNACなどをコードしていることが示された。また，*hrpW* 欠損株Δ*hrpW* では131遺伝子中2遺伝子の発現が変動しており，その遺伝子は機能未知のものであった。一方，*hrp* 分泌機構を欠損した *hrc* 欠損株Δ*hrc* では，131遺伝子中110遺伝子の発現が野生株に比べて低下もしくは遅延していることが明らかとなった。以上のことより，イネが非親和性菌株を認識して誘導する免疫システム反応にはこの菌の *hrp* 分泌機構が大きく関与していることが明らかになった。また，この *hrp* 分泌機構に関与する遺伝子の中で，Δ*hrpY*，Δ*hrpW* によって発現誘導が低下した遺伝子は1割にも満たないことも明らかとなり，イネの免疫システムの成立にはHrpY, HrpW以外の新規の *hrp* 分泌機構により分泌される認識物質が関与することが強く示唆された。

⑶ 新規エフェクタータンパク質の探索

次に，*hrp* 分泌機構を介して分泌される新規エフェクタータンパク質について解析を試みた。このようなエフェクタータンパク質は，*hrp* 分泌機構を介して分泌されることが予想されたので，野性株とΔ*hrc* 株の培地上清タンパク質を二次元電気泳動で比較することによってこれらエフェクタータンパク質の同定を試みた。MM (minimal medium) 培地で，野性株とΔ*hrc* 株を培養した後，培地上清から硫酸アンモニウムでタンパク質を塩析し，透析による脱塩，TCA沈殿，アセトン沈殿によりタンパク質を精製し二次元電気泳動によって分離した。このようにして分離した野生株，Δ*hrc* 株の培地上清に存在するタンパク質をそれぞれ銀染色で染色したところ，野性株特異的に認められる9個のスポットを検出することができた。そこで，これらのスポットをゲルからそれぞれの切り出し，トリプシン処理後，イオントラップ型質量分析計 (nano LC-nano ESI MS) を用いて質量分析を行い，それぞれのタンパク質の同定を試みた。その結果，これらのタンパク質はcatalaseやmalate synthase, NADH dehydrogenase, ketothiolaseなどの酵素類やN1141菌株のHrpWなどのエフェクタータンパク質，Che-Y-lile reciver domein, Signal transduction histidine kinaseなどの情報伝達に関与するタンパク質などであることが明らかになった。このような分泌タンパク質がイネによるこの菌の認識に関与し，その認識情報が免疫システム誘導を制御する可能性が高い。これら因子を介した免疫システム誘導機構解析が新たな研究課題として提起されたと考える。

3-5. おわりに

イネと *A. avenae* 親和性・非親和性菌株を用いて，イネによるこの菌の認識とその認識情報の伝達，および免疫反応誘導の分子機構について調べた。この研究によって，イネがこの菌の鞭毛タンパク質フラジェリンを認識していることを初めて明らかにすると同時に，この認識情報の下流に存在する遺伝子群を同定することができた。さらに，イネの免疫システム誘導にはフラジェリンとは別の認識物質も関与することを明らかにし，この認識物質がhrp分泌機構によって細胞外に分泌されていることを示した。イネにおける病原菌認識と免疫システム誘導の分子機構の全貌を理解するためには，イネに存在するフラジェリン認識システムを明らかにするとともに，hrp分泌機構を介して細胞外に分泌される新規認識物質の同定とその認識システムについての知見を得ることも必要となるであろう。さらに，この認識情報の細胞内伝達機構を分子レベルで明らかにするという問題も残されている。イネによる病原菌認識とその情報伝達による病原菌免疫システム誘導の全貌を分子レベルで明らかにするためには，従来の分子生物学的，生化学的解析に加え，有機化学的，細胞遺伝学的解析を用いた総合的な解析が必要となるであろう。

参考文献

Che, F. S., Entani, T., Marumoto, T., Taniguchi, S., Takayama, S., Isogai, A. (2002) Identification of novel gene which are differentially expressed in compatible and incompatible interactions beetween rice and *Pseudomonas avenae*. Plant Sci. 162, 449-458.

蔡晃植・磯貝彰(2002)　植物による鞭毛構成タンパク質フラジェリンの認識と抵抗性反応誘導機構．植物の化学調節 37，117-125．

Che, F. S., Iwano, M., Tanaka, N., Takayama, S., Minami, E., Shibuya, N., Kadota, I., Isogai, A. (1999) Biochemical and morphological features of rice cell death induced by *Pseudomonas avenae*. Plant Cell Physiol. 40, 1036-1045.

Che, F. S., Nakajima, Y., Tanaka, N., Iwano, M., Yoshida, T., Takayama, S., Kadota, I., Isogai, A. (2000) Flagellin from an incompatible strain of *Pseudomonas avenae* induces a resistance response in cultured rice cells. J. Biol. Chem. 275, 32347-32356.

蔡晃植・高井亮太・磯貝彰(2004)　鞭毛タンパク質フラジェリン認識を介した植物の生体防御機構．化学と生物 42，562-564．

Felix, G., Duran, J. D., Volko, S., Boller, T. (1999) Plants have a sensitive perception system for the most conserved domain of bacterial flagellin. Plant J. 18, 265-276.

Fujiwara, S., Tanaka, N., Kaneda, T., Takayama, S., Isogai, A., Che, F. S. (2004) Rice cDNA Microarray Based Gene Expression Profiling of the Response to Flagellin Perception in Cultured Rice Cells. Mol. Plant-Microb Interact. 17, 986-998.

Gomez-Gomez, L., Boller, T. (2000) FLS2: an LRR receptor-like kinase involved in the perception of the bacterial elicitor flagellin in *Arabidopsis*. Mol. Cell. 5, 1003-11.

Iwano, M., Che, F. S., Goto, K., Tanaka, N., Takayama, S., Isogai, A. (2002) Electron microscopic analysis of the H_2O_2 accumulation preceding to hypersensitive cell death in cultured rice cells induced by an incompatible strain of *Pseudomonas avenae* Mol. Plant Pathol. 3, 1-8.

岩野恵・蔡晃植・磯貝彰(2003)　植物細胞における活性酸素種の発生部位と機能について．電子顕微鏡 38，123-126．

Tanaka, N., Che, F. S., Nakajima, Y., Kaneda, T., Takayama, S., Isogai, A. (2001) DNA laddering during hypersensitive cell death in cultured rice cells induced by an incompatible strain of *Pseudomonas avenae*. Plant Biotechnol. 18, 295-299.

Tanaka, N., Che, F. S., Watanabe, N., Fujiwara, S., Takayama, S., Isogai, A. (2003) Flagellin from an incompatible strain of Acidovorax avenae mediates H_2O_2 generation accompanying hypersensitive cell death and expression of *PAL*, *Cht-1*, and *PBZ1*, but not of *LOX* in rice. Mol. Plant-Microbe Interact. 16, 422-428.

4. *Pseudomonas syringae* による植物免疫の活性化とその制御機構

4-1. はじめに

あらかじめ弱病原性あるいは非病原性の病原体を接種した植物に，本来の病原体を追接種すると病徴の進展が阻害される。このように疫を免れる(免疫)現象はしばしば観察され，獲得抵抗性と呼ばれている。この抵抗性は，植物が第1次接種の時点で病原体由来の分子パターン(pathogen-associated molecular patterns: PAMPs)を認識し，防御応答を始動させることにより得られたと考えられる。このような防御応答誘導分子は従来エリシターと総称されていたが，その活性に必要な最小単位が明らかになるにつれ，最近ではPAMPと呼ばれることが多くなってきた。本節では *P. syringae* のエリシターであるハーピンやフラジェリンによる植物免疫の活性化と病原細菌によるその制御機構を紹介したい。

4-2. *P. syringae* の HR 誘導因子

エリシターには特有の植物にしか作用しない特異的エリシター(specific elicitors)と，広範囲の植物に作用する非特異的エリシター(general elicitors)が存在する。特有の植物にしか作用しない特異的エリシターとは遺伝子対遺伝子説に基づく非病原力(*avr*)遺伝子の直接的あるいは間接的産物であり，対応する抵抗性(*R*)遺伝子を保有する特定の植物の品種にのみ作用し，過敏感反応(hypersensitive reaction: HR)と呼ばれる激しい防御応答を誘導する。一方，非特異的エリシターは上述のPAMPを有する分子である。植物病原細菌のPAMPを有する分子として *hrp*(hypersensitive reaction and pathogenicity)遺伝子産物が構築するタイプIII分泌システム(type III secretion system: TTSS)によって細胞外に分泌されるハーピンタンパク質が知られている。ハーピンとは植物に細胞死を伴う激しい防御応答を引き起こす能力を有するタンパク質の総称であり，システインをもたず，グリシンに富む熱安定性タンパク質である。*P. syringae* では *hrp* 遺伝子クラスターの *hrpZ* にコードされる HrpZ ハーピンと Conserved effecter locus の *hrpW* にコードされる HrpW ハーピンが知られている（Charkowski et al., 1998; He et al., 1993）。我々はハーピンによる植物免疫シグナル伝達機構を解析するために，*P. syringae* の 4 種の病原型 pv. *pisi*，pv. *glycinea*，pv. *tomato*，pv. *tabaci* の *hrpZ* 遺伝子を単離し，その構造を解析した。その結果，*hrpZ* の DNA 配列は互いに高い相同性を示したものの，pv. *tabaci* の *hrpZ* DNA 配列は，pv. *glycinea hrpZ* DNA 配列と比較すると中央部に 326 bp の欠失があり，フレームシフトも生ずるため，大腸菌により組換えタンパク質として生産させてもアミノ末端側約 1/3 程度のペプチドしか翻訳されえないことが判明した。*P. syringae* pv. *glycinea*，pv. *tomato*，pv. *pisi* 由来の組換えハーピンは，タバコ葉やタバコ培養細胞に対して過敏感細胞死，活性酸素の生産，DNA の断片化といった一連の防御応答を誘導するのに対し，pv. *tabaci* 由来の組換えハーピンは，これらの防御応答をいっさい誘導しなかった。このように pv. *tabaci* のハーピンはエリタシーとして不活性であり，また発現そのものも観察されなかった（Andi et al., 2001; Ichinose et al., 2001a, b; Taguchi et al., 2001）。

上述のように *P. syringae* pv. *tabaci*（図 5-4-1）は機能的な *hrpZ* 遺伝子を有しないが，本菌を非宿主トマトに接種すると過敏感反応が生じ，細胞死が観察される。このことは，HrpZ 以外に過敏感反応を誘導するエリシターが存在することを示している。そこで我々は本菌の培養上清を濃縮し，カラムクロマトグラフィーにより分離・分取した画分について SDS-PAGE を行うとともに HR 誘導活性を解析した。その結果，約 32 kDa のタンパク質が HR 誘導因子である可能性が高いと判断し，アミノ末端のアミノ酸配列を解読した（図 5-4-2）。この 32 kDa のタンパク質はべん毛繊維の主要構成タンパク質であるフラジェリンであると判明し，本菌からの精製フラジェリンがトマトに HR を誘導することを確認した。1999 年のことである。当時，Felix et al. により *P. syringae* のフラジェリンが，多くの双子葉植物の培養細胞に対し培地のアルカリ化を引き起こすエリシターであること，この活性はフラジェリンのアミノ末端側に保存された 22 アミノ酸からなるペプチド（flg22）が担っていることが報告されたところであった（Felix et al., 1999）。我々は，異なる病原型（pv. *tabaci*，pv. *glycinea*，pv. *tomato*）からフラジェリンを精製し，HR 誘導活性を調べるとともに，フラジェリンをコードする *fliC* 遺伝子を単離した。*fliC* から推定されるフラジェリンのアミノ酸配列は病原型にかかわらず互いに高い相同性を示した。また，興味深いことに，pv. *tabaci* と pv. *glycinea* の推定アミノ酸配列は全く同一であるものの，pv. *glycinea* 由来のフラジェリンはタバコに細胞死を強く誘導したのに対し，pv. *tabaci* 由来のフラジェリンはそのような強い誘導活性を示さなかった（図 5-4-3）。この事実はフラジェリンの有するエリシター活性は flg22 などのアミノ酸の一次構造だけでは決定されないことを示している（Taguchi et al., 2003a, b）。また，前述のように *P. syringae* pv. *tabaci* のフラジェリンは宿主タバコに対して HR を誘導しないが，誘導活性を失っているわけではなく，非宿主であるトマトやシロイヌナズナに対しては顕著に HR を

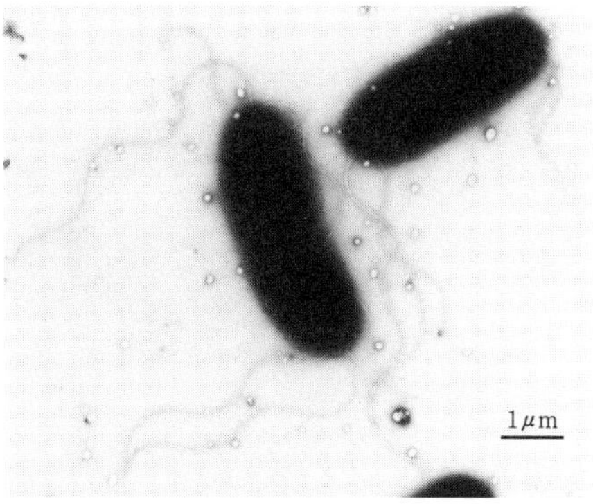

図 5-4-1　*Pseudomonas syringae* pv. *tabaci*（タバコ野火病菌）の電子顕微鏡写真。3〜8 本の極べん毛を有する桿菌である。

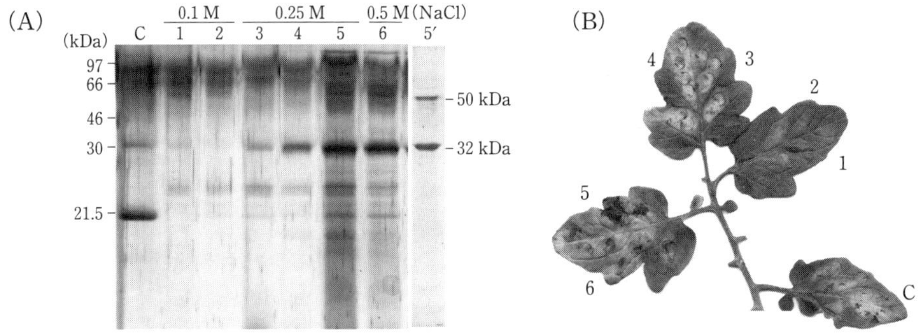

図5-4-2　逆層カラムクロマトグラムで分画した培養上清のSDS-PAGE解析(A)とトマト葉におけるHR誘導活性の検定(B)(Taguchi et al., 2003b, Fig. 1 [p. 166]から許可を得て転載)。3-6の画分には約32 kDaのタンパク質が存在しており，その画分はトマト葉にHR様の変化を引き起こした。Cは濃縮した培養上清，1-6はカラムで分離した各画分で銀染色した。5′は5の濃縮画分を泳動後，PVDFメンブランにタンパク質を転写させ，クマジーブリリアントブルー(CBB)染色したもの。32 kDaと50 kDaの二つのタンパク質が存在していることがわかる。アミノ酸解析の結果，32 kDaはフラジェリンと判明した。べん毛から精製したフラジェリンはBで示すHR様変化を引き起こす。

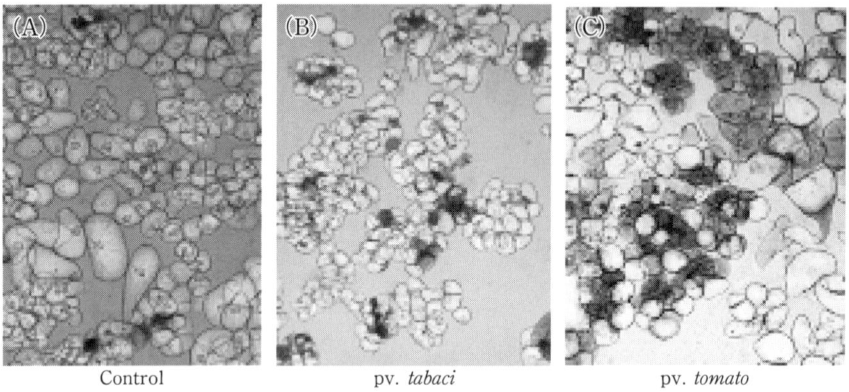

図5-4-3　タバコ培養細胞BY-2に対するフラジェリンの細胞死誘導活性。培養細胞に0.1 Mグリシン塩酸緩衝液(pH 7.0)のコントロール処理(A)，p. *tabaci*(B)，pv. *tomato*(C)から精製したフラジェリンを0.32 μMの終濃度で処理し，24時間後にエバンスブルーで染色した。死細胞は青く染まる。

誘導した(Taguchi et al., 2003b)。*P. syringae* pv. *glycinea* のフラジェリンも，タバコに対しては顕著にHRを誘導するものの，宿主ダイズに対しては誘導しなかった。このようにこれらのフラジェリンは宿主植物に対してはエリシターとして有効に機能しないことが判明した。

それでは実際の感染の現場においてフラジェリンは認識されるのであろうか？　この問いに答えるために，我々はフラジェリン遺伝子を欠損させ，フラジェリンを全く生産しないΔ*fliC* 変異株と，フラジェリンは生産するものの重合させることができず，フラジェリンを単量体として細胞外に分泌するΔ*fliD* 変異株を作出した。両変異株ともべん毛を全く形成せず，運動能力を失っている。これらの菌を非宿主トマトに接種すると，Δ*fliD* 菌はトマトに対し極めて強いHRを誘導したのに対し，Δ*fliC* 菌はHRを誘導せず，トマト葉ではむしろ菌の増殖が観察された(Shimizu et al., 2003)。以上の結果は，pv. *tabaci* のフラジェリンが非宿主トマトに対して最も主要なHR誘導因子であることを示している。さらに本菌のTTSSの必須構成遺伝子 *hrcC* を欠損させたΔ*hrcC* 変異株もトマトに対するHR誘導能を有していた。これらの結果は，本菌のフラジェリンが誘導する HR は TTSS に依存しないことを示している(Marutani et al., 2005)。一方，Δ*fliC*，Δ*fliD*，Δ*hrcC* の各変異株の宿主タバコに対する病原性はいずれも著しく低下したことより，べん毛による運動能と TTSS は本菌の病原性に必要な因子であることが明らかとなった(Ichinose et al., 2003a, b)。

4-3. フラジェリンの糖鎖修飾

(1) フラジェリンの糖鎖と HR 誘導特異性の解析

P. syringae の *fliC* から推定されるフラジェリン分子は 282 アミノ酸から構成される。ただし，精製タンパク質のアミノ酸配列解読結果においてアミノ末端の Met が存在していなかったことから，フラジェリンは 281 アミノ酸残基を 1 ユニットとしてべん毛繊維を構築していると推測される。アミノ酸配列から計算される推定分子量は 29,148 Da で，SDS-PAGE における移動度から推察される分子量約 32 kDa より有意に小さく，フラジェリンは翻訳後修飾を受けていることが予測された。また，その差が約 3 kDa と比較的大きいことから翻訳後修飾はメチル化やリン酸化などではなく糖による修飾の可能性が最も高いと考えられた。実際に精製フラジェリンは糖を検出する PAS 試薬により染色されるが，糖を除去する酸処理後には染色されなくなることから糖タンパク質であることを確認した(図 5-4-4)(Taguchi et al., 2003a)。

フラジェリンの HR 誘導活性における翻訳後修飾の重要性は以下の二つの実験系によっても確認した。一つ目は大腸菌の pET タンパク質発現システムを用いて得られた組換えフラジェリンの HR 誘導活性の解析である(Taguchi et al., 2003b)。*P. syringae* pv. *tabaci*，pv. *tomato*，pv. *glycinea*，pv. *pisi* の組換えフラジェリンを精製し，タバコ培養細胞に処理して細胞死誘導能を検定した。その結果，いずれの病原型由来の組換えフラジェリンも同程度の HR 誘導能を有していた。前述のように *P. syringae* pv. *tabaci* から精製したフラジェリンはタバコに HR を誘導しない。大腸菌で発現させた組換えフラジェリンは糖鎖修飾されていないので，pv. *tabaci* のフラジェリンは糖鎖修飾によりタバコに対する HR 誘導活性を失ったと考えることができる。二つ目の実験系では pv. *tabaci* の Δ*fliC* 菌に pv. *tabaci*，pv. *glycinea*，pv. *tomato* 由来の *fliC* 遺伝子をそれぞれ導入し，Δ*fliC* 菌の形質が相補されるかを解析した。その結果，いずれの *fliC* 遺伝子相補菌も野生型と同様の運動能力，非宿主トマトへの HR 誘導能を回復した(Taguchi et al., 2003a)。これらの結果は，フラジェリンのタバコに対する HR 誘導特異性がアミノ酸配列による一次構造ではなく翻訳後修飾により決定されることを示している。

(2) フラジェリンの糖鎖修飾酵素遺伝子群 (glycosylation island) の発見

上述のようにフラジェリンが糖タンパク質であり，糖鎖が HR 誘導の特異性に関わっていることが明らかとなったが，精製フラジェリンから糖を除去したフラジェリンを回収しても収率が低いため，糖鎖を欠損したフラジェリンの処理実験が困難であった。そこで，フラジェリンの糖鎖修飾酵素遺伝子を検索し，遺伝子破壊により糖鎖の欠

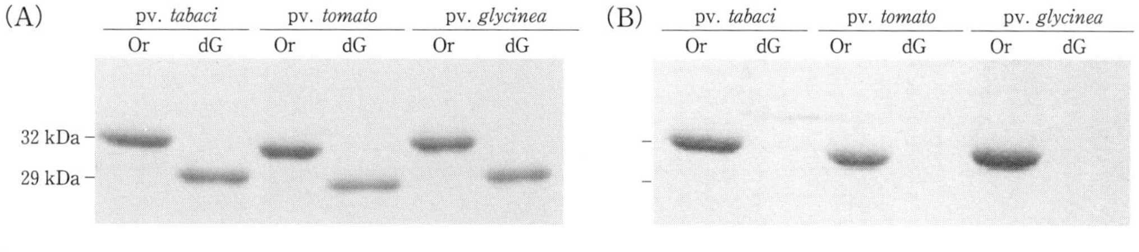

図 5-4-4　フラジェリンタンパク質の糖鎖修飾解析(Taguchi et al., 2003a, Fig. 8 [p. 345] から許可を得て転載)。3 つの病原型細菌から精製したフラジェリン(Or)と酸処理により糖鎖除去を行ったフラジェリン(dG)を SDS-PAGE で分離した。A では CBB 染色を，B では糖染色を行った。精製フラジェリンは約 32 kDa で糖が検出されるが，酸処理を行うと分子量は約 29 kDa にまで低下し，糖は検出されなくなる。

損したフラジェリン変異株を作出することにより，糖鎖のないフラジェリンの精製を可能にするとともに，糖鎖のないフラジェリンを有する細菌の病害力を解析することにした。

原核生物である細菌はゴルジ体をもたないため，一般的にタンパク質の糖鎖修飾など翻訳後修飾は行われないといわれている。ところが，数年前からタンパク質の糖鎖修飾が必ずしも真核生物特有の現象ではないことが次々と示されてきた(Power and Jennings, 2003; Schmidt et al., 2003)。ただし，どのようなタンパク質も糖鎖修飾されるわけではなく，細菌細胞の表層に存在するタンパク質，例えば繊毛構成タンパク質ピリンやべん毛のフラジェリンなどにおいてのみ糖タンパク質の存在が報告されているに過ぎない。これら細胞表層タンパク質は宿主側の因子と直接相互作用する可能性の高いタンパク質と考えられるが，細胞表層の糖鎖はO抗原などのように，宿主細胞により認識されるエピトープになりやすいことが推察される。

我々が *P. syringae* の *fliC* 遺伝子の構造を解析している時に，*P. aeruginosa* の strain PAK においてフラジェリンの糖鎖に必要な遺伝子群が見出され，それらは glycosylation island と命名された(Arora et al., 2001)。*P. aeruginosa* の glycosylation island は，*fliC* の上流の14個の *ORF* (*orfA*-*orfN*)から構成され，これらのうち *orfA* または *orfN* を欠損するとフラジェリンの糖鎖修飾が阻害されたと報告されている。そこで，我々も *P. syringae* の glycosylation island を検索したところ，*P. aeruginosa* と同様に *fliC* 遺伝子のすぐ上流に糖転移酵素遺伝子に相同性を示す二つの *orf* (*orf1*, *orf2*)を見出した。さらに，それらの遺伝子を特異的に欠損させるとフラジェリンの分子量が低下することを見出した(図5-4-5)。*orf1* を欠損させた変異株(Δ*orf1*)のフラジェリンは，酸処理により糖鎖除去を行ったフラジェリンとSDS-PAGE解析において同一の移動度を示し，*orf2* の欠損変異株(Δ*orf2*)のフラジェリンは野生株とΔ*orf1* 変異株のフラジェリンの中間の移動度を示す分子の混合物であった。これらの結果はOrf1とOrf2がフラジェリンの糖鎖修飾酵素であることを示している(Takeuchi et al., 2003)。

動物の病原細菌ではフラジェリンやピリンの糖鎖構造解析が進み，*Campylobacter jejuni* のフラジェリンは pseudaminic acid によって修飾を受け，*P. aeruginosa* PAK株のフラジェリンではセ

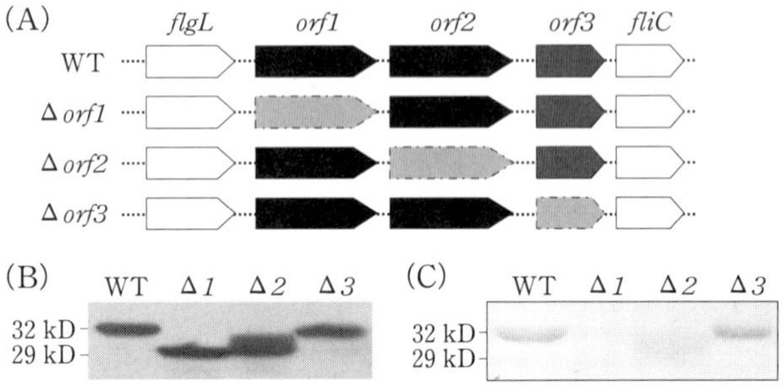

図5-4-5　*P. syringae* の glycosylation island。べん毛のフック結合タンパク質であるHAP3の遺伝子 *flgL* とフラジェリン遺伝子 *fliC* の間の約8 kbに3つのORFが存在する。*orf1* と *orf2* は推定の糖転移酵素遺伝子と *orf3* は3-oxoacyl-(acyl-carrier protein) synthase IIIの遺伝子と相同性を示す。(A)相同性組換えによりそれぞれの *orf* を特異的に欠損する変異株を作出した。それぞれのフラジェリンの分子量は菌体総タンパク質のフラジェリン抗体によりウエスタンブロット(B)で解析し，糖鎖修飾は各精製フラジェリンの糖染色によって検出した(C)。Δ*orf1* 株由来のフラジェリンは分子量が約29 kDaまで低下し，糖は検出されなかった。一方，Δ*orf2* 株由来のフラジェリン分子量は低下したものの，異なる分子量の混合物であり，糖は検出されたが反応は弱い。Δ*orf3* 株のフラジェリンは野生株と差がないようであった。

リンあるいはスレオニンにラムノースを介して最大11の単糖が結合していることが報告されている(Thibault et al., 2001; Schirm et al., 2004)。*P. syringae* のフラジェリン糖鎖は後述のようにO結合型グリカンであるが，その詳細な構造は現在まだ解析中である。

(3) フラジェリン糖鎖の機能解析

フラジェリン糖鎖の植物相互作用における機能を解明するために，*P. syringae* pv. *glycinea* の Δ*orf1* 変異株，Δ*orf2* 変異株を本菌の宿主であるダイズや非宿主であるタバコにスプレー接種した。その結果，野生株と比較して二つのフラジェリン糖鎖変異株は，ダイズに対し弱い程度の病徴しか誘導できず，病原性が低下した。このことはフラジェリン糖鎖が宿主ダイズに対する病原性に必要な要素であることを示している。また，本菌野生株をタバコに接種しても病徴は現れないが，二つのフラジェリン糖鎖変異株は黄化症状を含む病徴様の変化を引き起こした。この時の細菌の増殖を解析すると，野生株の場合は接種後速やかな細菌数の減衰が起こるのに対し，フラジェリン糖鎖変異株では一時的に増殖した細菌の減衰はなかなか起こらなかった。このことからフラジェリン糖鎖変異株を非宿主タバコに接種しても，タバコは糖鎖の欠損したフラジェリンをエリシターとして効率よく認識することができず，効果的な防御応答を始動できなかったものと考えられる(Takeuchi et al., 2003)。

同様なフラジェリン糖鎖変異株は *P. syringae* pv. *tabaci* においても作出された。*P. syringae* pv. *glycinea* と同様に，本菌の Δ*orf2* 変異株はフラジェリンの糖鎖修飾を部分的に，Δ*orf1* 変異株は完全に欠損した。これらの変異株を宿主タバコにスプレー接種すると，その病徴形成能力は著しく低下し，糖鎖が病原性に必要な要素であることが再確認された。また，pv. *tabaci* の野生株とフラジェリン糖鎖欠損株からフラジェリンを精製し，非宿主であるダイズ培養細胞に処理すると野生株由来のフラジェリンはHR細胞死を著しく誘導したのに対し，糖鎖欠損フラジェリンのHR細胞死誘導能は有意に低下した(Taguchi et al., 2006)。これらの結果はフラジェリンの糖鎖が宿主に対する病原性と非宿主に対するHR誘導能の両方に必要であることを示している。これは従来の *hrp* 遺伝子と全く異なる新規な *hrp* 遺伝子の発見ともいえる。また，細菌糖タンパク質の糖鎖構造が免疫の活性化を制御していることを示す世界で初めての知見である。最近になって，動物病原細菌で最初の例として，*P. aeruginosa* のフラジェリン糖鎖欠損変異株では，発病能力が著しく低下したことが報告されている(Arora et al., 2005)。フラジェリン糖鎖の免疫制御能は動植物の病原細菌の病原性にともに重要であるようだ。

(4) 糖鎖結合アミノ酸の同定

フラジェリンの分子構造はアミノ末端側とカルボキシ末端側の異なる細菌間においてもよく保存されているD0，D1ドメインと，中央部の可変領域であるD2，D3ドメインから構成されている。このD2，D3ドメインはべん毛繊維形成時に外側に露出する部分である。この可変領域のサイズによりフラジェリンの分子量は30 kDaから70 kDaと様々であり，32 kDaの *P. syringae* のフラジェリンはD2ドメインをもたず，わずかなD3ドメインの可変領域を有しているのみである(Ichinose et al., 2004)。上述の *C. jejuni* や *P. aeruginosa* のフラジェリン糖鎖はすべてフラジェリンの可変領域であるアミノ酸配列の中央部に位置し，血清学的多様性に貢献していると考えられる。

我々は *P. syringae* pv. *tabaci* のフラジェリンの糖鎖結合アミノ酸を同定するために，まず，野生株由来の糖鎖修飾されたフラジェリンと Δ*orf1* 変異株由来の糖鎖修飾されていないフラジェリンをともにペプチダーゼで消化し，得られたペプチド断片をHPLCで分離し，糖鎖修飾されたフラジェリンの消化産物に特異的に生ずるピークを分取した。これらのピークの中には糖鎖修飾を受けたアミノ酸を含むペプチドが存在していると予想される。さらにペプチドのアミノ酸配列を解読することにより，解読不能なアミノ酸残基を糖鎖修飾アミノ酸の候補と考えることができる。このようにして，糖鎖付きフラジェリンに特異的な3本のピークから糖鎖修飾候補のアミノ酸を特定した。

これらはすべてセリンであった。次に，糖鎖修飾候補のセリンのコドンをアラニンのコドンに置き換える部位特異的置換を行い，相同性組換えにより野生株の *fliC* 遺伝子をアミノ酸置換株の変異 *fliC* 遺伝子に置き換えた。得られた変異株からフラジェリンを精製し，SDS-PAGE に供するとともに MALDI-TOF MS 分析により正確な分子量を測定した。その結果，アラニン置換により分子量の低下が確認されたセリンを6カ所同定した。これら6カ所の糖鎖結合セリンはすべてがべん毛形成時に表面に露出すると予測される D3 ドメイン近傍に位置していた。また，6カ所のセリンをすべてアラニンに置換したフラジェリン(6S/A)の分子量はアミノ酸配列から計算される分子量にほぼ等しくなり，糖鎖修飾を受けているアミノ酸は全部で6カ所であること，1カ所のセリンには約 540 Da の糖鎖が結合していることが推測された(図 5-4-6)(Taguchi et al., 2006)。

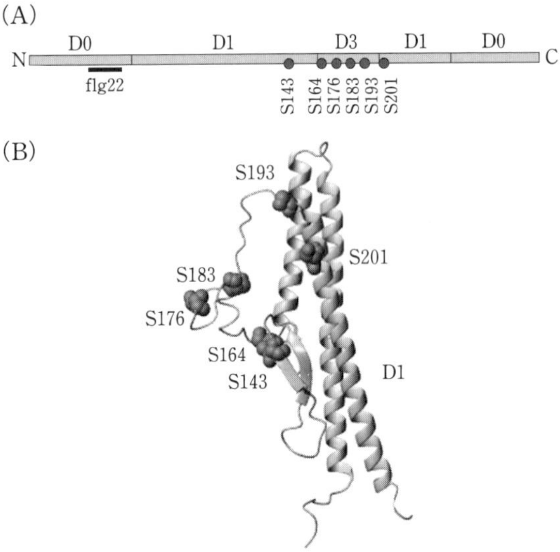

図 5-4-6　タバコ野火病菌のフラジェリンのドメインと糖鎖結合アミノ酸の位置(Taguchi et al., 2006, Fig. 5 [p. 929]から許可を得て一部転載)。D3 ドメインとその近辺に全部で6カ所のセリンが糖鎖修飾されている(A)。D0 ドメインを除く領域の予想立体図(B)。異なる細菌間のフラジェリンで保存された D1 ドメインがべん毛円筒の中軸側に位置し，6カ所の糖鎖結合セリンはすべてべん毛の表層部に，特に S176 と S183 は最外層に位置すると予想される。

(5) 糖鎖結合セリンをアラニンに置換した変異株の病原性

上述のように6カ所のセリンを糖鎖結合アミノ酸として同定したが，それぞれの糖鎖の重要性をさらに詳細に検討するため，セリン/アラニン置換変異株の諸性質を解析した。まず運動能についてであるが，我々は Swimming 能を 0.3%程度の寒天培地において同心円状に広がる運動能として，Swarming 能を 0.5%程度の寒天培地において樹状に広がる運動能として解析を行ってきた。Δ*orf1* 変異株や Δ*orf2* 変異株に加え，1カ所のセリンをアラニンに置換したいずれの変異株も野生株と同程度の Swimming 能を保持していた。しかしながら，Swarming 能は異なっており，野生株が高い Swarming 能を有しているのに対し，Δ*orf1*，Δ*orf2* の両変異株はその能力が大きく低下した。一方，1カ所のセリン/アラニン置換株については，置換の効果は同一でなく，176 や 183 のセリンをアラニンに置換した株(S176A, S183A)が最も大きな影響を受けた。また，143, 164，201 のセリンをアラニンに置換した影響は小さく，193 はその中間型を示した。次に，糖鎖欠損変異株のポリスチレンに対する付着能，宿主タバコに対する病原力を調べてみると，Swarming 能と同様に，Δ*orf1*，Δ*orf2*，S176A，S183A の変異株で付着能，病原力がともに大きく低下し，S143A，S164A，S201A 変異株では変異の影響は小さいことが判明した(図 5-4-7，8)(Taguchi et al., 2006)。このように6つの糖鎖の中でも D3 ドメインに存在する2つのセリン(176，183)をアラニンに置換した時に，その影響が最も大きく現れた。フラジェリンの分子モデル(図 5-4-6)からもこれらのアミノ酸はべん毛繊維の最も外側に位置することが予想されている。このことは 176 と 183 の糖鎖が Swarming 培地表面やポリスチレン表面に対する物理的相互作用や植物細胞表層との相互作用に最も重要であることを示唆している。

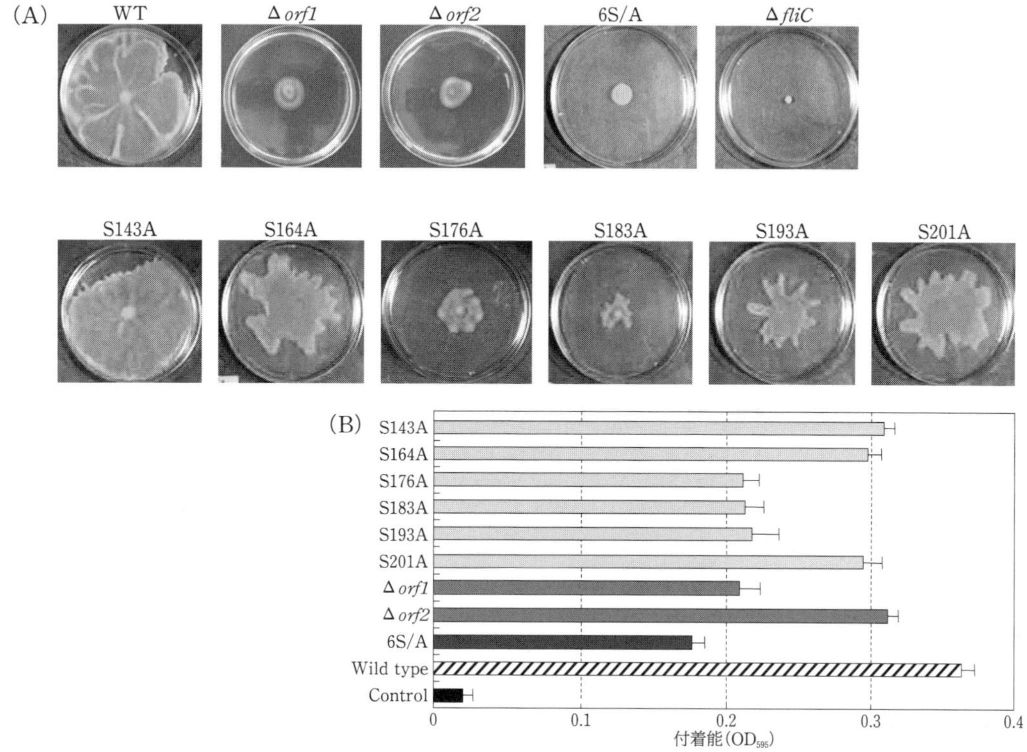

図 5-4-7　タバコ野火病菌の野生株と各種フラジェリン糖鎖欠損変異株の swarming 能(A)とポリスチレンに対する付着能(B)の検定試験結果(Taguchi et al., 2006, Fig. 6 [p. 930]から許可を得て一部転載)。野生株の示す高い swarming 能と付着能はいずれのフラジェリン糖鎖欠損変異株においても有意に低下した。特に Δ*orf1*，Δ*orf2*，6 カ所のセリンをすべてアラニンに置換した株(6S/A)と S176A と S183S の 1 カ所のセリンのアラニン置換株においてこれらの活性は著しく低下した。

4-4. フラジェリンによる植物免疫の活性化
——認識と防御応答シグナル伝達機構

(1) シロイヌナズナを用いた防御応答解析

P. syringae pv. *tabaci* の野生株ならびにべん毛を有さない変異株(Δ*fliC*)やフラジェリンの糖鎖を欠失した変異株(Δ*orf1*)をシロイヌナズナに接種し，HR 誘導，活性酸素の生産，菌の増殖などを観察した。その結果，pv. *tabaci* 野生株の接種により誘導された HR 細胞死，活性酸素の生産は，変異株の接種では顕著ではなく，逆にこれら変異株はある程度増殖し，野生株接種ではみられない病徴様の変化を引き起こした。これらの結果はシロイヌナズナを用いた非宿主相互作用においてもフラジェリン糖鎖が重要であることを示唆している(Ishiga et al., 2005)。本菌の Δ*fliC* 変異株をシロイヌナズに接種すると病徴様変化が引き起こされることは，Li et al. によっても報告された(Li et al., 2005)。Li et al. はまた，シロイヌナズナの非宿主抵抗性に必要で，非病原菌の接種により転写が誘導される *NHO1* 遺伝子の発現が，Δ*fliC* 菌の接種では著しく低下することを見出した(Li et al., 2005)。これらの結果は，シロイヌナズナ－*P. syringae* pv. *tabaci* の系において，フラジェリンが主要な HR 誘導因子であることを示している。

フラジェリンの PAMP である flg22 に対しては，対応する受容体の遺伝子 *FLS2* がシロイヌナズナから単離されている(Gomez-Gomez and Boller, 2000)。flg22 は FLS2 の細胞外 LRR ドメインによって認識され，細胞内タンパク質リン酸化ドメインの活性化，MAP キナーゼカスケードを介してシグナルが伝達され，そのシグナルは WRKY22 や WRKY29 などのグループ II WRKY 転写因子遺伝子の転写の活性化，ひいて

図5-4-8　タバコ野火病菌の野生株と各種フラジェリン糖鎖欠損変異株のタバコ葉に対する病徴試験（Taguchi et al., 2006, Fig. 8［p. 932］から許可を得て一部転載）。2×10^8 cfu/ml の菌液をスプレーで接種し 23℃12 日間インキューベートした。野生株の示す強い病原力はいずれのフラジェリン糖鎖欠損変異株においても有意に低下した。特に Δ*orf1*，Δ*orf2*，6S/A の各種変異株と S176A と S183S の1カ所のセリンのアラニン置換株において病原力は著しく低下した。口絵2参照。

は防御応答遺伝子の転写の活性化を導くことが報告されている（Meindl et al., 2000; Asai et al., 2002）。シロイヌナズナ由来の培養細胞 T-87 にフラジェリンを処理し，発現の増高する遺伝子をマイクロアレイ解析により抽出した。その結果，上述のグループ II WRKY に加え WRKY41 や WRKY55 などのグループⅢ WRKY 転写因子の遺伝子発現もフラジェリンにより誘導されることが明らかとなった。それらの遺伝子発現はシロイヌナズナ葉にフラジェリンを処理しても1時間後に誘導されたが，*FLS2* の欠損した変異株の葉では誘導されず，*FLS2* に依存することが明らかとなった（未発表）。グループⅢ WRKY 転写因子遺伝子の発現は，非病原菌や非親和性病原菌の接種によっても誘導されることが報告されており，病害防御応答における転写制御因子としての重要性が指摘されている（Kalde et al., 2003）。

上述のマイクロアレイ解析において，フラジェリンを処理してもジャスモン酸（JA）誘導性の PDF1.2 やサリチル酸（SA）誘導性の PR-1a は誘導されなかった。SA はうどん粉病菌や *P. syringae* などの活物寄生菌（Biotroph）や準活物寄生菌（hemibiotroph）に対し，有効な防御応答を誘導することが知られている（Kunkel and Brooks, 2002; Hammond-Kosack and Parker, 2003）。フラジェリン処理により誘導される防御応答が SA を必要とするか否かを調べるため，シロイヌナズナの SA 非応答性の *npr* 変異株にフラジェリンを処理し，WRKY41 や WRKY55 などの防御遺伝子発現を解析した。その結果，いずれの植物体も野生株と同様に応答し，防御応答遺伝子の発現が観察された。この結果は，フラジェリンによる WRKY41 や WRKY55 の発現誘導に SA は関与していないことを示唆している（未発表）。Kalde et al.（2003）の報告においても非親和性病原菌の接種により誘導される WRKY41 や WRKY55 の発現は，SA に非応答性のシロイヌナズナにおいても低下せず，防御応答における WRKY41 や WRKY55 の発現は SA から独立していることを示している。

最近，flg22 はシロイヌナズナに対して植物ホルモンであるオーキシンの受容体遺伝子（*TIR1*, *AFB2*, *AFB3*）の発現を負に制御するマイクロ RNA（miR393a）を誘導することが報告された。また，もう一つのオーキシン受容体遺伝子である

AFB1 を構成的に高発現させたシロイヌナズナや，オーキシンを処理したシロイヌナズナに親和性病原細菌である *P. syringae* pv. *tomato* DC3000 を接種すると病徴の発現が亢進した。これらの結果は，オーキシンが病害罹病性に必要であること，マイクロ RNA によるオーキシンシグナル経路の抑制が抵抗性に重要であることを示している（Navarro et al., 2006）。

4-5. *P. syringae* の病原性因子
——植物免疫の抑制と回避

これまで *P. syringae* の病原性にべん毛による運動能，さらにべん毛フラジェリンの糖鎖構造が重要であることを記してきた。本菌の病原性因子にはその他に pv. *tabaci* におけるタブトキシン，pv. *tomato* や pv. *glycinea* におけるコロナチンといった非特異的毒素，*hrp* 遺伝子が関与する TTSS を介したエフェクター分子の分泌，タイプII分泌システムを介した植物細胞壁を分解するペクチナーゼやエステラーゼなどの加水分解酵素の分泌，環境変化や菌体密度に応答して病原性遺伝子の発現を制御する Gac2 成分制御システムや菌体密度感知機構（quorum sensing）などを挙げることができる。これらのうち TTSS は病原性に必須であるといわれているが，エフェクターの種類は数多く，その標的分子も多彩で不明なものも多い。それらの中で pv. *tomato* DC3000 の HopPtoD2 はタンパク質脱リン酸化酵素として MAP キナーゼカスケードを阻害することが，AvrPphB や AvrRpt2 などは PBS1 や RIN4 といった植物の防御応答に関わる分子を分解するプロテアーゼであることが示されている（Abramovitch and Martin, 2004）。これらのエフェクターは積極的に植物のある機能を阻害することにより防御応答を抑制するサプレッサーといえる。一方，本研究ではフラジェリンという代表的なエリシターに糖鎖が覆うことによりエリシターの活性を制御していることを明らかにした。*P. syringae* は，宿主に対しては，毒素やエフェクターにより防御応答を抑制するとともに，フラジェリンに糖鎖を修飾することにより宿主による認識とそれに続く防御応答の始動を回避し，感染を成立させているものと現在のところ推察している。

4-6. おわりに

本研究では，植物病原細菌の新しい HR 誘導因子としてフラジェリンを発見し，まだあまりなじみのない細菌タンパク質の糖鎖修飾が HR 誘導の特異性を担っていることを明らかにしてきた。一方で，フラジェリンの PAMP である flg22 の活性に対する糖鎖の関与，糖鎖の構造，糖転移酵素の触媒機能などまだまだ不明の事柄は数多い。今後の研究の進展により，全貌を解明したいと考えている。

参考文献

Abramovitch, R. B., Martin, G. B. (2004) Strategies used by bacterial pathogens to suppress plant defenses. Curr. Opin. Plant Biol. 7, 356-364.

Andi, S., Taguchi, F., Toyoda, K., Shiraishi, T., Ichinose, Y. (2001) Effect of methyl jasmonate on harpin-induced hypersensitive cell death, generation of hydrogen peroxide and expression of defense genes in tobacco suspension cultured BY-2 cells. Plant Cell Physiol. 42, 446-449.

Arora, S. K., Bangera, M., Lory, S., Ramphal, R. (2001) A genomic island in *Pseudomonas aeruginosa* carries the determinants of flagellin glycosylation, Proc. Natl. Acad. Sci. USA 98, 9342-9347.

Arora, S. K., Neely, A. N., Blair, B., Lory, S., Ramphal, R. (2005) Role of motility and flagellin glycosylation in the pathogenesis of *Pseudomonas aeruginosa* burn would infections. Infect. Immun. 73, 4395-4398.

Asai, T., Tena, G., Plotnikova, J., Willmann, M. R., Chiu, W. L., Gomez-Gomez, L., Boller, T., Ausubel, F. M., Sheen, J. (2002) MAP kinase signalling cascade in *Arabidopsis* innate immunity. Nature 415, 977-983.

Charkowski, A. O., Alfano, J. R., Preston, G., Yuan, J., He, S. Y., Collmer, A. (1998) The *Pseudomonas syringae* pv. *tomato* HrpW protein has domains similar to harpins and pectate lyases and can elicit the plant hypersensitive response and bind to pectate. J. Bacteriol. 180, 5211-5217.

Felix, G., Duran, J. D., Volko, S., Boller, T. (1999) Plants have a sensitive perception system for the most conserved domain of bacterial flagellin. Plant J. 18, 265-276.

Gomez-Gomez, L., Boller, T. (2000) FLS2: an LRR receptor-like kinase involved in the perception of the bacterial elicitor flagellin in *Arabidopsis*. Mol. Cells 5, 1003-1011.

Hammond-Kosack, K. E., Parker, J. E. (2003) Deciphering plant-pathogen communication: fresh perspectives for molecular resistance breeding. Curr. Opin. Biotechnol. 14, 177-193.

He, S. Y., Huang, H. C., Collmer, A. (1993) *Pseudomonas syringae* pv. *syringae* harpin$_{Pss}$: a protein that is secreted via the Hrp pathway and elicits the hypersensitive response in plants. Cell 73, 1255-1266.

Ichinose, Y., Andi, S., Doi, R., Tanaka, R., Taguchi, F., Sasabe, M., Toyoda, K., Shiraishi, T., Yamada, T. (2001a) Generation of hydrogen peroxide is not required for harpin-induced apoptotic cell death in tobacco BY-2 cell suspension culture. Plant Physiol. Biochem. 39, 771-776.

Ichinose, Y., Shimizu, R., Ikeda, Y., Taguchi, F., Marutani, M., Mukaihara, T., Inagaki, Y., Toyoda, K., Shiraishi, T. (2003a) Need for flagella for complete virulence of *Pseudomonas syringae* pv. *tabaci*: genetic analysis with flagella-defective mutants Δ*fliC* and Δ*fliD* in host tobacco plants. J. Gen. Plant Pathol. 69, 244-249.

Ichinose, Y., Shimizu, R., Taguchi, F., Takeuchi, K., Marutani, M., Mukaihara, T., Inagaki, Y., Toyoda, K., Shiraishi, T. (2003b) Role of Flagella and Flagellin in Plant—*Pseudomonas syringae* Interactions. In *Pseudomonas syringae* and Related Pathogens, Edited by N. S. Iacobellis et al., Kluwer Academic Press, Dordrecht, The Netherland, pp. 311-318.

Ichinose, Y., Taguchi, F., Takeuchi, K., Marutani, M., Ishiga, Y., Inagaki, Y., Toyoda, K., Shiraishi, T. (2004) Bacterial flagellins as elicitors of the defense response. In Genomic and Genetic Analysis of Plant Parasitism and Defense, Edited by S. Tsuyumu, J. E. Leach, T. Shiraishi and T. Wolpert, APS Press, St. Paul, USA, pp. 83-91.

Ichinose, Y., Tanaka, R., Taguchi, F., Andi, S., Doi, R., Toyoda, K., Shiraishi, T., Yamada. T. (2001b) Structural and functional characterization of proteinous elicitor, harpin. In Plant Diseases and Their Control, Edited by Z. Shimai, Z. Guanghe and L. Huaifang, China Agricultural Scientech Press, Beijing, China, pp. 18-21.

Ishiga, Y., Takeuchi, K., Taguchi, F., Inagaki, Y., Toyoda, K., Shiraishi, T., Ichinose, Y. (2005) Defense responses of *Arabidopsis thaliana* inoculated with *Pseudomonas syringae* pv. *tabaci* wild type and defective mutants for flagellin (Δ*fliC*) and flagellin-glycosylation (Δ*orf1*). J. Gen. Plant Pathol. 71, 302-307.

Kalde, M., Barth, M., Somssich, I. E., Lippok, B. (2003) Members of the *Arabidopsis* WRKY group III transcription factors are part of different plant defense signaling pathway. Mol. Plant-Microbe Interact. 16, 295-305.

Kunkel, B. N., Brooks, D. M. (2002) Cross talk between signaling pathways in pathogen defense. Curr. Opin. Plant Biol. 5, 325-331.

Li, X., Lin, H., Zhang, W., Zou, Y., Zhang, J., Tang, X., Zhou, J. M. (2005) Flagellin induces innate immunity in nonhost interactions that is suppressed by *Pseudomonas syringae* effectors. Proc. Natl. Acad. Sci. USA 102, 12990-12995.

Marutani, M., Taguchi, F., Shimizu, R., Inagaki, Y., Toyoda, K., Shiraishi, T., Ichinose, Y. (2005) Flagellin from *Pseudomonas syringae* pv. *tabaci* induced *hrp*-independent HR in tomato. J. Gen. Plant Pathol. 71, 289-295.

Meindl, T., Boller, T., Felix, G. (2000) The bacterial elicitor flagellin activates its receptor in tomato cells according to the address-message concept. Plant Cell 12, 1783-1794.

Navarro, L., Dunoyer, P., Jay, F., Arnold, B., Dharmasiri, N., Estelle, M., Voinnet, O., Jones, J. D. (2006) A plant miRNA contributes to antibacterial resistance by repressing auxin signaling. Science 312, 436-439.

Power, P. M., Jennings, M. P. (2003) The genetics of glycosylation in Gram-negative bacteria. FEMS Microbiol. Lett. 218, 211-222.

Schirm, M., Arora, S. K., Verma, A., Vinogradov, E., Thibault, P., Ramphal, R., Logan S. M. (2004) Structural and genetic characterization of glycosylation of type a flagellin in *Pseudomonas aeruginosa*. J. Bacteriol. 186, 2523-2531.

Schmidt, M. A., Riley, L. W., Benz, I. (2003) Sweet new world: glycoproteins in bacterial pathogens. Trends Microbiol. 11, 554-561.

Shimizu, R., Taguchi, F., Marutani, M., Mukaihara, T., Inagaki, Y., Toyoda, K., Shiraishi, T., Ichinose, Y. (2003) The Δ*fliD* mutant of *Pseudomonas syringae* pv. *tabaci*, which secretes flagellin monomers, induces a strong hypersensitive reaction (HR) in non-host tomato cells. Mol. Genet. Genomics 269, 21-30.

Taguchi, F., Shimizu, R., Inagaki, Y., Toyoda, K., Shiraishi, T., Ichinose, Y. (2003a) Post-translational modification of flagellin determines the specificity of HR induction. Plant Cell Physiol. 44, 342-349.

Taguchi, F., Shimizu, R., Nakajima, R., Toyoda, K., Shiraishi, T., Ichinose, Y. (2003b) Differential effects of flagellins from *Pseudomonas syringae* pv. *tabaci*, *tomato* and *glycinea* on plant defense response. Plant Physiol. Biochem. 41, 165-174.

Taguchi, F., Takeuchi, K., Yasuda, C., Katoh, E., Murata, K., Katoh, S., Kaku, H., Kawasaki, T., Eguchi, M., Inagaki, Y., Toyoda, K., Shiraishi, T., Ichinose, Y. (2006) Identification of glycosylation genes and glycosylated amino acids of flagellin in *Pseudomonas syringae* pv. *tabaci*. Cell. Microbiol. 8, 923-938.

Taguchi, F., Tanaka, R., Kinoshita, S., Ichinose, Y., Imura, Y., Andi, S., Toyoda, K., Shiraishi, T.,

Yamada, T. (2001) Harpin$_{Psta}$ from *Pseudomonas syringae* pv. *tabaci* is defective and deficient in its expression and HR-inducing activity. J. Gen. Plant Pathol. 67, 116-123.

Takeuchi, K., Taguchi, F., Inagaki, T., Toyoda, K., Shiraishi, T., Ichinose, Y. (2003) Flagellin glycosylation island in *Pseudomonas syringae* pv. *glycinea* and its role in host specificity. J. Bacteriol. 185, 6658-6665.

Thibault, P., Logan, S. M., Kelly, J. F., Brisson, J.-R., Ewing, C. P., Trust, T. J., Guerry, P. (2001) Identification of the carbohydrate moieties and glycosylation motifs in *Campylobacter jejuni* flagellin. J. Biol. Chem. 276, 34862-34870.

5. *Ralstonia solanacearum* の Hrp タイプIII分泌系を介した植物内増殖機構

5-1. はじめに

動物および植物に感染するグラム陰性病原細菌の多くが，宿主との相互作用にタイプIII分泌系を用いている。タイプIII分泌装置は約 20 種類のタンパク質から構成されており，それらの多くが病原細菌間で保存されている(Hueck, 1998; Cornelis and Van Gijsegem, 2000)。また，そのうち約 10 種類はべん毛基部体の構成タンパク質とも相同性を示す(Aizawa, 2001)。動物病原細菌では，タイプIII分泌装置複合体の精製と電子顕微鏡による観察が成功しており，①細菌の内膜と外膜を貫通する超分子構造体を形成する，②共通の起源をもつと考えられるべん毛基部体と類似した形態をとる，③基部体から外界に向けて中空のニードル状構造が突き出ている，などの知見が得られている(Kubori et al., 1998)。植物病原細菌においてもタイプIII分泌装置をコードする *hrp* (hypersensitive reaction and pathogenicity)遺伝子群が早くから同定され，ほとんどの植物病原細菌の植物内増殖に必須な働きをもつことが明らかになっている(Alfano and Collmer, 1997)。植物病原細菌のタイプIII分泌装置(Hrp)からは Hrp 繊毛と呼ばれる長い繊毛状構造が伸びており，この点が動物病原細菌と大きく異なる(Roine et al., 1997)。現在では，タイプIII分泌装置はエフェクターと総称されるタンパク質性の病原性因子を宿主の細胞内に注入するための「注射器」であると考えられている。植物細胞は，動物細胞とは異なり，最外側にセルロースを主成分とする細胞壁が存在する。植物病原細菌の Hrp 繊毛は，先端が細胞壁をくぐり抜けて宿主の細胞膜に到達するのに最適な形なのかもしれない。

タイプIII分泌装置から宿主の細胞内に注入されるエフェクターは，宿主の生理機能をドラスティックに変化させる機能があり，病原細菌は感染時に複数のエフェクターをセットで宿主細胞に注入することで，宿主の内部環境を様々に変化させ，最終的に自身が増殖できる場所を作り出すと考えられている(Gālan and Collmer, 1999)。病原細菌がもつエフェクターの数と機能は細菌種によって様々に異なり，各細菌が宿主および標的組織での増殖に最適のエフェクターを進化の過程で独自に獲得したと思われる。植物病原細菌のエフェクター遺伝子は，歴史的に，非宿主に過敏感反応(HR)を誘導する *avr* (avirulence)遺伝子として単離されてきた(Leach and White, 1996)。*avr* 遺伝子を単独で欠損させても変異株の植物病原性に何ら大きな変化が現れない場合も多く，機能的に重複したエフェクターが植物病原細菌のゲノム中に多数存在するらしいことが予測されていた。しかしながら，「一つの病原細菌が一体いくつのエフェクターをもっているのか」という疑問は，まだ明らかにされていない。

植物病原細菌 *Ralstonia solanacearum* は，農業生産に最も大きな被害を及ぼす細菌病の一つ，青枯病の原因細菌である(Hayward, 1991)。*R. solanacearum* の *hrp* 欠損株は植物内での増殖能力を完全に失い，病原性が消失すること(Boucher et al., 1987)から，本菌も宿主細胞にエフェクターを注入することで自身の植物内増殖を可能にする戦略をとっていることは明白である(図 5-5-1A)。*R. solanacearum* がもつすべてのエフェクターとその機能を明らかにすることができれば，本菌の植物内増殖の分子メカニズムを明らかにできるはずである。本節では，我々が行った *R. solanacearum* エフェクター遺伝子の網羅的スクリーニングとその機能解析の一部を紹介する。

5-2. *R. solanacearum* の *hrpB* レギュロンに属する遺伝子の網羅的スクリーニング

R. solanacearum のエフェクター遺伝子に関しては，我々の研究が開始された頃，*hrp* クラスター近傍にコードされる *popABC* 遺伝子が知られるのみであった。*popABC* 遺伝子の発現は，*hrp* 遺伝子と同様に HrpB 転写アクチベーターによって制御されることが当時報告されていた (Alrat et al., 1994)。その頃単離された他の植物病原細菌の *avr* 遺伝子の多くも，やはり *hrp* 遺伝子と共通のアクチベーター(*Xanthomonas* spp.)または σ 因子(*Pseudomonas syringae* や *Erwinia* spp.)で転写制御されていた。我々はこの点に着目し，「*R. solanacearum* のエフェクターは HrpB アクチベーターの制御下にある可能性が高い」と考えた。*R. solanacearum* の *hrpB* 遺伝子の発現は植物の細胞間隙の環境を模した低栄養の合成培地上で強く誘導されるが，富栄養培地上では逆に抑制されることが当時報告されていた(Genin et al., 1992)。このことは，HrpB により制御されるエフェクター遺伝子の発現も同様に低栄養条件下で強く誘導され，富栄養条件下で抑制されることを強く示唆する。簡単にいえば，「低栄養条件に特異的に応答発現する遺伝子の中にエフェクター遺伝子があるだろう」と我々は考えたのである。

この可能性を検討するために，まず最初に，二つのトランスポゾン mini-Tn*5lacZYA* と mini-Tn*5′lacZY* を用いて，ラクトースを含む低栄養

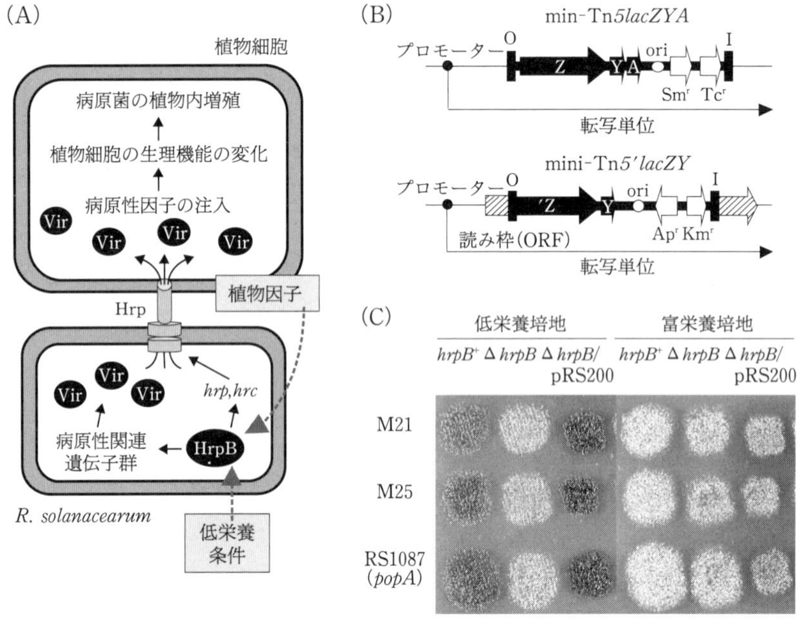

図5-5-1　*R. solanacearum* の *hrpB* レギュロンに属する遺伝子の網羅的スクリーニング。(A) *R. solanacearum* のタイプIII分泌系を介した植物との相互作用。*R. solanacearum* は植物シグナルまたは低栄養条件シグナルを感知すると，HrpB を介して *hrp*，*hrc* 遺伝子群を活性化し，Hrp タイプIII分泌装置を形成する。エフェクターの遺伝子も同時に活性化される。エフェクター(Vir)は Hrp から植物の細胞内に注入された後，植物細胞の生理機能を何らかの形で改変する。最終的に，*R. solanacearum* が増殖可能な環境が植物内に作り出される。(B)スクリーニングに用いたトランスポゾンの構造。mini-Tn*5lacZYA* はプロモーターを欠く *lacZYA* オペロンを，mini-Tn*5′lacZY* は *lacZ* の5′側コード領域の一部を欠く *′lacZY* オペロンをそれぞれ運ぶ。mini-Tn*5lacZYA* では発現しているプロモーターの下流に *lacZYA* が挿入された場合に，mini-Tn*5′lacZY* では *′lacZY* が発現している読み枠(ORF)に同じ読み枠で融合した場合にのみ *lacZ* 活性が発現する。(C) *hrpB* 依存性転写単位のトラップ。M21 および M25 は mini-Tn*5lacZYA* を用いて単離された *lacZ* 融合株。RS1087 株は *popA* 遺伝子中に *lacZYA* オペロンが挿入されており，コントロールとして用いられた。X-Gal の発色を指標にして *lacZ* 活性をモニターしている。口絵3参照。

の最少培地（*hrp* 誘導培地）上で強く発現するプロモーターあるいはORFを *lacZ* 活性を指標にしてトラップした（図 5-5-1B）。*R. solanacearum* はラクトース資化能を欠くため，プロモーターあるいはORFにTnが挿入され，*lacZY* を発現するようになった株のみがこの培地上でコロニーを形成できる。次に，単離した *lacZY* 融合株を富栄養のBG培地（*hrp* 抑制培地）上にレプリカし，ここで *lacZ* の発現が抑制されるものを低栄養条件に応答する遺伝子をトラップした株として選抜した。さらに，これらの株に *hrpB* 変異を導入し，低栄養条件に対する応答がなくなる株を選択した（図 5-5-1C）。最終的に，我々は7500のプロモータートラップ株から46，24000のORFトラップ株から77，併せて123の *hrpB* 依存的な発現を示す *lacZY* 融合株の単離に成功した。

5-3. *hrpB* 依存性遺伝子のクローニングと塩基配列の決定

hrpB 依存的な発現を示す遺伝子をクローニングするために，123の *lacZ* 融合株から，それぞれトランスポゾン（Tn）近傍のゲノムDNAを回収し，塩基配列を決定した。その結果，重複したものを除くと独立のTn挿入は99であった。99の *lacZ* 融合株のうち38株では，*hrp* オペロン2，3，4，7と *popABC* オペロンにTnが挿入されていた。既知の5つの *hrpB* 依存性の転写単位すべてがトラップされていたことは，構築したスクリーニング系が有効であることを示している。残りの61株では，Tnは未報告の遺伝子中に挿入されていた。これらの解析から，最終的に，*hrpB* 依存的な発現を示す30の新規遺伝子が同定され，*hpx1* から *hpx30* と名付けられた（*hpx*: *hrpB*-dependent expression; Mukaihara et al., 2004）。ほとんどの *hpx* 遺伝子の推定プロモーター領域にはHrpBの認識配列であるPIP（plant-inducible promoter）box配列（5′-TTCGC-N15-TTCGC-3′）と−10配列（5′-YANNRT-3′）が見出された（Mukaihara et al., 2004）。*hpx* 遺伝子のうち *hrp* 遺伝子クラスター近傍に位置するものは4つのみで，それ以外は *R. solanacearum* ゲノム上に広く散在していた。

これらの結果から，*R. solanacearum* のHrpB悪チベーターは，既知の *hrp*，*hrc*，*pop* 遺伝子群を含めると，50以上の遺伝子から構成される巨大な病原性レギュロンを制御していることが明らかになってきた。

5-4. *hpx* 遺伝子がコードする遺伝子産物の特徴

遺伝子産物の相同性検索から，7つの *hpx* 遺伝子の産物は，既知の動物および植物病原細菌のエフェクターと高い相同性を示した（Mukaihara, 2004）。種を越えて病原細菌が共通にもつエフェクターが存在することは，これらのエフェクターが病原性に大きく寄与することを予想させ，大変興味深い。また，4つの *hpx* 遺伝子の産物は，既知酵素（glyoxalase I，spermidine synthaseとtransposase）または既知酵素モチーフ（Nudixモチーフ）と高い相同性を示した。さらに，真核細胞内で機能するタンパク質に似たロイシンリッチリピート（LRR）タンパク質をコードする *hpx* 遺伝子も複数見出された。*R. solanacearum* のLRRタンパク質には，その構造的特徴から大きくFbl型（FblA，FblB，FblC，FblD，FblE，FblF，FblG）とPopC型（LrpE，PopC）の2つがあり，Fbl型LRRタンパク質では，C末端側約2/3がLRRドメインで占められているのに対して，PopCとLrpEは中央領域にLRRドメインをもっている（図 5-5-2A）。両者ではLRRモチーフのコンセンサス配列も異なり，互いに起源が異なると推察される。残りの *hpx* 遺伝子の産物は，特に既知タンパク質と高い相同性を示さなかったが，重複遺伝子ファミリーを形成するもの（*hpx4* と *hpx10*）や新規な42アミノ酸のリピート配列をもつタンパク質をコードするもの（*hpx30*）など構造的に興味深いものもこれらの中に含まれていた（Mukaihara et al., 2004）。

R. solanacearum では，宿主域が広範なこととそれが容易に変化することが病原性の大きな特徴として挙げられる（Hayward, 1991）。エフェクター関連遺伝子の多さとそれに起因する可変性が，その原因の一つかもしれない。この可能性については今後注意深く検討していきたいと考えている。我々の最近の研究から，上述の *hpx* 遺伝子の産

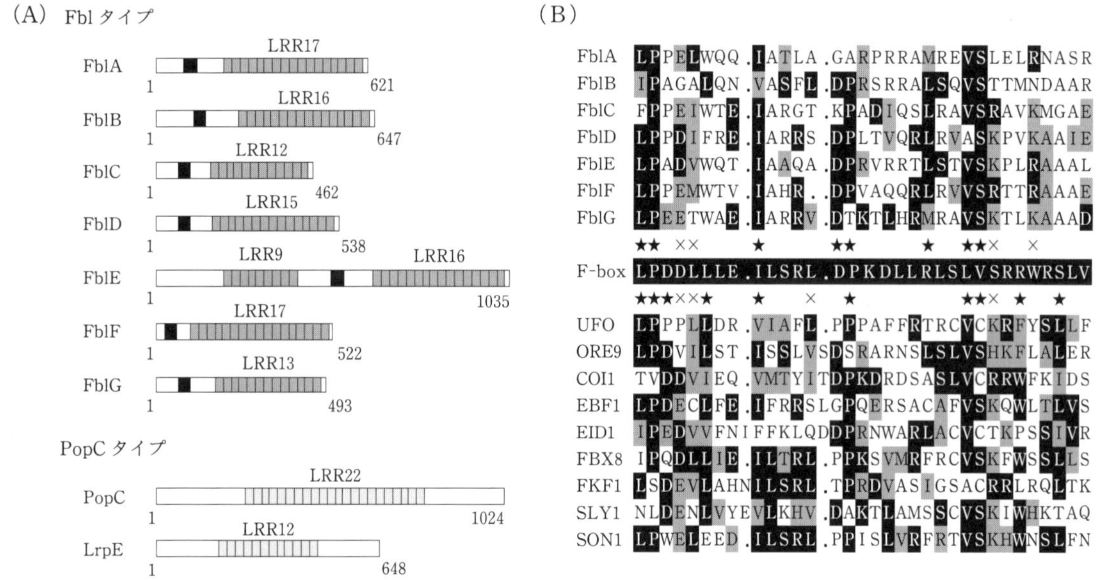

図5-5-2　*R. solanacearum* のLRRタンパク質。(A)Fbl型LRRタンパク質およびPopC型LRRタンパク質の構造。各タンパク質のLRRドメインは網かけで示されており，LRRモチーフのリピート数はその上に数字で示されている。Fbl型LRRタンパク質中のF-boxモチーフは黒い四角で示されている。両端の数字は全アミノ酸数を示す。(B)Fbl型LRRタンパク質のF-boxモチーフと植物F-boxタンパク質のF-boxモチーフの比較。Pfamデータベース中のF-boxモチーフコンセンサス配列が反転文字で中央に示されており，*R. solanacearum* の7つのFblタンパク質のF-boxモチーフがその上側に示されている。下側には，機能が明らかになっている植物のF-boxタンパク質のF-boxモチーフが示されている。Fblタンパク質の間で保存されているアミノ酸残基と植物F-boxタンパク質の間で保存されているアミノ酸残基がそれぞれ示されている。十字はアミノ酸置換した残基の位置を示す。

物の多くが実際に *R. solanacearum* のエフェクターであることが明らかになってきている。次項からはその中から特にFbl型LRRタンパク質に関する最近の知見を紹介する。

5-5. Fbl型LRRタンパク質は新規なHrp分泌タンパク質である
——*hrpB* 恒常発現株を用いた分泌解析

hpx 遺伝子の産物は，実際にエフェクターとしてHrpから菌体外に分泌されるのだろうか？我々の系では，*hrp* 誘導培地を用いても *R. solanacearum* の野生株では菌体外に分泌されるエフェクターの検出が困難であった。そこで，菌体当たりの分泌装置とエフェクターの発現量を増加させることを目的に，*hrpB* レギュロンを恒常的に発現する変異株の作出を試みた。まず最初に，プロモーターを欠く *hrpB* を運ぶトランスポゾンを構築し，これを *R. solanacearum* のゲノム中にランダムに転移させた後，*hrpB* が恒常的に発現するようになった *hrpB*^{c}(*hrpB* constitutive)変異株を選抜した。*hrpB*^{c} 変異株では，タイプIII分泌装置や推定エフェクターが野生株と比較して5-80倍も高く発現していた(Tamura et al., 2005)。*R. solanacearum* の既知エフェクターPopAにFLAGタグを融合し，培養上清に現れる分泌タンパク質を調べてみると，*hrpB*^{c} 変異株では通常の菌株に比べて多量のPopAタンパク質が菌体外に分泌されていた(Tamura et al., 2005)。*hrpB*^{c} 変異株を用いて，Fbl型LRRタンパク質の中からFblBの菌体外分泌を調べたところ，FblBはHrpから菌体外に分泌されていることが明らかとなった(図5-5-3A)。

5-6. Fbl型LRRタンパク質は植物細胞内へ移行する——Cya系による検証

Hrp依存的な菌対外分泌が確認されたFbl型LRRタンパク質は，エフェクターとしてHrpから植物の細胞内に注入されているのだろうか？

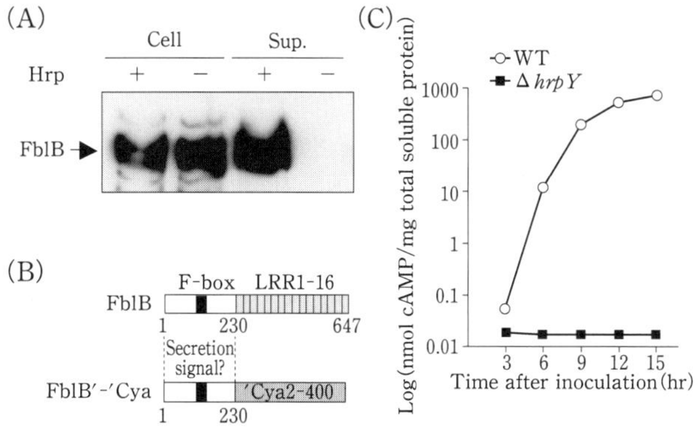

図 5-5-3　Fbl 型 LRR タンパク質(LrpB)の機能解析。(A) Hrp 依存的な菌体外分泌。FLAG タグ標識した LrpB を発現する菌株を *hrp* 誘導培地で 16 時間培養した後，菌体内のタンパク質(Cell)と 250 倍に濃縮した培養上清中のタンパク質(Sup.)を SDS-PAGE で分画した後，抗 FLAG 抗体で検出した。矢印は LrpB の位置を示す。＋は野生株，−は Hrp 欠損株(Δ*hrpY*)由来のサンプルを示す。(B) LrpB′-′Cya 融合タンパク質の構造。LrpB の LRR ドメインを Cya レポーターに置き換えている。融合タンパク質は Hrp 依存的な菌体外分泌を示した(データ示さず)。タイプIII分泌シグナルは，恐らく F-box モチーフよりもさらに N 末端側に存在すると思われる。(C) LrpB′-′Cya 融合タンパク質の Hrp 依存的な植物細胞への移行。LrpB′-′Cya 融合タンパク質を発現する *R. solanacearum* 野生株および Hrp 欠損株(Δ*hrpY*)をそれぞれナス本葉に感染させた後，3 時間ごとに葉の一部を回収し，含まれる cAMP 量を測定した。

動物病原細菌ではエフェクターの宿主細胞への移行を高感度に検出する Cya レポーター系が開発されており(Sory and Cornelis, 1994)，最近になって，植物病原細菌でもこの系が利用できることが示された(Casper-Lindley et al., 2002)。Cya レポーターは，百日咳菌のアデニル酸シクラーゼ(Cya)毒素の N 末端側 2-400 のアミノ酸ドメインである(Ladant and Ullmann, 1999)。この領域は Cya 活性を有しているが，活性の発現には宿主のカルモジュリンをコファクターとして必要とする。エフェクターと Cya レポーターを融合タンパク質として細菌内で発現させても，細菌にはカルモジュリンが存在しないため Cya 活性は発現しない。ところが，融合タンパク質が細菌から宿主の細胞内に何らかの形で移行すると，そこでカルモジュリンと出会い Cya 活性が発現する。つまり，宿主細胞中の cAMP 量を測定することで，目的の融合タンパク質が宿主細胞内に移行するかどうかを検証できるのである。

我々も，Cya 系を用いて Fbl 型 LRR タンパク質が植物細胞内への移行するかどうかを検証した。まず最初に，FblB の N 末端側 230 アミノ酸領域を Cya レポーターに融合し(図 5-5-3B)，融合タンパク質が Hrp 依存的に菌体外に分泌されることも確認した。次に，融合タンパク質を発現する *R. solanacearum* を宿主ナス葉に感染させた後，一定時間ごとに感染ナス葉を回収し，そこに含まれる cAMP 量を測定した。その結果，野生株の感染葉では cAMP 量が時間経過とともに上昇し，接種 12 時間後では約 26,000 倍も cAMP 量が増加した(図 5-5-3C)。同じ実験を Hrp 繊毛を欠くためにエフェクターを分泌できない Δ*hrpY* 変異株を用いて行ったところ，cAMP 量の増加は全く認められなかった(図 5-5-3C)。両菌株の細胞内には，ほぼ同レベルの FblB′-′Cya 融合タンパク質が発現していること(データ示さず)から，FblB′-′Cya 融合タンパク質は Hrp 依存的に植物の細胞内に移行することが証明された。このような実験から，我々は *R. solanacearum* の 7 つの Fbl 型 LRR タンパク質すべてが植物の細胞内に移行することを現在までに確認している。

5-7. Fbl 型 LRR タンパク質は植物病原性に寄与する——遺伝子破壊株の病原性調査

Fbl 型 LRR タンパク質は，①真核細胞の中で働きうるタンパク質モチーフをもつ，②重複遺伝子ファミリーを形成する，③ FblA と FblG の LRR には日本の *R. solanacearum* 菌株間で多型

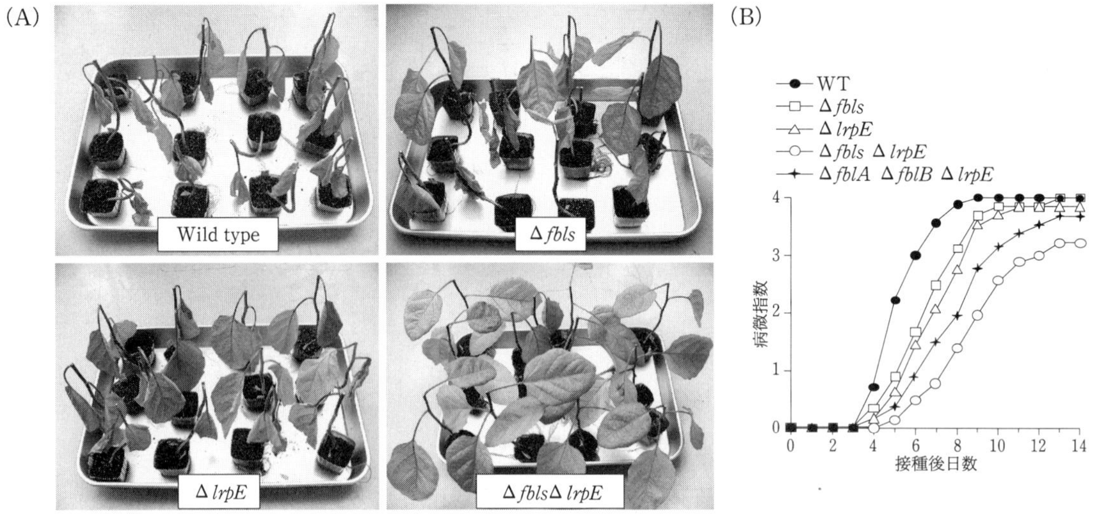

図5-5-4　*R. solanacearum*　LRRタンパク質遺伝子破壊株の病原性。(A)宿主ナスに対する病原性。野生株，全Fbl型LRRタンパク質の遺伝子破壊(Δ*fbls*)株，Δ*lrpE*株，Δ*fbls*Δ*lrpE*株を接種したナスの8日目の病徴。(B)変異株を感染させたナスにおける病徴の進行。

がみられる，などの理由から，本菌の重要なエフェクターであると考えられた。7つのFbl型LRRタンパク質をすべて欠損した遺伝子破壊株を作出し，病原性に対する影響を調べたところ，遺伝子破壊株では病原性が低下し，また同じく病原性が低下する*lrpE*変異(Murata et al., 2006)との組み合わせで，さらに顕著に*R. solanacearum*の病原性が低下することが明らかとなった(図5-5-4A)。この実験からFbl型LRRタンパク質が*R. solanacearum*の病原性に関わることが明らかとなった。また，各*fbl*遺伝子破壊株の病原性の比較から，FblAとFblBが病原性に大きく寄与することも明らかになった(図5-5-4B)。

5-8. Fbl型LRRタンパク質はF-boxタンパク質か？

各Fbl型LRRタンパク質のN末端側領域は互いに高い相同性を示さないが，この領域を詳細に解析すると真核細胞タンパク質に特有のF-boxモチーフがすべてにおいて保存されていることが明らかとなった(図5-5-2B)。F-boxモチーフは，真核細胞に特有のタンパク質分解系であるユビキチン・プロテアソーム系で働くSCFユビキチンリガーゼ複合体の基質認識サブユニットF-boxタンパク質が有する約30アミノ酸の機能配列である(Bai et al., 1996)。一般的なF-boxタンパク質はN末端側にF-boxモチーフを有し，SKP1，Cullinと結合してSCF(Skp1/Cullin/F-box protein)ユビキチンリガーゼ複合体を形成する(Bai et al., 1996)。F-boxタンパク質のC末端側にはLRRやWD40などのタンパク質相互作用領域があり，ここでトラップされた標的タンパク質はユビキチン化され，26Sプロテアソームにより分解される(Hershko and Ciechanover, 1998)。*R. solanacearum*のFblはC末端側にLRRドメインをもっており，構造的にも真核生物がもつF-boxタンパク質に酷似している(図5-5-2A)。Fblという名称は実はこれらの特徴(F-box and LRR)によるものである。

FblのF-box様配列が実際に機能するかどうかを検証するために，F-boxモチーフに結合するSkp1のアラビドプシスホモログASK1(*Arabidopsis* Skp1 homologue)が実際にこの配列と相互作用するかどうかを酵母ツーハイブリッド法で調べた。その結果，7つのFblのうち4つ(FblA，FblB，FblDおよびFblG)までがASK1と相互作用することが明らかになった。F-box様モチーフ内にアミノ酸置換を導入するとこの相互作用が消失することから，F-box 様モチーフと ASK1 が相互作用していることも確かめられた(図 5-5-5A)。アラビドプシスでは Skp1 のホモログは 19 存在しており，F-box タンパク質との相互作用に指向性があることが報告されている(Gagne et al., 2002)。興味深いことに，*R. solanacearum* の Fbl はアラビドプシス F-box タンパク質 UFO や COI1 と同様の ASK 指向性をもっていた(図 5-5-5B)。グラム陰性細菌である *R. solanacearum* がユビキチン・プロテアソーム系をもたないこと，Fbl が *R. solanacearum* の Hrp から植物細胞内に注入されていることを考え合わせると，「Fbl は宿主細胞内で F-box タンパク質として働き，何らかの宿主タンパク質を宿主のユビキチン・プロテアソーム系を乗っ取って選択的に分解することで病原性を発揮する新しい

(A)

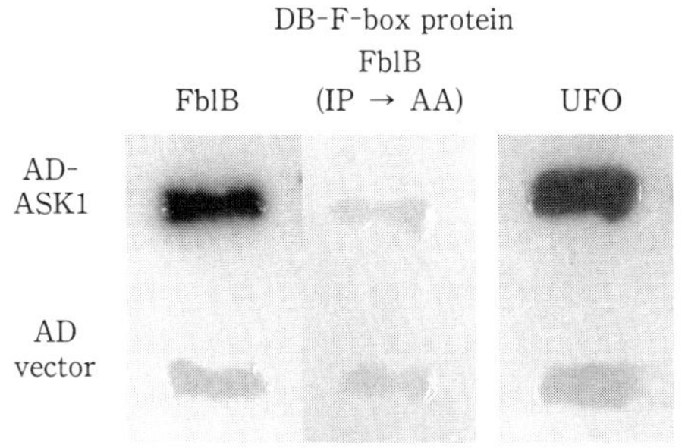

(B)

	FblA	FblB	FblC	FblD	FblE	FblF	FblG	UFO	ORE9
ASK1	+	+	−	+	−	−	+	+	+
ASK2	+	+	−	+	−	−	+	+	+
ASK4	−	−	−	−	−	−	+	−	−
ASK5	−	−	−	−	−	−	−	−	−
ASK7	−	−	−	−	−	−	−	−	−
ASK9	−	−	−	−	−	−	−	−	−
ASK11	−	+	−	−	−	−	+	+	−
ASK13	−	−	−	+	−	−	+	−	−
ASK14	−	−	−	−	−	−	+	−	−
ASK16	−	−	−	−	−	−	−	−	−
ASK17	−	−	−	−	−	−	−	−	−
ASK18	−	−	−	−	−	−	−	−	−
ASK19	−	−	−	−	−	−	−	−	−

(C)

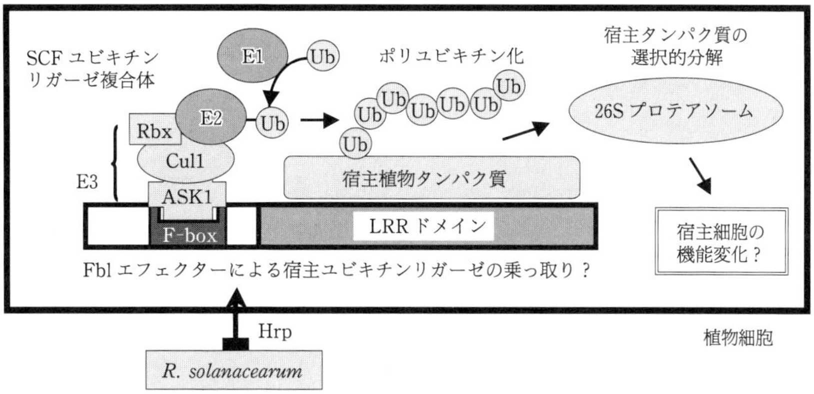

図 5-5-5　*R. solanacearum* の Fbl エフェクターは F-box タンパク質である。(A)酵母ツーハイブリッド系を用いた FblB とアラビドプシス ASK1 との相互作用の検出。野生型 FblB，F-box モチーフ内にアミノ酸置換をもつ FblB(IP → AA)，コントロールの植物 F-box タンパク質(アラビドプシス UFO)とアラビドプシス ASK1 の酵母内における相互作用を β-ガラクトシダーゼの発現でモニターした。(B) Fbl エフェクターおよびアラビドプシス F-box タンパク質のアラビドプシス ASK ファミリーとの酵母ツーハイブリッド系における相互作用の一覧。＋は相互作用あり，－は相互作用なしを示す。(C) Fbl エフェクターの植物内機能のモデル。Fbl エフェクターは Hrp から植物の細胞内に注入された後，植物の SKP1(ASK1)，Cullin および Rbx と結合し，病原細菌由来のコンポーネントをもつ SCF^{Fbl} 複合体を形成する。Fbl エフェクターの LRR ドメインで認識される標的植物タンパク質は，SCF^{Fbl} 複合体によるユビキチン化の基質となり，最終的に 26S プロテアソームを介して選択的に分解される。標的植物タンパク質が関与する植物機能が変化することで，病原細菌の増殖に有利な環境が生まれる。

タイプのエフェクターである」という興味深い仮説が導き出される(図5-5-5C)。この仮説を実証するために，Fbl の LRR ドメインと特異的に相互作用する植物タンパク質を現在解析しているところである。

5-9. おわりに

本研究では，*R. solanacearum* のタイプⅢエフェクターに焦点をおき，候補遺伝子の網羅的スクリーニング，Hrp 依存的分泌の証明，Cya 系による植物内移行の証明，遺伝子破壊による病原性への寄与の検証など，エフェクターの機能解析に必要な遺伝的解析系の整備を進めた。今後は，同定した個々のエフェクターについて機能解析を進め，標的植物因子の同定などから，*R. solanacearum* の植物内増殖機構を分子レベルで明らかにしたいと考えている。研究の過程で見出された Fbl 型 LRR タンパク質は，動物および植物の病原細菌のタイプⅢエフェクターで初めてみつかったF-box タンパク質であり，本研究の大きなトピックの一つである。その標的となる植物タンパク質は植物の病害抵抗性経路の鍵タンパク質である可能性があり，その同定に力を注ぎたいと考えている。紙面の都合上，*R. solanacearum* の Fbl 以外のエフェクターについては触れることができなかったが，宿主の核酸代謝経路に影響を与えるらしいエフェクターも見つかってきている。宿主タンパク質と相互作用するエフェクター以外に，宿主の未知のシグナル分子を基質として，その量を大きく変動させることで病原性を発揮するエフェクターが存在することを強く予感させる。エフェクターの機能解析研究は，それを手掛かりに宿主側の未知の機能を明らかにできる可能性も秘めている。今後，植物の研究者との連携がこの分野で重要な課題となることを指摘しておく。

近年のゲノム解析技術の進展から，*R. solanacearum*，*Xanthomonas* spp.，*P. syringae* pv. *tomato* など，複数の重要な植物病原細菌のゲノム解析が終了した(Salanoubat et al., 2002; da Silva et al., 2002; Buell et al., 2003)。ゲノム情報をもとに病原性因子の網羅的探索が，機能的スクリーニング系や *in silico* の解析手法を用いて行われており，各々の病原細菌でエフェクターのカタログ化が進行中である。今後，エフェクターの植物細胞に対する作用機構の解析は大きく展開すると予想され，植物病原細菌と植物の相互作用について新しい知見が続々と出てくると思われる。病原菌側の感染メカニズムの解明から，「エフェクター機能の制御による植物の耐病性強化」という新しい耐病性育種の手法が生まれる日もそう遠くはないであろう。

参考文献

Aizawa, S.-I. (2001) Bacterial flagella and type III secretion systems. FEMS Microbiol. Lett. 202, 157-164.

Alfano, J. R., Collmer, A. (1997) The type III (Hrp) secretion pathway of plant pathogenic bacteria: trafficking harpins, Avr proteins and death. J. Bacterial. 179, 5655-5662.

Alrat, M., Van Gijsegem, F., Huet, J. C., Pernollet, J. C., Boucher, C. A. (1994) PopA1, a protein which induces a hypersensitivity-like response on specific *Petunia* genotypes, is secreted *via* the Hrp pathway of *Pseudomonas solanacearum*. EMBO J. 13, 543-553.

Bai, C., Sen, P., Hofman, K., Ma, L., Goeble, M., Harper, J. W., Elledge, S. J. (1996) SKP1 connects cell cycle regulatores to the ubiquitin proteolysis machinery through a novel motif, the F-box. Cell 86, 263-274.

Boucher, C. A., Van Gijsegem, F., Barberies, P. A., Arlat M., Zischek, C. (1987) *Pseudomonas solanacearum* genes controlling both pathogenisity on tomato and hypersensitivity on tobacco are clustered. J. Bacteriol. 169, 5626-5633.

Buell, C. R., Joardar, V., Lindeberg, M., Selengut, J., Paulsen, I. T., Gwinn, M. L., Dodson, R. J., Deboy, R. T., et al. (2003) The complete genome sequence of the *Arabidopsis* and tomato pathogen *Pseudomonas syringae* pv. *tomato* DC3000. Proc. Natl. Acad. Sci. USA 100, 10181-10186.

Casper-Lindley, C., Dahlbeck, D., Clark, E. T., Staskawicz, B. J. (2002) Direct biochemical evidence for type III secretion-dependent translocation of the AvrBs2 effector protein into plant cells. Proc. Natl. Acad. Sci. USA 99, 8336-8341.

Cornelis, G. R., Van Gijsegem, F. (2000) Assembly and function of type III secretary systems . Annu. Rev. Microbiol. 54, 735-774.

da Silva, A. C., Ferro, J. A., Reinach, F. C., Farah, C. S., Furlan, L. R., Quaggio, R. B., et al. (2002) Comparison of the genomes of two *Xanthomonas* pathogens with differing host specificities. Nature 417, 459-463.

Gagne, J. M., Downes, B. P., Shiu, S. H., Durski, A. M., Vierstra, R. D. (2002) The F-box subunit of the SCF E3 complex is encoded by a diverse superfamily of genes in *Arabidopsis*. Proc. Natl. Acad. Sci. USA 99, 11519-11524.

Gãlan, J. E., Collmer, A. (1999) Type III secretion machines: bacterial devices for protein delivery into host cells. Science 284, 1322-1328.

Genin, S., Gough, C. L., Zischek, C., Boucher, C. A. (1992) Evidence that the *hrpB* gene encodes a positive regulator of pathogenicity genes from *Pseudomonas solanacearum*. Mol. Microbiol. 6, 3065-3076.

Hayward, A. C. (1991) Biology and epidermiology of bacterial wilt caused by *Pseudomonas solanacearum*. Annu. Rev. Phytopathol. 29, 65-87.

Hershko, A., Ciechanover, A. (1998) The ubiquitin system. Annu. Rev. Biochem. 67: 425-479.

Hueck, C. J. (1998) Type III protein secretion systems in bacterial pathogens of animals and plants. Microbiol. Mol. Biol. Rev. 62, 379-433.

Kubori, T., Matsushima, Y., Nakamura, D., Uralil, J., Lara-Tejero, M., Sukhan, A., Galan, J. E., Aizawa S.-I. (1998) Supermolecular structure of the *Salmonella typhimurium* type III protein secretion system. Science 280, 602-605.

Ladant, D., Ullmann, A. (1999) Bordetella pertussis adenylate cyclase: a toxin with multiple talents. Trends Microbiol. 7, 172-176.

Leach, J. E., White, F. F. (1996) Bacterial avirulence genes. Annu. Rev. Phytopathol. 34, 153-179.

Mukaihara, T., Tamura, N., Murata, Y., Iwabuchi, M. (2004) Genetic screening of Hrp type III-related pathogenicity genes controlled by the HrpB transcriptional activator in *Ralstonia solanacearum*. Mol. Microbiol. 54, 863-875.

Murata, Y., Tamura, N., Nakaho, K., Mukaihara, T. (2006) Mutations in the *lrpE* gene of *Ralstonia solanacearum* affects Hrp pili production and pathogenicity. Mol. Plant-Microbe Interact. 19, 884-895.

Roine, E., Wei, W. S., Yuan, J., Nurmiaho-Lassila, E. L., Kalkkinen, N., Romantschuk, M., He, S. Y. (1997) Hrp pilus: a *hrp*-dependent bacterial surface appendage produced by *Pseudomonas syringae* pv. *tomato* DC3000. Proc. Natl. Acad. Sci. USA 94, 3459-3464.

Salanoubat, M., Genin, S., Artiguenave, F., Gouzy, J., Mangenot, S., Arlat, M., Billault, A., Brottier, P., Camus, J. C., Cattolico, L., et al. (2002) Genome sequence of the plant pathogen *Ralstonia solanacearum*. Nature 415, 497-502.

Sory, M. P., Cornelis, G. R. (1994) Translocation of a hybrid YopE-adenylate cyclase from *Yersinia enterocolitica* into HeLa cells. Mol. Microbiol. 14, 583-594.

Tamura, N., Murata, Y., Mukaihara, T. (2005) Isolation of *Ralstonia solanacearum hrpB* constitutive mutants and secretion analysis of *hrpB*-regulated gene products that share homology with known type III effectors and enzymes. Microbiology 151, 2873-2884.

第6章 ウイルスの病原性

1. カピロウイルスとポテックスウイルスの病原性遺伝子解析

1-1. はじめに

「植物ウイルス」の概念が明らかにされる以前から，書物の記述や絵画などにより記録されてきたウイルス感染による数多くの病徴・病害の記録は，ウイルスと我々人類の生活とが密接に関わってきたことを示している。

ウイルスは宿主細胞にひとたび侵入すると，感染に必要なタンパク質の翻訳，ゲノムの複製，および移行を繰り返して増殖し，植物体に全身感染する。ウイルスの増殖により細胞の正常な代謝が阻害されると，宿主に生理的変調が起こり，その結果，病徴となって現れる。植物ウイルスの引き起こす病徴は，ウイルスと宿主植物の組み合わせにより異なるが，葉に現れる外部病徴に着目しただけでも，モザイク(mosaic)，斑紋(mottle)，退緑斑点(chlorotic spot)，壊死(necrosis)，輪紋(ring spot)，葉脈透過(vein clearing)，葉脈緑退(vein banding)，縮葉(rugose)，漣葉(crinkle)など多様である。さらに植物体全体にウイルスが分布しているにもかかわらず明瞭な病徴が現れないこと(無病徴感染)もある。また，機械的な接種により接種葉に退緑斑点や壊死斑点を形成し，全身感染に至らない場合(局部感染)もある(脇本ら，1994；奥田ら，2004)。

病徴は，同じウイルス種でも系統や分離株により，また同じ宿主植物種でもその品種により異なることもあり，温度や光の条件によっても変化することがある。例えば，タバコモザイクウイルス(*Tobacco mosaic virus*: TMV)(*Tobamovirus* 属)の感染により *Nicotiana glutinosa* に生じる葉の局部えそ斑点は，高温条件下の方が大きくなり，ジャガイモXウイルス(*Potato virus X*: PVX)(*Flexivirus* 科，*Potexvirus* 属)の感染によりセンニチコウ(*Gomphrena globosa*)で認められる病徴は暗条件下では隠蔽される(平井ら，1988)。また，病徴発現に至る過程において，宿主植物の細胞レベルの他，葉肉・維管束などの組織レベルでの反応も関連しており，「シンク：ソース」による物質転流の他，葉位や葉齢も関わっている(Oparka et al., 1999; Ruiz-Medrano et al., 2004)。これらの例は，ウイルスが感染した後，宿主因子や環境要因の影響を受けて宿主特異的な病徴発現に至ることを示している(Whitham and Wang, 2004; Maule et al., 2002)(第7章)。

一方，過敏感反応(hypersensitive response: HR)によるウイルス感染部位の局在化(局部感染)や，RNAサイレンシングによるウイルス核酸の分解などは，植物が有する一連のウイルスの防御機構であり，病徴型の決定に深く関与している(Maule et al., 2002)。TMVは *N* 遺伝子をもつタバコ品種SamsunNNに感染すると，HRが誘導され，病原体と宿主の遺伝子情報に基づくプログラム細胞死により壊死斑点を生ずる(Holmes, 1938; Whitham et al., 1994; Seo et al., 2000)。また，TMVの感染によりタバコに現れるモザイク症状は，RNAサイレンシングによるウイルス蓄積量の低下により，組織内でウイルスが不均一に分布するために現れる(Kubota et al., 2003)。これらの例は，病徴発現はまさにウイルスと宿主のせめぎ合いのであり，ウイルス側因子と宿主因子の複雑な相互作用に基づいていることを示している(第2章，第8章)。

本節では主に，ウイルス側にコードされる病原性の制御や病徴型の決定に関与する因子について解説する。

1-2. 病原性を決定するウイルス側因子 ――これまでの研究

ウイルスゲノムの分子レベルの比較解析により，病原性を制御するウイルス側因子が報告されている。病原性の低下したウイルス変異株の多くは，複製酵素(RNA-dependent RNA polymerase: RdRp)あるいは移行タンパク質(movement protein: MP)をコードする遺伝子領域にアミノ酸変異をもち，それぞれ，複製あるいは細胞間移行の能力が低下しているものが多い。例えば，TMVの病原性が低下したV36系統は，移行能力は野生株と変わらないが，植物体およびプロトプラストにおいてその増殖量は減少しており，RdRpの1カ所のアミノ酸変異によって，ウイルスの増殖効率が低下すると考えられている(Lewandowski and Dawson, 1993)。

また一方，ウイルスの蓄積レベルには影響を与えず，病徴型を変化させる因子も知られている。例えば，ブロムモザイクウイルス(*Brome mosaic virus*: BMV)(*Bromovirus*科，*Bromovirus*属)は*Nicotiana benthamiana*において無病徴感染するが，MPの226番目のアミノ酸がバリンからイソロイシンに替わると葉脈透化を生ずる(Rao and Grantham, 1995)。

キュウリモザイクウイルス(*Cucumber mosaic virus*: CMV)(*Bromovirus*科，*Cucumovirus*属)はsubgroup IとIIに分かれる。subgroup IIのR系統は，*Nicotiana glutinosa*に萎縮症状を示し，Trk7系統はモザイクを示す。この病原性の違いは外被タンパク質(coat protein: CP)のC末端側に位置する193番目のアミノ酸により決定されており，リジンではモザイク，アスパラギンあるいはセリンでは萎縮に変化する(Szilassy et al., 1999)。また，subgroup IのCMVでは，タバコにおいてはCPの129番目のアミノ酸(CP_{129})が主たる病徴型決定因子とされ，M系統のロイシンがプロリンになると黄斑症状がモザイクになり，Fny系統のプロリンをセリンにするとモザイクが黄斑となる(Shintaku et al., 1992)。また，Y系統のセリンをプロリンにすると黄斑がモザイクとなり，O系統のプロリンをセリンにするとモザイクが黄斑となる。YおよびO系統についてロイシンにすると葉脈壊死を示し，フェニルアラニンでは壊死斑を生じてウイルスは局在化し，グリシンではモザイクになる。いずれも，1細胞におけるウイルスの複製効率および蓄積量は変化しない(Suzuki et al., 1995)。CP_{129}がフェニルアラニンの場合には，近傍に位置する138番目，144番目，および147番目のアミノ酸の置換により壊死斑がモザイクや黄斑に変わる。また，111番目と124番目の2カ所アミノ酸がタバコにおけるモザイク症状の強弱を制御するという報告もある(Sugiyama et al., 2000)。このため，CP_{129}を中心とした高次構造が重要であることが示唆されている。

Plum pox virus(PPV)(*Potyvirus*科，*Potyvirus*属)はhelper component-proteinaseというポティウイルス科のウイルスに特有の多機能タンパク質が*Nicotiana*属植物における病徴型決定に関わっている。すなわち，107番目と231番目の2カ所のアミノ酸が，それぞれリジンとグリシンの組み合わせでは穏やかな退緑斑を示し，グルタミン酸とグリシンでは激しい退緑斑と葉巻症状を示す。この場合も，ウイルスの蓄積量には差がない(Saenz et al., 2000)。

カリフラワーモザイクウイルス(*Cauliflower mosaic virus*: CaMV)(*Caulimovirus*科，*Caulimovirus*属)はP6タンパク質が病徴型決定因子であり，カブ(*Brassica campestris*)におけるクロロシス(chlorosis)と斑紋(Daubert et al., 1984; Stratford and Covey, 1989)，*Nicotiana*属植物やシロバナヨウシュチョウセンアサガオ(*Datura stramonium*)における退緑斑点，葉脈透化，わい化などの病徴型を決定する(Broglio, 1995)。

また，ウイルスゲノムにコードされる遺伝子の発現やある特定のアミノ酸のみならず，ゲノムの非翻訳領域（untranslated region: UTR）の高次構造が病徴決定に関わる例も知られている。例えば，*Tobacco vein mottling virus*（TVMV）（*Potyvirus* 科，*Potyvirus* 属）の3′UTRに58塩基の挿入がある変異株では病原性が低下する。ウイルスの蓄積量には変化がないことから，3′UTRのRNAの高次構造が病原性の制御に関わる領域と考えられている（Rodriguez-Cerezo et al., 1991）。

このように，病原性や病徴型に関与するウイルス因子がいくつか知られているが，病原性の決定に関わるウイルス因子の仕組みと遺伝子発現との関わり，また，その発現がどのように制御されているかなどについては依然として未知な領域が多く残されている。

1-3.　翻訳制御により決定する病原性

ウイルスゲノムにコードされる病原性制御因子は，1-2.で述べたこれまでの研究に示される通り，翻訳領域における特定のアミノ酸，あるいはUTRに位置する特定の塩基である例が多い。しかし，翻訳領域における1塩基置換のサイレント（アミノ酸置換を伴わない）変異により病原性が著しく低下し，無病徴感染するというユニークな現象がリンゴステムグルービングウイルス（*Apple stem grooving virus*: ASGV）（*Flexivirus* 科，*Capillovirus* 属）において認められた。このサイトは，ASGVの遺伝子発現に関わる病原性制御因子の一つと思われる。

ASGVのゲノムは，ORF1に機能の異なる2種類の遺伝子（RdRpとCP）がタンデムに並び，ポリプロテインとしてコードされるが（図6-1-1A），感染植物体においてORF1全長に相当するタンパク質（FP）の発現は確認されない（Yoshikawa and Takahashi, 1992）。さらに，CP領域はサブゲノムRNAを介して発現することが示唆され（Magome et al., 1997; Hirata et al., 2003），ゲノム構造から予想される発現様式と矛盾するものであった。

(1) サイレント変異による病原性の変化

1) ランダム変異導入法

変異導入法はゲノム解析の有効な手段であり，ウイルス遺伝子のコード領域や機能，および発現様式が明らかでない場合は，特にゲノムにランダム変異を導入し，野生株と比較解析する手法が有効である。ASGVの感染性転写RNA合成用のcDNAクローンを構築し（Ohira et al., 1995），DNA修復系欠損大腸菌株に導入すると，菌体内で複製される過程で一定の割合でこれまでの手法にはない均一なランダム変異がウイルスゲノムのcDNA領域に効率的に蓄積される（Lu et al., 2001）。すなわち，変異原物質で処理したり，ウイルスを植物体上で接種・継代することにより生じる変異が特定の部位（hot spot）に集中するのに比べ，ゲノム全体にランダムに多様な変異を導入することができる。このランダム変異導入法は簡便かつ効率的であり，病原性を低下した弱毒ウイルス作出にも有効であり，ASGVの無病徴変異株（ASGV-RM21）が作出された（図6-1-2）（Lu et al., 2001；難波ら，2004）。ASGV-RM21は，RdRpのC末端領域（ゲノムの4646番目の塩基：nt 4646）に1塩基のサイレント変異（GGU→GGC：いずれもグリシン）のみを有し，それ以外はすべて野性株と同じで，コードされるアミノ酸配列は野生株のそれと一致している。しかしASGV-RM21感染植物は健全株同様の生育を示す（図6-1-2E）。このように導入された変異は，感染植物において復帰変異もなく安定している。また，部位特異的変異導入法によりASGV-RM21の1塩基置換「C」を野生型「U」に戻すと，野生株の病原性が復帰する。このことは，nt 4646が病原性の制御因子であることを示している。また，この病徴の消失は，*Chenopodium quinoa*，*Nicotiana glutinosa* やササゲ（*Vigna sesquipedalis*）でも認められる（図6-1-2F，G）。

2) 無病徴変異株の増殖能力

ASGV-RM21は植物組織におけるウイルス蓄積量が野生株より減少し，これが病原性低下をもたらすものと考えられる（図6-1-2H，I）。特に，ゲノムRNAおよびサブゲノムRNAの量を野生株と変異株で比較したところ，変異株ではウイルス

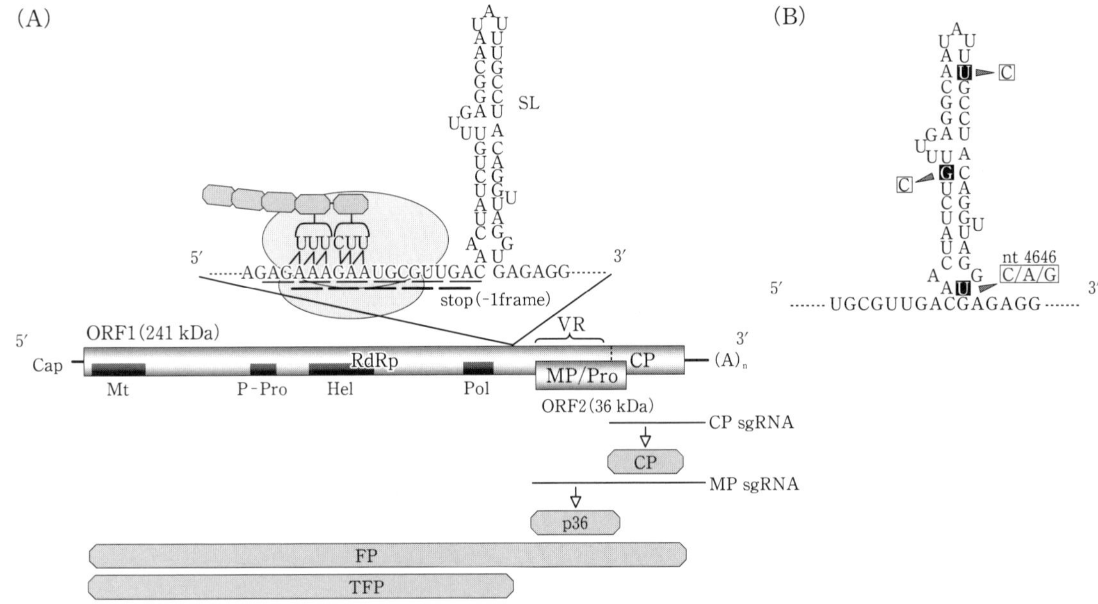

図6-1-1　ASGVのゲノム構成と遺伝子発現のモデル(mfold: http://www.bioinfo.rpi.edu/applications/mfold/old/rna/による予測)。(A)カピロウイルス属のタイプ種であるASGVは，約6.5 kbからなるプラス一本鎖RNAのゲノムをもつひも状のウイルスである。ゲノムには，5′末端側よりRdRpとCPを含む約240 kDaのポリプロテインをコードしてゲノムのほぼ全長にわたるORF1と，3′末端側にそれと重複してMPとセリンプロテアーゼ(Pro)の保存配列が認められる短い約36 kDaのタンパク質をコードするORF2が認められる。ORF1ポリプロテインのPolモチーフ領域とCPモチーフ領域の間には分離株間で多数のアミノ酸の変異が認められる機能未知のVRが存在する。ORF1の3′側にコードされるCPとORF2タンパク質はサブゲノムRNA(sgRNA)を介して発現する。ORF1は，中途に予測されるSL構造付近でマイナス1フレームシフト翻訳し(太い下線のコドンを翻訳)，マイナス1フレームの終止コドン(stop)で翻訳を終えた短いタンパク質(trans frame proiten: TFP)と，そのまま翻訳を続けた(細い下線のコドンを翻訳)長いタンパク質(frame protein: FP)として発現すると予想される。RNAの高次構造はリボソームの停止を促すフレームシフト翻訳の因子であり，構造の変化はフレームシフト効率を変化させる。Mt(メチルトランスフェラーゼ)，P-Pro(パパイン様プロテアーゼ)，Hel(ヘリカーゼ)，Pol(ポリメラーゼ)の保存ドメインが認められる。(B)ステムループ構造内に導入したそれぞれのサイレント変異部位(1塩基置換)を示す。これらの各変異によってステムループ構造が変化する。

RNA量が野生株に比べ減少するが，検出される3種類のRNAの量比に変化は認められない(図6-1-2I)。このことから，1塩基のサイレント変異がRdRpのアミノ酸配列は変えないが，RNAレベルの何らかの機構でウイルスの複製効率に影響を与えており，その結果，変異株の増殖能力(ゲノムRNAの複製レベルとサブゲノムRNAの転写レベル)を低下させるものと考えられる。すなわち，サイレント変異がRdRpの発現レベルに関与する病原性制御因子であることを示唆している。

3) サイレント変異はRNAの高次構造を変える

この変異部位(nt 4646)周辺のゲノムRNAの配列および二次構造には，41塩基からなる強固なステムループ(SL)構造が予測され(図6-1-1B)，ASGV-RM21では1塩基置換により予測されるSL構造は大きく変化する。さらに，nt 4646に他の異なる塩基(「A」あるいは「G」)を導入した場合，あるいはSL構造配列内の他の部位に構造を変化させる1塩基置換によってサイレント変異を導入すると(図6-1-1B)，いずれの場合も病原性およびウイルス蓄積量は野生株に比べ低下する。このことは，この部分の高次構造と病原性との間に関連性があることを示唆するものである。つまり，ASGVのORF1にコードされるRdRp領域は，RNAの高次構造が関与する翻訳様式によって発現が制御されることを示唆している。

4) 高次構造がフレームシフトを引き起こす

ASGVの*in vitro*転写RNAをテンプレート

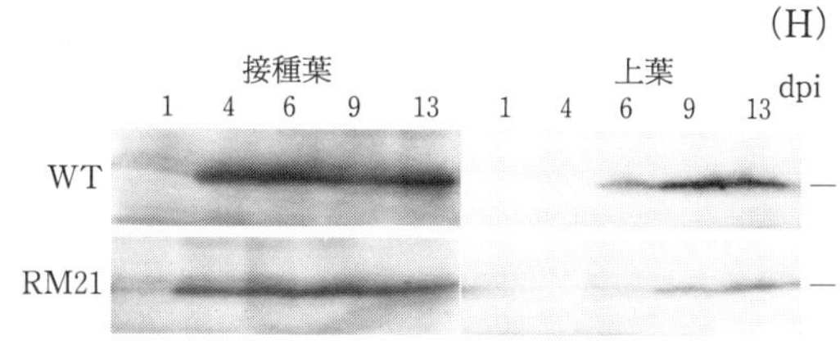

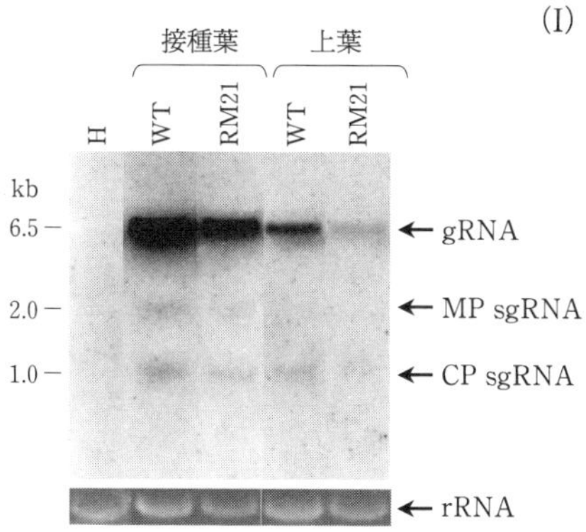

図6-1-2　ASGV野生株(ASGV-wt)とASGV-RM21株の病原性の比較(Hirata et al., 2003, Fig. 2 [p. 2581], Fig. 3 [p. 2582])。ASGV-wt接種7日後の*Chenopodium quinoa*の接種葉には多数の退緑斑点が認められ(A)，その上葉には退緑斑点とわん曲した奇形(B)が認められる。ASGV-RM21の接種葉は無病徴かごくわずかの小さい退緑斑点が認められ(C)，上葉は無病徴である(D)。接種21日経っても，ASGV-RM21感染株は健全株同様に生育する。*Nicotiana glutinosa*においてASGV-wtは上葉にはモザイクと退緑斑点を発現するが(F)，ASGV-RM21は無病徴感染する(G)。接種1，4，6，9，13日後の接種葉と上葉におけるCPの蓄積量(H)，および接種11日後におけるウイルスRNAの蓄積量(I)は，ASGV-RM21感染葉(RM21)ではASGV-wt感染葉(wt)より減少する。ゲノムRNA(gRNA)に対するMPおよびCPのサブゲノムRNA(sgRNA)の割合は，ASGV-wtでは100：12：18，ASGV-RM21では100：13：20であり，ASGV-RM21感染組織では全体的にウイルスの複製レベルが低下する。病原性の低下はウイルス蓄積量の低下と相関する。

に*in vitro*翻訳を行うと，ORF全長に相当する大きなタンパク質(LP，160 kDa)の他に，SL配列付近で翻訳を終える小分子量タンパク質(SP，90 kDa)が合成される(図6-1-3D)。しかし，サイレント変異を導入したコントラクトでは，SPのLPに対する相対的発現レベルが低下する。

この原因は，短いタンパク質がフレームシフト翻訳によりできるものであり，サイレント変異によるSLの構造変化によりその発現効率が変化することが明らかになった。このことは，SL配列の下流に「−1フレーム」「0フレーム」「+1フレーム」の3種類のフレームでそれぞれGFPを結合したコンストラクトを植物細胞に導入し，GFPの発現をみることで証明された(図6-1-3A，B，C)。つまり翻訳の過程でこのSL配列である割合でマイナス1フレームシフト翻訳が起きる。すなわち，ASGVのRdRp領域は，ある割合で起きるマイナス1フレームシフト翻訳により一部が翻訳を終える短いタンパク質(TFP)として発現しており(図6-1-1A)，SL構造の変化に伴うフ

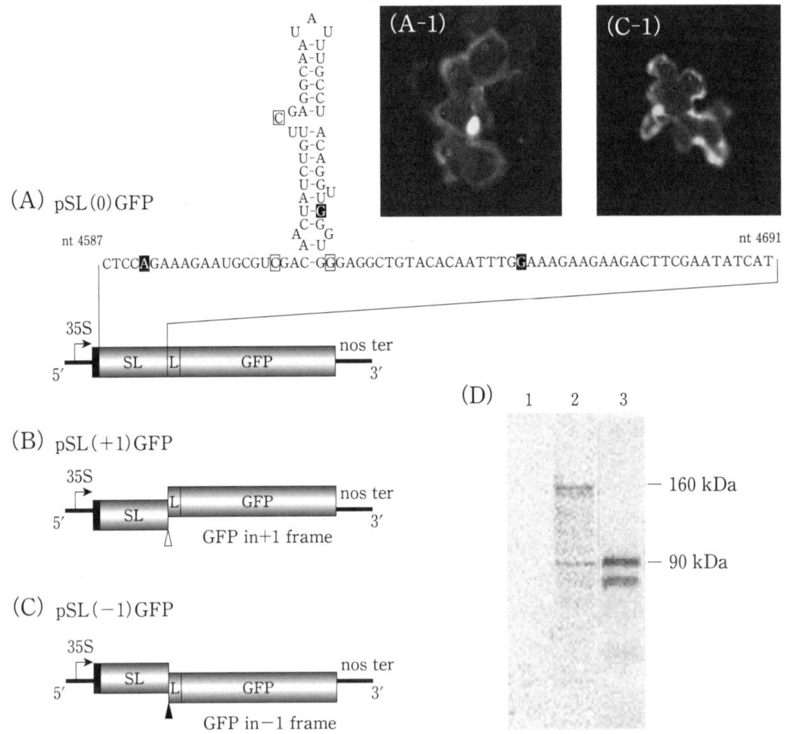

図6-1-3　レポーター遺伝子を用いたSL配列によるフレームシフト検定と *in vitro* 翻訳解析。35Sプロモータ下流に，翻訳開始コドンATG(■)，ステムループ構造を含むその周辺配列(SL)，リンカー配列としてアラニンとグリシンの繰り返し配列(L)，およびレポーター遺伝子green fluorescent protein(GFP)を挿入したコンストラクトpSL(0)GFPを構築し(A)，さらにSLとLの間に1塩基の挿入(△)と欠失(▲)によりGFPをプラス1フレーム(B)，あるいはマイナス1フレーム(C)にコードするコンストラクトも構築する。それぞれをパーティクルボンバードメント法により *Nicotiana rustica* の表皮細胞に導入すると，(A)と(C)のコンストラクト導入細胞でGFPの蛍光が観察される(それぞれA-1，C-1)。SL配列を保存させたままORF1内部の配列を欠失しORFを小さくして翻訳効率を上昇させた *in vitro* 転写RNA配列をもとに *in vitro* 翻訳を行うと，ORF全長のサイズに相当するタンパク質(レーン2-160 kDa)と，SL付近で翻訳を終えたタンパク質(レーン3-90 kDa)と同様の大きさのタンパク質(レーン2-90 kDa)が合成される(D)。レーン1はテンプレートRNAを添加していないネガティブコントロール。

レームシフト効率の変化により両タンパク質の発現レベルが変化しウイルスの病原性に影響すると考えられる(Hirata et al., 投稿中1)。

(2) 翻訳領域により変化する病原性

フレームシフトおよびサブゲノムRNAを介するORF1にコードされる遺伝子の発現モデル(図6-1-1A)は，同時にRdRpのPolドメインとCP領域間に多数ASGVにおいて認められる可変領域(variable region: VR)の機能に，一つの示唆を与えるものであった。すなわちVRの上流域に終止コドンを導入すると，ORF1のそれより下流は別の読み枠となり，ASGVと近縁のトリコウイルス属にみられる3種類のORFを含むゲノム構造と同じになる。この終止コドンを導入した変異株はORF1ポリプロテインを発現しないが，病原性は野生株より低下していたものの感染性を維持していた。このことはASGVの感染に必須なCPはサブゲノムRNAから発現することを裏付ける知見となり，両属のウイルスの進化学的近縁関係を示唆すると同時に，ASGVの感染成立にはORF1ポリプロテインが発現する必要はなく，VR以下の領域の発現はASGVの病原性に影響することを示すものである(Hirata et al., 投稿中2)。

VRはカンキツやリンゴ，ユリなど，異なる宿主から分離された系統間において宿主と関連した変異は認められず，宿主適応を反映したものとは考え難い(Magome et al., 1997)。ウイルスの各遺伝子は，感染・複製・移行の過程において，それぞれ多様な機能を担い，複合的に機能する例が知られていることから，トリコウイルスとの違いを示す特徴でもあるASGVのORF1ポリプロテインがASGVの病原性を制御する因子として機能していると考えられる。

1-4. 病徴型決定と隠蔽に関与する制御因子

1-2.で述べたようにウイルスゲノムの塩基変異やアミノ酸変異によって変化する病徴型についてはすでに多数報告されている。しかし，複数の病徴型がウイルスゲノム上の複数カ所の組み合わせによって決定されるという極めてユニークな例が認められた。ジャガイモXウイルス(*Potato virus X*: PVX)(*Flexivirus* 科，*Potexvirus* 属)は多様な病原性を示す系統が知られているが，それらを統一的に説明するメカニズムは明らかではなかった。しかし，それら病徴型が5′UTRの1塩基によって決定され，その発現と隠蔽がRdRpの1アミノ酸によって決定されることが明らかになった。

(1) 1アミノ酸変異により「隠蔽」される病徴

PVXの5系統(OS，BS，BH，OG，TO)はタバコ(SamsunNN品種)において，「輪状斑型(OS)」，「モザイク型(BH)」，「無病徴型(BS，OG，TO)」の3種類の特徴的な病徴型を示す(Komatsu et al., 2005)(図6-1-4A)。輪状斑型は，感染植物の上位葉において二重三重に広がった同心円状の壊死輪状斑が現れるものであり，モザイク型は葉脈で囲まれた領域が退緑を起こし淡緑部と濃緑部がモザイク状に観察されるものである。無病徴型では，ウイルスの感染自体は成立するものの無病徴である。これらPVX5系統のゲノムの全塩基配列はすでに決定されており(Kagiwada et al., 2002; Komatsu et al., 2005)(図6-1-4B)，それらを比較すると95-99%と非常に高い相同性であることから，タバコにおける病徴型の違いは，わずかな塩基配列の違いによるものと推定される。

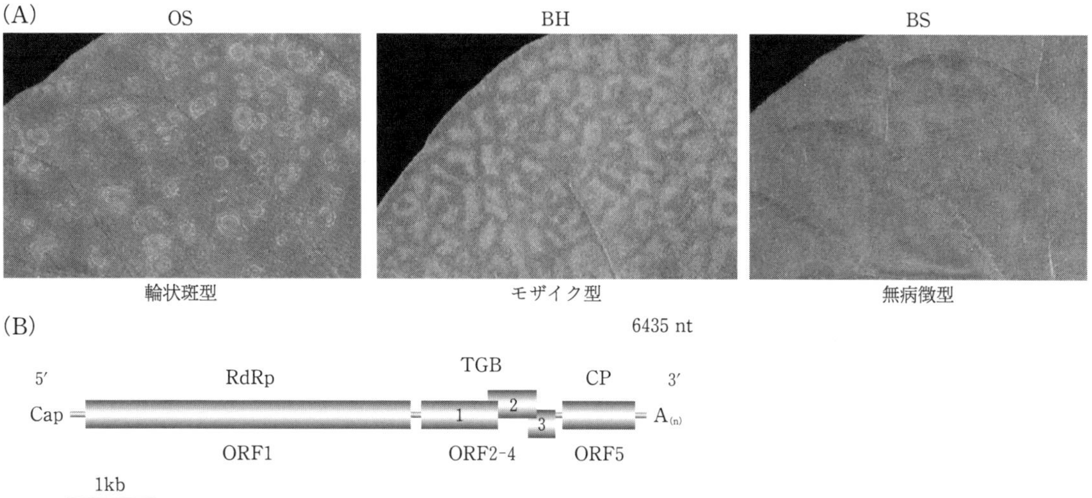

図6-1-4 (A)PVX各系統の病徴写真。ウイルスをタバコ(SamsunNN品種)に接種し，2週間後における直上葉での病徴。OS系統は同心円状の壊死輪状斑を引き起こし，BH系統はモザイク状に退緑する病徴を示す。また，BS系統は無病徴感染する。(B)PVXのゲノム構造(Kagiwada et al., 2002; Komatsu et al., 2005; Kagiwada et al., 2005, Fig. 1 [p. 178])。日本産PVXのゲノム全塩基配列はいずれの系統も6435塩基からなる。ゲノムの5′末端はキャップ構造となっており，3′末端はポリA配列が付加している。5つのORFをもち，84塩基の5′非翻訳領域(5′UTR)，72塩基の3′非翻訳領域をもつ。5つのORF(ORF1-5)は5′側から順に165 kDa，25 kDa，12 kDa，8kDa，25 kDaのタンパク質をそれぞれコードしている。ORF1がコードする165 kDaのタンパク質はRdRpである。それぞれ一部がオーバーラップするORF2-4はトリプルジーンブロック(triple gene block: TGB)と呼ばれ，5′側から順にTGB1，TGB2およびTGB3と呼ばれる遺伝子である。それぞれ，TGBp1，2，3と呼ばれる細胞間移行タンパク質をコードする。最も3′側に位置するORF5がコードする25 kDaのタンパク質はCPである。

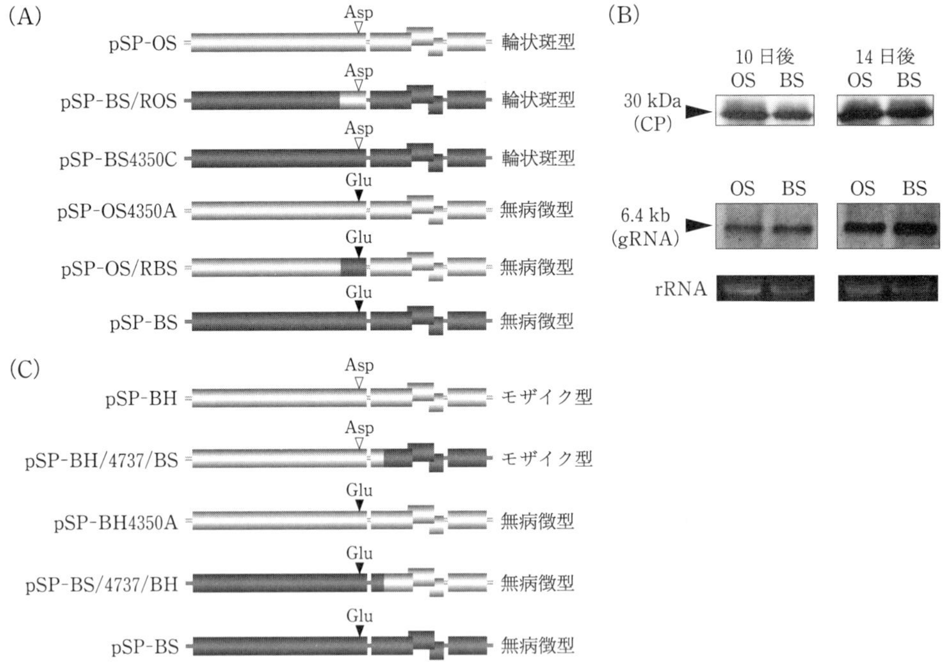

図6-1-5　(A)図はそれぞれ導入した完全長のPVXゲノムcDNA。それぞれの病徴型を右に表記する。輪状斑の病徴を生じるOS系統(白)と無病徴感染するBS系統(黒)由来のゲノムcDNAよりキメラコンストラクトを構築し，タバコに接種するとpSP-BS/ROSでは輪状斑，pSP-OS/RBSでは無病徴感染する。さらに，4350番目の塩基に変異を導入し，コードする1422番目のアミノ酸を変えると，pSP-BS4350Cでは輪状斑，pSP-OS4350Aでは無病徴感染したことから，このアミノ酸がアスパラギン酸(Asp)の場合には輪状斑，グルタミン酸(Glu)の場合に無病徴感染することがわかる。(B)OS系統(輪状斑型)とBS系統(無病徴型)の蓄積量の比較。それぞれの系統をタバコに接種後，10および14日後に接種直上葉を採取し，ウイルス抗CP抗体を用いたウエスタンブロット解析(上)およびPVX配列特異的プローブを用いたゲノムRNA量のノーザンブロット解析(下)を行うことにより，蓄積量の比較を行う。病原性の相違にもかかわらず両系統の蓄積量には有意な差が認められない。(C)モザイクの病徴を生じるBH系統(白)と無病徴感染するBS系統(黒)の間の病徴決定因子の特定。pSP-BH4350Aで無病徴感染することから，(A)の結果と合わせると，1422番目のアミノ酸がGluである場合，無病徴感染し(隠蔽)，Aspの場合，病徴をモザイクを示すことがわかる。

タバコにおいて無病徴で全身感染するBS系統(「無病徴型」)と壊死性の輪状斑を生ずるOS系統(「輪状斑型」)との間でキメラウイルスを構築したところ，両病徴型の決定因子はRdRpのC末端領域に絞られた(図6-1-5A)。さらに相違アミノ酸に関して部位特異的変異導入により解析すると，この領域内に位置するRdRp(ORF1)の1422番目のアミノ酸($RdRp_{1422}$)が，グルタミン酸の場合には「無病徴型」感染し，アスパラギン酸の場合には「輪状斑型」病徴を発現する(図6-1-5A)。このアミノ酸部位は既知の機能ドメインには含まれない。また，PVXの両系統の感染組織内におけるウイルス蓄積量には差は認められない(図6-1-5B)。このことから，これらの病徴発現の有無は，ウイルスの複製や移行能の差によるウイルスの蓄積量の違いではなく，ウイルスRdRpにおけるこの1アミノ酸置換による宿主との相互作用が要因であることが推測される(Kagiwada et al., 2005)。

また，タバコに「無病徴型」感染するBS系統と「モザイク型」病徴を引き起こすBH系統との間でも，やはり$RdRp_{1422}$がグルタミン酸の場合には「無病徴型」感染し，アスパラギン酸のときに「モザイク型」病徴を発現する(図6-1-5C)。すなわち，PVXにおける$RdRp_{1422}$は，病徴発現のスイッチングを担っており，グルタミン酸は「無病徴型」を引き起こす「病徴隠蔽因子」，アスパラギン酸は「輪状斑型」あるいは「モザイク型」病徴の「病徴発現因子」として機能すると考

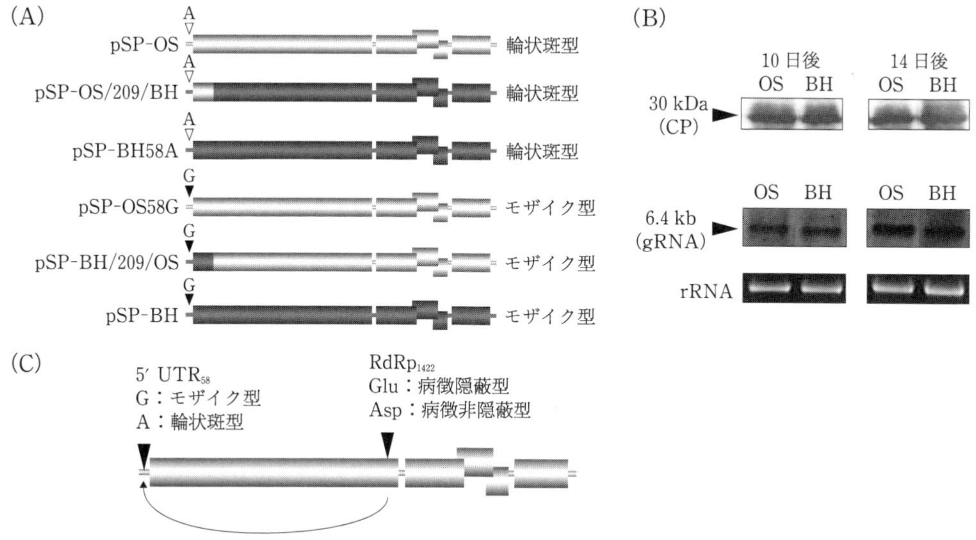

図 6-1-6　(A)輪状斑の病徴を生じるOS系統(白)とモザイクの病徴を生じるBH系統(黒)との間での病徴型決定因子の特定。キメラウイルスの病徴型から，ゲノムの5′末端側の領域が病徴型を決定することがわかる(pSP-OS/209BH，pSP-BH/209/OS)。さらに領域を絞った結果，5′UTRの58番目の塩基が「A」である場合に輪状斑を，「G」である場合にモザイクを引き起こすことがわかる。(B)OS系統(輪状斑型)とBH系統(モザイク型)の蓄積量の比較。それぞれの系統についてタバコ接種直上葉でウエスタンブロット解析(上)およびノーザンブロット解析(下)を行うと，接種後10日，14日後において，病徴型の相違にもかかわらず両系統の蓄積量には有意な差が認められない。(C)ウイルスゲノム上での病徴決定因子に関するモデル。$RdRp_{1422}$が病徴の発現・隠蔽を決定し，$5'UTR_{58}$が病徴型を決定するが，$RdRp_{1422}$がGluの場合には$5'UTR_{58}$がどちらの場合であっても病徴を隠蔽することから$RdRp_{1422}$が$5'UTR_{58}$に比べ病徴決定に関してより上位にあると考えられる。

えられる。

(2) 非翻訳領域の1塩基により決定される病徴型

$RdRp_{1422}$がアスパラギン酸で病徴が発現する場合，ゲノムの5′UTRの58番目の1塩基($5'UTR_{58}$)が病徴型決定因子である。すなわち，$5'UTR_{58}$の下流がどの系統の配列であっても$5'UTR_{58}$が「A」の場合には「輪状斑型」，「G」の場合には「モザイク型」となる(図6-1-6A)。接種直上葉におけるウイルス蓄積量に差は認められず(図6-1-6B)，これら系統間の病徴型の決定にウイルス蓄積量は関与しない。

(3) ゲノムの複数カ所の配列により決定される病徴型とその発現

PVXの病原性の制御機構に関しては，次のように解釈できる。つまり，病徴決定因子は，これまで主としてゲノム複製の役割を担っていると考えられてきた5′UTRおよびRdRpコード領域の2カ所に存在する。特に，$5'UTR_{58}$が病徴型を決定する因子として機能し，$RdRp_{1422}$がその病徴型の発現/隠蔽を決定する因子として機能する。これらの因子は複製以外に，病徴形成に直接的かつ複合的な役割を担うことが示唆される(図6-1-6C)。

1-5. おわりに

以上のように植物ウイルスが植物に与える多様な病害は，ゲノム上のアミノ酸レベルあるいは塩基レベルのごくわずかな変異によって決定される。このようなウイルス側因子が宿主因子との相互作用の結果，植物体において異なる病徴を示すことから，ウイルスの病原性の観点において宿主とウイルスの関係が微妙なバランスの上に成り立っていることを示している。

参考文献

Broglio, E. P. (1995) Mutational analysis of cauliflower mosaic virus Gene VI: changes in host range, symptoms, and discovery of transactivation-positive, noninfectious mutants. Mol. Plant-Microbe interact. 8, 755-760.

Daubert, S. D., Schoelz, J., Debao, L., Shepherd, R. J. (1984) Expression of disease symptoms in cauliflower mosaic virus genomic hybrids. J. Mol. Appl. Genet. 2, 537-547.

平井篤造・四方英四郎・高橋壮・都丸敬一(1988)新編植物ウイルス学. 養賢堂.

Hirata, H., Fukagawa, T., Kagiwada, S., Komatsu, K., Ozeki, J., Hashimoto, M., Yamaji, Y., Ugaki, M., Namba, S. A pseudo-polyprotein encoded in capillovirus genome is the considerable fact of evolutionary relation to the trichoviruses: analysis of gene organization by mutagenesis. (submitted-2)

Hirata, H., Lu, X., Yamaji, Y., Kagiwada, S., Ugaki, M., Namba, S. (2003) A single silent substitution in the *Apple stem grooving virus* genome causes symptom attenuation. J. Gen. Virol. 84, 2579-2583.

Hirata, H., Yamaji, Y., Kagiwada, S., Takahashi, S., Komatsu, K., Ugaki, M., Namba, S. A single silent substitution in the *Apple stem grooving virus* genome that modifies the virulence of the virus is located within a predicted stem-loop structure that causes ribosomal-1 frameshifting. (submitted-1)

Holmes, F. O. (1938) Inheritance of resistance to tobacco-mosaic disease in tobacco. Phytopathology 28, 553-561.

Kagiwada, S., Yamaji, Y., Komatsu, K., Takahashi, S., Hirata, H., Ugaki, M., Namba, S. (2005) A single amino acid residue of the protein encoded by ORF 1 in the *Potato virus X* genome determines the symptoms in *Nicotiana* plants. Virus Res. 110, 177-182.

Kagiwada, S., Yamaji, Y., Nakabayashi, H., Ugaki, M., Namba, S. (2002) The complete nucleotide sequence of *Potato virus X* strain OS: the first complete sequence of a Japanese isolate. J. Gen. Plant Pathol. 68, 94-98.

Komatsu, K., Kagiwada, S., Takahashi, S., Mori, T., Yamaji, Y., Hirata, H., Suzuki, M., Ugaki, M., Namba, S. (2005) Phylogenetic characteristics, genomic heterogeneity and symptomatic variation of five closely related Japanese strains of *Potato virus X*. Virus Genes. 31, 99-105.

Kubota, K., Tsuda, S., Tamai, A., Meshi, T. (2003) Tomato mosaic virus replication protein suppresses virus-targeted posttranscriptional gene silencing. J. Virol. 77, 11016-11026.

Lewandowski, D. J., Dawson, W. O. (1993) A single amino acid change in tobacco mosaic virus replicase prevents symptom production. Mol. Plant-Microbe Interact. 6, 157-160.

Lu, X., Hirata, H., Yamaji, Y., Ugaki, M., Namaba, S. (2001) Random mutagenesis in a plnat viral genome using a DNA repair-deficient mutator *Escherichia coli* strain. J. Virol. Methods 94, 37-43.

Magome, H., Terauchi, H., Yoshikawa, N., Takahashi, T. (1997) Analysis of double-stranded RNA in tissues infected with apple stem grooving capillovirus. Ann. Phytopathol. Soc. Jpn. 63, 450-454.

Magome, H., Yoshikawa, N., Takahashi, T., Ito, T., Miyata, T. (1997) Molecular variability of the genomes of capilloviruses from Apple, Japanese Pear, European Pear, and Citrus Trees. Phytopathology 87, 389-396.

Maule, A., Leh, V., Lederer, C. (2002) The dialogue between viruses and hosts in compatible interactions. Curr. Opin. Plant Biol. 5, 279-284.

難波成任・大島研郎・山次康幸・平田久笑(2004)弱毒ウイルスの作出. 特許第3613090号.

Ohira, K., Namba, S., Rozanov, M., Kusumi, T., Tsuchizaki, T. (1995) Complete sequence of an infectious full-length cDNA clone of citrus tatter leaf capillovirus: comparative sequence analysis of capillovirus genomes. J. Gen. Virol. 76, 2305-2309.

奥田誠一・高浪洋一・難波成任・陶山一雄・羽柴輝良・百町満朗・柘植尚志・内藤繁雄(2004)最新植物病理学. 朝倉書店.

Oparka, K. J., Roberts, A. G., Boevink, P., Santa Cruz, S., Roberts, I., Pradel, K. S., Imlau, A., Kotlizky, G., Sauer, N., Epel, B. (1999) Simple, but not branched, plasmodesmata allow the nonspecific trafficking of proteins in developing tobacco leaves. Cell 97, 743-754.

Rao, A. L., Grantham, G. L. (1995) A spontaneous mutation in the movement protein gene of brome mosaic virus modulates symptom phenotype in *Nicotiana benthamiana*. J. Virol. 69, 2689-91.

Rodriguez-Cerezo, E., Klein, P. G., Shaw, J. G. (1991) A determinant of disease symptom severity is located in the 3′-terminal noncoding region of the RNA of a plant virus. Proc. Natl. Acad. Sci. USA 88, 9863-9867.

Ruiz-Medrano, R., Xoconostle-Cazares, B., Kragler, F. (2004) The plasmodesmatal transport pathway for homeotic proteins, silencing signals and viruses. Curr. Opin. Plant Biol. 7, 641-650.

Saenz, P., Cervera, M. T., Dallot, S., Quiot, L., Quiot, J. B., Riechmann, J. L., Garcia, J. A. (2000) Identification of a pathogenicity determinant of plum pox virus in the sequence encoding the C-terminal region of protein $P3+6K_1$. J. Gen. Virol. 81, 557-566.

Seo, S., Okamoto, M., Iwai, T., Iwano, M., Fukui, K., Isogai, A., Nakajima, N., Ohashi, Y. (2000) Reduced levels of chloroplast FtsH protein in tobacco mosaic virus-infected tobacco leaves accelerate the hypersensitive reaction. Plant Cell 12, 917-932.

Shintaku, M. H., Zhang, L., Palukaitis, P. (1992) A single amino acid substitution in the coat protein of cucumber mosaic virus induces chlorosis in tobacco. Plant Cell 4, 751-757.

Sugiyama, M., Sato, H., Karasawa, A., Hase, S., Takahashi, H., Ehara, Y. (2000) Characterization of symptom determinants in two mutants of cucumber mosaic virus Y strain, causing distinct mild green mosaic symptoms in tobacco. Physiol. Mol. Plant Pathol. 56, 85-90.

Suzuki, M., Kuwata, S., Masuta, C., Takanami, Y. (1995) Point mutations in the coat protein of cucumber mosaic virus affect symptom expression and virion accumulation in tobacco. J. Gen. Virol. 76, 1791-1799.

Stratford, R., Covey, S. N. (1989) Segregation of cauliflower mosaic virus symptom genetic determinants. Virology 172, 451-459.

Szilassy, D., Salanki, K., Balazs, E. (1999) Stunting induced by cucumber mosaic cucumovirus-infected *Nicotiana glutinosa* is determined by a single amino acid residue in the coat protein. Mol. Plant-Microbe Interact. 12, 1105-1113.

脇本哲・江原淑夫・生越明・土崎常男・道家紀志・古沢巖(1994)総説植物病理学．養賢堂．

Whitham, S., Dinesh-Kumar, S. P., Choi, D., Hehl, R., Corr, C., Baker, B. (1994) The product of the tobacco mosaic virus resistance gene *N*: Similarity to Toll and the interleukin-1 receptor. Cell 78, 1101-1115.

Whitham, S. A., Wang, Y. (2004) Roles of host factors in plant viral photgenicity. Curr. opin. Plant Biol. 7, 365-371.

Yoshikawa, N., Takahashi, T. (1992) Evidence for translation of apple stem grooving capillovirus genomic RNA. J. Gen. Virol. 74, 2743-2747.

2. クローバー葉脈黄化ウイルスの病原性遺伝子解析

2-1. はじめに

クローバー葉脈黄化ウイルス(*Clover yellow vein virus*: ClYVV)は，ソラマメやエンドウの多くの品種にえそを起こして枯死させる。この研究では，えそを起こすのに必要なウイルス遺伝子について解析した。

古くから，多くのウイルスが特定の宿主との組み合わせでえそ病徴を起こすことは，よく知られており，組織や個体の死として肉眼で観察できる病徴として記載されている。しかし，えそ病徴発現の機構についての研究は比較的最近になって進展するようになった。

えそ病徴の発現機構は，過敏感反応(HR)に関連して，systemic hypersensitive response(SHR)として解析される例がある。'systemic hypersensitive response'とは，通常は局部壊死病斑として抵抗性を示す反応でありながら，条件によって抵抗性が破られてウイルスが全身移行しウイルスの移行に伴って HR と同じ機構でえそを起こす状態である。

タバコモザイクウイルス(TMV)とタバコの系で，*N* 遺伝子のスプライシングによる発現制御を変えることで，SHR を起こすことが報告されている(Dinesh-Kumar and Baker, 2000)。ここでは，HR を誘導しながら，ウイルスの移行を完全に抑えられないために，えそが起こると考えることができる。従って，このえそ反応には，タバコの *N* 遺伝子(Whitham et al., 1994)と TMV(Erickson et al., 1999)の相互作用のように，エリシターとして作用するウイルス遺伝子とこれに応答する宿主因子がなければならない。

ウイルス側の因子と宿主側の因子の両方が，TMV と *N* 遺伝子のように単離されて証明されている例はないが，HR と同じ機構で全身えそが誘導されていると思われる例はいくつかある。インゲンの *I* 遺伝子は，23°Cでインゲンモザイクウイルスに対して完全な抵抗性(extreme resistance)を示し全くウイルスが増殖できないが，温度を 34°Cに上げると HR による抵抗性をもつ。さらに感受性品種と交配してヘテロにすると(I/i)，34°Cで抵抗性が打破されて，ウイルスは上葉に移行して SHR 様の反応を示す(Collmer et al., 2000)。また，ササゲに HR を起こすキュウリモザイクウイルス(CMV)系統で，RNA2 にアミノ酸置換を導入することで SHR を起こすことが報告されている(Kim and Palukaitis, 1997)。カリフラワーモザイクウイルスでは，ウイルスのコードする P6 が *Nicotiana edwardsonii* に起きる HR のエリシターであり，*N. clevelandii* にえそを起こす因子として同定されている(Palanichelvam et al., 2000)。そして，*N. clevelandii* のえそ反応は劣性 1 因子で支配され，*N. bigelovii* の *CCD1* 遺伝子によってウイルス特異的に阻害される(Cawly et al., 2005)。

一方，人工的な系ではあるが，ウイルス種または系統に特異的に応答するHRによる細胞死とは明らかに異なり，複数のウイルス感染に応答して起こる細胞死も報告されている。ほ乳類2-5Aシステムを構成する2′,5′ oligoadenylate synthetase(2-5Aase)とRNase Lで形質転換したタバコに，CMVを感染させると局部えそ病斑を形成する(Ogawa et al., 1996)。この反応は，いくつかのpathogenesis-related(PR)proteinとHRで誘導される遺伝子の誘導を伴い，さらに獲得抵抗性も誘導される(Honda et al., 2003)。しかしながらこの形質転換タバコにみられる細胞死は，CMV感染に特異的ではなく，ジャガイモYウイルス感染でも細胞死を起こす。この場合，抵抗性は機能せずにウイルスは全身感染して，植物は全身にえそに起こして枯死する(Ogawa et al., 1996)。またほ乳類のdouble-stranded RNA dependent protein kinase (PKR) inhibitorの植物オルソログ(NbP58[IPK])がウイルス感染による全身枯死に関与する報告もある。ベンサミアーナタバコからPKR inhibitorのオルソログ(NbP58[IPK])を単離し，これをジャガイモXウイルスベクターを利用してサイレンシング(English et al., 1996)したベンサミアーナタバコを用意した。TMVやTobacco etch virus(TEV)をこれに接種すると，全身えそを起こして枯死する(Bilgin et al., 2003)。*N*遺伝子をもつベンサミアーナのNbP58[IPK]をサイレンシングしてTMVを接種しても抵抗性は保持されているので，このえそ病徴は*N*遺伝子の抵抗性が打破されたSHRによって起きているわけではない。興味深いことに，2-5Aシステムとdouble-stranded RNA dependent protein kinase (PKR)の活性化は，ともに動物ウイルス感染細胞でインターフェロンによって誘導される抗ウイルス自然免疫反応である。

また，ベンサミアーナタバコに，TMVのU1系統を接種すると植物全体が枯死する，これはサリチル酸で誘導される宿主のRNAポリメーラーゼに欠損があり，機能しないためにウイルスの増殖を抑制できなくなったためであることが報告されている(Yang et al., 2004)。従って，ウイルスの増殖量がえそ誘導を決定していることもある。

ポティウイルスは，約680-900 nmの長さのひも状の粒子で約10 Kbpの一本鎖プラスRNAをゲノムとする。ゲノムRNAは，5′末端にVpg，3′末端にポリA鎖をもち，一つのORFをコードし，ORFは翻訳後に，自身のコードするタンパク分解酵素によって機能する10のタンパクを生成する(Urcuqui-Inchima et al., 2001)。

ポティウイルスの*HC-Pro*遺伝子は，ウイルスの複製に絶対必要な遺伝子ではない。P1-HC-Pro領域を欠損したTEVは，わずかではあるがタバコプロトプラストでゲノムRNAが検出可能なレベルまで複製できる。さらに，異種のウイルスの*HC-Pro*遺伝子とキメラウイルスを作成しても感染性を維持できることが知られている(Stenger and French, 2004)。こうしてウイルス複製の基本に関与しない遺伝子でありながら，*HC-Pro*遺伝子には，すでに多くの機能が報告されている。①ウイルスのアブラムシによる伝搬のヘルパーコンポーネント，②シスに働くプロテアーゼ，③ジーンサイレンシングの抑制，などである。さらにTEVの*HC-Pro*で形質転換したタバコでは，サリチル酸濃度が上がってN因子をもつタバコの抵抗性をさらに高めることも知られている。

本研究では，えそ病徴を誘導するウイルス因子がHC-Proであることを明らかにして，HC-Proのいろいろな機能，すなわち，ジーンサイレンシングのサプレッサー機能やサリチル酸経路の活性化がClYVVの病徴発現にも関与しているのか調べた。

2-2. GFPによる感染のモニタリング

ウイルスの全長cDNAを35Sカリフラワーモザイクウイルスプロモーターの下流に連結して大腸菌プラスミドに挿入してクローニングした。このプラスミドpClYVVを，直接ソラマメの葉に常法で機械接種すると，感染が成立してウイルス粒子が回収できる(Takahashi et al., 1977)。さらに，*P1*と*HC-Pro*遺伝子の間あるいは，*NIb*と*CP*

遺伝子の間のどちらかに*GFP*遺伝子を挿入すると感染力を保持してGFPを発現させることができた(Masuta et al., 2000; Wang et al., 2003)(図6-2-1)。このウイルスを利用して，ウイルスの感染と移行を直接GFPの蛍光を観察しながらモニターすることができる(Masuta et al., 2000)(図6-2-2)。

2-3. ClYVV-MMの単離

ソラマメにモザイクを主体とする病徴を誘導し，えそを起こしにくい変異株ClYVV-MMを，野生株(ClYVV-W)から突然変異で得た。Wはソラマメに接種すると，接種葉にえそ斑点を形成し，上葉でははじめに葉脈透過が現れ，その後直ちに脈えそが出て，萎縮と茎えそを伴って頂葉が枯死する。一方MMは，接種様にえそ斑点を作るものの，上葉ではモザイクを主体とした病徴を示して，時にえそを伴うこともあるが植物を枯死させることはない(図6-2-3)。

MMの全塩基配列をRT-PCRで作成したcDNAをもとに決定して，Wと比較して，えそ病徴誘導に必要な領域を特定しようとした。Wと異なる配列はゲノム全体にみられ，ゲノムの特定の領域を病徴の変化に相関させることはできなかった。

2-4. ClYVV-MMと-Wのキメラウイルスを用いた病徴発現に関与する領域の特定

塩基配列の比較からは病徴を決定する領域を特定できなかったので，図6-2-4に示すようにMMとWのキメラウイルスを構築して病徴の変化をソラマメで観察した。*P3*遺伝子ORFのC-末端より下流の領域を組み換えたウイルスはWと同じ病徴を呈した。HC-Proを含む領域がMMに由来するpClYVV/CNから回収されたウイルスは，接種葉に病徴を示さず，上葉に極めて弱い退緑を示した。この病徴はMMよりも弱い病徴であった。さらにこの領域内のキメラを作成すると，接種葉に退緑斑を，上葉に退緑斑を示す変異株が得られた。MMについて，この領域の塩基配列を複数のクローンを用いて決定し，いく

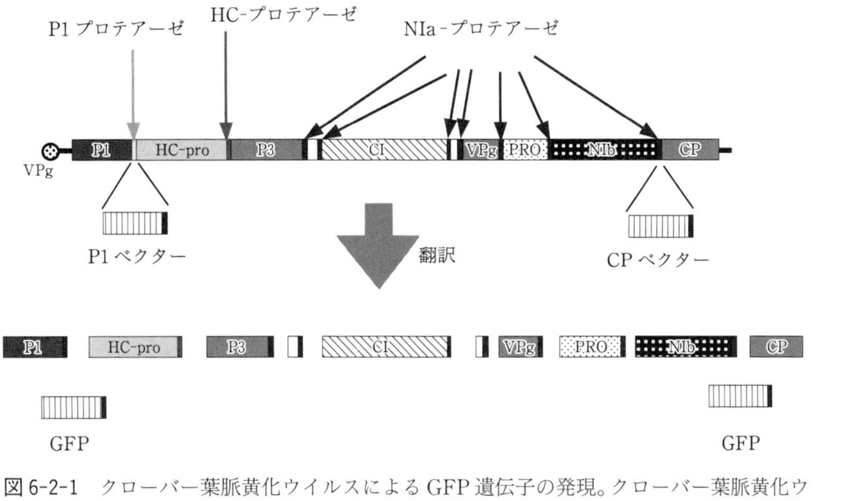

図6-2-1　クローバー葉脈黄化ウイルスによるGFP遺伝子の発現。クローバー葉脈黄化ウイルスはそのゲノムに一つのORFをコードして，自身にコードされるプロテアーゼによって翻訳後に切断されて機能する10種のタンパク質を発現する。ウイルスの感染性cDNAクローン上で，ポリタンパクの切断認識部位の下流にGFP遺伝子のORFを挿入すると，接種後に回収されるウイルスはGFPを発現する。挿入されるGFP遺伝子のC-末端配列の後には，ウイルスのNIa-プロテアーゼによって切断されるアミノ酸配列(黒塗り)を付加して融合タンパクとして発現するようにしておく。挿入されたGFPは，翻訳後にプロテアーゼによって切断され発現する。挿入部位はP1とHC-Pro遺伝子(P1ベクター)，またはNIbとCP遺伝子の間(CPベクター)のどちらであっても，ウイルスは複製・増殖しながらGFP遺伝子を発現する。

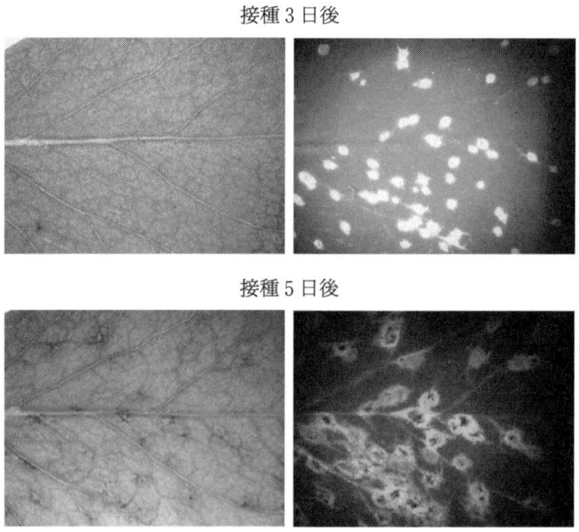

図6-2-2　GFPを発現するウイルスを接種したエンドウの接種葉での感染モニターリング。接種3日後と5日後に同じ葉の同じ部位でウイルスの広がりを観察した。ウイルスの広がりを経時的に観察できる。左が自然光下，右がUV光下の様子。

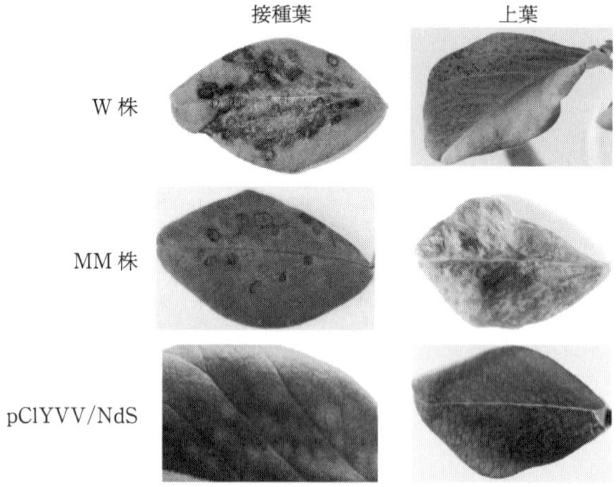

図6-2-3　クローバー葉脈黄化ウイルス変異株のソラマメでの病徴。野生株(W)では，接種葉にえそ斑点が出る。上葉には葉脈透過が現れた後でえそがはしり，さらに葉全体が枯れる。MM株では，接種葉に野生株と類似したえそ斑点が出る。上葉はモザイクを示すが，時々軽いえそを出すこともある。しかし野生株のように枯死することはない。193MMやNdS変異株では，接種用に弱い退緑斑点が現れるか無病徴である。上葉には弱い退緑斑点や脈間の退緑が出る。

つかの病徴発現に関与すると思われる変異の候補を特定した。さらにWの配列をベースに，これら候補の点変異を導入して病徴発現の変化を観察した。

2-5. 点変異を導入した感染性ウイルスcDNAの病徴発現

これまでに構築したW株とMM株のキメラウイルスの解析から得た変異箇所をもとに，いくつかの点変異を導入した変異株を新たに構築し，ソラマメの病徴を観察した(図6-2-5)。P1のアミ

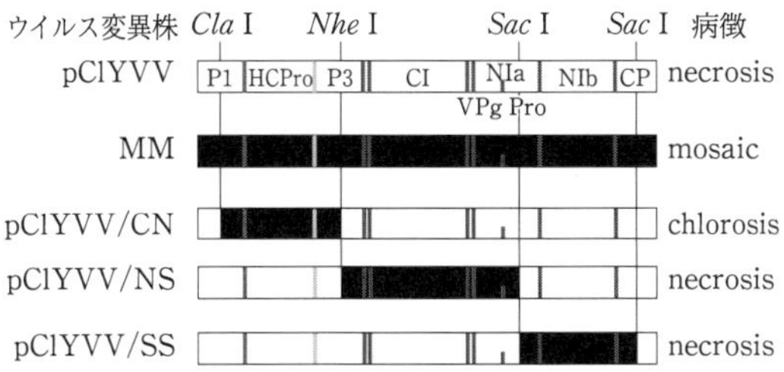

図 6-2-4　W 株と MM 株のキメラウイルスの病徴。W 株の感染性 cDNA の一部を，MM 株の対応する cDNA と入れ換えてキメラウイルスを構築し，ソラマメに接種して病徴を観察した。P1-P3 の領域を MM 株と入れ換えると退緑を主体とした病徴に変化した。

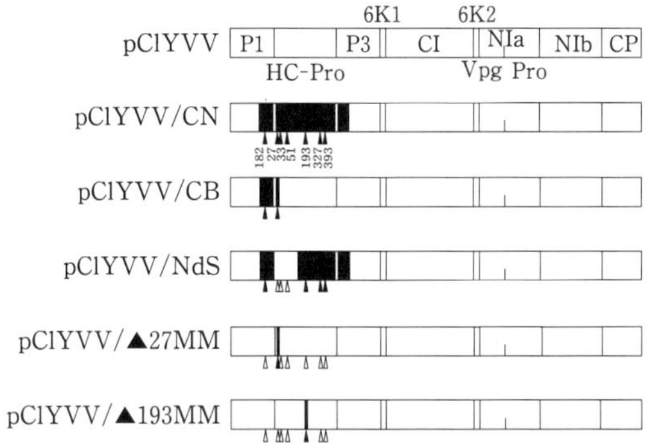

図 6-2-5　退緑病徴を出す変異株の構築。黒塗りの矢印が MM 株由来の配列を示す。変異株 pClYVV/NdS, pClYVV/▲ 27MM，pClYVV/▲ 193MM をソラマメに接種すると退緑病徴を示し，えそを出すことはほとんどない。従って，*HC-Pro* 遺伝子がえそ病徴発現に重要な役割を果たしていることが明らかにできた。

ノ酸 182 と HC-Pro の 27 に変異が導入された株 (pClYVV/CB) は MM 株と同様にモザイクを誘導した。しかし，HC-Pro の 27 のみに点変異を導入した pClYVV/27MM は，弱毒化するがやはりえそを示した。また HC-Pro の 193 に変異を導入した pClYVV/193MM は，モザイクとは異なる退緑斑を起こした。従って，HC-Pro は病徴発現に重要な遺伝子であることがわかった。

2-6. ソラマメとエンドウにおけるウイルス変異株の感染モニタリング

変異株を GFP でタグして，ウイルスの蓄積と移行をソラマメの接種葉で解析した。W 株は，接種後 2-3 日には感染点で明瞭な GFP 蛍光が観察され，蛍光は時間とともに拡大して 6-7 日で葉は枯死した。pClYVV/193MM 接種でも，W 株と同様に接種後 2-3 日後に感染点で明瞭な GFP 蛍光が観察され，以後 W 株と同じような蛍光の拡大を示す。しかし，W 株とは異なり，感染中心での蛍光は時間とともに消えて病斑が拡大進行するところのみで蛍光が観察され，その強度は W 株に比べて明らかに低いものだった。p-ClYVV/CB 感染では，両者の中間的な強度の GFP 発光を示した。こうした GFP 蛍光の強度と病徴の軽減に相関はみられた。蛍光の強度の違いがウイルスの蓄積量と相関しているとすると，えそ病徴の誘導はウイルスの蓄積量によって決まるのだろうか？　次に示すエンドウに実験によると，えそ病徴の誘導は必ずしもウイルスの蓄積量で決まっているのではないことが示された。

約 200 品種のエンドウの W 株に対する反応を観察すると，上葉にモザイクを出すものと，接種葉と上葉に激しいえそを起こす品種に分けられた。このことは，えそ誘導には，ウイルス側の因子の他に，宿主側にも因子があることを示している。それぞれ反応の異なる品種を選んで，W 株，193MM 株，CB 株を接種して，病徴の誘導とウイルスの蓄積量を解析した。いずれも GFP でタグしたウイルスを用いたので，ウイルスの感染点が容易に特定でき，単病斑を単離して ELISA に供試することで正確にウイルス蓄積量を経時的に定量できた。図 6-2-6 に示すように，CB 株と 193MM 株はウイルスの蓄積量に差がないにもかかわらず，CB 株は接種葉にえそ斑を，一方 193MM 株は無病徴かわずかな退緑斑を示した。よってえその誘導にウイルスの蓄積量が最も重要な要因ではないことが明らかとなった。

2-7. ウイルス変異株 HC-Pro のジーンサイレンシング抑制活性

Potyvirus の *HC-Pro* 遺伝子が，ジーンサイレンシング (Post transcriptional gene silencing) を抑制することは知られている。そこで，この抑制活性と病徴の軽減が相関するか調べた。pClYVV (W)，pClYVV/27MM (27MM)，pClYVV/

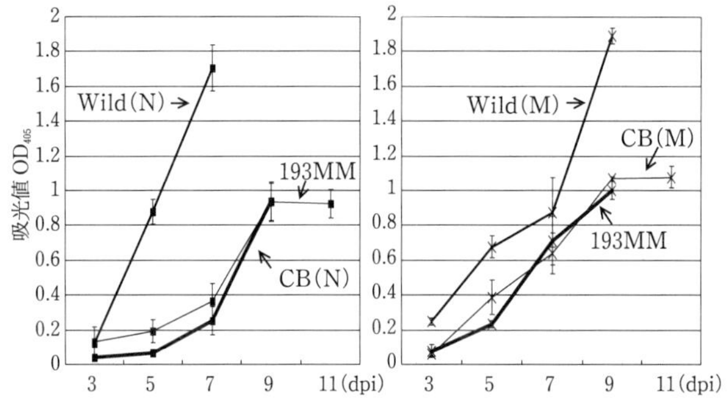

図6-2-6　エンドウにおけるウイルス蓄積量の経時変化と変異株間の比較。GFPを発現する様々なウイルス変異株を，野生株がえそを起こすエンドウ(PI 118501)とえそが起きないエンドウ(PI226564)に接種してウイルスの増殖量をELISAで測定した。GFP蛍光でウイルスの感染点を特定し，くりぬいて試料とした。pClYVV/193MM(193MM)は両エンドウでえそを全く起こさない。pClYVVCBはPI118501でえそを起こす。この二つを比較すると，ウイルスの蓄積量に差がない。また，えそを起こさないエンドウで，野生株のウイルス蓄積量が抑制されているわけでもない。すなわち，ClYVVがえそを起こす理由は，ウイルスの蓄積量の違いではなく，宿主がえそを誘導する因子をもつか否かによっていることがわかる。

193MM(193MM)よりHC-Pro領域を発現ベクターpIG121のGUS領域に挿入した。GFPのジーンサイレンシングを起こしたベンサミアーナ植物にAgro-infiltration法でHC-Proを発現させて抑制活性を調べた。活性は，Wで最も高く，27MMでも認められたが193MMでは検出できなかった(図6-2-7)。

2-8. *HC-Pro*遺伝子のサリチル酸代謝経路への関与の可能性

W株のウイルスを接種したソラマメやエンドウでは，えそ病徴の発現に伴って，酸性キチナーゼのmRNAの上昇がみられ，塩基性キチナーゼが変化しないかやや低下する傾向がみられる。そこで，えそ病徴の誘導にサリチル酸シグナル経路が関係しているか調べるために以下の実験を行った。pClYVV/27MMやpClYVV/NdSより生成した，ソラマメでえそ誘導能力を失ったウイルスを接種した葉にBTH(benzothiadiazol-7-carbothioic acid S-mehyl ester)を処理した。無処理では，無病徴か退緑斑を生成じ，処理区ではえそ斑点がW株と同じように形成された。よって，変異株のえそ誘導能の喪失はBTHで相補されたことになり，HC-Proは，サリチル酸シグナル経路を介してえそ誘導に関与している可能性が示唆された。

2-9. おわりに

*HC-Pro*遺伝子に変異を導入すると病原性の弱くなることは，*Tobacco vein mottling virus* (TVMV)(Atreya and Pirone, 1993)，*Plum pox virus* (PPV)(Saenz et al., 2001)，*Zucchini yellow mosaic virus* (ZYMV)(Gal-On, 2000)で報告されている。このうち，TVMVでは弱毒化するとウイルス蓄積量が著しく低下しているが，ZYMVやPPVでは，ウイルス蓄積量が弱毒化と相関していない。またZYMVでは，弱毒化でえそ病徴が消失するのでClYVVのえそ病徴誘導と似たメカニズムで病原性が決定されているかもしれない。ClYVVの場合も，エンドウではウイルスの蓄積量とえそ誘導とは相関していなかった。従って，ClYVVやZYMVでは，ウイルスの増殖量が高すぎるために細胞がえそを起こしているわけではない。一方で，HC-Proのサイレンシング抑制能力が病原性と関わっているであろうことは容易に想像できる(Revers et al., 1999)。ZYMVの*HC-Pro*遺伝子を発現するジャガイモXウイルスを接種したベンサミアーナタバコと*N. clevelandii*の解析では，弱毒化したウイルスの*HC-Pro*遺伝子では，

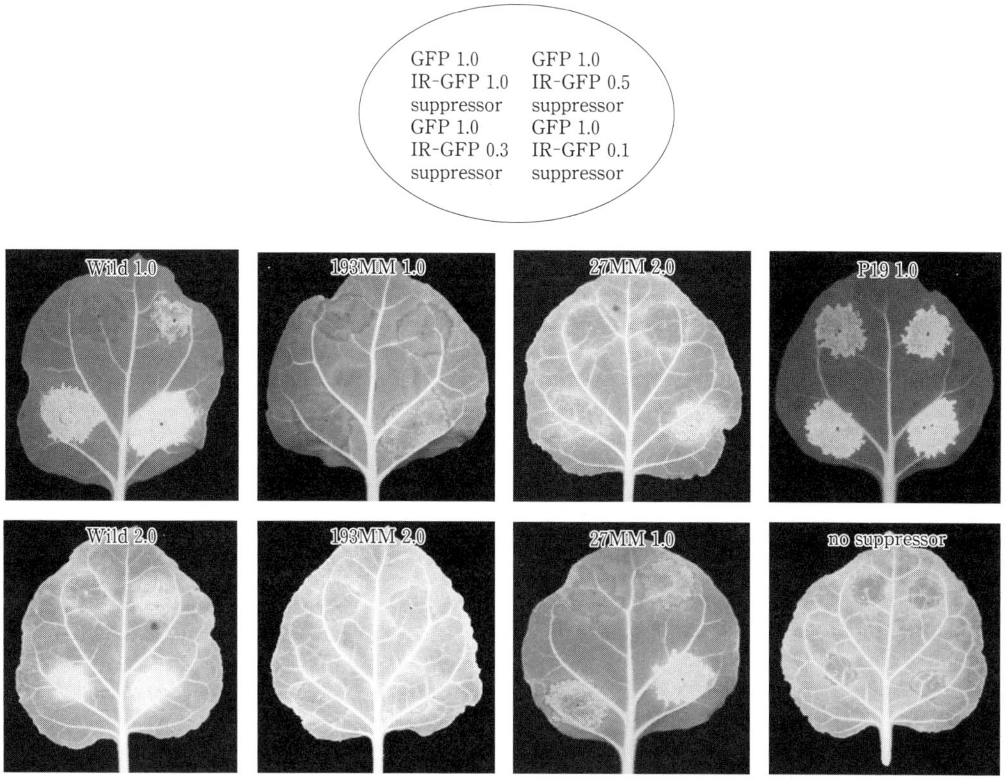

図 6-2-7　ウイルス変異株に由来する HC-Pro タンパクのジーンサイレンシング抑制能力の比較。Nicotiana benthamiana タバコで HC-Pro タンパク，GFP 遺伝子の dsRNA と GFP を供発現させて GFP が発現するか検定した(方法の詳しい説明は，奥野(第 8 章の 8-1)を参照)。上段には GFP(GFP)，GFP の dsRNA(IR-GFP)をもつアグロバクテリウムの量を HC-Pro(supressor)遺伝子をもつものを 1.0 として相対比で示した。野生株は抑制能力を示して，GFP の緑色蛍光が観察できるが，pClYVV/193MM から回収されるウイルスの HC-Pro(193MM)には全く抑制能力が観察できない。pClYVV/27MM から回収されるウイルスの HC-Pro(27MM)には，野生株(Wild)に劣るものの抑制能力が観察できる。

PVX による病徴の軽減も観察されている(Saenz et al., 2001)。この場合には，サイレンシングの抑制能力が病原性と相関している可能性はある。ClYVV でも同様に，サイレンシングの抑制能力が高いウイルス株ほどえそ誘導能力が高い。しかし，両者が本当に相関しているかの証明は今後の課題である。

またエンドウの品種によってえそを起こすものとそうでないものがあるので，明らかに宿主にえそを誘導する因子が存在する。さらにサリチル酸経路がえそ誘導に関わっている可能性が示唆された。では，ClYVV のえそ誘導が SHR によるものであろうか？　そうであれば，エリシターに相当する分子があるはずなので，ClYVV の各遺伝子についてこの活性を検定する必要がある。また，SHR ではなくても，HC-Pro がサリチル酸経路を介してえそ誘導に関与している可能性もみていく必要がある。

参 考 文 献

Atreya, C. D., Pirone, T. P. (1993) Mutational analysis of the helper componnet-proteinase gene of a potyvirus: Effects of amino acid substitutions, deletions, and gene replacemnt on virulence and aphid transmissibility. Proc. Natl. Acad. Sci. USA 90, 11919-11923.

Bilgin, D. D., Liu, Y., Schiff, M., Dinesh-Kumar, S. P. (2003) P58IPK, a plant ortholog of doule-stranded RNA-dependent protein kinase PKR inhibitor, functions in viral pathogenesis. Dev. Cell 4, 651-661.

Cawly, J., Cole, A. B., Kiraly, L., Qiu, W., Schoelz, J. E. (2005) The plant gene CCD1 selectively blocks cell death during the hypersensitive response to Cauliflower mosaic virus infection. Mol. Plant-Microbe Interact. 18, 212-219.

Collmer, C. W., Marston, M. F., Taylor, J. C., Jahn, M. (2000) The I gene of bean: a dosage-dependent allele conferring extreme resistance, hypersensitive resistance, or spreading vascular necrosis in response to the potyvirus Bean common mosaic virus. Mol. Plant-Microbe Interact. 13, 1266-1270.

Dinesh-Kumar, S. P., Baker, B. (2000) Alternatively spliced N resistance gene transcripts: Their possible role in tobacco mosaic virus resistance. Proc. Natl. Acad. Sci. USA 97, 1908-1913.

English, J. J., Mueller, E., Baulcombe, D. C. (1996) Suppression of virus accumulation in transgenic plants exhibiting silencing of nuclear genes. Plant Cell 8, 179-188.

Erickson, F. Les, Holzberg, S., Calderon-Urrea, A., Handley, V., Axtell, M., Corr, C., Baker, B. (1999) The helicase domain of the TMV replicase proteins induces the N-mediated defence response in tobacco. Plant J. 18, 67-75.

Gal-On, A. (2000) A point mutation in the FRNK motif of the potyvirus helper component-protease gene alters symptom expression in cucurbits and elicits protection against the severe homologous virus. Phytopathology 90, 467-473.

Honda, A., Takahashi, H., Toguri, T., Ogawa, T., Hase, S., Ikegamo, M., Ehara, Y. (2003) Activation of defense-related gene expression and systemic acquired resistance in cucumber mosaic virus-infected tobacco plants expressing the mammalian 2′5′ oligoadenylate system. Arch. Virol. 148, 1017-1026.

Kim, C.-H., Palukaitis, P. (1997) The plant defense response to cucumber mosaic virus in cowpea is elicited by the viral polymerase gene and affects virus accumulation in single cells. EMBO J. 16, 4060-4068.

Masuta, C., Yamana, T., Tacahashi, Y., Uyeda, I., Sato, M., Ueda, S., Matsumura, T. (2000) Development of clover yellow vein virus as an efficient, stable gene expression system for legume species. Plant J. 23, 539-546.

Ogawa, T., Hori, T., Ishida, I. (1996) Virus-induced cell death in plants expressing the mammalian 2′5′ oligoadenylate system. Nat. Biotech. 14, 1566-1569.

Palanichelvam, K., Cole, A. B., Shababi, M., Schoelz, J. E. (2000) Agroinfiltration of Cauliflower mosaic virus gene VI elicits hypersensitive response in Nicotiana species. Mol. Plant-Microbe Interact. 13, 1275-1279.

Pruss, G. J., Lawrence, C. B., Bass, T., Li, Q. Q., Bowman, L. H., Vance, V. (2004) The potyviral suppressor of RNA silencing confers enhanced resistance to multiple pathogens. Virology 320, 107-120.

Revers, F., Le Gall, O., Candresse, T., Maule, A. J. (1999) New advances in understanding the molecular biology of plant/potyvirus interactions. Mol. Plant-Microbe Interact. 12, 367-376.

Saenz, P., Quiot, L., Quiot, J. B., Candresse, T., Garcia, J. A. (2001) Pathogenicity Determinants in the Complex Virus Population of a Plum pox virus isolate. Mol. Plant-Microbe Interact. 14, 278-287.

Stenger, D. C., French, R. (2004) Functional replacement of Wheat streak mosaic virus HC-Pro with the corresponding cistron from a diverse array of viruses in the family Potyviridae. Virology 323, 257-267.

Takahashi, Y., Takahashi, T., Uyeda, I. (1977) A cDNA clone to Clover yellow vein potyvirus genome is highly infectious. Virus genes 14, 235-243.

Urcuqui-Inchima, S., Haenni, A.-L., Bernardi, F. (2001) Potyvirus proteins: a wealth of functions. Virus Res. 74, 157-175.

Wang, Z. D., Ueda, S., Uyeda, I., Yagihashi, H., Sekiguchi, H., Tacahashi, Y., Sato, M., Ohya, K., Sugimoto, C., Matsumura, T. (2003) Positional effect of gene insertion on genetic stability of a clover yellow vein virus-based expression vector. J. Gen. Plant Pathol. 69, 327-334.

Whitham, S., Dinesh-Kumar, S. P., Choi, D., Hehl, R., Corr, C., Baker, B. (1994) The product of the tobacco mosaic virus resistance gene N: similarity to toll and the interleukin-1 receptor. Cell 78, 1101-1115.

Yang, S.-J., Carter, S. A., Cole, A. B., Cheng, N.-H., Nelson, R. S. (2004) A natural variant of a host RNA-dependent RNA polymerase is associated with increased susceptibility to viruses by Nicotiana benthamiana. Proc. Natl. Acad. Sci. USA 101, 6297-6302.

第7章 ウイルスの複製・移行と宿主因子

植物＋鎖RNAウイルスの宿主植物における感染・増殖過程は，細胞への侵入，脱外被，ウイルスRNAの翻訳と複製，新生ウイルス粒子の構築，ウイルスのプラズモデスマータ(原形質連絡：PD)を通しての隣接細胞への移行ならびに篩部組織を通しての全身への移行の各段階からなる(日比，2004)。ウイルスがこうした過程を経て最終的にその感染・増殖を成立させるためには，ウイルス由来の遺伝子産物に加えて宿主由来の遺伝子産物(宿主因子)を巧妙に利用する必要があるが，それと同時に宿主側の各種の抵抗性反応を巧みにかいくぐることも必要となる。ウイルスの種・系統ごとに特異的な宿主域は，上記に示したウイルスの感染・増殖過程のうち，特に，第1次感染細胞内でのウイルスRNAの翻訳・複製，第1次感染細胞から隣接細胞への移行，さらにそこから篩部組織を通しての全身移行，の3段階におけるウイルスタンパク質と宿主因子との間の特異的相互作用によって決定されている。そもそもウイルスの増殖は宿主の代謝系にほぼ全面的に依存しているので，その増殖に極めて多種多様な宿主タンパク質が直接あるいは間接に関与しているのは当然であるが，狭義でいう宿主因子とはウイルスの感染・増殖を特異的に促進するのに必須な宿主タンパク質を指す。一方，ウイルスの感染・増殖には逆にそれを特異的に阻害する宿主因子も関与しており，ウイルス特異的エリシターに対する特異的レセプターなどをはじめとする防御応答やそのシグナル伝達に関わる遺伝子産物，RNAジーンサイレンシングに関わる宿主のRNA依存RNAポリメラーゼやダイサーなど，ウイルスに対する抵抗性反応に与る多くのタンパク質が知られているが，それらについての詳細は他稿に譲ることとして本章では多くは触れない。現代ウイルス学においては，こうした宿主因子を探索し，それらの構造ならびにウイルス増殖における機能を解析することが，研究の主流の一つとなっている(Lai, 1998；渡辺・日比，2000；Ahlquist et al., 2003；Whitham and Wang, 2004；Waigmann et al., 2004；Oparka, 2004；Nelson and Citovsky, 2005；Thivierge et al., 2005；Scholthof, 2005；Boevink and Oparka, 2005)。

これら宿主因子の探索法には，大きく分けて，生化学・分子生物学的技法，細胞学的技法および遺伝学的技法とがある(渡辺・日比，2000)。生化学・分子生物学的技法には，感染植物から精製されたウイルスRNA複製酵素(RdRp)画分に共存する宿主因子を検出・分離する方法，ウイルスタンパク質成分に対する抗体によってウイルスタンパク質成分とともにこれと結合する宿主因子を共沈させる免疫沈降法，グルタチオンSトランスフェラーゼ(GST)などと融合発現させたウイルスタンパク質成分に結合する宿主因子を回収するアフィニティープルダウン法，酵母two-hybrid系を用いてウイルスタンパク質成分に結合する宿主因子のcDNAをスクリーニングする方法，および紫外線照射による架橋処理(UV cross-linking)を併用したゲルシフトアッセイなどによってウイルスゲノムRNAの末端に特異的に結合する宿主因子を検出する方法などがある。細胞学的技法には，ウイルスタンパク質成分あるいは宿主タンパク質成分にマーカーとして緑色蛍光タンパク質(GFP)などをつないだ融合タンパク質を細胞で発現させ，それらの細胞・組織内における局在や動態を共焦点レーザー顕微鏡によって蛍光観察する方法，および免疫電子顕微鏡法などがある。一方，遺伝学的技法は，シロイヌナズナなどを用いてウイルスが増殖できないかあるいはその増殖速度が極めて遅い宿主変異株を作成し，遺伝学的解析からこの形質に関与する遺伝子座を決定した後，宿主のゲノム地図に基づくポジショナルクローニングによって当該遺伝子を単離する方法である。ブロムモザイクウイルスなど酵母でも複製が可能な一部の植物ウイルスの場合には，酵母の１遺伝子ノックアウトライブラリーを利用してウイルス増殖に関わる宿主因子を探索する方法もある(Kushner et al., 2003; Panavas et al., 2005)。こうして分離された宿主因子のウイルス増殖における実際の機能を解析するためには，当該宿主遺伝子を恒常的に過剰発現あるいは発現抑制させた形質転換植物株または植物培養細胞株を作成するか，ジャガイモXウイルスなどのベクターを用いて一過的なジーンサイレンシング(virus-induced gene silencing: VIGS)を起こさせた植物株を用いて，それらの株におけるウイルス増殖の変化を解析する方法などがある。最近タバコモザイクウイルスで開発された試験管内ウイルス複製実験系も，今後，有力な方法となるであろう(Komoda et al., 2004)。

ここでは，植物プラス一本鎖RNAウイルスのうち，ブロムモザイクウイルス，キュウリモザイクウイルスおよびタバコモザイクウイルスの３種のウイルスについて，それらのRNAの翻訳・複製および移行の分子機構とそれに関わる宿主因子に関する研究の現状を，我々の成果を中心にして紹介することとする。

参考文献

Ahlquist, P., Noueiry, A. O., Lee, W. M., Kushner, D. B., Dye, B. T. (2003) Host factors in positive-strand RNA virus genome replication. J. Virol. 77, 8181-8186.

Boevink, P., Oparka, K. J. (2005) Virus-host interactions during movement processes. Plant Physiol. 138, 1815-1821.

日比忠明(2004)植物ウイルス．山崎耕宇・久保祐雄・西尾敏彦・石原邦監修，新編農学大事典．養賢堂．pp. 367-375.

Komoda, K., Naito, S., Ishikawa, M. (2004) Replication of plant RNA virus genomes in a cell-free extract of evacuolated plant protoplasts. Proc. Natl. Acad. Sci. USA 96, 7774-7779.

Kushner, D. B., Lindenbach, B. D., Grdzelishvili, V. Z., Noueiry, A. O., Paul, S. M., Ahlquist, P. (2003) Systematic, genome-wide identification of host genes affecting replication of a positive-strand RNA virus. Proc. Natl. Acad. Sci. USA 100, 15764-15769.

Lai, M. M. C. (1998) Cellular factors in the transcription and replication of viral RNA genomes: a parallel to DNA-dependent RNA transcription. Virology 244, 1-12.

Nelson, R. S., Citovsky, V. (2005) Plant viruses. Invaders of cells and pirates of cellular pathways. Plant Physiol. 138, 1809-1814.

Oparka, K. J. (2004) Getting the message across: how do plant cells exchange macromolecular complexes? Trends Plant Sci. 9, 33-41.

Panavas, T., Serviene, E., Brasher, J., Nagy, P. D. (2005) Yeast genome-wide screen reveals dissimilar sets of host genes affecting replication of RNA viruses. Proc. Natl. Acad. Sci. USA 102, 7326-7331.

Scholthof, H. B. (2005) Plant virus transport: motions of functional equivalence. Trends Plant Sci. 10, 376-382.

Thivierge, K., Nicaise, V., Dufresne, P. J., Cotton, S., Laliberte, J.-F., Gall, O. L., Fortin, M. G. (2005) Plant virus RNAs. Coordinated recruitment of conserved host functions by (+) ssRNA viruses during early infection events. Plant Physiol. 138, 1822-1827.

Waigmann, E., Ueki, S., Trutnyeva, K., Citovsky, V. (2004) The ins and outs of nondestructive cell-to-cell and systemic movement of plant viruses. Crit. Rev. Plant Sci. 23, 195-250.

渡辺貴斗・日比忠明(2000)植物プラス１本鎖RNAウイルスのRNA複製酵素．ウイルス 50，103-118.

Whitham, S. A., Wang, Y. (2004) Roles for host factors in plant viral pathogenicity. Curr. Opin. Plant Biol. 7, 365-371.

1. ブロムモザイクウイルスの複製・移行と宿主因子

1-1. はじめに

ブロムモザイクウイルス(BMV)はブロモウイルス科ブロモウイルス属に属し，3分節のプラス鎖RNAをゲノムとしてもつ，直径約26 nmの正二十面体ウイルスであり，オオムギなどの単子葉植物を主な宿主とする。ゲノムRNA1と2にはBMVの複製酵素成分である1aタンパク質と2aタンパク質がコードされており，またゲノムRNA3にはBMVの細胞間移行に関与する3a移行タンパク質(MP)およびサブゲノムRNA4から翻訳される外被タンパク質(CP)がコードされている(Ahlquist, 1999)。

植物ウイルスであるBMVが酵母中でも複製・増殖することが示され，その後，変異体を用いた遺伝学的解析によりBMVの複製に関与するいくつかの宿主因子遺伝子が単離・解析されてきている(Noueiry and Ahlquist, 2003)。

*LSM1-7/Pat1*遺伝子はBMV RNA複製の初期の鋳型選択のステップと翻訳に関与していることが示された。*DED1*遺伝子はBMV複製酵素成分である2aタンパク質の効率的な翻訳に，*OLE1*遺伝子は複製に重要な細胞中の膜の流動性に，また，*YDJ1*遺伝子はBMVの－鎖RNA合成に関与していることが示された。最近，酵母の全遺伝子の約80%をカバーした欠失変異体パネルの網羅的解析により，さらに多くの遺伝子がBMV RNA複製に関与していることが明らかとなった(Kushner et al., 2003)。

これまでにBMVの細胞間移行に関して，3a移行タンパク質は一本鎖RNAへの結合能をもち，感染植物体において原形質連絡に局在すること，あるいは複製酵素成分である1a，2aタンパク質は細胞中の封入体構造中にともに局在すること，およびプロトプラストに管状構造を形成すること，BMVの細胞間移行には3a遺伝子だけではなくCP遺伝子も必要であることなどが明らかにされてきた。しかしながら，BMVのRNA複製に関与するウイルス因子や宿主因子に関する知見に比べてBMVの移行に関しては知見が少ない。植物ウイルスの複製と細胞間移行の関連性が指摘される中，我々は複製に関する多くの知見の集積されたBMVの移行機構を解析することは植物ウイルスのライフサイクルを総合的に捉えるのに好適な系であると考え，研究を進めている。

BMVの移行機構を詳細に理解するにはBMVの移行に関与するウイルス因子とともに宿主植物因子を解析することも重要である。ウイルスが宿主植物に感染し発病に至るまでには，多くの過程を経なければならず，一連の現象の中で，ウイルス因子と宿主植物因子の様々な相互作用が存在する。従って，宿主因子を単離するには，上記の酵母やモデル植物シロイヌナズナを用いた遺伝学的手法も有効であるが，一方で，生化学的あるいは分子生物学的手法によってウイルス遺伝子産物と相互作用する因子を同定することも有効である。本研究で，我々は後者の手法を利用し，BMVの移行に関与するウイルス因子である外被タンパク質(Okinaka et al., 2003)と3a移行タンパク質(Kaido et al., 印刷中)について相互作用に基づいた宿主因子の同定・解析を進めた。

1-2. BMVの感染における外被タンパク質と宿主植物因子HCP1の間の相互作用の役割

＋鎖RNA植物ウイルスがコードするCPは，遺伝情報であるRNAを包み込み，分解から保護する役割を果たすが，その他にも様々な機能をもっている(Callaway et al., 2001)。CPには，病徴発現，ウイルスRNA複製，細胞間移行，長距離移行など多岐にわたる機能が知られている。このような機能を果たす中で，CPは自身のRNAやCPそのものと相互作用するのと同様に宿主に由来する因子とも物理的に相互作用していると考えられる。一方，CPが宿主植物において高レベルに蓄積できるということから，CPは宿主因子と相互作用することで植物の防御反応を抑制したり，回避したりしている可能性も考えられる。

我々は，BMV CP(BCP)と物理的に相互作用するオオムギ宿主因子タンパク質を同定するため，健全オオムギ葉由来のcDNAライブラリーを酵母two-hybrid系(Fields and Song, 1989)を利用してスクリーニングした。その結果，BCPと相互作用する3個の候補クローンを同定した。

その中の一つである*Hcp1*のcDNAクローンについて全長cDNAを単離した結果，全長cDNAは352アミノ酸をコードし，データ解析の結果，鉄/アスコルビン酸依存酸化還元酵素の特徴を示した。BLASTP検索によってHCP1ホモログ検索を行った結果，酸化還元酵素ファミリーの多くのタンパク質が同定され，特に植物由来のホモログと高い類似性がみられた。興味深いことに，多くのHCP1ホモログはフラボノイド合成におけるflavonol synthaseやanthocyanidin synthase，エチレン合成におけるACC oxidase，ジベレリン合成におけるgibberellin 3β-hydroxylaseおよびアルカロイド合成におけるhyoscyamine 6-dioxygenaseなど生理活性物質の生成に関与していた。また，これらのHCP1ホモログの性質からHCP1はオオムギ細胞中で可溶性のタンパク質であり，生理活性物質を産生する役割を果たしていることが示唆された。

次に，酵母two-hybrid系で観察されたBCPとHCP1の結合を*in vitro*結合実験によって確認した。HCP1はグルタチオンS-トランスフェラーゼ(GST)との融合タンパク質として大腸菌で組換えタンパク質を発現・調製し，BCPは精製ウイルス粒子から調製して用いた。その結果，BCPとGST-HCP1は結合したのに対して，BCPとGSTでは結合は認められなかった(図7-1-1)。以上の結果，HCP1はBCPと直接結合することが示され，BCP-HCP1の相互作用が酵母two-hybrid系におけるartifactであるという可能性が否定された。

HCP1と相互作用するBCPの結合領域を同定した(図7-1-2)。スクリーニングに用いたBCP(138-189)と同様にBCP(138-185)は結合能を保持していた。興味深いことにC末端12アミノ酸を欠失したBCP(138-177)では結合能が顕著に低下した。また，BCP(138-189)に比べてN端を21アミ

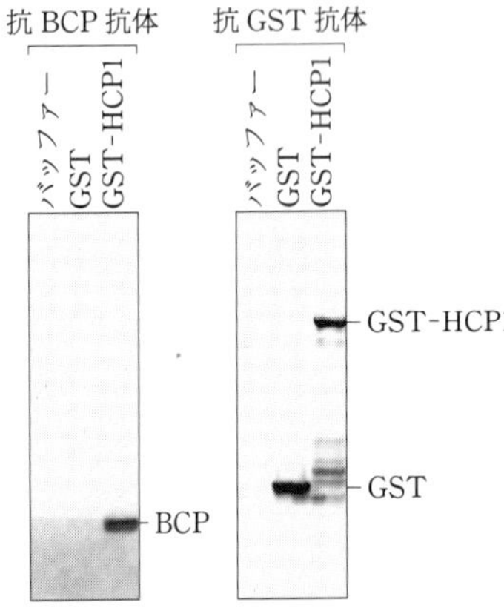

図7-1-1　*In vitro*におけるHCP1とBMV CP(BCP)の結合(Okinaka et al., 2003, Fig. 3 [p. 355]を改変)。BCPをバッファー，GSTあるいはGST-HCP1と混合しインキュベートした後に，グルタチオンビーズを用いてこれと共沈する画分を回収した。次いでこれらをSDS-PAGEで泳動し，メンブレンに転写した後，抗BCP抗体(左)と抗GST抗体(右)で検出した。BCPとGST-HCP1は結合するのに対して，BCPとGSTでは結合は認められないことから，HCP1はBCPと直接結合することが確認された。

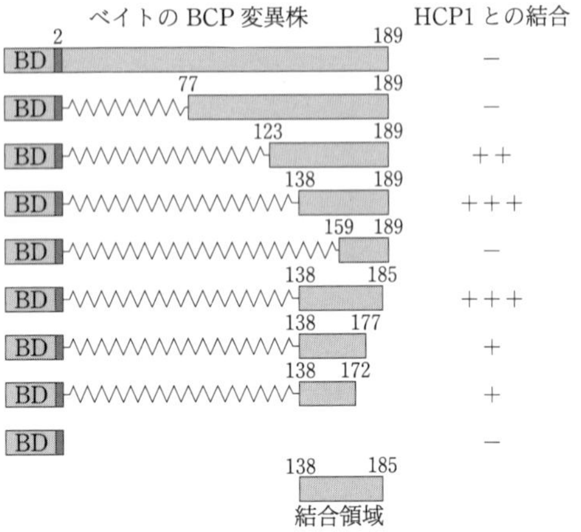

図7-1-2　BCP内部のHCP1結合部位のマッピング(Okinaka et al., 2003, Fig. 4 [p. 356]を改変)。野生型(最上段)あるいは末端アミノ酸配列の欠失したBCPを発現するGAL4-BD-BCP変異体それぞれを，HCP1を発現するGAL4-AD-HCP1とともに酵母に導入した。次いで，酵母two-hybrid法を用いたβ-ガラクトシダーゼ活性測定により，結合力を定量した。+の数はBCP-HCP1の結合の強さを表し，−は結合が検出されなかったことを表す。図の下に示すようにHCP1と結合するBCP領域は第138アミノ酸から第185アミノ酸の領域であることが明らかとなった。詳細は本文を参照されたい。

ノ酸欠失したBCP(159-189)は結合能を失った。以上の結果，178から185番目および138から158番目のアミノ酸は結合に重要で，186から189番目のアミノ酸は結合に関与していないことが明らかとなった。BCP(138-189)よりも長いN端をもつBCP(2-189)，BCP(77-189)およびBCP(123-189)は結合能を失うか，あるいは弱い結合能を示したことから，これら長いBCP断片とGAL4-BDとの融合タンパク質においてはHCP1との結合部位が酵母細胞中でタンパク質表面に露出していないことが示唆された。図7-1-1の *in vitro* 結合実験ではBCPは融合ではなく単体のタンパク質を用いているため，このような結合阻害は起こらなかったのであろう。

BCPとHCP1の結合の生物学的意義を明らかにするため，数種類のBCP変異体を作製した。それらとHCP1の結合能力が同様の変異をBCPにもつ変異体BMVのオオムギにおける感染性(Okinaka et al., 2001)と相関するかどうかを調査した。変異体の作製にあたって，BCPとHCP1の結合に重要であることが示されたCPのC端178から185番目の8アミノ酸残基をそれぞれアラニンに置換した(表7-1-1)。変異体BCPの中でP178AとD182AではHCP1との結合の顕著な低下が認められ，同様の変異をもつ変異体BMVはオオムギにおいて全く感染しなかった。逆に野生型と同様のHCP1結合活性をもつT179A，F180A，F183AおよびT185Aは通常の感染性を保持していた。F184Aが感染性を失ったのはBCP-HCP1の結合性というよりもこの変異体がそもそも粒子化せず細胞間移行できなかったためであると考えられた。D181AがHCP1との中間的な結合活性を示したにもかかわらず野生型と同様の感染性を示したことから，BMVがオオムギで感染するにはBCP-HCP1結合能に，閾値があることが示唆された。以上の結果，変異体BCPとHCP1の結合能と変異体ウイルスのオオムギにおける感染性の間に明らかな相関が認められたことからHCP1はBMVがオオムギに感染する際に重要な役割を果たしていることが示唆された。

HCP1のC末端の部分アミノ酸残基に相当する合成オリゴペプチドに対する抗体を作製し，HCP1のオオムギ細胞中における局在を調査した。モック接種およびBMV感染オオムギ葉を細胞壁(CW)，1,000×g沈殿(P1)，30,000×g沈殿(P30)，30,000×g上清(S30)画分に分画し，ウェスタン解析によってHCP1とBCPを検出した結果，HCP1はS30画分に検出された。さらにS30画分を100,000×gの遠心分離に供した結果，やはり上清(S100)画分に検出された(図7-1-3)。以上の結果，HCP1ホモログの性質から類推されたようにHCP1はオオムギ細胞において可溶性タンパク質であることがわかった。モック接種区とBMV感染区の間にはHCP1の局在に関して差は認められなかった(図7-1-3)。BCPはS30画分に最も多く検出され，さらなる遠心分離によってほとんどのBCPはウイルス粒子が沈殿と

表7-1-1　BCPアラニン置換変異体におけるHCP1-BCP結合活性とウイルス感染性の比較(Okinaka et al., 2003, Table 2［p. 356］を改変)

BCP変異体	アラニン置換変異	HCP1との結合(%)	BMVの感染性	粒子化
Wild type	PTFDDFFT	100	＋	＋
P178A	ATFDDFFT	27	－	＋
T179A	PAFDDFFT	89	＋	＋
F180A	PTADDFFT	92	＋	＋
D181A	PTFADFFT	40	＋	＋
D182A	PTFDAFFT	23	－	＋
F183A	PTFDDAFT	92	＋	＋
F184A	PTFDDFAT	91	－	－
T185A	PTFDDFFA	124	＋	＋

BCP変異体とHCP1の結合能力が，同様の変異をBCPにもつ変異体BMVのオオムギにおける感染性と相関するかどうかを調べた。変異体の作製にあたっては，BCPとHCP1の結合に重要であることが示されたCPのC端178から185番目の8アミノ酸残基をそれぞれアラニンに置換した。BCP変異体とHCP1の結合能力は酵母two-hybrid法によって定量化し，変異体BMVのオオムギにおける感染性はOkinaka et al.(2001)によった。BCPの中でP178AとD182AではHCP1との結合の顕著な低下が認められ，同様の変異をもつ変異体BMVはオオムギにおいて全く感染しなかった。逆に野生型と同様のHCP1結合活性をもつ変異体は通常の感染性を保持していた。F184Aが感染性を失ったのはこの変異体が粒子化せず細胞間移行できなかったためであると考えられた。このように，変異体BCPとHCP1の結合能と変異体ウイルスのオオムギにおける感染性の間に明らかな相関が認められたことから，HCP1はBMVがオオムギに感染する際に重要な役割を果たしていることが示唆された。

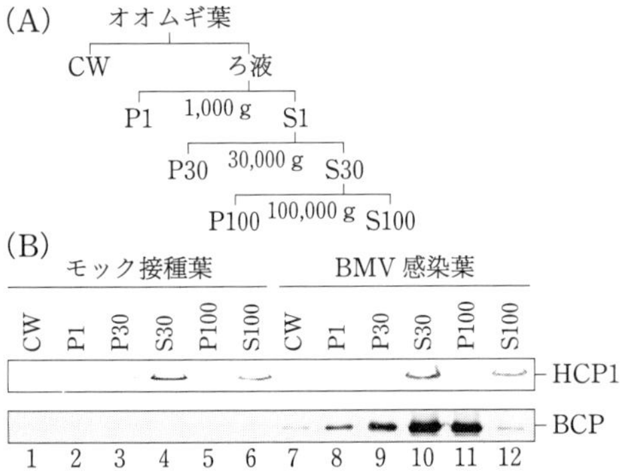

図7-1-3　オオムギ葉におけるHCP1とBCPの細胞内局在(Okinaka et al., 2003, Fig. 5［p. 357］を改変)。(A)モック接種あるいはBMVの感染したオオムギ葉の磨砕液をMiraclothでろ過し，残渣を細胞壁(CW)画分とした。ろ液を1,000 g，30,000 gおよび100,000 gで分画遠心し，種々の沈殿(P1，P30，P100)画分または上清(S30，S100)画分を得た。(B)次いでこれらをSDS-PAGEで泳動し，メンブレンに転写した後，抗HCP1抗体(上)と抗BCP抗体(下)で検出した。大部分のBCPはウイルス粒子が沈殿として回収されるP100画分に検出された。BCPがわずかにS100画分にも検出されたことから，BCPはオオムギ細胞中においてモノマー様のフリーなタンパク質としても存在することが示唆された。

して回収されるP100画分に検出された(図7-1-3)。BCPがわずかにS100画分にも検出されたことから，BCPはオオムギ細胞中においてモノマーのようなフリーなタンパク質として存在することが示唆された。

我々は，酵母two-hybrid系を用いることによってBCPと相互作用するユニークな酸化還元酵素様タンパク質HCP1をオオムギより同定した。変異体を用いた研究によりBCPとHCP1の結合の程度が同様の変異をもつBMVのオオムギにおける感染性と相関したことより，HCP1はBMVのオオムギへの感染において何らかの役割を果たしていることが示された。

ウイルスは，宿主となる植物において種々の病徴を表しながら増殖するが，その際にも分子レベルではウイルス因子と宿主植物因子の間の様々な相互作用が予想される。一方，そのような宿主植物においてウイルス因子と相互作用し，さらにウイルスの増殖に影響を及ぼす「宿主因子」は二つのカテゴリーに分けることができる。クラスIの因子は，宿主細胞，宿主組織中においてウイルスの複製酵素を構成したり，原形質連絡における「穴」を広げたりすることによって直接ウイルスの増殖や移行をサポートするものである。クラスIIの因子は，植物の抵抗性システムの構成要素で，ウイルス因子との結合によって抵抗性機構そのものが不活化されたり，病原体としての認識が回避されることによって，その後の宿主の真性抵抗性遺伝子(R遺伝子)を介した抵抗性や転写後ジーンサイレンシング(PTGS)による抵抗性などの発現に至らない場合である。BLASTP検索によってHCP1ホモログとして，植物における多くの生理活性物質の生成に関わる鉄/アスコルビン酸依存酸化還元酵素が同定された。ホモログの性質だけから，HCP1-BCP相互作用がBMVのオオムギにおける感染をどのように制御しているかを予想することは容易ではないが，HCP1はクラスIというよりもクラスIIの因子に分類されると考えられる。理由の一つは，HCP1ホモログのflavonol synthaseやanthocyanidin synthaseがflavonoid合成に関わる点である。イネやモロコシなどの単子葉植物はフラボノイド型のファイトアレキシンを合成し，侵入してきた病原体と侵入を受けた植物の両者を攻撃する。植物ウイルスに対する抵抗性におけるファイトアレキシンの役割についてはほとんど知られていないが，HCP1がオオムギにおけるフラボノイド型のファイトアレキシンの合成に関与し，HCP1-BCP間相互作用がBMV感染時におけるそれらの合成に阻害的に働く可能性は考えられる。もう一つの理由は，HCP1がエチレン生合成の鍵酵素であるACC oxidaseと相同であるという点である。エチレンは，ウイルス感染タバコでの過敏感細胞死に関与しており，その結果として植物にウイルス抵抗性を付与している。HCP1はオオムギにおけるACC oxidaseであり，その機能がHCP1-BCP間相互作用によって阻害されるのかもしれない。

BMVと近縁な*Cowpea chlorotic mottle virus*のCPのX線結晶構造解析から，BCPのC端のBCP(178-189)の領域はウイルス粒子やその前駆体である2量体分子の表面には露出していないことが示されている。一方，BCPのC端がBCP-HCP1結合とウイルス感染の両者にとって重要なアミノ酸を含んでいることを考えると，BCPはその単量体分子がHCP1分子と相互作用してオオムギにおけるBMVの感染を促進していることが予想される。逆に，BMVの粒子そのものはHCP1の関与するウイルス感染の促進には寄与していないことが予想される。この仮説はHCP1がウイルス粒子画分には検出されず，その上清画分(S100)に検出される(図7-1-3)ことからも支持されるであろう。BMVの感染を阻止しようとする何らかの宿主の抵抗性反応を，ウイルス粒子よりも先に蓄積するCPの単量体分子が阻害する方がウイルスにとっては有利であろう。

今後，本研究から予想されたHCP1の機能やBCP-HCP1間の相互作用の意義をさらに理解するためには，HCP1が予想される酵素活性をもつか，その活性がCPの添加によって阻害されるかなどを検証する必要があろう。ウイルス抵抗性植物の作出にはそれらの酵素活性を保持したまま，BCPとの結合能を失ったHCP1を過剰発現するなどの戦略が考えられる。

1-3. BMVの3a移行タンパク質と相互作用する宿主植物因子NbNACa1のBMV感染への関与

BMVの移行メカニズムの解明のために，組換え3aタンパク質をプローブとしてファーウェスタンスクリーニング(Fukunaga and Hunter, 1997)を行い，BMV 3a移行タンパク質(以下BMP)と直接結合するタンパク質をコードする遺伝子をBMVの全身感染宿主植物である*Nicotiana benthamiana*のcDNAライブラリーから選抜した。

*N. benthamiana*のcDNAライブラリーを含むλGEX5ファージを大腸菌に感染させて得た約60万個のプラークをスクリーニングした。3度のスクリーニングを通過し，さらにGSTとの融合タンパク質の発現がウェスタン分析によって確認されたものが17クローン(16種類)得られた。次にこれらの遺伝子のシークエンスを決定してホモロジー検索を行ったところ，機能未詳のものが9クローン，機能について報告されている遺伝子と高い類似性を示すものが8クローン(7種類)あった。それらの中には新規合成ポリペプチドの細胞内での局在の正確さに関与するといわれているnascent polypeptide associated complexのα鎖(α-NAC)や，リン酸化機能をもち転写やタンパク質の細胞内輸送への関与について報告されている14-3-3タンパク質遺伝子，カタラーゼ遺伝子や光合成関連遺伝子などがあった。以下，α-NAC(*NbNACa1*と命名した)に関して詳しく解析した。5′-RACEによって完全長cDNAを単離した結果，NbNACa1は201アミノ酸残基からなり，種々の生物特にイネやシロイヌナズナなどの植物のα-NACタンパク質と高い類似性が認められた。

BMPと結合能をもつ宿主タンパク質NbNACa1が実際にBMVの細胞間移行に何らかの役割を果たすのか否かを調べるため，*NbNACa1*遺伝子の逆位反復配列をヘアピン型RNAとして発現させ，内在性の*NbNACa1*遺伝子の発現をサイレンシングによって低下させた形質転換*N. benthamiana*(GSNAC植物)を作出した。これらのGSNAC植物を解析したところ，*NbNACa1*配列のsiRNAが蓄積し，それに伴い*NbNACa1*のmRNA蓄積が減少した植物が3ライン得られた。GSNAC植物における*NbNACa1*のmRNA蓄積量はネガティブコントロールのGS1植物と比較して，50%以下であった(図7-1-4)。これらの植物の展開葉はかすかにモザイク症状を示したが，成長の速度や程度はGS1植物と同等であった。

GSNAC植物におけるBMVの感染性を調査した結果，接種2-5日後においてGS1植物に比べて約50%のCPとウイルスRNAの蓄積が観察された。一方，プロトプラストにおけるウイルスRNA，BMPおよびBCPの蓄積を調べた結果，GSNAC植物とGS1植物の間に顕著な差はみられなかった。以上の結果，GSNAC植物体でみられたBMV感染の低下は，感染初期の複製より後の恐らく細胞間移行の段階に原因があることが示唆された。ただし，NbNACa1はBMP

やBCPといったBMVの移行に関わるウイルス因子の翻訳や安定性というよりもBMPが直接的に相互作用してBMVの移行に関与していることが示唆された。

GSNAC植物においてBMVの細胞間移行が阻害されるか否かをMicroprojectile bombardment法(Tamai et al., 2003)によって調べた。移行タンパク質遺伝子と外被タンパク質遺伝子を欠失し，緑色蛍光タンパク質(GFP)遺伝子を導入したキメラのトマトモザイクウイルス(ToMV)の感染性cDNAクローンを35Sプロモーターの下流に接続したプラスミドpiL.erG3(SF3)と，35Sプロモーターによって BMV 3a タンパク質を発現するプラスミドp35B3aを混合して金粒子をコーティングし，播種5-6週間後の*N. benthamiana*植物の若い葉に撃ち込んだ。2日後のGFP蛍光の広がりを蛍光顕微鏡で観察し，2個以上の細胞に蛍光が広がっている感染サイトと1細胞に蛍光がとどまっている感染サイトをカウントし，その割合を調べた。*NbNACa1*の発現が抑制されていないネガティブコントロールであるGS1植物では複数細胞に蛍光が広がっている感染サイトの割合がおよそ90%であったのに対して*NbNACa1*の発現が抑制されているGSNAC植物ではおよそ60%と有意にその割合が低かった(図7-1-5)。逆にいえば1細胞に蛍光が留まっている感染サイトの割合はGS1ではおよそ10%であるのに対しGSNAC植物では約40%と4倍高く，従ってGSNAC植物ではBMPによる細胞間移行機能が阻害されているといえる。以上の結果，*NbNACa1*はBMVの細胞間移行をサポートあるいは正に制御していることが示された。

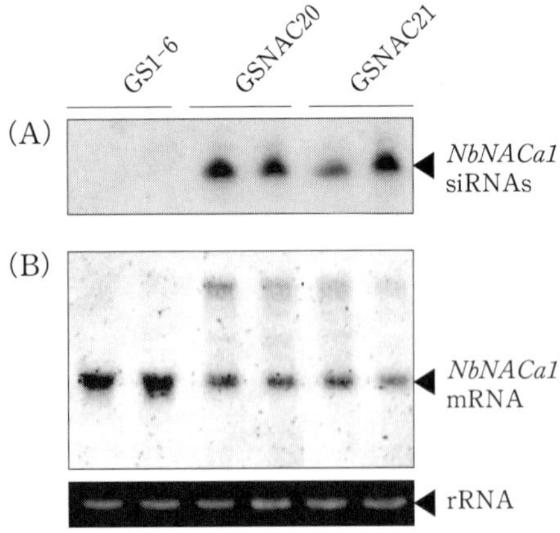

図7-1-4　GSNAC植物における*NbNACa1*のsiRNA(A)およびmRNA(B)の蓄積。*NbNACa1*遺伝子の逆位反復配列をヘアピン型RNAとして発現させるようなベクターを*N. benthamiana*に導入し，形質転換植物を作出した。それら植物から全RNAを抽出し，変性ポリアクリルアミドゲル電気泳動(A)または変性アガロースゲル電気泳動(B)を行った後，ナイロンメンブレンに転写した。次いで*NbNACa1*配列をプローブに用いて，低分子量RNA(A)または高分子量RNA(B)のノーザンブロット解析を行った。その結果，*NbNACa1*配列に対してサイレンシングによるRNA分解が起こったことを表すsmall-interfering RNA(siRNA)の蓄積が認められた。それら植物においては，内在性の*NbNACa1*のmRNA蓄積はネガティブコントロールのGS1植物と比較して，50%以下であった。リボソームRNA(rRNA)量は一定であり，サンプル間でのRNA回収量の誤差はほとんど認められなかった。

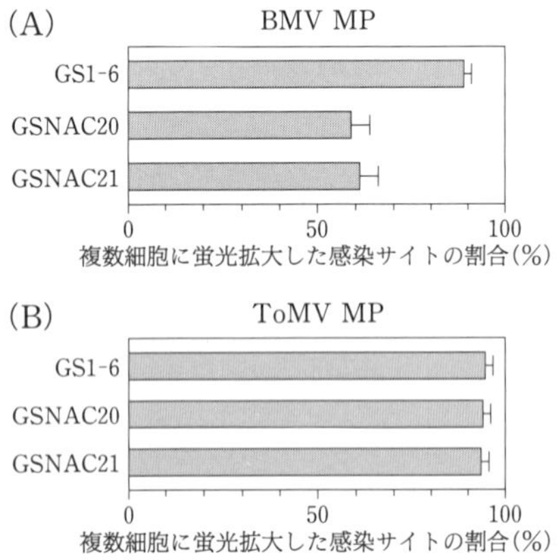

図7-1-5　Microprojectile bombardmentアッセイの結果。移行タンパク質(MP)遺伝子を欠失し，緑色蛍光タンパク質(GFP)遺伝子を導入したトマトモザイクウイルス(ToMV)変異体を発現するプラスミドを，BMV-MP(A)あるいはToMV-MP(B)を発現するプラスミドと混合して金粒子をコーティングし，*N. benthamiana*植物の若い葉に撃ち込んだ。2日後のGFP蛍光の広がりを蛍光顕微鏡で観察し，2個以上の細胞に蛍光が広がっている感染サイトと1細胞に蛍光が留まっている感染サイトをカウントし，その割合を調べた。BMV-MPの場合，*NbNACa1*の発現が抑制されていないネガティブコントロールであるGS1植物では複数細胞に蛍光が広がっている感染サイトの割合がおよそ90%であったのに対して*NbNACa1*の発現が抑制されているGSNAC植物ではおよそ60%と有意にその割合が低かった。一方，ToMV-MPの場合，GS1植物とGSNAC植物の間に顕著な差は認められなかった。

GSNAC植物におけるウイルスの移行能低下という現象は，*NbNACa1*の発現抑制が何らかの方法で植物の代謝に影響し，その結果として高分子全般の細胞間移行が減少しただけとも考えられる。この可能性について検証するため，GSNAC植物とGS1植物にToMVを接種したところ，両植物における病徴発現に差は認められなかった。また，細胞間移行に関してBMPの代わりにToMVの移行タンパク質である30 kDaタンパク質を発現するプラスミド(p35LM)を同様にpiL.erG3(SF3)とともに撃ち込み，GFP蛍光の広がりを観察したところ，GSNAC植物とGS1植物において蛍光の広がりに顕著な差は認められなかった(図7-1-5)。従って，*NbNACa1*遺伝子の発現抑制によるウイルスの細胞間移行機能の低下はBMV MPに特異的な現象と考えられる。

次にこのような特異的な現象がタンパク質間の相互作用に基づくかどうかをプルダウンアッセイによって調べた。大腸菌で組換えタンパク質として発現・精製したマルトース結合タンパク質(MBP)，MBP-BMV MP融合タンパク質あるいはMBP-ToMV MP融合タンパク質を用意し，一方でやはり組換えタンパク質として発現・精製したグルタチオンSトランスフェラーゼ(GST)あるいはGST-NbNACa1と混合した後，抗MBP抗体で沈殿させた。沈降したタンパク質をウェスタン解析した結果，MBPとMBP融合タンパク質はすべての区で検出された。一方，GST-NACはMBP-BMV MP融合タンパク質の区で容易に検出されたのに対して，MBPの区ではほとんど検出されなかった。MBP-ToMV MP融合タンパク質の区ではわずかに検出されたもののBMV MPの区に比較して1/4が検出されたのみであった。以上の結果，NbNACa1と2種のMPの結合の程度の間に細胞間移行の程度と正の相関がみられた。

NbNACa1タンパク質は植物のα-NACタンパク質と高い類似性を示した。NACは酵母からヒトに至る生物においてその存在が知られており，αとβサブユニットが会合してヘテロダイマーを形成する。その機能については，①新生ポリペプチドの小胞体膜への輸送の負の制御因子，②α-NACホモログをコードする酵母の*EGD2*遺伝子はミトコンドリアタンパク質の小胞体やミトコンドリアへの輸送の正の制御因子，③ほ乳類においてα-NACは発生に関連した転写のコアクチベーター，④線虫のβ-NACはアポトーシス抑制に，またヒトのα-NACも細胞死の抑制に，⑤ほ乳類のα-NACは免疫系のT細胞の増殖に関与しているなど様々な機能が類推されている。

①と②に関してはα-NACのもつ輸送の調節因子としての機能によってBMV MPが細胞内で的確に局在し，BMVの細胞間移行が効率よく行われている可能性がある。③の転写のコアクチベーターに関しては，α-NACはBMV MPに結合することによりBMVの移行を阻害するような宿主因子遺伝子の発現を低下させているかもしれない。④と⑤に関してはBMVの移行に関連したNACの機能を推定することは容易ではない。これまでのところ植物におけるNACの機能解析の報告はないが，今後それらの知見が蓄積した後，NACのウイルス移行への関与について何らかの示唆が得られるかもしれない。

最近の研究から，タバコから単離されたNtNCAPP1タンパク質は特定の植物ウイルスのMPや植物が本来もつ内在性の移行性タンパク質と結合し，それらをPDに運ぶ機能をもつことがわかってきた(Lee et al., 2003)。NbNACa1もBMV MPと結合し，同様の機能でBMVの細胞間移行をサポートしている可能性が考えられる。これまでに*African swine fever virus*という動物ウイルスのj4Rタンパク質とヒトのα-NACが相互作用することがわかっている。相互作用のウイルス感染における役割については不明であるが，両者は細胞膜で共局在することが示されている。今後，BMV感染におけるNbNACa1の役割に関する知見を得るためにも，細胞内におけるNbNACa1の局在様式とBMV MPとの*in vivo*における相互作用について解析する必要がある。

植物ウイルスの中でも特に複製に関して解析の進んだBMVについて，その細胞間移行機構の解明を目指して研究を進めている。ここでは，移行に関与する宿主因子の解析に酵母two-hybrid法やファーウェスタン法といった生化学的あるいは分子生物学的手法を用いた例を紹介した。我々は最近BMVと同じブロモウイルス属に分類される*Spring beauty latent virus*(Fujisaki et al., 2003)や*Cassia yellow blotch virus*(Iwahashi et al., 2005)がモデル植物シロイヌナズナに効率よく全身感染することを発見した。このことは，これまでの手法に加えて遺伝学的手法も取り入れた宿主因子の解析が可能になったことを意味する。現在我々は様々な手法を用いて，ウイルス感染に関与する宿主植物因子の解析を中心に，ブロモウイルスの感染機構の解析をさらに進めている。

参考文献

Ahlquist, P. (1999) Bromoviruses (*Bromoviridae*). In Encyclopedia of Virology, 2nd ed., vol. 1, Edited by A. Granoff and R. G. Webster, Academic Press, San Diego, USA, pp. 198-204.

Callaway, A., Giesman-Cookmeyer, D., Gillock, E. T., Sit, T. L., Lommel, S. A. (2001) The multifunctional capsid proteins of plant RNA viruses. Annu. Rev. Phytopathol. 39, 419-460.

Fields, S., Song, O. (1989) A novel genetic system to detect protein-protein interactions. Nature 340, 245-246.

Fujisaki, K., Hagihara, F., Kaido, M., Mise, K., Okuno, T. (2003) Complete nucleotide sequence of spring beauty latent virus, a bromovirus infectious to *Arabidopsis thaliana*. Arch. Virol. 148, 165-175.

Fukunaga, R., Hunter, T. (1997) MNK1, a new MAP kinase-activated protein kinase, isolated by a novel expression screening method for identifying protein kinase substrates. EMBO J. 16, 1921-1933.

Iwahashi, F., Fujisaki, K., Kaido, M., Okuno, T., Mise, K. (2005) Synthesis of infectious *in vitro* transcripts from *Cassia yellow blotch bromovirus* cDNA clones and a reassortment analysis with other bromoviruses in protoplasts. Arch. Virol. 150, 1301-1314.

Kaido, M., Inoue, Y., Takeda, Y., Sugiyama, K., Takeda, A., Mori, M., Tamai, A., Meshi, T., Okuno, T., Mise, K. (2007) Downregulation of the *NbNACa1* gene encoding a movement-protein-interacting protein reduces cell-to-cell movement of *Brome mosaic virus* in *Nicotiana benthamiana*. Mol. Plant-Microbe Interact. 20, (in press)

Kushner, D. B., Lindenbach, B. D., Grdzelishvili, V. Z., Noueiry, A. O., Paul, S. M., Ahlquist, P. (2003) Systematic, genome-wide identification of host genes affecting replication of a positive-strand RNA virus. Proc. Natl. Acad. Sci. USA 100, 15764-15769.

Lee, J.-Y., Yoo, B.-C., Rojas, M. R., Gomez-Ospina, N., Staehelin, L. A., Lucas, W. J. (2003) Selective trafficking of non-cell-autonomous proteins mediated by NtNCAPP1. Science 299, 392-396.

Noueiry, A., Ahlquist, P. (2003) Brome mosaic virus RNA replication: revealing the role of the host in RNA virus replication. Annu. Rev. Phytopathol. 41, 77-98.

Okinaka, Y., Mise, K., Okuno, T., Furusawa, I. (2003) Characterization of a novel barley protein, HCP1, that interacts with the *Brome mosaic virus* coat protein. Mol. Plant-Microbe Interact. 16, 352-359.

Okinaka, Y., Mise, K., Suzuki, E., Okuno, T., Furusawa, I. (2001) The C terminus of brome mosaic virus coat protein controls viral cell-to-cell and long-distance movement. J. Virol. 75, 5385-5390.

Tamai, A., Kubota, K., Nagano, H., Yoshii, M., Ishikawa, M., Mise, K., Meshi, T. (2003) Cucumovirus- and bromovirus-encoded movement functions potentiate cell-to-cell movement of tobamo- and potexviruses. Virology 315, 56-67.

2. キュウリモザイクウイルスのRNAの翻訳と宿主因子

2-1. はじめに

ウイルスは自前のタンパク質合成系をもたない。従って，ウイルスタンパク質の合成は，宿主の翻訳システムに依存する。植物RNAウイルスの多くはそれ自身がタンパク質合成の鋳型として機能する極性の一本鎖RNAをウイルス粒子内にもち，＋鎖RNAウイルスと総称される。真核生物の細胞質のmRNAはほぼすべて5′末端にキャップ構造を，3′末端にポリアデニル酸(ポリ(A))配列をもつ。これらの末端構造は相乗的に翻訳効率を上げる効果をもつことが知られている(後述)。これに対し，＋鎖RNAウイルスゲノムあるいはそのmRNAの末端は，ジャガイモXウイルス(PVX)のように5′キャップ-3′ポリ(A)配列の場合もあるが，必ずしも5′キャップ-3′ポリ(A)配列であるわけではない。例えば，キュウリモザイクウイルス(CMV)やタバコモザイクウイルス(TMV)のゲノムRNAの5′末端はキャップ構造であるが，3′末端はtRNA様構造(TLS)となっている。*Turnip crinkle virus*(TCV)のゲノムRNAは5′キャップ構造も3′ポリ(A)配列ももたない。また，クローバー葉脈黄化ウイルス(ClYVV)のゲノムRNAは5′末端に，ウイルスゲノムにコードされたVPgと呼ばれる小さなポリペプチドを結合し，3′末端にはポリ(A)配列をもつ。これらのウイルスRNAも宿主細胞内で効率よく翻訳される。従って，これらウイルスRNAは，細胞質のmRNAとは異なった独自の翻訳促進機構をもつと考えられる。

CMVはブロモウイルス科ククモウイルス属に属し，BMVと同様に3分節の＋鎖RNAをゲノムとする直径28–30 nmの正二十面体ウイルスで，85科365属775種にも及ぶ極めて広範な植物を宿主とする。我々は，このCMVの増殖に関与する宿主因子の同定を目的として，CMVの増殖効率が低下するシロイヌナズナ変異株を単離して解析してきた。その結果，植物ウイルスRNAの翻訳促進機構の一端を知ることができた。

2-2. シロイヌナズナ *cum1*，*cum2* 変異株の単離

シロイヌナズナ*cum1*，*cum2*変異株は，CMVの外被タンパク質(CP)の蓄積が遅れる変異株として，エチルメタンスルフォン酸処理したシロイヌナズナ種子由来の植物の自殖次世代数千株をスクリーニングして得られた。どちらの変異も劣性で，TMVの増殖や植物自身の生育には大きな影響を与えなかった。*cum2*変異はCMVとともにTCVの増殖も抑制した(図7-2-1)。これらのことから，野生型*CUM1*遺伝子産物はCMVの，*CUM2*遺伝子産物はCMVおよびTCVの効率のよい増殖に特異的に必要であると考えられた(Yoshii et al., 1998a, b)。

2-3. *CUM1*，*CUM2* 遺伝子の同定

*cum1*および*cum2*変異株はエチルメタンスルフォン酸処理により誘起されたので，点突然変異をもつと予想された。ファインマッピングにより*CUM1*あるいは*CUM2*遺伝子座が存在しうる領域を限定し，それらの領域の塩基配列を野生株と変異株の間で比較して変異点を同定した。最終的には，*CUM1*，*CUM2*遺伝子候補を含む野生型DNA断片の形質転換によりそれぞれの変異が相補されることを確認し，*CUM1*は翻訳開始因子[eukaryotic(translation)initiation factor]eIF4Eを，*CUM2*はeIF4Gをコードすることを明らかにした(Yoshii et al., 2004)。*cum1*変異はナンセンス変異で，当該変異株は機能喪失型eIF4E変異株と同様の形質を示した。*cum2*変異はプロリンからセリンへの1アミノ酸置換であった。eIF4Gの機能喪失型変異が植物の生育に大きな影響を与えるのに対し，*cum2*変異株は野生株と同様の生育を示したことから，*cum2*変異はeIF4Gの機能を完全には失わせていないと考えられた。

図7-2-2に真核生物の細胞質mRNAの翻訳開始機構の概略を示す。eIF4EとeIF4Gは結合してeIF4F複合体を形成する。動物の系ではこの複合体にeIF4A(後述)も含まれる。eIF4Eは，mRNAのキャップ構造に結合する。eIF4Gは，ポリ(A)結合タンパク質(PABP)にも結合する。従って，キャップ構造およびポリ(A)配列をもつmRNAはeIF4E-eIF4G-PABPを介して環状化する。この環状化は，キャップ構造とポリ(A)配列による相乗的翻訳促進に重要であると考えられている。eIF4Gはさらに，eIF3およびeIF4Aに結合する。eIF3は40*S*リボソームサブユニットおよびmRNAに結合する。eIF4AはRNAヘリカーゼで，mRNAの5′非翻訳領域(untranslated region: UTR)の二次構造をほぐし，40*S*リボソームサブユニットの5′-UTRへの結合およびスキャニングを促すと考えられる。これらの相互作用の結果，mRNAの5′-UTRに40*S*リボソームサブユニットが結合し，3′方向へのスキャニングを経て開始コドンからの翻訳が開始する。

eIF4E，eIF4GにはそれぞれアイソフォームeIF(iso)4E，eIF(iso)4Gが存在する。コムギ胚芽抽出液を用いた実験から，eIF4GはeIF4Eと結合してeIF4Fを形成し，eIF(iso)4GはeIF (iso)4Eと結合してeIF(iso)4Fを形成することが知られている。従来，eIF4FとeIF(iso)4Fは翻訳開始に関してはほぼ同様の機能を果たすと考えられてきたが，eIF4FはCMVの増殖においてeIF(iso)4Fでは代用できない特別の機能を果たすことが示唆された。

2-4. *cum1*，*cum2* 変異によるCMVの増殖抑制機構

cum1，*cum2* 変異はどのようにしてCMVの増殖を阻害するのであろうか？ *CUM1*，*CUM2* が翻訳開始因子をコードすることが判明したため，我々はまず *cum1* あるいは *cum2* 変異株由来のプロトプラストにCMVを感染させ，CMV関連タンパク質の蓄積を詳細に検討した。変異株プロトプラストにおいてCMV RNAは野生株プロトプラスト内と同様に複製・蓄積し，複製に関与する1a，2aタンパク質およびCPも野生株と同様に蓄積した。これに対し，3a移行タンパク質(MP)の蓄積のみが特に感染初期において野生株より低いことが判明した(図7-2-3)。このことから，*cum1*，*cum2* 変異はCMVのMP

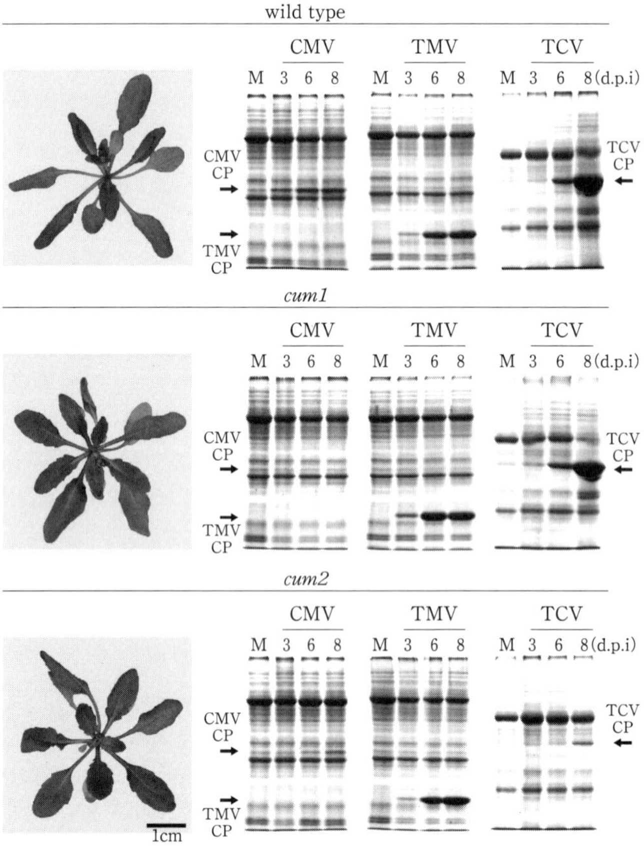

図7-2-1　*cum* 変異株の形質(Yoshii et al., 1998a, Fig. 4 [p. 214]およびYoshii et al., 1998b, Fig. 4 [p. 8734]を改変)。写真は，播種後24日目のシロイヌナズナ野生株(wild type)，*cum1* および *cum2* 変異株を示す。三者の生育の違いはほとんどない。右側のパネルは，それぞれの植物にCMV，TMV，TCVを接種し，3，6，8日後に植物体全体を刈り取り，全タンパク質を抽出し，SDS-ポリアクリルアミドゲル電気泳動で分画後，クマシーブリリアントブルーで染色したものである。それぞれのウイルスCPの位置を矢印で示した。Mで示したレーンにはモック接種(ウイルスを含まない緩衝液を接種)した植物由来のサンプルを泳動した。CMV CPの蓄積は野生株に比して *cum1* および *cum2* 変異株で低下しているのに対し，TMV CPは3種の植物で同様に蓄積していること，TCV CPは *cum2* 変異株中のみで蓄積が低いことに注目していただきたい。

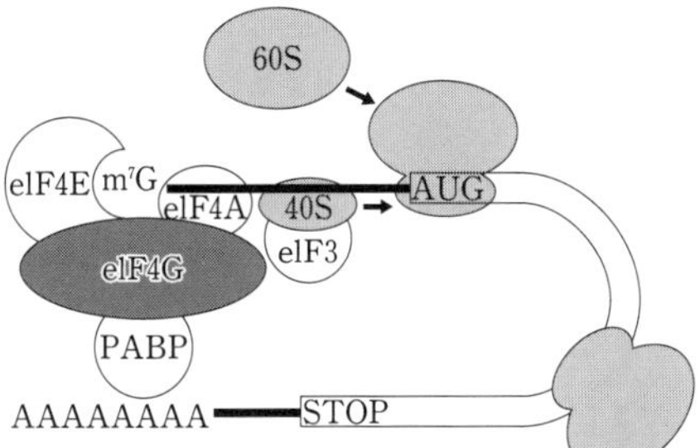

図 7-2-2 真核生物の細胞質における翻訳開始機構のモデル(錦織・石川，2005，図1[p. 39])。太い線はmRNAのUTRを，白抜きの帯はコード領域を示す。「m⁷G」は5′キャップ構造を，「40S」，「60S」はそれぞれリボソームの40S，60Sサブユニットを，「PABP」はポリ(A)結合タンパク質を，「AUG」と「STOP」はそれぞれ開始コドンと終止コドンを示す。詳細は本文を参照されたい。

の翻訳を阻害する(あるいはMPを不安定化する)ことによりMPの蓄積レベルを低下させ，細胞間移行を阻害している可能性が考えられた(Yoshii et al., 2004)。

CMVゲノムは，三分節の一本鎖(+鎖)RNAからなる(図7-2-3)。MPをコードするRNA3は3′-UTRにtRNA様構造を，5′-UTRには他のCMV RNAにはみられないような安定な二次構造をもつ。一般に，5′-UTRに安定な二次構造が存在すると翻訳効率が低下することが知られている。変異株におけるMPの蓄積低下がこれらUTRの特徴に由来する翻訳効率の低下による可能性を検討するため，ホタルルシフェラーゼ(FLUC)レポーター遺伝子のコード領域に，CMV RNA3の5′-および3′-UTR，あるいはCMV RNA4(変異株において蓄積に差がなかったCPをコードする)の5′-および3′-UTR，あるいはコントロールとしてプラスミドベクター由来の配列(V)を，いろいろな組み合わせで連結したモデルmRNA(キャップ付加)を試験管内転写で合成した。これらをエレクトロポーレーションにより野生株と変異株プロトプラストに導入し，FLUC活性を指標に翻訳効率を測定した。この際，内部コントロールとして，プラスミドベクター由来の配列をUTRとしてもち，3′末端にポリ(A)配列をもつウミシイタケルシフェラーゼ(RLUC)mRNAを同時に導入し，標準化を行った。結果を図7-2-4に示す。

まず，cap V-V RNAとcap V-Va RNAの比較から，ポリ(A)配列が翻訳効率を高める効果をもつことがわかる(相対ルシフェラーゼ活性のスケールが10倍違うことに注意)。その効果は*cum*変異によって大きな影響は受けなかった。cap V-V RNAとcap V-3あるいはcap V-4 RNAの結果の比較から，CMV RNAの3′-UTRもポリ(A)配列と同様に翻訳を活性化する働きをもつが，その効果は変異により半減することがわかった。さらに，cap V-3 RNAとcap 3-3 RNAの比較あるいはcap V-4あるいはcap 4-4 RNAとcap 3-4 RNAの比較から，RNA3由来の5′-UTRをもつmRNAは，RNA 4あるいはベクター由来の5′-UTRをもつものに比べて，変異株においては効率よく翻訳されないことがわかった。CMV RNA3の5′-および3′-UTRのこれらの効果の総和として，CMVにコードされる他のタンパク質に比べ，MPの合成が著しく阻害されると考えられた(Yoshii et al., 2004)。

前述のように，植物にはeIF4E，eIF4Gそれぞれにアイソフォームが存在する。最近，eIF4Fは試験管内翻訳系においてeIF(iso)4Fよりも5′-UTRに安定な二次構造をもつmRNAの翻訳を効率よく促進するという実験結果が報告された(Gallie and Browning, 2001)。CMV RNA3が5′-UTRには安定な二次構造をもつことを考慮すると，我々の結果はその報告と合致する。また，3′末端に位置するポリ(A)配列が，5′末端のキャップ構造を足場とした翻訳開始を促進するためには，PABP-eIF4G-eIF4Eを介したポリ(A)とキャップ構造の相互作用が必要である。ポリ(A)をもたないCMV RNAの3′-UTRによる翻訳の活性化にもeIF4Gが関与することから，eIF4GとCMV RNAの3′-UTRの間にも直接あるいは間接的な相互作用があることが予想される。

2-5. *cum2*変異によるTCVの増殖抑制機構

*cum2*変異がいかにしてTCVの増殖を抑制するのかを知るため，前項と同様に，まずプロトプ

ラストへの感染実験を行った。その結果，*cum2* プロトプラストにおいてはTCV RNAおよびタンパク質の蓄積がともに野生株に比して低いことが明らかになった(図7-2-3)。

そこで，TCV RNAのUTR配列をもつモデルFLUC mRNAを変異株に導入し，翻訳活性を測定するというCMVの場合と同様の実験を行った。TCV RNAは5′キャップ構造も3′poly(A)ももたない。そこで，ここでは，モデルFLUC mRNAに5′キャップ構造を付加しなかった。5′キャップ構造をもたない非ウイルスRNAがほとんど翻訳されないことは，cap V-V RNAとV-V RNA(図7-2-4)の結果を比較すればわかる(相対ルシフェラーゼ活性のスケールが40倍違うことに注意)。ところが，キャップ構造が付いていなくても，TCV RNAの3′-UTRをもてば，そのRNAは，

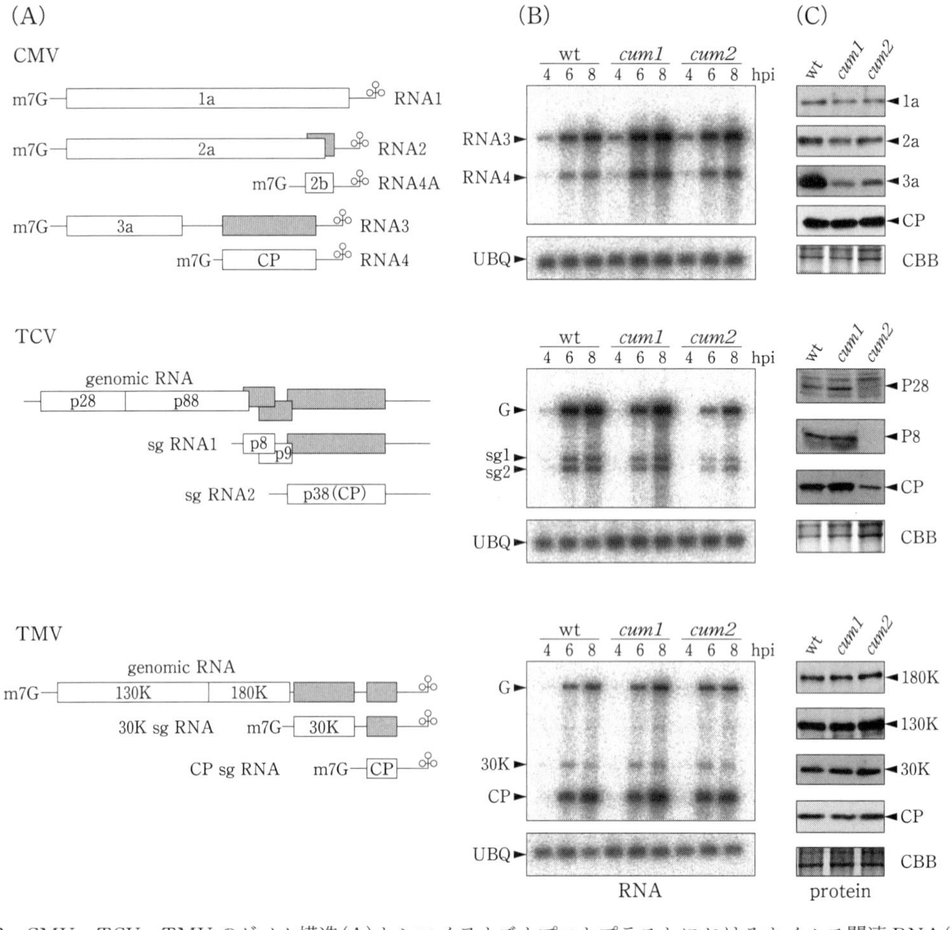

図7-2-3　CMV，TCV，TMVのゲノム構造(A)とシロイヌナズナプロトプラストにおけるウイルス関連RNA(B)およびタンパク質(C)の蓄積(Yoshii et al., 2004, Fig. 3 [p. 6105]およびFig. 4 [p. 6106]を改変)。影をつけたオープンリーディングフレームは当該RNAからは翻訳されず，対応するサブゲノミック(sg)RNAから翻訳される。プロトプラストは液体培養したカルスから調製し，エレクトロポーレーションによりウイルスRNAを感染させ，4，6，8時間後に回収した。プロトプラストから図に示した時間に調製したRNAをノザン解析に供するとともに(B)，感染8時間後に調製したタンパク質をウエスタン解析に供した(C)。ウイルス関連RNAおよびタンパク質の位置をパネル横に示した。「UBQ」は宿主のユビキチンmRNAで，このシグナルが各レーンで揃っていることから，RNA抽出およびノザン解析が問題なく行われたことがわかる。また，タンパク質サンプルに関しても，クマシーブリリアントブルーでSDS-ポリアクリルアミドゲルを染色して検出した宿主由来のタンパク質の量が揃っていることから(CBB)，サンプルの調製が正常に行われたことがわかる。TCVについてはRNA，p28，p8，CPのすべての蓄積が *cum2* プロトプラストで低くなっている。また，CMVについては，3a(MP)の蓄積のみが *cum1* および *cum2* 変異株プロトプラストで低くなっている。一方，TMV関連分子の蓄積は3種のプロトプラスト間で差がない。

効率よく翻訳されることがわかる(V-V RNAとその他の非キャップRNAの相対ルシフェラーゼ活性のスケールが100倍違うことに注意)。このように，TCVの3′-UTRにはキャップ非依存的な翻訳活性化配列(translation enhancer: TE)が存在する。V-G，V-Sg2，G-G，Sg2-Sg2 RNAについて野生株と*cum2*変異株の相対ルシフェラーゼ活性を比べればわかる通り，TCV RNAの3′-UTRにあるTEの効果は*cum2*変異により大きな影響を受けた(図7-2-4)。このことは，TCV RNAの3′TEの機能にeIF4Gが関与することを示唆する。興味深いことに，TEの効果は*cum1*変異により変化しないか，むしろ上昇する傾向がみられたことから，TEの機能にはフリーのeIF4Gが必要であり，eIF4Eの存在はむしろ阻害的に働く可能性が考えられた。以上の結果から，*cum2*変異によるTCV RNAの増殖阻害は，TCV RNAの翻訳効率が低下して複製タンパク質の供給が十分に起こらないことに起因すると推測された。

なお，佐藤らは，5′末端にVPgと呼ばれるポリペプチド，3′末端にポリ(A)配列をもつ＋鎖RNAをゲノムとしてもつ植物ポティウイルスの一種，ClYVVのシロイヌナズナへの感染性を調べ，このウイルスが*cum1*変異株に感染しないことを見出した。興味深いことに，同じポティウイルスに属すカブモザイクウイルスは*cum1*変異株

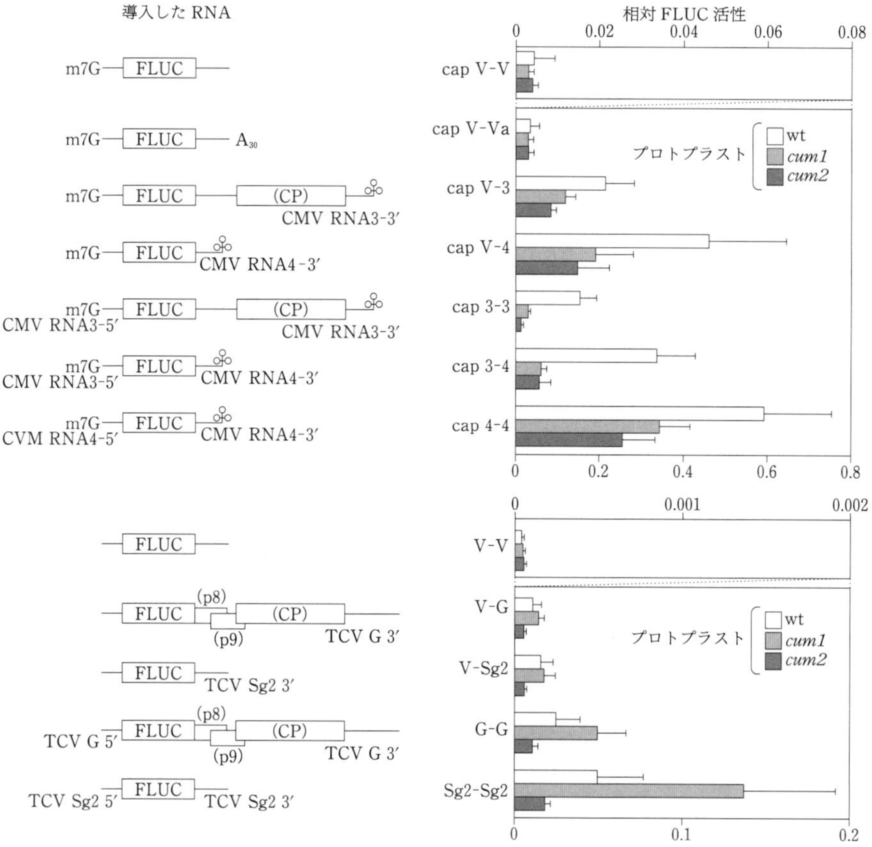

図7-2-4　CMVあるいはTCVのUTRをもつmRNAの，シロイヌナズナ野生株(wt)，*cum1*，*cum2*変異株プロトプラストにおける翻訳効率(Yoshii et al., 2004, Table 1 [p. 6107]のデータをグラフ化)。プロトプラストは液体培養したカルスから調製した。エレクトロポーレーションにより左側に示した試験管内合成FLUC RNAを，内部コントロールRLUC RNA[キャップ，ポリ(A)付加，プラスミドベクター由来UTR配列]と混合して各プロトプラストに導入した。6時間後にプロトプラストを回収し，破砕して抽出液を調製し，FLUC，RLUC活性を測定し，それぞれのサンプルについてRLUC活性に対するFLUC活性の比を算出した。この実験を少なくとも3回繰り返してデータをグラフ化した。図には平均値と標準偏差を示した。

で増殖したが，eIF(iso)4E 欠損株で増殖できなかった(Sato et al., 2005)。この他にも，eIF4E あるいは eIF(iso)4E をコードする遺伝子に突然変異が起きた植物が，ポティウイルスに対して耐性になる例が相次いで報告されている(例えば，Lellis et al., 2002；他の例は Sato et al., 2005 の文献参照)。何故5′キャップ構造をもたないポティウイルスの増殖がキャップ結合タンパク質 eIF4E あるいは eIF(iso)4E の欠損により阻害されるのだろうか？これについては，未だ増殖阻害が翻訳阻害に起因するのかどうかさえ明らかにされておらず，謎解きは今後の課題である。

CMV RNA は5′キャップ構造をもつものの3′末端にはポリ(A)配列ではなく tRNA 様構造をもつ。一方，TCV RNA は5′キャップ構造も3′ポリ(A)配列ももたない。キャップ構造と3′ポリ(A)配列は植物細胞質での効率のよい翻訳に必須であるが，これらのウイルス RNA では，3′非翻訳領域に存在する翻訳エンハンサーを介したそれぞれ独自の機構で翻訳開始促進が起こる。これらの翻訳開始促進には特定のクラスの eIF4E あるいは eIF4G が関与し，これらの遺伝子に変化が起こることによって，植物の生育は大きな影響を受けることなしに CMV や TCV の翻訳が阻害された。この他にも RNA ウイルスゲノムが細胞質の mRNA とは異なった多様な機構で翻訳活性化を受ける例が知られている。従って，翻訳開始に関わる因子の改変により宿主の営みには大きな影響を与えることなしにウイルスの増殖を阻害することは比較的容易かもしれない。すなわち，翻訳開始のステップは種々のウイルスに対する抗ウイルス戦略の格好の標的と考えられる。

参考文献

Gallie, D. R., Browning, K. S. (2001) eIF4G functionally differs from eIFiso4G in promoting internal initiation, cap-independent translation, and translation of structured mRNAs. J. Biol. Chem. 276, 36951-36960.

Lellis, A. D., Kasschau, K. D., Whitham, S. A., Carrington, J. C. (2002) Loss-of-susceptibility mutants of *Arabidopsis thaliana* reveal an essential role for eIF (iso) 4E during potyvirus infection. Curr. Biol. 12, 1046-1051.

錦織雅樹・石川雅之(2005)植物ウイルス mRNA の翻訳機構．生化学 77，38-42．

Sato, M., Nakahara, K., Yoshii, M., Ishikawa, M., Uyeda, I. (2005) Selective involvement of members of the eukaryotic initiation factor 4E family in the infection of *Arabidopsis thaliana* by potyviruses. FEBS Lett. 579, 1167-1171.

Yoshii, M., Nishikiori, M., Tomita, K., Yoshioka, N., Kozuka, R., Naito, S., Ishikawa, M. (2004) The *Arabidopsis CUCUMOVIRUS MULTIPLICATION 1* and *2* loci encode translation initiation factors 4E and 4G. J. Virol. 78, 6102-6111.

Yoshii, M., Yoshioka, N., Ishikawa, M., Naito, S. (1998a) Isolation of an *Arabidopsis thaliana* mutant in which accumulation of cucumber mosaic virus coat protein is delayed. Plant J. 13, 211-219.

Yoshii, M., Yoshioka, N., Ishikawa M., Naito, S. (1998b) Isolation of an *Arabidopsis thaliana* mutant in which the multiplication of both cucumber mosaic virus and turnip crinkle virus is affected. J. Virol. 72, 8731-8737.

3. タバコモザイクウイルスの複製・移行と宿主因子

3-1. TMV の複製の分子機構

タバコモザイクウイルス(TMV)とトマトモザイクウイルス(ToMV：旧称 TMV-L 系統)は，ともにトバモウイルス属に属する 300×18 nm の棒状ウイルスである。6,385-6,395 ヌクレオチドからなる＋鎖の一本鎖 RNA をゲノムとして，これに 159 アミノ酸からなる 2,130 個のサブユニットタンパク質が規則的に結合し，らせん状に配列することによって棒状粒子が構築されている。TMV の一本鎖 RNA は，その5′末端に，7-メチルグアノシンが3個のリン酸基を介して最初のヌクレオチドと結合したキャップ構造という真核生物の mRNA に共通の構造をもち，一方，3′末端近傍には特異的な tRNA 様構造(tRNA like structure:

TLS)やその上流に存在するシュードノット構造(upstream pseudoknot domain: UPD)などの高次構造をもつ。これら両末端近傍の非翻訳領域(untranslated region: UTR)はリボソームやウイルスRNA複製酵素(RNA dependent RNA polymerase: RdRp)の最初の結合部位であり，ウイルスRNAの翻訳や複製の際に重要な役割を果たしている。ウイルスの感染・増殖に必要なタンパク質の遺伝子はこのゲノムRNAの翻訳領域上にコードされており，5′末端側から126Kタンパク質(ウイルスRNA複製酵素のサブユニット；メチルトランスフェラーゼ(M)とヘリカーゼ(H)の両ドメインをもつ)，126Kタンパク質ORFの終止コドンUAGをチロシンとして翻訳してリードスルーすることにより合成される183Kタンパク質(ウイルスRNA複製酵素のサブユニット；上記両ドメインに加えてRNAポリメラーゼ(P)ドメインをもつ)，30Kタンパク質(移行タンパク質movement protein: MP)，17.5Kタンパク質(外被タンパク質coat protein: CP)の順に遺伝子が並んでいる(渡辺，1997；岡田，2004；Scholthof, 2004)。

TMVは宿主の植物細胞に侵入すると直ちに5′末端側から脱外被してゲノムRNAを裸出し，細胞質の小胞体膜(ER膜)上でこのゲノムRNAの5′末端非翻訳領域(5′-UTR)にリボソームが結合して，126Kタンパク質と183Kタンパク質が翻訳される。次いで，この126Kタンパク質と183Kタンパク質とがヘテロダイマー(異分子2量体)あるいはヘテロヘキサマー(異分子6量体)を構成し(Watanabe et al., 1999; Goregaoker and Culver, 2003)，これにさらに数種の宿主因子(宿主タンパク質成分；host factor: HF)が会合して活性型のウイルスRNA複製酵素が構築される。この活性型酵素が小胞体膜上で＋鎖ウイルスRNAの3′末端非翻訳領域(3′-UTR)に結合し，この＋鎖を鋳型としてこれと相補的な全長の－鎖RNAを合成する。続いて，この同じ酵素が今度は－鎖の3′-UTRに乗り移り，－鎖を鋳型として全長の＋鎖ウイルスRNAを連続的に複製する。この時，MPとCPの遺伝子に対応する短いRNA(サブゲノムRNA)も同時に複製されるが，これらのサブゲノムRNAはもっぱらmRNAとして機能し，それぞれMPとCPとに翻訳される(Buck, 1999；渡辺・日比，2000；岡田，2004；Scholthof, 2004)。なお，上記の活性型ウイルスRNA複製酵素，鋳型ウイルスRNAおよび小胞体膜などを含むRNA複製のための構造体をウイルス複製複合体(virus replication complex: VRC)と称する。こうして複製された全長の新生＋鎖ウイルスRNAの一部は新たなmRNAとしても機能するが，その多くは合成された大量のCPと会合して新生ウイルス粒子を構築する。一方，CPと同時に合成されたMPは，新生ウイルスRNAに結合し，さらに小胞体膜とも結合してウイルス移行複合体(virus movement complex: VMC)を形成する。次いで，この複合体がアクチンミクロフィラメントに沿ってPDまで移動して，そこで何らかの宿主因子と相互作用してPDの孔の排除分子量限界を拡大させることによって，ここを通して新生ウイルスRNAを隣接細胞に移送する(Mas and Beachy, 1999; Citovsky, 1999; Rhee et al., 2000；渡辺，2004)。後述のように最近では，TMV RNAの移行にもウイルスRNA複製酵素が関与しており(Hirashima and Watanabe, 2001, 2003)，また，VRCがVMCと融合するかあるいはVRC自体が隣接細胞に移行するという可能性も示されていることから(Kawakami et al., 2004)，TMV RNAの複製と移行とが密接に連動している状況が明らかになりつつある。こうして第1次感染組織内に感染を拡大したウイルスはやがて篩部組織に達する。一旦篩管内に移行したウイルスは，その後，篩管流に乗って植物体の基部や上部に感染を拡大し，最終的に全身感染に至る。

3-2. TMVの複製に関わる宿主因子

TMVの複製に関しては，ウイルス側の主要因子は126Kタンパク質および183Kタンパク質であるが，最近，CPもウイルス複製複合体の形成の制御に関与しているとの報告がなされた(Asurmendi et al., 2004)。一方，TMVの複製に関わる宿主因子については，下記に述べるように，現在，精力的な解析研究が展開されているが，まだまだ未解明の部分が多いのが現状である。ここでは主としてTMVの複製に関わる宿主因子の研究の現状について，我々の成果も含めて，その概要を紹介する。

(1) 翻訳開始因子 eIF3 および eIF4E

翻訳開始因子は，本来，細胞のタンパク質合成の開始の際に必要な因子であり，真核生物では少なくとも十数種の因子が同定されているが，このうち eIF3 は mRNA の 40S リボソーム サブユニットへの結合を促進する機能を有する。また，eIF4E およびそのアイソフォーム(異性体)の eIF(iso)4E は mRNA の 5′末端キャップ構造に結合する複合体因子 eIF4F を構成する 3 つのサブユニット(eIF4E，eIF4A および eIF4G)の一つで，キャップ構造との結合活性を担う。

ToMV RNA 複製酵素の精製標品に含まれる 56 kDa タンパク質成分が酵母の eIF3 の 1 サブユニット GCD10 に対する抗体と反応し，さらに，この抗体によって RNA 複製酵素の活性が阻害されること，酵母 two-hybrid 系で GCD10 が RNA 複製酵素のメチルトランスフェラーゼドメインと結合することから，このタンパク質は ToMV RNA 複製酵素の不可欠な構成成分の一つであると推測された(Osman and Buck, 1997; Taylor and Carr, 2000)。一方，TMV RNA の翻訳には，eIF3，eIF4E，eIF4G，および熱ショックタンパク質 HSP101 などが関与することが示されている(Wells et al., 1998; Gallie, 2002)。

(2) 翻訳伸長因子 eEF1A

翻訳伸長因子は，本来，細胞のタンパク質合成の際のリボソームにおけるポリペプチド鎖の伸長に必要な可溶性タンパク質因子であり，真核生物ではアミノアシル tRNA をリボソームの A-site(アミノアシル tRNA 結合部位)に結合させる因子 eEF1 と，それに引き続いてペプチジル tRNA を P-site(ペプチジル tRNA 結合部位)に転位させる因子 eEF2 とがある。このうち eEF1 は，さらに 1A と 1B から構成され，1A がモノマーであるのに対して，1B は 1Bα，1Bβ，1Bγ の 3 つのサブユニットからなる。1A は GTP との複合体としてアミノアシル tRNA と結合し，これをリボソームの A-site に運搬した後，1A-GDP 複合体に変換されて不活性型となり，リボソームから遊離するが，1B はこの 1A-GDP 複合体に作用し，これを再び 1A-GTP 複合体に変換して活性型に戻す。

RNA ファージ Qβ の RNA 複製酵素は 4 種類のサブユニットから構成されているが，そのうち 3 種が宿主タンパク質成分で，うち 2 種が翻訳伸長因子 EF-Tu(真核生物の eEF-1A に相当)と EF-Ts(真核生物の eEF-1B に相当)，1 種が 30S リボソームサブユニットの 1 構成成分 S1 である。EF-Tu と EF-Ts は互いに結合し，ウイルス RNA の＋鎖および－鎖の合成に関わっていることが示されている(Blumenthal and Carmichael, 1979)。

我々は，GST アフィニティープルダウン法，免疫沈降法，定量 RT-PCR，酵母 two-hybrid 法などによる解析によって，タバコの翻訳伸長因子 eEF1A が *in vitro* ならびに *in vivo* において TMV RNA の 3′-UTR と結合するとともに，TMV RNA 複製酵素の M ドメインとも直接結合することを証明した(Yamaji et al., 2006)。さらに，ノーザン解析，定量 PCR ならびに GFP (green fluorescent protein)発現 TMV の感染実験などから，eEF1A の VIGS によって TMV の増殖が著しく抑制される一方，eEF1A の過剰発現細胞株では TMV RNA の蓄積量が顕著に増大することを示した。以上の結果から，eEF1A は TMV RNA 複製酵素複合体の重要な 1 構成成分であることが示された(図 7-3-1～4)。eEF1A は TMV RNA の 3′-UTR に存在する UPD に結合し，一方，126K タンパク質は TLS に結合することがすでに報告されている(Zeenko et al., 2002; Osman et al., 2003)。今回新たに得られた我々の結果とこれらの報告とを考え合わせると，eEF1A は TMV RNA 複製酵素と直接結合して，これを TMV ゲノム RNA の 3′-UTR まで運び，そこで自らを UPD につなぎ止めるとともに，TMV RNA 複製酵素と TLS との結合を促すことによって－鎖の合成の開始に関与しているという可能性が考えられる。あるいは eEF1A が，TLS に先に結合している TMV RNA 複製酵素と UPD との間を後から架橋結合して複合体の構造を安定化させるのかもしれない(図 7-3-5)。

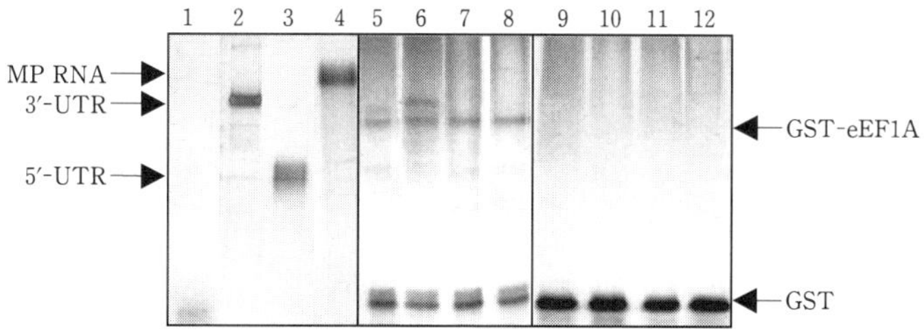

図 7-3-1　eEF1A と TMV　RNA の 3′-UTR との *in　vitro* における結合。TMV RNA の 3′-UTR 断片(レーン 2，6，10)，5′-UTR 断片(レーン 3，7，11)および MP をコードする RNA 断片(MP RNA；レーン 4，8，12)をそれぞれ単独(レーン 1-4)，あるいは GST 融合 eEF1A(GST-eEF1A；レーン 5-8)または GST(レーン 9-12)とともにインキュベートした後に，グルタチオンビーズを用いてこれと共沈する分画を回収した。次いでこれらを SDS-PAGE で泳動し，銀染色した。対照として pBluescript のトランスクリプト(レーン 1，5，9)を用いた。3′- UTR 断片に GST-eEF1A を加えた場合(レーン 6)だけに 3′-UTR 断片と一致するバンドが検出され，*in vitro* で eEF1A が 3′-UTR と特異的に結合することが確認された。

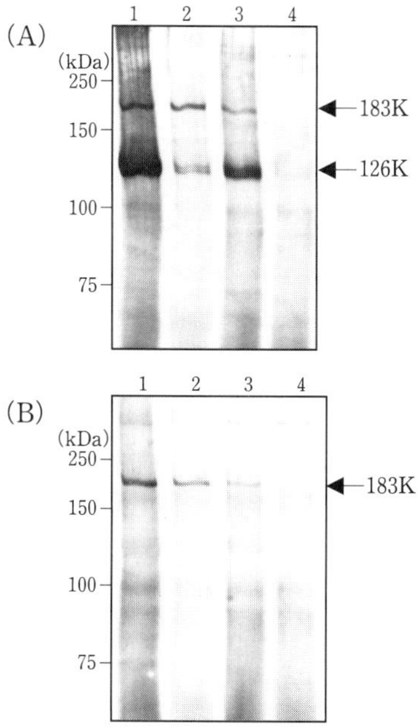

図 7-3-2　免疫沈降法による eEF1A と TMV　RdRp の共沈降。TMV 感染タバコ葉の抽出液に，プロテイン A ビーズとともに，抗 M ドメイン抗体(レーン 1)，抗 P ドメイン抗体(レーン 2)，抗 eEF1A 抗体(レーン 3)，対照用血清(レーン 4)をそれぞれ加えてインキュベートした後に，ビーズと共沈する分画を回収した。次いでこれらを SDS-PAGE で泳動し，抗 H ドメイン抗体(A)あるいは抗 P ドメイン抗体(B)で 126K タンパク質あるいは 183K タンパク質を検出した。レーン 3 の結果から，*in vivo* で eEF1A が 126K タンパク質，183K タンパク質のいずれとも特異的に結合していることが示された。

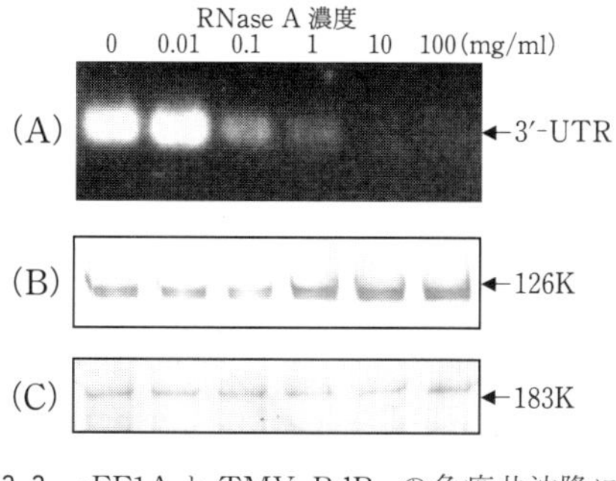

図 7-3-3　eEF1A と TMV　RdRp の免疫共沈降に及ぼす RNase 処理の影響。TMV 感染タバコ葉の抽出液を種々の濃度の RNase A で処理した後，RT-PCR によって TMV　RNA の 3′-UTR の消化の程度を検定するとともに(A)，図 7-1-2 の実験と同様に，プロテイン A ビーズと抗 eEF1A 抗体を用いて共沈する分画を回収した。次いでこれらを SDS-PAGE で泳動し，抗 H ドメイン抗体(B)あるいは抗 P ドメイン抗体(C)で 126K タンパク質あるいは 183K タンパク質を検出した。3′-UTR が完全に消化されても 126K タンパク質および 183K タンパク質が eEF1A と共沈することから，*in vivo* で eEF1A が TMV　RNA を介さずに，126K タンパク質，183K タンパク質のいずれとも特異的に直接結合していることが示された。

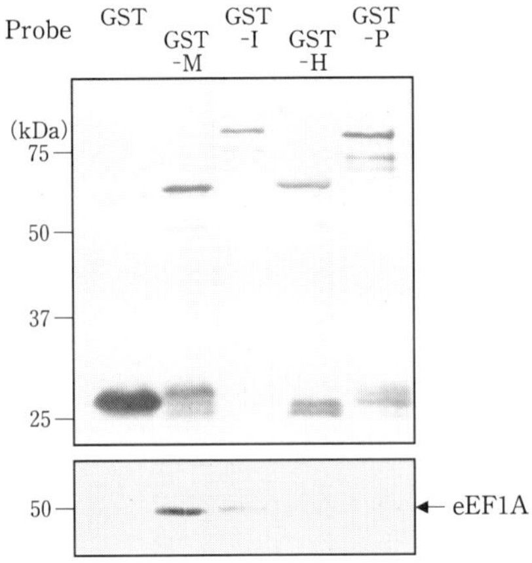

図7-3-4　TMV　RdRpの各ドメインタンパク質とeEF1Aとの結合。TMV感染タバコ葉の抽出液に，GSTまたはGSTと融合させたTMV RdRpの各ドメインタンパク質(GST-M，GST-I，GST-H，GST-P)を加えてインキュベートした後に，グルタチオンビーズを用いてこれと共沈する分画を回収した。次いでこれらをSDS-PAGEで泳動し，抗GST抗体(上段)あるいは抗eEF1A抗体(下段)でタンパク質を検出した。この結果から，eEF1AはTMV　RdRpのMドメインと特異的に結合することが示された。なお，IはRdRpのMドメインとHドメインの間に存在する中間領域である。

(3) 膜タンパク質TOM1，TOM2A，TOM3

シロイヌナズナのTMV抵抗性突然変異株についての遺伝学的解析とゲノム地図に基づくポジショナルクローニングによって，変異の原因となる遺伝子 *TOM1*，*TOM2A* および *TOM3* が単離された。*TOM1* と *TOM3* は互いにホモログでともに7回貫通型，*TOM2A* は4回貫通型の膜タンパク質をそれぞれコードしており，このうちTOM1およびTOM3タンパク質はTMV RNA複製酵素のヘリカーゼドメインならびにTOM2Aタンパク質と特異的に結合することが示された。従って，TOM1およびTOM3タンパク質はTMV RNA複製酵素を膜上につなぎ止めることによってウイルス複製複合体の形成に直接寄与していると考えられる。一方，TOM2AタンパクはTOM1あるいはTOM3タンパク質との相互作用によってウイルス複製複合体形成の促進に関与しているものと推定された(Yamanaka et al., 2000, 2002; Tsujimoto et al., 2003；萩原・石川，2004)。

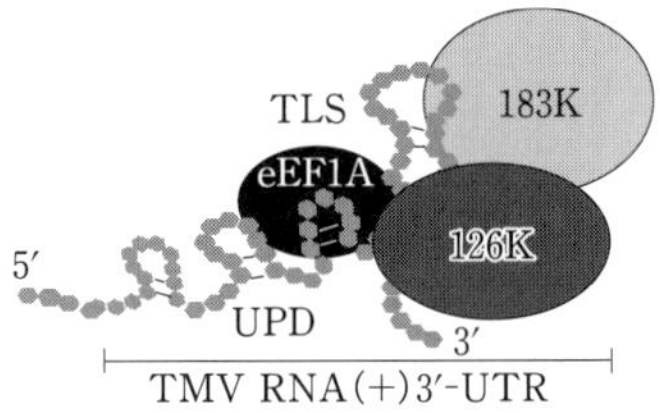

図7-3-5　eEF1A，TMV RdRpおよびTMV RNA間の相互作用の模式図。TMV RdRpは126Kタンパク質と183Kタンパク質でヘテロダイマーを構成するが，さらに126Kタンパク質あるいは183Kタンパク質がTMV　RNAの3′-UTRのTLSに結合する。一方，eEF1Aは126Kタンパク質あるいは183Kタンパク質に結合するとともに，3′-UTRのUPDに結合する。

(4) その他の宿主タンパク質

酵母two-hybrid法あるいはファーウェスタン法によってTMV RNA複製酵素のヘリカーゼドメインと相互作用する宿主タンパク質として，タバコのアルギニンデカルボキシラーゼ(ADC)，光化学系IIの酸素発生複合体の33 Kサブユニットタンパク質および細胞内シグナル伝達制御因子である14-3-3タンパク質，シロイヌナズナのオーキシン応答制御因子であるAUX/IAAタンパク質PAP1および二本鎖RNA依存プロテインキナーゼ(PKR)のインヒビターP 58^{IPK}などが，また，ポリメラーゼドメインと相互作用する宿主タンパク質として，タバコのリングフィンガータンパク質PHF15が，それぞれ同定されている。

このうちADCは，TMV　RNA複製酵素の126Kタンパク質と183Kタンパク質とのヘテロダイマー形成を阻害することが示された(Shimizu et al., 2004)。

33Kタンパク質はTMV感染でその発現が抑制される一方，そのジーンサイレンシングによってTMVの増殖が著しく促進されることから，このタンパク質はTMVに対する何らかの抵抗性に関与しているが，TMVにはその遺伝子発現を抑える対抗手段が備わっているものと解釈された(Abbink et al., 2002)。

14-3-3タンパク質は多くのアイソフォームからなるファミリーを構成しているが，そのうち特にアイソフォームhは，ヘリカーゼドメインと結合するとともに，Samsun *NN* タバコ由来の抗TMV真性抵抗性遺伝子産物NのLRRドメインとも強く結合することがファーウェスタン解析によって示された。また，TMV感染によってその発現量が上昇することも認められた。TMV RNA複製酵素のヘリカーゼドメインは真性抵抗性発現のエリシターとしても働くことが知られており(Erickson et al., 1999)，14-3-3タンパク質hがエリシターとその間接的レセプターであるNタンパク質との間を結合するアダプターとして働く可能性が指摘されている(Konagaya et al., 2004)。

PAP1ではTMV感染でその発現が抑制されるが，PAP1と結合しないTMV変異株を感染させた場合には病徴がマイルドになり，また，ジーンサイレンシングを起こさせた非感染植物が感染植物と類似の病徴を示したことから，オーキシン応答を制御する転写因子PAP1がTMV RNA複製酵素と結合することによってオーキシンの制御が乱され，その結果，病徴の進展に変化が生じるのではないかと推定された(Padmanabhan et al., 2005)。

P58[IPK]はこれをノックアウトした植物にTMVを感染させると，翻訳伸長因子eEF-2のαサブユニットのリン酸化と連動して枯死してしまうが，この時，PKRによるリン酸化を受けないeEF-2αの変異遺伝子を共発現させると枯死を免れる。PKRはウイルス由来の二本鎖RNAの存在下で活性化され，eEF-2αをリン酸化して細胞のタンパク質合成系を阻害し，結果的に細胞死をもたらすことによってウイルスの感染・増殖を阻止するが，P58[IPK]はそのインヒビターである。TMVは宿主細胞のタンパク質合成系を維持させて自己の増殖を図るために，このP58[IPK]を利用していると推定され，従ってP58[IPK]はTMVの病原性発現に必要な宿主タンパク質の一つであると推定された(Bilgin et al., 2003)。

一方，PHF15は，TMV感染初期にその発現が誘導されるが，定量RT-PCRならびにGFP発現TMVの感染実験から，そのVIGSによってTMVの増殖が著しく促進されることが認められ，TMVの増殖を阻害する植物側の抵抗性反応に関与していることが明らかにされた(Yamaji et al., 投稿中)。

以上の宿主タンパク質は，14-3-3タンパク質を除いていずれも酵母two-hybrid法によってTMV RNA複製酵素と直接結合する宿主タンパク質として検出されたものであるが，それらの機能はTMVの感染・増殖を特異的に阻害したり，あるいは病徴や病原性の発現に関与するもので，TMVの感染・増殖を特異的に促進するものでは必ずしもない。酵母two-hybrid法によって相互作用が検出されても実際に植物体内において相互作用しているか否かを検定する必要があるが，上記の6種の宿主タンパク質がTMVの増殖と深い関わりをもっていることはほぼ確実であろう。これら以外にも，TMV感染によって発現量の変動する宿主タンパク質は多数認められており(Golem and Culver, 2003)，それらの中にTMVの複製に密接に関連する未知のタンパク質も含まれているものと思われる。

3-3. TMVの移行の分子機構

1980年代後半から逆遺伝学的手法を駆使した一連の仕事によって，TMVに関して複製にはウイルスRNA複製酵素(RdRp)，細胞間移行にはMP，組織間移行にはMPに加えてCPを必要とすることが明らかにされた。ウイルスがコードする遺伝子は個々に異なる機能(複製－細胞間移行－全身感染)を分担しており(岡田, 2004)，それらの過程の総和でうまくウイルスが植物全体に広がっていくと考えられている。ただ必ずしもこう割り切れず，機能分担が実際にはもっと複雑であることが明らかとなってきた。

それはラッキョウに感染するTMVが発見されたところから話は始まる。宮崎県のラッキョウ畑で見出された病気の病原体がトバモウイルスの一種，TMVの一つの株であることが明らかとなった。その全ゲノムが決定されてみると，その配列はタバコに感染する普通系のTMV-U1の一次配列と94%同じであった(Chen et al., 1996a)。つまり，6%ほどの配列の違いがタバコ(双子葉植物)とラッキョウ(単子葉植物)の宿主の棲み分けに関わるのである(図7-3-6)。このウイルス株は

TMV-Rと名付けられた(Chen et al., 1996a)。その塩基置換はゲノム全体に散らばっていたので，塩基配列の情報のみではどの置換が宿主域を決定しているかはわからなかった。

実際の宿主域を決定する因子を明らかにする目的で，標準のTMVとTMV-Rのゲノム配列の一部を交換したキメラウイルスを作成した。まずはタンパク質をコードする領域に注目した遺伝子交換を行った。当初移行タンパク質の違いが宿主域の決定につながっているものと想像をしていたので，移行タンパク質のキメラウイルスを作成すれば結論が出ると思っていた。しかし，TMV-U1の移行タンパク質をTMV-Rのものに交換しても宿主域は変わらない。つまり移行タンパク質の由来は宿主域を換えることはなかった(Chen et al., 1996b)。人工ウイルスを種々作成し，そのタバコでの増殖能を検定した結果は，宿主域を決定しているのは移行タンパク質ではなく，複製酵素であることが示された。つまり，複製酵素が普通系TMV-U1のものであれば，タバコで全身感染能を示すが，TMV-R由来であると全身感染ができなかった(Chen et al., 1996b)。

TMVにはそのゲノムの3′末端に200塩基長の非翻訳領域が存在する。普通系TMV-U1とTMV-Rとの間には4塩基の違いがあった。この4塩基すべてがTMV-R型であると，他のゲノム配列がU1由来であってもタバコで全身感染がいかなくなる。これは複製酵素と3′末端配列の適切な組み合わせが必要であることを示している。タバコで全身感染がいくためには，さらにその3′末端配列がタバコに適応したTMV-U1由来であることが必要であり(Chen et al., 1996b)，複製能力が，宿主への適応に関係していることを強く示唆した。現在，ウイルスの増殖が植物体内で起こると，それに対してRNAサイレンシングの機構が働き，ウイルスRNAの蓄積増加が抑えられることが知られてきた(Waterhouse et al., 2001)。それを考えると宿主植物の体内である程度効率よく複製がいかない場合，宿主の迎撃体制が整ってしまい，全身移行が果たせずに抑えられてしまうのではないだろうか。

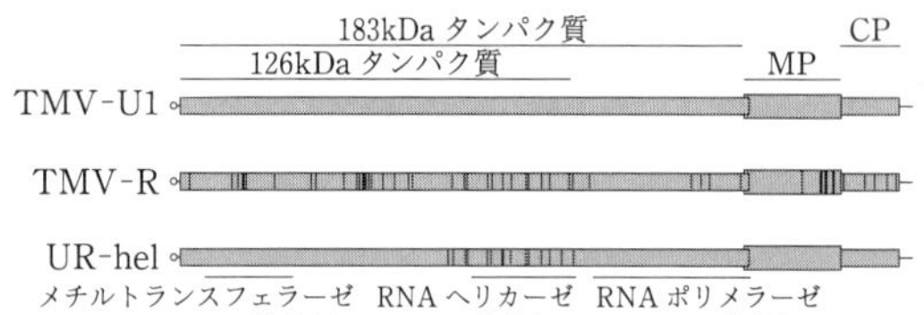

図7-3-6　野生型TMV(TMV-U1)，ラッキョウ系TMV(TMV-R)および細胞間移行能を失った人工変異体UR-hel。四角部分はウイルス遺伝子上にコードされるタンパク質のオープンリーディングフレーム(ORF)で，遺伝子上5′末端側から複製タンパク質の126 kDaと183 kDaタンパク質(replicase)，次に移行タンパク質(MP)，そしてコートタンパク質(CP)をコードする。TMV-RおよびUR-helのORF中に記した縦棒はTMV-U1のものとのアミノ酸の違いを示す。UR-helはTMV-U1のRNAヘリカーゼドメイン部分をTMV-R由来の断片と交換することで得られた。

さらに細かく複製酵素中の置換をメチルトランスフェラーゼドメイン，介在領域，ヘリカーゼドメイン，およびRNAポリメラーゼドメインごとにくぎって置換した人工キメラウイルスUR-met，UR-var，UR-hel，UR-polをそれぞれ作成した(Hirashima and Watanabe, 2001)。そして，これらのキメラウイルスの感染実験を行ったところ，UR-met，UR-var，UR-polウイルスはタバコで増殖したにもかかわらず，UR-helウイルスが思いがけず，タバコでも全く増殖しないウイルスとなった(Hirashima and Watanabe, 2001)(図7-3-6)。複製酵素の変化を伴うので，複製そのものが機能していない可能性がある。プロトプラストへのウイルス感染実験を行ったところ，予想に反してこのUR-helはプロトプラストでは野生型ウイルスと同レベルの複製能を示した(図7-3-7)。それなのに細胞間移行の能力に差が出たのである。この原因が予期しない置換が入ったためではないかという批判にこたえるために，交換した部分の遺伝子断片を再度野生型のものに置換した。するとこのウイルスはきっちりと野生型の感染性を示したので，想定外の置換は入っていないことになる。複製の際に産出されるゲノムRNA，－鎖RNA(複製の鋳型となるべき)，複製酵素，MP，CPなどの産出量は両者で違いはない(Hirashima and Watanabe, 2001)。

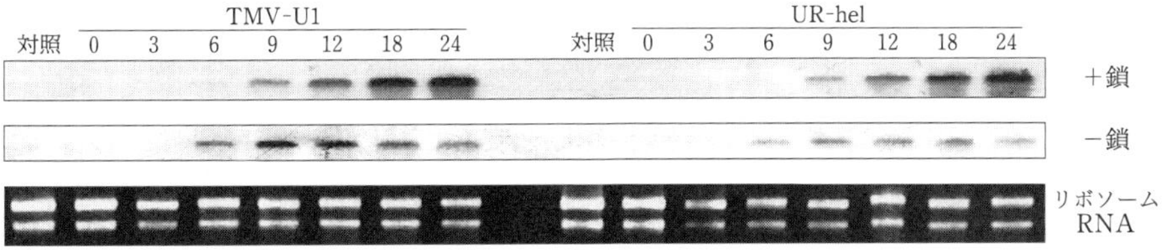

図 7-3-7　野生型 TMV-U1 と変異ウイルス UR-hel 同士の複製能力の違いに関する検討。それぞれのウイルスをタバコの BY-2 プロトプラストに感染させ，上に示す数字の時間に RNA を回収し，中で蓄積したウイルス RNA を特異的なプローブを用いて検出した。ウイルスの遺伝子は一本鎖 RNA であり，ゲノムと同じ側の核酸が＋鎖，また複製のために必要な相補的な RNA が－鎖である。TMV-U1 と UR-hel 感染細胞とで蓄積する量および時間経過には，双方の細胞間移行の能力の大きな違いを説明できような差は認められない。リボソーム RNA は，ウイルス感染の有無にかかわらず一定量細胞内に存在する RNA であり，この場合には各プロトプラストからのサンプル回収量がほぼ一定していることを示している。

総合すると，複製酵素のヘリカーゼドメインにある種の置換をもった UR-hel ウイルスは，複製は起こるが細胞間移行は果たせない突然変異体となったことが示された。細胞間移行の能力がないことは，感染に伴って GFP を発現するような人工の U1 型ウイルス，および UR-hel 型ウイルスを作成し，植物体に感染させた際に，視覚的に示される。ただし，こうした実験結果のみではどうして複製酵素が細胞間移行に関与できるのかは謎のままである。複製酵素が，移行タンパク質と何らかの相互作用をしており，その相互作用がいかなくなったがために細胞間移行がいかなくなったのではないかと想像した。

UR-hel を高濃度でタバコに接種し，接種後日数を経ると，病原性をもったウイルスがかなりの頻度で出現することに気づいた（Hirashima and Watanabe, 2003）（図 7-3-8）。こうした復帰突然変異体をいくつも単離して，そのゲノム解析を行った。まず復帰変異体ウイルスのゲノムから cDNA を合成して，UR-hel の相当部分と交換した 2 次的な人工ウイルスを作成する。この際，細胞間移行の能力を復活したようなキメラウイルスが生まれた時，その際に交換した遺伝子領域が，すでに導入している UR-hel の複製酵素ヘリカーゼドメインと相互作用する部分と結論付けることができる。こうして 2 次的な変異を獲得して細胞間移行能力を復帰したことを確認できた変異体を十数種類得ることに成功した。興味深いのはその 2 次変異の

図 7-3-8　復帰変異体が出ている葉の様子。局所壊死病斑を示すタバコを用いて，左側半葉には野生型 TMV，右側半葉には UR-hel を接種し，約 1 週間置いた時の一例。右側の部分では，細胞間移行の能力を失った UR-hel を接種しているので，最初は壊死ができることはない。しかし，しばらくすると突発的に矢じりで示すような局所壊死病斑が現れることがある。この壊死斑をすりつぶし，再度タバコに接種すると今度は効率よく局所壊死病斑を形成することから，ウイルスの性質が変化していることがわかる。この中から以後の研究で用いた復帰変異体を選抜した。

落ちていた箇所である。すでに述べたように複製酵素と移行タンパク質の相互作用を想像していたので，復帰変異体の中に第2の変異が移行タンパク質内に落ちることを期待していた。しかしそのような復帰変異体は得られないことが明らかとなった。単離できたウイルスにはいずれもその複製酵素内に2次的な変異があること，その場所も介在領域あるいはRNAヘリカーゼ領域に限られていた(Hirashima and Watanabe, 2003)。この結果は，再度，複製酵素が細胞間移行に関与すること，そして新たに複製酵素の介在領域とRNAヘリカーゼドメインが同じ複製酵素内あるいは別の複製酵素同士で相互作用することが細胞間移行に重要であることを明らかにした(Hirashima and Watanabe, 2003)。

MPの研究には種々の細胞学的なアプローチが使われてきたことに少し触れよう。遺伝子配列から予測されたその一部の配列に対するペプチド抗体によって感染植物内での発現が証明されたこと(Ooshika et al., 1984)に始まった。それに続く免疫電子顕微鏡観察によってMPの原形質連絡への局在が示された(Tomenius et al., 1987)。また，インジェクション法による蛍光色素を結合させた種々の分子を植物細胞内へ注入し，その後の挙動を観察する実験が行われた。一連の研究を通して，通常の植物細胞での原形質連絡が分子量800以下の小さな分子は自由に透過させるが，それ以上の大きさの分子は透過できない。それに対して，TMVに感染した植物，あるいは移行タンパク質を恒常的に発現する形質転換体植物では透過可能な分子の大きさ(排除分子量限界と呼ばれる)は10,000近くになることが示された。移行タンパク質が原形質連絡に存在することによって，排除分子量限界が大きくなり，ウイルスが移行しやすくなると考えられた(Wolf et al., 1989)。しかし，こうした実験では透過できるようになった分子の大きさはせいぜい10倍になったのみで，分子量4×10^7をもつウイルスあるいはそのゲノムRNAが透過する上では説明が足りない。さらにインジェクション法では，透過する分子の選択性に関わる現象はみえてこなかった。こうしたことから，実際にウイルスが透過する場面を可視化したいという思いをずっと強くもつことになった。

緑色蛍光タンパク質(GFP)の発見が報告されてまもなく移行タンパク質の研究にも応用が進んだ。幸運なことに移行タンパク質のC末端側に(橋渡しするための，構造をあまりとらないリンカーとしてのペプチド配列をはさんで)GFPと融合した形のウイルス(本節ではMP：GFPと称する)は，細胞間移行が可能であった(Kawakami and Watanabe, 1997)。分子量は倍にはなるが，機能しながらしかもC末側のGFPのタンパク質が発する蛍光で，機能をしている移行タンパク質の挙動をみることが可能となった(Heinlein et al., 1995; Padgett et al., 1996)。

このMP：GFPを感染させたプロトプラストでの蛍光顕微鏡観察がなされた。感染後8時間ほどから発現に伴ってMP：GFPタンパク質による蛍光が確認された。最初は，細胞質に拡散するのではなく，細胞内に無数の蛍光を発する点状の局在が確認される。感染後の時間を経るにつれて，その点が斑へと大きくなっていく。こうした局在は小胞体膜上あるいはそれらが変化したものであると考えられている。感染して24時間以降になると，細胞骨格と思われる繊維状の局在が観察されるようになった。感染後20時間ほど経つとウイルスが移行しているので，周囲の細胞でもMP：GFPの発現による蛍光が観察されるようになる。最初の感染細胞での繊維状の局在は，このような周囲の細胞への移行が行われる時あるいは行われた後に観察される。以上から，感染植物細胞で合成されたMP：GFP(MP)は細胞の小胞体膜系を子孫ウイルスの移行に利用していること，細胞骨格も何らかの関与をしていることが示唆された。しかしこうしたプロセスすべてが細胞間移行に必要なのであろうか(Heinlein et al., 1995; Padgett et al., 1996)。

こうした局在は植物体に感染させた場合にも認められるであろうか。ただし，プロトプラストのように高率で感染させることが不可能なので，葉全体の細胞の中から1次感染細胞を探すという手間なステップが必要である。最近，川上らによって，MP：GFPを感染させた植物体でMPの局在，挙動の観察がなされた(Kawakami et al., 2004)(図7-3-9)。感染させた後の時間を追って，視野の中に感染中心の細胞を探し，その細胞でのMP：GFPの局在を観察した。従来と異なるのはタイムラプス装置を備えた顕微鏡を用いた点である。感染後12時間ほどでは蛍光を発する構造には動きが観察されなかった。それが14時間ほどになると，上でいう斑状の構造が，細胞膜のすぐ下の狭い細胞質の空間を想像以上に速く(約160 nm/sec)動いているが，16時間目で40 nm/secほどに遅くなった。18時間目では動きが再度みられなくなり，その時には原形質連絡のすぐ裏に位置するように観察された。20時間ほどにかけて，この構造は原形質連絡を透過しているような形で観察される(Kawakami et al., 2004)。20-24時間においては，この構造は隣の細胞に広がっており，しかもその形をとどめて，速い動きを再開していた。2次感染細胞では，この構造を最初から作る必要がないのであろう。1次感染細胞での0-14時間ほどの出来事をとばした形で，以後の感染拡大は行われる。細胞間移行に要する時間は4時間ほどという過去の報告とは，最初の細胞を除いて矛盾がないことになる。

この構造はMPを可視化することで観察されているが，何を運んでいるのであろうか。ウイルスの移行のために，子孫ウイルスを運んでいるはずである。MPは先にRNAとの結合能力をもつことが示されていることから，この構造中にもゲノムRNAを含んでいることが期待される。

複製酵素については，前節にも紹介があるが，

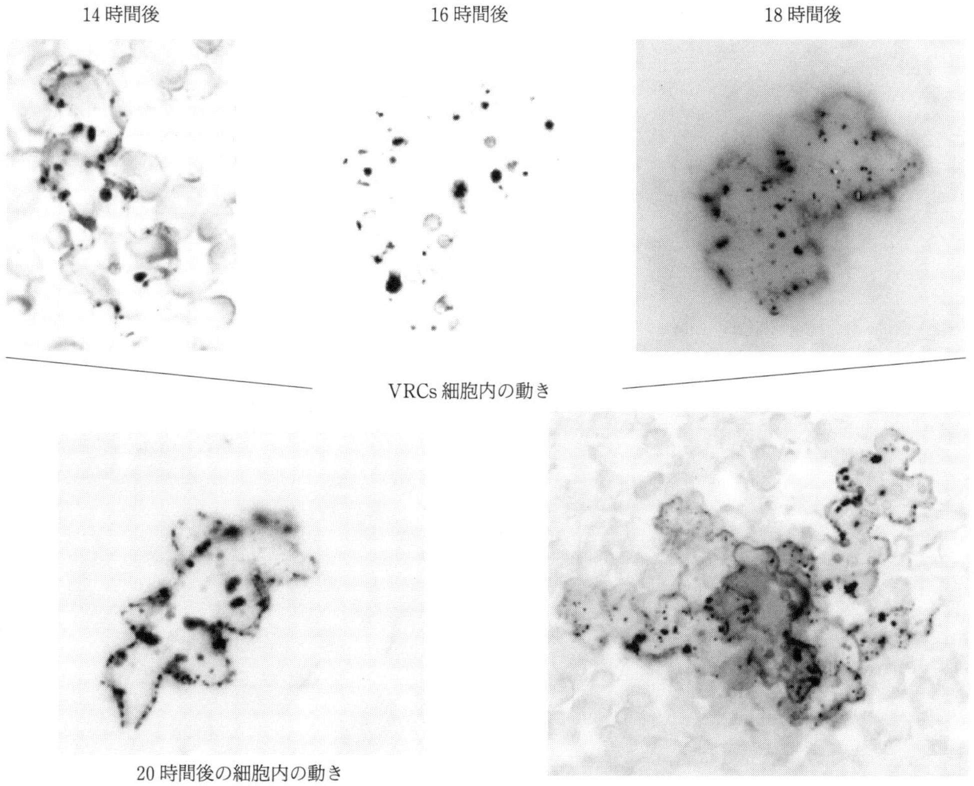

図7-3-9　MP：GFPを発現するウイルスを葉に感染させ，形成される構造体(VRC)の様子の時間経過。感染後14，16，18時間では感染中心の細胞での発現，局在がみられる。実際にタイムラプス装置を付けた顕微鏡観察，記録を行うと細胞内を動いている(intracellular movement)ことがわかる。感染後20時間となると細胞間の移行がみられるようになる。下段左の状態はまだ感染中心の細胞での局在がみられるのみであるが，まもなく細胞間の動き(intercellular movement)がみられるようになる。下段右ではすでに周囲の4つほどの細胞に構造体が移行した様子がみてとれる。実際の動きをみるには次のサイトにアクセスしてほしい。http://www.pnas.org/cgi/content/full/0401221101/DC1

小胞体膜上に複製装置となる構造(VRC)を形成する。この構造は，移行タンパク質が構成する構造(VMC)とどのような関係にあるのであろうか。両タンパク質の局在を蛍光抗体・共焦点顕微鏡による観察を行ってみた。すると，VRCとVMCとは感染初期には別の位置を占めている。それぞれが時間経過とともに大きくなり，感染後20時間ほどになるとVRCをVMCがくるむような位置関係になることが観察された。この時期は，VMCが隣の細胞へと移行する時期である。このVMCに複製酵素が含まれることを示唆し，このことはさらにVRC自体が周囲の細胞へと移行する可能性を示している。

先に述べたUR-hel変異体について同様の解析を続けている。すると，野生型のウイルスの状況と異なって，複製酵素の局在は感染後20時間でもVMCに含まれることは観察されない。この事実は，UR-helウイルスの細胞間移行がいかなくなった事実と合わせ考えると，VRCがVMCに含まれることが，ウイルスの細胞間移行にとって重要な事実であることを強く示唆している。このことは，また移行タンパク質と複製酵素との直接の相互作用を示す実験がいずれも失敗していることを説明すると思われる。直接分子間の相互作用によるものではなく，細胞内の局在を巻き込んだものなのであろう。

植物ウイルスが感染するということは，これらの複製，細胞間移行の過程が宿主因子と相互作用を通じて進行するということであり，相互作用するか否かでそのウイルスの宿主域が決定されていると考えられる。

3-4. TMVの移行に関わる宿主因子

上述のようにTMVの移行に関与するウイルス側の主要因子は，細胞間移行においてはMPに加えて126Kタンパク質あるいは183Kタンパク質(Hirashima and Watanabe, 2001, 2003)，全身感染のための長距離移行においてはMPおよびCPである(Saito et al., 1990; Carrington et al., 1996; Culver, 2002)。さらに，こうした一連の感染の拡大のためには，126Kタンパク質のRNAサイレンシングを抑制するサプレッサーとしての働きが重要である(Kubota et al., 2003; Ding et al., 2004; Moissiard and Voinnet, 2004)。なお，MPは細胞内で一過的に生産され，また，比較的速やかに分解されるためにその集積量が少ないことが知られているが(Watanabe et al., 1984; Reichel and Beachy, 2000)，MPの生産やその細胞内集積の制御にはCPが関わっているとの報告もある(Bendahmane et al., 2002)。一方，TMVの移行に関わる宿主因子については，まだまだ未解明の部分が多いが，我々の成果も含めて現在までに得られている知見の概略を以下に述べる。

(1) 細胞骨格タンパク質 アクチン，チューブリンおよび微小管結合タンパク質 MPB2C

細胞骨格は，アクチンよりなるミクロフィラメント，チューブリンよりなる微小管(ミクロチューブル：MT)などから構成されているが，TMV MPがこの細胞骨格上に局在する蛍光顕微鏡像が認められたことから，TMV RNA-MP複合体は細胞骨格と結合し，これに沿ってPDまで移動するとの説が提唱された(Heinlein et al., 1995; McLean et al., 1995)。その後の解析によって，TMV MPはアクチン，チューブリンおよび微小管結合タンパク質MPB2Cとそれぞれ結合するが，このうち細胞間移行に必須なのはアクチンミクロフィラメントとの結合であり(McLean et al., 1995; Kawakami et al., 2004; Liu et al., 2005; Nelson and Citovsky, 2005)，微小管および微小管結合タンパク質MPB2Cとの結合は細胞間移行を阻害し，やがてMPの26Sプロテアソームによる分解につながることが明らかにされた(Reichel and Beachy, 2000; Gillespie et al., 2002; Kragler et al., 2003; Boevink and Oparka, 2005)。前述のように，現在では，小胞体膜に包まれたVRCあるいはVMCが細胞骨格上のアクチンミクロフィラメントに沿って細胞内および細胞間を移行するとする説が有力であり(Lazarowitz and Beachy, 1999; Kawakami et al., 2004)，さらに，その移行にミオシンが介在していることが示されている(Kawakami et al., 2004)。

⑵ シャペロンNtDnaJ-3およびカルレティキュリン

TMV MPと結合するタンパク質としてタバコから検出・単離されたシャペロンDnaJ様タンパク質NtDnaJ-3は，そのVIGSによってTMVの移行速度に遅延が認められ，一方，その過剰発現細胞ではMPの蓄積量が顕著に増大した。従って，NtDnaJ-3はMP分子の安定化に関与し，結果的にウイルス移行を促進させる因子であると推定された(Shimizu et al., 投稿中)(図7-3-10, 11)。

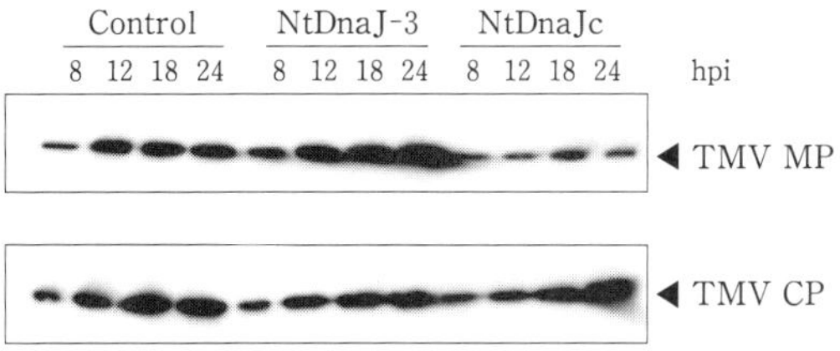

図7-3-10　NtDnaJ-3過剰発現タバコBY-2細胞プロトプラストにおけるTMV MPの蓄積。NtDnaJ-3を過剰発現するタバコBY-2細胞株を作成した後，この形質転換株(NtDnaJ-3株)からプロトプラストを単離し，これにTMV RNAをエレクトロポレーション法で接種して，経時的にTMVのMPならびにCPの細胞内蓄積をウェスタンブロットにより解析した。その結果，CP量はいずれの形質転換株においてもほとんど違いがないのに対して，NtDnaJ-3過剰発現株ではMP蓄積量が顕著に増加していることが示された。一方，NtDnaJ-3のN末端を欠損したタンパク質を過剰発現するNtDnaJc株では逆にMP量が減少することが明らかにされた。

一方，カルレティキュリンは小胞体やPDに存在するカルシウム結合タンパク質で，シャペロン活性など多様な機能を有する。アフィニティープルダウン法によってTMV MPと特異的に結合するタバコのタンパク質を探索したところ，カルレティキュリンが検出・単離された。MPとカルレティキュリンはともにPDに局在するが，カルレティキュリンを過剰発現させた細胞ではMPのPDへの移動が妨げられ，その結果，ウイルスの細胞間移行が阻止されることが示された(Chen et al., 2005)。

⑶ 膜タンパク質NtNCAPP1

NtNCAPP1は植物が本来もつ内在性の移行性タンパク質(non-cell-autonomous proteins)と結合し，それらをPDに輸送する機能をもつタンパク質としてタバコから単離されたもので，細胞内周縁の小胞体に局在する。このタンパク質のN端側を欠失させたミュータントではTMV MPの移行が阻止されるが，CMV MPの移行は阻止されないことから，NtNCAPP1はウイルスMPの選択的移行に関与していると推定された(Lee et al., 2003)。

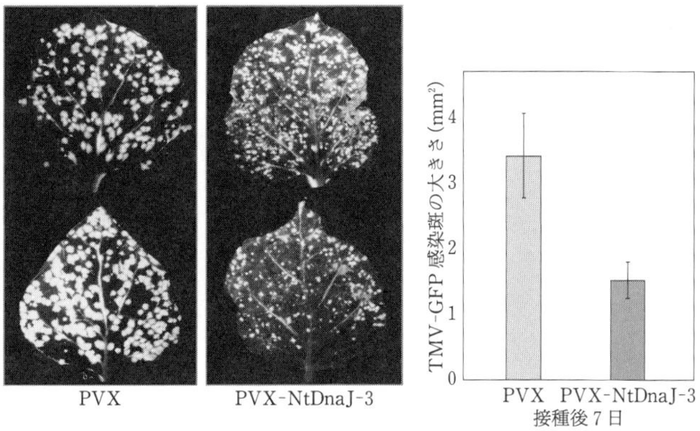

図7-3-11　NtDnaJ-3発現抑制組織におけるTMV-GFP感染斑の縮小。PVXベクターによるVIGS法を用いてNtDnaJ-3の発現を抑制した*Nicotiana benthamiana*の葉に，GFPと融合させたTMV(TMV-GFP)を接種し，1週間後に観察したところ，NtDnaJ-3発現抑制組織では，コントロールに比較して，GFPの蛍光斑の面積が縮小し，TMVの移行が明らかに遅延していることが観察された。口絵4参照。

(4) 細胞壁分解酵素 ペクチンメチルエステラーゼ PME および β-1，3-グルカナーゼ GLU1

TMV MP と *in vivo* で特異的に結合するタンパク質としてタバコの細胞壁や PD に存在するペクチンメチルエステラーゼ PME が単離された(Dorokhov et al., 1999)。MP 側の PME 結合ドメインを欠失させると TMV の移行能が失われ，さらにアンチセンス RNA によって PME の発現を抑制すると TMV の長距離移行，特に維管束系(師部組織)からウイルスが離脱する過程が阻害されたことから，PME は TMV の細胞間ならびに全身への移行に必須のタンパク質であると推定された(Chen et al., 2000, 2003)。

一方，同じくタバコの細胞壁や PD にも存在する β-1，3-グルカナーゼ GLU1 は MP と結合はしないものの，その発現抑制によって PD の孔の排除分子量限界が減少するとともに，物理的バリアーとしてウイルスの感染拡大を阻止するカロース(β-1，3-グルカン)の細胞内蓄積量が増大し，その結果，TMV の移行速度が遅延すること，逆にその過剰発現によって TMV の移行速度が上昇することから，TMV の移行に間接的に関与しているタンパク質であると考えられた(Beffa et al., 1996; Iglesias et al., 2000; Bucher et al., 2001)。

(5) プロテインキナーゼ CK2 および NtRIO

ToMV や TMV の移行能は MP のリン酸化と深く関連している(Citovsky et al., 1993; Kawakami et al., 1999; Waigmann et al., 2000; Trutnyeva et al., 2005)。これに関与する宿主のキナーゼとして PD に存在するカルシウム非依存性プロテインキナーゼが報告されているが(Citovsky et al., 1993; Waigmann et al., 2000)，これ以外にも，カゼインキナーゼ II(CK2)や ToMV MP と結合するプロテインキナーゼ NtRIO が関与している可能性が示されている(Matsushita et al., 2000, 2003; Yoshioka et al., 2004)。

(6) 転写コアクチベーター KELP，MBF1 および転写因子 NtKN1

KELP と MBF1 はファーウェスタンスクリーニングによって ToMV MP と結合するタンパク質としてナタネあるいはタバコなどから検出された転写コアクチベーターで，この結合によって宿主の転写調節が乱される可能性が示唆されているが，ToMV の移行におけるそれらの機能は不明である(Matsushita et al., 2001, 2002)。

一方，タバコの転写因子様タンパク質 NtKN1 は TMV MP とは結合しないが，上述の NtDnaJ-3 と結合するタンパク質として検出・単離されたもので，その VIGS によって TMV の移行速度に遅延が認められ，それに対して，その過剰発現細胞では MP の蓄積量が顕著に増大した。さらに NtKN1 を過剰発現させた形質転換タバコ(品種 Xanthi nc)では，TMV 感染による壊死斑の径が明らかに増大した。従って，NtKN1 は TMV の移行を促進する何らかの機構に関わる遺伝子の転写因子であろうと推定された(Yoshii et al., 投稿中)。

(7) カドミウム誘導性グリシンリッチタンパク質 cdiGRP

低濃度のカドミウムは TMV の長距離移行を特異的に阻害するが，cdiGRP はその機構に関わるタンパク質としてタバコから分離されたもので，主として維管束の細胞壁に局在する。cdiGRP を過剰発現させるとウイルスの長距離移行が阻害され，逆に発現抑制すると長距離移行が促進される。cdiGRP は維管束組織の PD 近傍にも存在するカロースの蓄積の促進に関与していると推定されることから，この機能によってウイルスの長距離移行に間接的に影響を及ぼしている可能性がある(Ueki and Citovsky, 2002)。

(8) エリシター応答タンパク質 IP-L

IP-L は酵母 two-hybrid 法によって ToMV CP と結合するタンパク質としてタバコから検出されたが，その構造は既報のタバコエリシター応答タンパク質と同一で，*in vivo* での CP との結合も確認された。このタンパク質の VIGS によって ToMV による全身感染が遅れることから，IP-L は ToMV の長距離移行を促進する宿主因子であろうと推定された(Li et al., 2005)。

以上，現在までに報告のある TMV の移行を促進あるいは阻害する宿主因子を紹介した。すでに述べたように，TMV RNA が小胞体膜に包まれたVRCあるいはVMCの形で細胞骨格上のミクロフィラメントに沿って細胞内および細胞間を移行するとすると，これらの各宿主因子がそれとどう関わるのか，今後の解明が待たれる大きな課題である。また，植物自身に本来備わっている生体高分子や小胞の細胞内あるいは細胞間輸送機構に関わるタンパク質として，Rabファミリータンパク質やモータータンパク質(ミオシン，キネシン，ダイニン)をはじめとする各種のタンパク質が知られており(Oparka, 2004)，原形質流動の機構とも絡めて，TMVの移行機構についてもこれらの機構との関わり合いを，今後，さらに明らかにして行く必要があろう。

以上にみられるように，ウイルスや宿主の種によって，ウイルスの複製・移行に関わる宿主因子は必ずしも同一ではなく，むしろ多種多様である。しかし，このことこそ各ウイルスの宿主範囲を決定している主たる要因であると考えられる。ウイルスの複製や移行においてこれらの宿主因子はウイルス由来の成分と常に安定な複合体を形成しているというよりも，ウイルス増殖の各ステップに応じて，各宿主因子が結合したり解離したりしながらダイナミックに増殖過程の制御を行っているものと考えられる。一方，ウイルス由来の成分と直接結合はしないけれども，ウイルスの増殖と密接に関連するような各種の宿主タンパク質も，今後，次々と見出されるものと予想される。そのうちでウイルス増殖のための鍵となるのが一体どのタンパク質なのかを特定していくことがこれからの課題となろう。また，ウイルスの複製においても移行においても小胞体膜系が果たす役割の重要性がますます明らかにされている。こうしたウイルスの複製・移行と宿主因子に関する研究の今後の一層の発展を期待したい。

参考文献

Abbink, T. E. M., Peart, J. R., Mos, T. N. M., Baulcombe, D. C., Bol, J. F., Linthorst, H. J. M. (2002) Silencing of a gene encoding a protein component of the oxygen-evolving complex of photosystem II enhances virus replication in plants. Virology 295, 307-319.

Asurmendi, A., Berg, R. H., Koo, J. C., Beachy, R. N. (2004) Coat protein regulates formation of replication complexes during tobacco mosaic virus infection. Proc. Natl. Acad. Sci. USA 101, 1415-1420.

Beffa, R. S., Hofer, R.-M., Thomas, M., Meins, F. (1996) Decreased susceptibility to viral disease of β-1,3-glucanase-deficient plants generated by antisense transformation. Plant Cell 8, 1001-1011.

Bendahmane, M., Szecsi, J., Chen, I., Berg, R. H., Beachy, R. N. (2002) Characterization of mutant tobacco mosaic virus coat protein that interferes with virus cell-to-cell movement. Proc. Natl. Acad. Sci. USA 99, 3645-3650.

Bilgin, D. D., Liu, Y., Schiff, M., Dinesh-Kumar, S. P. (2003) $P58^{IPK}$, a plant ortholog of double-stranded RNA-dependent protein kinase PKR inhibitor, functions in viral pathogenesis. Dev. Cell 4, 651-661.

Blumenthal, T., Carmichael, G. G. (1979) RNA replication: function and structure of Qβ-replicase. Annu. Rev. Biochem. 48, 525-548.

Boevink, P., Oparka, K. J. (2005) Virus-host interactions during movement processes. Plant Physiol. 138, 1815-1821.

Bucher, G. L., Tarina, C., Heinlein, M., Serio, F. D., Meins, F., Iglesias, V. A. (2001) Local expression of enzymatically active class I β-1,3-glucanase enhances symptoms of TMV infection in tobacco. Plant J. 28, 361-369.

Buck, K. W. (1999) Replication of tobacco mosaic virus RNA. Phil. Trans. R. Soc. Lond. B. 354, 613-627.

Carrington, J. C., Kasschau, K. D., Mahajan, S. K., Schaad, M. C. (1996) Cell-to-cell and long-distance transport of viruses in plants. Plant Cell 8, 1669-1681.

Chen, J., Watanabe, Y., Sako, N., Ohshima, N., Okada, Y. (1996a) Complete nucleotide sequence and synthesis of infectious in vitro transcripts from a full-length cDNA clone of a rakkyo strain of tobacco mosaic virus. Arch. Virol. 141, 885-900.

Chen, J., Watanabe, Y., Sako, N., Ohshima, N., Okada, Y. (1996b) Mapping of host range restriction of the Rakkyo strain of tobacco mosaic virus in *Nicotiana tabacum* cv. Bright Yellow. Virology 226, 198-204.

Chen, M.-H., Citovsky, V. (2003) Systemic movement of a tobamovirus requires host cell pectin methylesterase. Plant J. 35, 386-392.

Chen, M.-H., Sheng, J., Hind, G., Handa, A. K., Citovsky, V. (2000) Interaction between the tobacco mosaic virus movement protein and host cell pectin methylesterases is required for virus cell-to-cell movement. EMBO J. 19, 913-920.

Chen, M.-H., Tian, G.-W., Gafni, Y., Citovsky, V. (2005) Effects of calreticulin on viral cell-to-cell movement. Plant Physiol. 138, 1866-1876.

Citovsky, V. (1999) Tobacco mosaic virus: a pioneer of cell-to-cell movement. Phil. Trans. R. Soc. Lond. B. 354, 637-643.

Citovsky, V., McLean, B. G., Zupan, J. R., Zambryski, P. (1993) Phosphorylation of tobacco mosaic virus cell-to-cell movement protein by a developmentally regulated plant cell wall-associated protein kinase. Genes Dev. 7, 904-910.

Culver, J. N. (2002) Tobacco mosaic virus assembly and disassembly: determinants in pathogenicity and resistance. Annu. Rev. Phytopathol. 40, 287-308.

Ding, X. S., Liu, J., Cheng, N.-H., Folimonov, A., Hou, Y.-M., Bao, Y., Katagi, C., Carter, S. A., Nelson, R. S. (2004) The *Tobacco mosaic virus* 126-kDa protein associated with virus replication and movement suppresses RNA silencing. Mol. Plant-Microbe Interact. 17, 583-592.

Dorokhov, Y. L., Makinen, K., Frolova, O. Y., Merits, A., Saarinen, J., Kalkkinen, N., Atabekov, J. G., Saarma, M. (1999) A novel function for a ubiquitous plant enzyme pectin methylesterase: the host-cell receptor for the tobacco nosaic virus movement protein. FEBS Lett. 461, 223-228.

Erickson, F. L., Holzberg, S., Calderon-Urrea, A., Handley, V., Axtell, M., Corr, C., Baker, B. (1999) The helicase domain of the TMV replicase proteins induces the *N*-mediated defence response in tobacco. Plant J. 18, 67-75.

Gallie, D. R. (2002) The 5′-leader of tobacco mosaic virus promotes translation through enhanced recruitment of eIF4F. Nucl. Acid Res. 30, 3401-3411.

Gillespie, T., Boevink, P., Haupt, S., Roberts, A. G., Toth, R., Valentine, T., Chapman, S., Oparka, K. J. (2002) Functional analysis of a DNA-shuffled movement protein reveals that microtubules are dispensable for the cell-to-cell movement of *Tobacco mosaic virus*. Plant Cell 14, 1207-1222.

Golem, S., Culver, J. N. (2003) *Tobacco mosaic virus* induced alterations in the gene expression profile of *Arabidopsis thaliana*. Mol. Plant-Microbe Interact. 16, 681-688.

Goregaoker, S. P., Culver, J. N. (2003) Origomerization and activity of the hericase domain of the tobacco mosaic virus 126-and 183-kilodalton replicase proteins. J. Virol. 77, 3549-3556.

萩原優香・石川雅之(2004)植物ウイルスの複製．島本功・渡辺雄一郎・柘植尚志編，新版分子レベルからみた植物の耐病性．秀潤社．pp. 156-162．

Heinlein, M., Epel, B. L., Padgett, H. S., Beachy, R. N. (1995) Interaction of tobamovirus movement proteins with the plant cytoskeleton. Science 270, 1983-1985.

日比忠明(2004)植物ウイルス．山崎耕宇・久保祐雄・西尾敏彦・石原邦監修，新編農学大事典．養賢堂．pp. 367-375．

Hirashima, K., Watanabe, Y. (2001) Tobamovirus replicase coding region is involved in cell-to-cell movement. J. Virol. 75, 8831-8826.

Hirashima, K., Watanabe, Y. (2003) RNA helicase domain of tobamovirus replicase executes cell-to-cell movement possibly through collaboration with its nonconserved region. J. Virol. 77, 12357-12362.

Iglesias, V. A., Meins, F. (2000) Movement of plant viruses is delayed in a β-1,3-glucanase-deficient mutants showing a reduced plasmodesmatal size exclusion limit and enhanced callose deposition. Plant J. 21, 157-166.

Kawakami, S., Padgett, H. S., Hosokawa, D., Okada, Y., Beachy, R. N., Watanabe, Y. (1999) Phosphorylation and/or presence of serine 37 in the movement protein of tomato mosaic tobamovirus is essential for intracellular localization and stability in vivo. J. Virol. 73, 6831-6840.

Kawakami, S., Watanabe, Y. (1997) Use of green fluorescent protein as a molecular tag of protein movement *in vivo*. Plant Biotechnol. 14, 127-130.

Kawakami, S., Watanabe, Y., Beachy, R. N. (2004) Tobacco mosaic virus infection spreads cell to cell as intact replication complexes. Proc. Natl. Acad. Sci. USA 101, 6291-6296.

Konagaya, K., Matsusita, Y., Kasahara, M., Nyunoya, H. (2004) Members of 14-3-3 protein isoforms interacting with the resistance gene product N and the elicitor of *Tobacco mosaic virus*. J. Gen. Plant Pathol. 70, 221-231.

Kragler, F., Curin, M., Truntnyeva, K., Gansch, A., Waigmann, E. (2003) MPB2C, a microtubule-associated plant protein binds to and interferes with cell-to-cell transport of tobacco mosaic virus movement protein. Plant Physiol. 132, 1870-1883.

Kubota, K., Tsuda, S., Tamai, A., Meshi, T. (2003) Tomato mosaic virus replication protein suppresses virus-targeted posttranscriptional gene silencing. J. Virol. 77, 11016-11026.

Lazarowitz, S. G., Beachy, R. N. (1999) Viral movement proteins as probes for intracellular and intercellular trafficking in plants. Plant Cell 11, 535-548.

Lee, J.-Y., Yoo, B.-C., Rojas, M. R., Gomez-Ospina, N., Staehelin, L. A., Lucas, W. J. (2003) Selective trafficking of non-cell-autonomous proteins mediated by NtNCAPP1. Science 299, 392-396.

Li, Y., Wu, M. Y., Song, H, H., Hu, X., Qiu, B. S. (2005) Identification of tobacco protein interacting with tomato mosaic virus coat protein and facilitating long-distance movement of virus. Arch. Virol. 150, 1993-2008.

Liu, J.-Z., Blancaflor, E. B., Nelson, R. S. (2005) The tobacco mosaic virus 126-kilodalton protein, a constituent of the virus replication complex, alone or within the complex aligns with and traffics along microfilaments. Plant Physiol. 138, 1853-1865.

Mas, P., Beachy, R. N. (1999) Replication of tobacco mosaic virus on endoplasmic reticulum and role of the cytoskeleton and virus movement protein in intracellular distribution of viral RNA. J. Cell Biol. 147, 945–958.

Matsushita, Y., Deguchi, M., Youda, M., Nishiguchi, M., Nyunoya, H. (2001) The tomato mosaic tobamovirus movement protein interacts with a putative transcriptional coactivator KELP. Mol. Cells 12, 57–66.

Matsushita, Y., Hanazawa, K., Yoshioka, K., Oguchi, T., Kawakami, S., Watanabe, Y., Nishiguchi, M., Nyunoya, H. (2000) *In vitro* phosphorylation of the movement protein of tomato mosaic tobamovirus by a cellular kinase. J. Gen. Virol. 81, 2095–2102.

Matsushita, Y., Miyakawa, O., Deguchi, M., Nishiguchi, M., Nyunoya, H. (2002) Cloning of tobacco cDNA coding for a putative transcriptional coactivator MBF1 that interacts with the tomato mosaic virus movement protein. J. Exp. Bot. 1531–1532.

Matsushita, Y., Ohshima, M., Yoshioka, K., Nishiguchi, M., Nyunoya, H. (2003) The catalytic subunit of protein kinase CK2 phosphorylates *in vitro* the movement protein of *Tomato mosaic virus*. J. Gen. Virol. 84, 497–505.

McLean, B. G., Zupan, J., Zambryski, P. C. (1995) Tobacco mosaic virus movement protein associates with the cytoskeleton in tobacco cells. Plant Cell 7, 2101–2114.

Moissiard, G., Voinnet, O. (2004) Viral suppression of RNA silencing in plants. Mol. Plant Pathol. 5, 71–82.

Nelson, R. S., Citovsky, V. (2005) Plant viruses. Invaders of cells and pirates of cellular pathways. Plant Physiol. 138, 1809–1814.

岡田吉美(2004)タバコモザイクウイルス研究の 100 年. 東京大学出版会.

Ooshika, I., Watanabe, Y., Meshi, T., Okada, Y., Igano, K., Inouye, K., Yoshida, N. (1984) Identification of the 30K protein of TMV by immunoprecipitation with antibodies directed against a synthetic peptide. Virology 132, 71–78.

Oparka, K. J. (2004) Getting the message across: how do plant cells exchange macromolecular complexes? Trends Plant Sci. 9, 33–41.

Osman, T. A. M., Buck, K. W. (1997) The tobacco mosaic virus RNA polymerase complex contains a plant protein related to the RNA-binding subunit of yeast eIF-3. J. Virol. 71, 6075–6082.

Osman, T. A., Buck, K. W. (2003) Identification of a region of the tobacco mosaic virus 126- and 183-kilodalton replication proteins which binds specifically to the viral 3′-terminal tRNA-like structure. J. Virol. 77, 8669–8675.

Padgett, H. S., Epel, B. L., Kahn, T. W., Heinlein, M., Watanabe, Y., Beachy, R. N. (1996) Distribution of tobamovirus movement protein in infected cells and implications for cell-to-cell spread of infection. Plant J. 10, 1079–1088.

Padmanabhan, M. S., Goregaoker, S. P., Golem, S., Shiferaw, H., Culver, J. N. (2005) Interaction of the tobacco mosaic virus replicase protein with the Aux/IAA protein PAP1/IAA26 is associated with disease development. J. Virol. 79, 2549–2558.

Reichel, C., Beachy, R. N. (2000) Degaradation of tobacco mosaic virus movement protein by the 26S proteasome. J. Virol. 74, 3330–3337.

Rhee, Y., Tzfira, T., Chen, M.-H., Waigmann, E., Citovsky, V. (2000) Cell-to-cell movement of tobacco mosaic virus: enigmas and explanations. Mol. Plant Pathol. 1, 33–39.

Saito, T., Yamanaka, K., Okada, Y. (1990) Long-distance movement and viral assembly of tobacco mosaic virus mutants. Virology 176, 329–336.

Scholthof, K.-B. G. (2004) Tobacco mosaic virus: a model system for plant biology. Annu. Rev. Phytopathol. 42, 13–34.

Shimizu, T., Yamaji, Y., Ogasawara, Y., Hamada, K., Sakurai, K., Kobayashi, T., Watanabe, T., Hibi, T. (2004) Interaction between the helicase domain of the *Tobacco mosaic virus* replicase and a tobacco arginine decarboxylase. J. Gen. Plant Pathol. 70, 353–358.

Taylor, D. N., Carr, J. P. (2000) The GCD10 subunit of yeast eIF-3 binds the methyltransferase-like domain of the 126 and 183 kDa replicase proteins of tobacco mosaic virus in the yeast two-hybrid system. J. Gen. Virol. 81, 1587–1591.

Tomenius, K., Clapha, D., Meshi, T. (1987) Localization by immunogold cytochemistry of the virus-coded 30K protein in plasmodesmata of leaves infected with tobacco mosaic virus. Virology 160, 363–371.

Truntnyeva, K., Bachmaier, R., Waigmann, E. (2005) Mimicking carboxyterminal phosphorylation differentially effects subcellular distribution and cell-to-cell movement of *Tobacco mosaic virus* movement protein. Virology 332, 563–577.

Tsujimoto, Y., Namaga, T., Ohshima, K., Yano, M., Ohsawa, R., Goto, D. B., Naito, S., Ishikawa, M. (2003) *Arabidopsis TOBAMOVIRUS MULTIPLICATION (TOM) 2* locus encodes a transmembrane protein that interacts with TOM1. EMBO J. 22, 335–343.

Ueki, S., Citovsky, V. (2002) The systemic movement of a tobamovirus is inhibited by a cadmium-ion-induced glycine-rich protein. Nature Cell Biol. 4, 478–486.

Waigmann, E., Chen, M.-H., Bachmaier, R., Ghoshroy, S., Citovsky, V. (2000) Regulation of plasmodesmal transport by phosphorylation of tobacco mosaic virus cell-to-cell movement protein. EMBO J. 19, 4875–4884.

渡辺貴斗・日比忠明(2000)植物プラス１本鎖 RNA ウイルスの RNA 複製酵素. ウイルス 50, 103–118.

Watanabe, T., Honda, A., Iwata, A., Ueda, S., Hibi, T., Ishihama, A. (1999) Isolation from tobacco mosaic virus-infected tobacco of a solubilized templatespecific RNA-dependent RNA polymerase containing a 126K/183K protein heterodimer. J. Virol. 73, 2633-2640.

渡辺雄一郎(1997)タバコモザイクウイルス．畑中正一編，ウイルス学．朝倉書店．pp. 416-426.

渡辺雄一郎(2004)ウイルスの細胞間移行．島本功・渡辺雄一郎・柘植尚志編，新版 分子レベルからみた植物の耐病性．秀潤社．pp. 163-171.

Watanabe, Y., Emori, Y., Ooshika, I., Meshi, T., Ohno, T., Okada, Y. (1984) Synthesis of TMV-specific RNAs and proteins at the early stage of infection in tobacco protoplasts: Transient expression of the 30K protein and its mRNA. Virology 133, 18-24.

Waterhouse, P. M., Wang, M.-B., Lough, T. (2001) Gene silencing as an adaptive defence against viruses. Nature 411, 834-842.

Wells, D. R., Tanguay, R. L., Le, H., Gallie, D. R. (1998) HSP101 functions as a specific translational regulatory protein whose activity is regulated by nutrient status. Genes Dev. 12, 3236-3251.

Wolf, S., Deom, C. M., Beachy, R. N., Lucas, W. J. (1989) Movement protein of tobacco mosaic virus modifies plasmodesmatal size exclusion limit. Science 246, 377-379.

Yamaji, Y., Kobayashi, T., Hamada, K., Sakurai, K., Yoshii, A., Suzuki, M., Namba, S., Hibi, T. (2006) *In vivo* interaction between *Tobacco mosaic virus* RNA-dependent RNA polymerase and host translational elongation factor 1A. Virology 347, 100-108.

Yamanaka, T., Imai, T., Satoh, R., Kawashima, A., Takahashi, M., Tomita, K., Kubota, K., Meshi, T., Naito, S., Ishikawa, M. (2002) Complete inhibition of tobamovirus multiplication by simultaneous mutations in two homologous host genes. J. Virol. 76, 2491-2497.

Yamanaka, T., Ohta, T., Takahashi, M., Meshi, T., Schmidt, R., Dean, C., Naito, S., Ishikawa, M. (2000) *TOM1*, an *Arabidopsis* gene required for efficient multiplication of a tobamovirus, encodes a putative transmembrane protein. Proc. Natl. Acad. Sci. USA 97, 10107-10112.

Yoshioka, K., Matsusita, Y., Kasahara, M., Konagaya, K., Nyunoya, H. (2004) Interaction of *Tomato mosaic virus* movement protein with tobacco RIO kinase. Mol. Cells 17, 223-229.

Zeenko, V. V., Ryabova, L. A., Spirin, A. S., Rothnie, H. M., Hess, D., Browning, K. S., Hohn, T. (2002) Eukaryotic elongation factor 1A interacts with the upstream pseudoknot domain in the 3′ untranslated region of tobacco mosaic virus RNA. J. Virol. 76, 5678-5691.

第8章 ウイルスのジーンサイレンシング抑制

1. ダイアンソウイルスのRNAサイレンシング抑制機構

1-1. はじめに

ウイルスはバクテリアや菌類などの微生物とともに，植物にとって恐ろしい病原体の一つである。ウイルスはRNAあるいはDNAをゲノムとしてもち，生きた細胞でしか増殖できない絶対寄生体である。従ってウイルスの増殖は，100%宿主の代謝機能に依存している。その際，ウイルスは，宿主因子を巧みに利用しタンパク質翻訳，ゲノム複製，細胞から細胞への移行を行い，感染を成立させる。このようなウイルスの攻撃に対して，植物は様々な抵抗性機構をもっている。そのうち最も基本的な抵抗性機構の一つが，ウイルスゲノムRNA分解するRNAサイレンシングである。一方，ウイルスは効率よく宿主に感染するために，RNAサイレンシングに対抗する様々な戦略を用いていることが近年明らかになってきた。本節では，*Red clover necrotic mosaic virus*（RCNMV）のRNAサイレンシング抑制機構とRNA複製機構研究を通して得られた新たな知見を基に，ウイルスがいかに巧みにRNAサイレンシングを抑制し，自らのRNAを複製するかについて一つのモデルを提示したい。

1-2. RNAサイレンシングとは

植物は，ウイルスや導入遺伝子のmRNAなどの異質なRNAを切断してしまう機構をもっている。この機構は，最初，遺伝子を導入した形質転換植物で導入遺伝子のmRNAが特異的に細胞質で分解される転写後型遺伝子抑制機構（post-transcriptional gene silencing: PTGS）として発見された（Napoli et al., 1990; van der Krol et al., 1990）。その後，同様の機構がアカパンカビや線虫でそれぞれQuelling，RNA interference（RNAi）として発見され，PTGSは，動物から植物に至る多くの真核生物に共通して存在する配列特異的なRNA分解による転写後遺伝子発現抑制機構であることが明らかになった。今日，PTGSは，「RNAサイレンシング」あるいは「RNAi」と総称される。ここではRNAiと呼ぶことにする。RNAiでは，約21-31塩基の小さなRNAが重要な役割を担う。これらの小さなRNAは，ウイルスやトランスポゾンなどの分子パラサイト制御などにおいて重要な働きをするshort interfering RNA（siRNA）と発生・分化制御で重要な働きをする内在性のmicroRNA（miRNA）に大別でき，いずれもDicerあるいはDicer様（DCL）と呼ばれるRNaseIII様dsRNA分解酵素がdsRNAあるいはヘアピン構造RNAを切断することにより生じる（Bartel, 2004; Bernstein et al., 2001; Xie et al., 2004）。これら小さなRNAによる標的RNAの特異的な分解，あるいは翻訳抑制には，Argonaute（AGO）familyタンパク質を含むRNA-induced silencing complex（RISC）が関与する。二本鎖RNAと前駆体miRNA（pre-miRNA）のそれぞれから生じたsiRNAと成熟miRNAはRISCに取り込まれる。RISCは，AGOタンパク質を介して取り込んだ

siRNAと相補的配列の中央で標的RNAを切断，あるいは標的mRNAの3′-非翻訳領域(UTR)に結合して翻訳を阻害する(Bartel, 2004; Meister et al., 2004; Meister and Tuschl, 2004)。RNAiとmiRNAに介在されるRNAi経路の概略を図8-1-1に示す。

RNAiはdsRNAによって効率よく誘導されるため，RNAをゲノムとしてもつウイルスは，その複製過程で必然的に生じる二本鎖RNAによりRNAiを誘導してしまう。実際，ウイルスに感染した植物では，ウイルスRNAの分解産物と思われる21-24塩基のsiRNAが検出され，RNAiを起こすことができなくなったシロイヌナズナの変異体は，ウイルスに感染し，病気になりやすい(Xie et al., 2004)。すなわち，RNAiはウイルスに対する植物の防御機構の一つと考えられる。一方，RNAiに対抗する手段として，多くのウイルスはRNAiを抑制するサプレッサータンパク質をコードしている(Silhavy and Burgyan, 2004)。これらのタンパク質はウイルスの病原性と病徴発現に深く関与している。

1-3. RCNMVのゲノム構造

RCNMVのRNAi抑制機構は，後に述べるように，ウイルスのRNA複製機構と密接に関連しているため，最初にRCNMVのゲノム構造とRNA複製機構について少し詳しく述べる。RCNMVは，トムブスウイルス科ダイアンソウイルス属に含まれ，主にマメ科植物に病原性を示す球形RNAウイルスである。ダイアンソウイルス属のウイルスは二分節の一本鎖プラスセンスRNAをゲノムとしてもち(Gould et al., 1981; Okuno

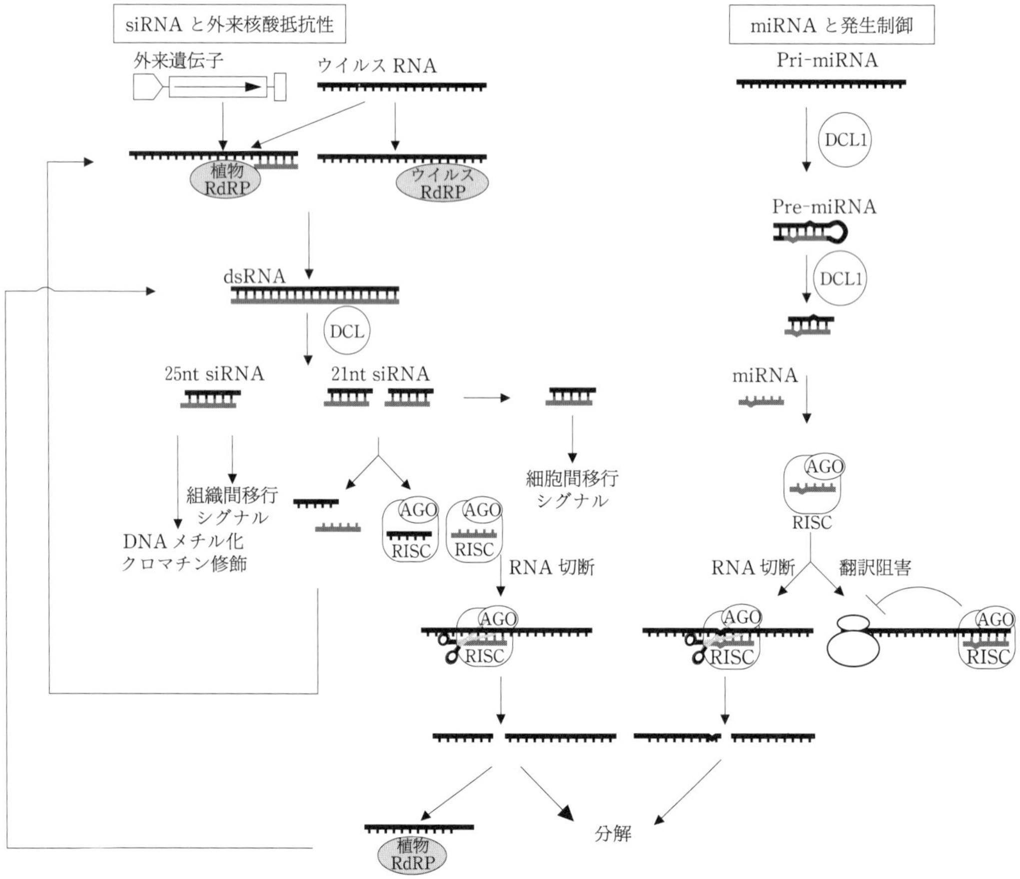

図8-1-1　植物でのRNAi経路の模式図(詳細は本文参照)

et al., 1983)，分節ゲノム構造をとらないトムブスウイルス科属の他のウイルスと大きく異なる。RCNMVのゲノム構造を図8-1-2に示す。RNA1(約3.9 kb)とRNA2(約1.5 kb)の5′末端にはキャップ構造が存在しない(Mizumoto et al., 2003)。また，いずれのRNAも3′末端にpoly-A配列をもたず(Lommel et al., 1988; Mizumoto, et al., 2002)，その末端構造は真核細胞のmRNAと異なる。RNA1の5′-UTRと3′-UTRに推定されるいくつかのステムループ(SL)構造は，タンパク質翻訳とRNA複製において重要な*cis*-acting因子(シス因子)として働く(Mizumoto et al., 2003; Sit et al., 1998)。RNA2のタンパク質コード領域(ORF)内に推定されるSL構造の一つSL2と3′-末端に最も近いSL構造はRNA2の複製に必須のシス因子である(Tatsuta et al., 2005; Turner and Buck, 1999)。RNA1 3′-末端の同様のSL構造は，RCNMVの感染性とゲノムRNA複製における温度感受性を決定する因子であることから，RNA1複製での重要なシス因子であると考えられる(Mizumoto et al., 2002)。

RNA1は，RNA複製に必要なp27とp88，およびサブゲノムRNAを介して翻訳される外被タンパク質(CP)をコードしている(Xiong et al., 1993b)。RNA2は，細胞間移行に関与する移行タンパク質(MP)をコードしている(Xiong et al., 1993a)。MP ORF内には，RNA1と相互作用しCPサブゲノムRNAの転写に必須のSL構造が存在する(Sit et al., 1998; Tatsuta et al., 2005)。このSL構造は，先に述べたRNA2複製のシス因子として働くSL2である。

このようにRCNMVゲノムRNAは，RNA複製，細胞間移行，粒子形成に最小限必要な少なくとも4種のタンパク質をコードしており，これらのタンパク質の発現はRNAとタンパク質，およびRNAとRNAの相互作用により巧妙に制御されている。

1-4. RNAi抑制活性のアッセイ系

RNAiの抑制活性を調べるにはまずRNAiを起こす系が必要である。ここではアグロバクテリウムを介してgreen fluorescent protein(GFP) mRNAを発現させ，GFPの蛍光を指標にRNAi誘導を容易に判定できる系(Takeda et al., 2002;

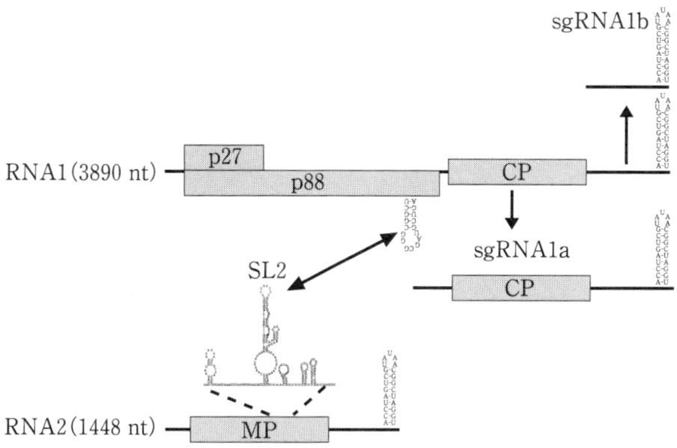

図8-1-2 *Red clover necrotic mosaic virus*のゲノム構造。RNA1とRNA2の5′末端にはキャップ構造が，3′末端にはpoly-A配列が存在しない。RNA1は複製酵素成分と考えられるp27とそのフレームシフト産物であるp88，および外被タンパク質(CP)をコードしている。CPはRNA1から転写されるサブゲノムRNA(sgRNA1a)を介して翻訳される。RNA1からは，さらに3′非翻訳領域(UTR)に相当するsgRNA1bが生じる。RNA1とRNA2の3′末端に推定されるステムループ(SL)構造は，RNA複製において重要なシス因子として働く。RNA2のタンパク質コード領域(ORF)内に推定されるSL構造の一つSL2はRNA2の複製に必須のシス因子であり，また，SL2とRNA1の分子間相互作用(矢印)はsgRNA1aの転写に必須である。

Voinnet et al., 2000)を用いた(図8-1-3)。RCNMVのRNAi抑制活性を本アッセイ系で調べた結果，RCNMV RNA1がRNAi抑制活性をもつこと，RNA2にはRNAi抑制活性はないが，RNA1の活性を増大させる効果があることがわかった(図8-1-4)。

1-5. RCNMVのRNAi抑制因子

RCNMV RNA1がコードする複製酵素成分p27，p88およびCPと*in vitro*翻訳系で翻訳されるp88フレームシフト部位下流のp57(Xiong and Lommel, 1989)を単独で，あるいはp27，p88，CPを同時に発現させてもRNAiは抑制されなかった(図8-1-5A)。本結果からRNA1がコードする既知のタンパク質にはRNAi抑制活性がないことが示唆された。

1-6. RNAi抑制活性とRNA複製活性のリンク

これまでに報告されたウイルスのRNAiサプレッサーはタンパク質であるが，アデノウイルスの場合はVA1 non-coding RNAがRNAi抑制に関与する(Lu and Cullen, 2004)。そこでRNA1上に未知のタンパク質の翻訳領域が存在する可能性とRNA配列そのものが関与する可能性も考慮して様々なRNA1変異体を作成し，RNAi抑制活性を解析した。CP遺伝子を完全に欠失したRC1CPADはRNA1と同様に複製し，RNAiを抑制した。しかし，p27だけを完全長RNA1から発現するRC1p27，および，p88だけを完全長RNA1から発現するRC1p88にはRNAi抑制活性が認められなかった。また，興味深いことにRC1p27＋RC1p88＋RNA2の接種ではRNA2は複製されRNAiが抑制されたが，RC1p27＋RC1p88の接種では変異体RNA1自身はほとんど複製されず，RNAiも抑制されなかった。すなわち，RC1p27＋RC1p88から翻訳されるp27とp88は，RNA2に対しては複製のトランス因子として働くが，RNA1自身に対してはトランス因子として機能しないことが示唆された。また，sgRNA1bを発現できないRNA1もRNAiを抑

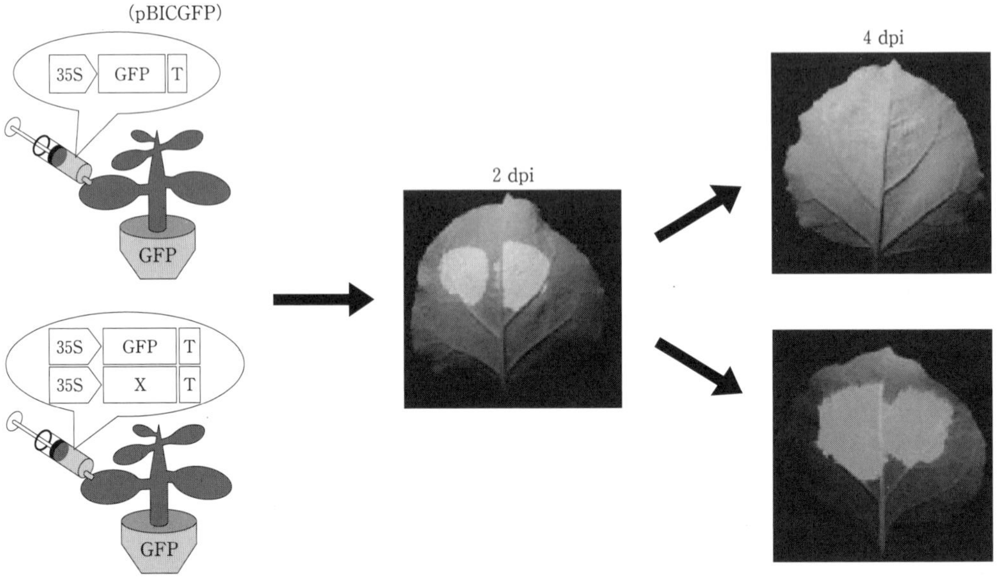

図8-1-3　アグロバクテリウム接種によるRNAi誘導とRNAi抑制アッセイ系。35SプロモーターからGFP mRNAを発現するバイナリーベクタープラスミドをもつアグロバクテリウムをGFP発現形質転換*Nicotiana benthamiana*(Nb16c)に注入接種する(左上)。注入部分ではアグロバクテリウムの感染が起こり，GFP遺伝子から大量のGFP mRNAが転写される。その結果，接種2日後にはGFPの強い緑色蛍光が紫外線照射で観察される(中央)。その後，RNAi誘導に伴いその蛍光は接種4〜6日後には消失する(右上)。その際，検定因子(X)を同時に発現させ，XがRNAi抑制活性をもつ場合，蛍光は持続して観察される(右下)。口絵5参照。

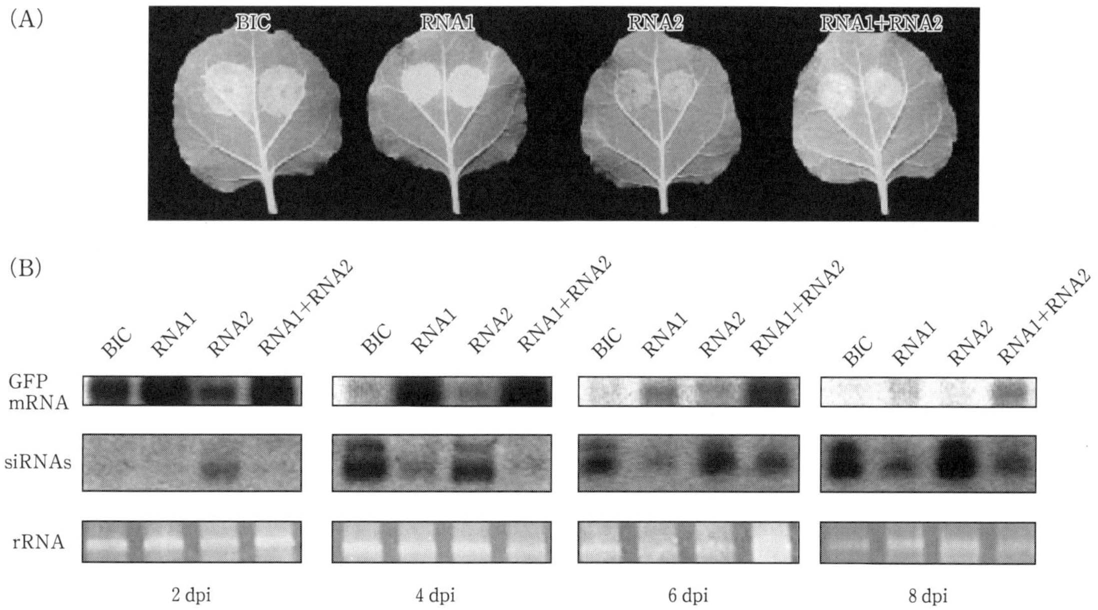

図8-1-4　GFPを発現する*Nicotiana benthamiana*(Nb16c)にアグロバクテリウムを介してさらにGFP mRNAを発現させる。その際，RCNMV　RNA1，RNA2，あるいは両方を同時にアグロバクテリウムを介して発現させた。(A) RNA1あるいは両RNAを同時に接種すると，接種4日後においても強いGFP蛍光が観察された。一方，コントロール株BICとRNA2を発現させた場合にはGFP蛍光は観察されなかった。(B)接種2，4，6，8日後のGFP mRNAとsiRNAの蓄積量。蛍光観察の結果は，GFP mRNAの蓄積量と対応した。一方，GFP mRNAとGFP mRNA由来siRNAの蓄積量との間は，逆の相関関係にあった。すなわち，GFP蛍光の強い接種区ではGFP mRNAの蓄積量が多く，GFP mRNA由来siRNAの蓄積量は減少していた。口絵6参照。

制しなかった。これらの結果から，RNA1に由来する未知のタンパク質とRNA配列自身にはRNAi抑制活性がないこと，そしてRNAi抑制活性はRNA1の複製とリンクしていることが示唆された。そこで，RNA複製とRNAi抑制活性のリンクをさらに確かめるために，p27＋p88＋RNA2でのRNA2の複製とRNAi抑制活性を調べたところ，RNA2は複製され，RNAiは抑制された(図8-1-5B，C)。このことから，p27，p88とRNA複製能をもつRNAの存在がRNAi抑制には必要であることがわかった。

1-7. RNAi抑制に関わるRNA複製過程

プラスセンスRNAをゲノムとしてもつウイルスのRNA複製は，ゲノムRNAを鋳型としたマイナスセンスRNAの合成とそれに続いてマイナスセンスRNAを鋳型としたゲノムRNAの合成からなる。多くのウイルスと同様，RCNMV RNA2の3′-UTRはマイナスセンスRNA合成の開始において必須のシス因子として機能し，また，5′-UTRはプラスセンスRNAの合成において重要な役割をもつ(Turner and Buck, 1999)。そこで，3′-UTRと5′-UTRにそれぞれ変異をもつRNA2変異体(RC2-3DとRC2-5D)をp27とp88とともに発現させ，いずれのRNA合成過程がRNAi抑制に関わるかを調べた。その結果，RNAi抑制には－鎖合成活性が必要であり，必ずしも＋鎖合成を伴うRNA複製は必要でないことが示された(図8-1-6)。このことはさらにp27とp88がRCNMV RNAの3′-UTRと相互作用し，RNA複製複合体を形成することがRNAi抑制における重要な要因の一つであることを示唆する。RNA複製複合体形成とRNAi抑制活性の関係については後で述べる。

1-8. RCNMVはヘアピンdsRNAからのsiRNAの蓄積を阻害する

ここではこれまでGFP mRNAで誘導される

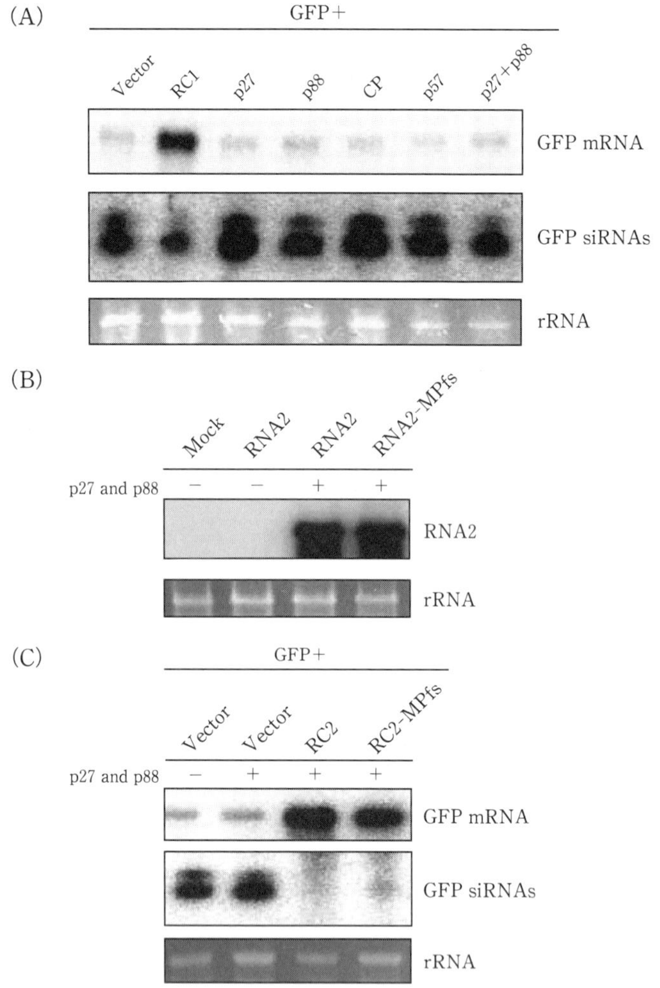

図8-1-5　RNA1がコードするタンパク質のRNAi抑制活性とp27とp88をRNA2とともに接種した時のRNA2の複製とRNAi抑制活性(Takeda et al., 2005, Fig. 3, 4 [p. 3150, 3151])。(A)p27，p88，CPとp57をそれぞれ単独で，あるいはp27+p88+CPを混合して発現させた時のGFP mRNAとsiRNAの接種4日後の蓄積量。RC1はRNA1を発現する。p57は，p88におけるp27のリードスルー領域のタンパク質を発現する。(B)p27とp88を発現するプラスミドをRNA2とともにササゲプロトプラストに接種した時の接種24時間後のRNA2の蓄積。RNA2-MPfsはMP ORFの開始コドンに変異を導入し，MPを発現しないRNA2の変異体。(C)p27+p88とともに複製できるRNA2を発現させた時の接種4日後のGFP mRNAとsiRNAの蓄積量。RC2とRC2-MPfsはそれぞれRNA2とRNA2-MPfsを発現する。

RNAiに対するRCNMVの抑制活性について述べてきた。一本鎖RNAで誘導されるRNAiの経路は，図8-1-1で示すように，宿主のRNA依存RNA合成酵素(RdRP)による二本鎖RNA合成が重要な経路の一つとなる。そこで，ヘアピン構造をとる二本鎖GFP mRNAで誘導されるRNAiをRCNMVが抑制するかを調べたところ，RCNMVは，RNAiの指標の一つであるsiRNA，特に25ntのsiRNAの蓄積を阻害した(図8-1-7)。この結果から，RCNMVは少なくともDCLが関わっている二本鎖RNAの切断過程を阻害することが示唆された。

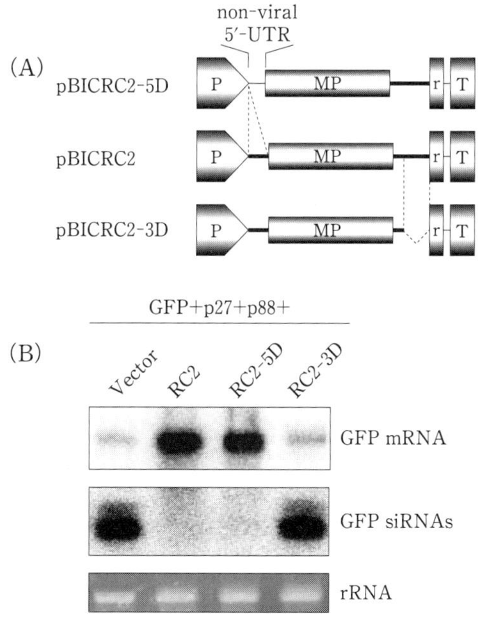

図8-1-6　3′-UTRあるいは5′-UTRに変異をもつ体RNA2をそれぞれp27とp88とともに発現させた時のRNAi抑制活性(Takeda et al., 2005, Fig. 5 [p. 3152])。(A)変異RNA2を発現するプラスミドの略図。RC2-5D：＋鎖合成に必要なRNA2の5′-UTRをベクター由来の配列で置換したRNA2を発現。RC2-3D：－鎖合成に必要な3′-UTRの末端に存在するステムループ構造(図8-1-2参照)を欠失したRNA2を発現。(B)接種4日後のGFP mRNAとsiRNAの蓄積量。RC2-5D＋p27＋p88では野生型RNA2と同様のGFP mRNAの蓄積が認められたが，RC2-3D＋p27＋p88ではGFP mRNAはコントロールベクター接種と同様に分解され，siRNAが蓄積した。

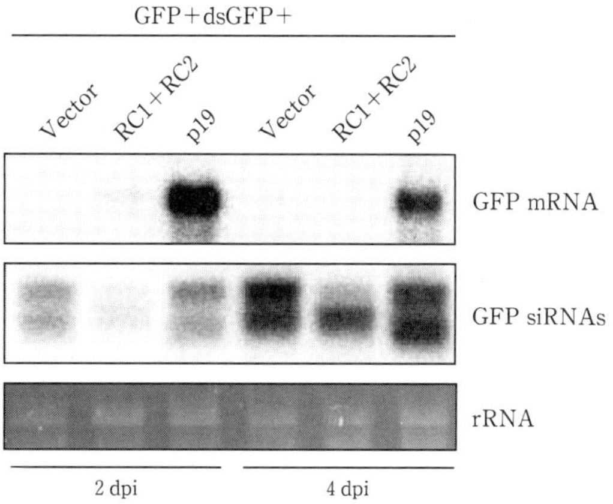

図8-1-7　dsRNAで誘導されるRNAiに対するRCNMV感染の影響(Takeda et al., 2005, Fig. 6 [p. 5153])。接種2日と4日後のGFP mRNAとsiRNAの蓄積量を調べた。dsGFPは，GFP mRNA配列がヘアピンdsRNA構造をとるようなRNAを発現する。本アッセイ系では，正常なGFP mRNAをさらに同時に発現させ，それらにより誘導されるRNAiに対する効果をみることになる。p19は，*Tomato bushy stunt virus*のコードするRNAiサプレッサーである。p19はsiRNAに結合し，siRNAのRISCへの取り込みを阻害してRNAiを抑制することが知られている。そのことはsiRNAの蓄積量がp19の接種区で多いのにもかかわらず，GFP mRNAの蓄積がみられること，すなわちGFP mRNAのRNAiによる分解が抑制されていることからわかる。本アッセイでRCNMVは，GFP mRNAの分解を抑制できなかった。しかし，siRNAの蓄積量はベクターコントロールに比べ大きく減少した。このことはRCNMVがdsRNAからのsiRNAの生成過程を阻害することを示唆している。

1-9. シロイヌナズナDCL変異体のRCNMV感染に対する感受性

シロイヌナズナでは4種の*DCL*遺伝子(*DCL1*, *DCL2*, *DCL3*, *DCL4*)が存在する。*DCL1*, *DCL2*, および*DCL3*は，それぞれmiRNAの生成，ウイルスのsiRNAの生成，および，内在性siRNAの生成に関わっている(Kurihara and Watanabe, 2004; Xie et al., 2004)。*DCL4*は内在性の*trans*-acting siRNA(ta-siRNA)の生成に関わる(Allen et al., 2005; Vaucheret, 2006)。RCNMVの作用点の一つとしてDCLの関わる経路が示唆されたことから，RNAi抑制活性にリンクするRCNMVのRNA複製においてDCLsがどのように関わっているかを*DCL1*, *DCL2*, *DCL3*変異体を用いて調べた。その結果，*DCL1*変異体(*dcl1-9*/*dcl1-9*)はRCNMV感染に対して感受性が低いことがわかった(図8-1-8)。RNAiはウイルスに対する防御機構である。実際，RNAi関連遺伝子に変異をもつシロイヌナズナ変異体*sgs2*あるいは*sde3*(Dalmay et al., 2000; Mourrain et al., 2000)と*dcl2*(Xie et al., 2004)では，それぞれ*Cucumber mosaic virus*と*Turnip crinkle viru*の感染は助長される。ここで得られたRCNMVの結果は，これまでの現象と異なり，RCNMVは感染に必要な因子としてDCL1を利用している可能性を示唆する。今後さらに，*DCL4*およびmiRNA生成関連遺伝子変異体シロイヌナズナのRCNMV感染に対する感受性を調べる必要

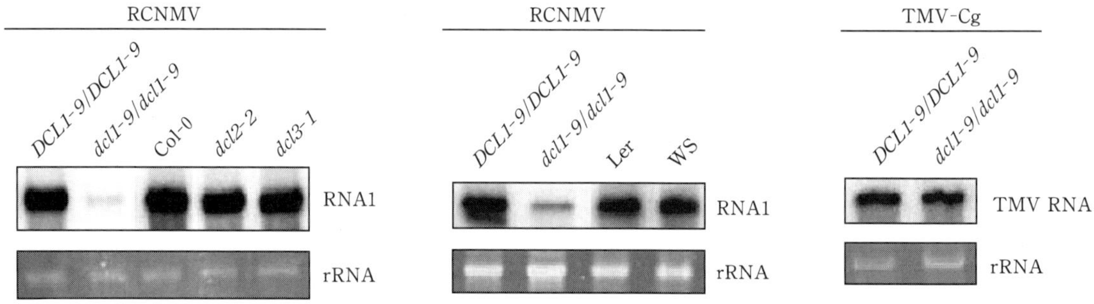

図8-1-8　DCL変異シロイヌナズナのRCNMVとTMVに対する感受性(Takeda et al., 2005, Fig. 7 [p. 3153])。RCNMVとTMV-Cgを*DCL1*，*DCL2*，*DCL3*変異体(*dcl1-9*，*dcl2*と*dcl3*)と変異体の作成に用いられたエコタイプを野生株(Col，LerとWS)に接種し，接種葉でのウイルスRNAの蓄積量を4日後に調べた。*dcl1-9*をホモにもつ変異体は不稔であるため，*dcl1-9*/*dcl1-9*と*DCL1-9*/*DCL1-9*の遺伝子型は，変異部位を検定できる特異的プライマー用いたゲノムDNAのPCR検定(Kurihara and Watanabe, 2004)により決定した。

がある。

1-10. miRNA生成に及ぼす影響

DCL1は，miRNAの生成に関わる(Reinhart et al., 2002; Xie et al., 2004)。そこで，RCNMVがmiRNAの生成を阻害するかどうかを調べた。miRNA(18-25nt)はmiRNAの配列を含むprimary転写産物であるpri-miRNAからmiRNAのprecursorであるpre-miRNA，続いてpre-miRNAからmiRNAへのプロセッシングを経て生成される(Kurihara and Watanabe, 2004; Lee et al., 2002)。miR171の前駆体であるmiR171precから生じるmiR171の生成に及ぼすRCNMV接種の影響を調べたところ，RCNMV接種区ではmiR171の蓄積量が減少した。このことから，RCNMVはpre-miRNAからmiRNAへのプロセッシングを抑制することがわかった。

1-11. RCNMVのRNAi抑制機構とRNA複製機構の関係

既報のウイルスサプレッサーのRNAi抑制機構は，多様である。*Tomato bushy stunt virus*のp19は，dsRNAのsiRNAに結合し，siRNAのRISCへの取り込みとRISC形成を阻害する(Lakatos et al., 2004)。ポティーウイルスのP1/HC-Proは，Dicerを介した長いdsRNAの切断とRISCを介したmRNAの分解経路を阻害する(Chapman et al., 1998; Dunoyer et al., 2004)。ポテックスウイルスのp25とククモウイルスの2bは，いずれもRNAiシグナルの長距離移行を阻害する(Guo and Ding, 2002; Voinnet et al., 2000)。

ここで述べた結果からRCNMVのRNAi抑制活性とRNA複製活性のリンクを説明する一つのモデルが考えられる。プラスセンスRNAウイルスのゲノムRNA合成では，ウイルス因子に加え植物因子が重要な働きをする(Ahlquist et al., 2003)。RCNMVと植物がRNA複製とRNAiでそれぞれ共通の因子を利用すると仮定すると，RCNMVのRNA複製複合体形成はRNAiを抑制すると考えられる。RCNMVのp27とp88には多くのRNAウイルスの複製酵素タンパク質でみられる真核生物のヘリカーゼドメインが存在しない(Koonin and Dolja, 1993)。従ってRCNMVは，RNA複製の宿主因子としてヘリカーゼドメインをもつタンパク質をリクルートする必要があることが強く示唆される。RCNMVは*dcl1*変異体で効率よく増殖できなかったことから，RCNMVはDCL1を必要とすると考えられる。図8-1-9に示すモデルでは，RCNMVは複製酵素成分としてヘリカーゼドメインをもつDCL1を用いる。DCL1をリクルートすることでヘリカーゼ機能をもつRNA複製酵素が形成され，RNAi活性が抑制されるのかもしれない。

1-12. おわりに

ヘリカーゼ活性あるいはそのドメインをもつ多

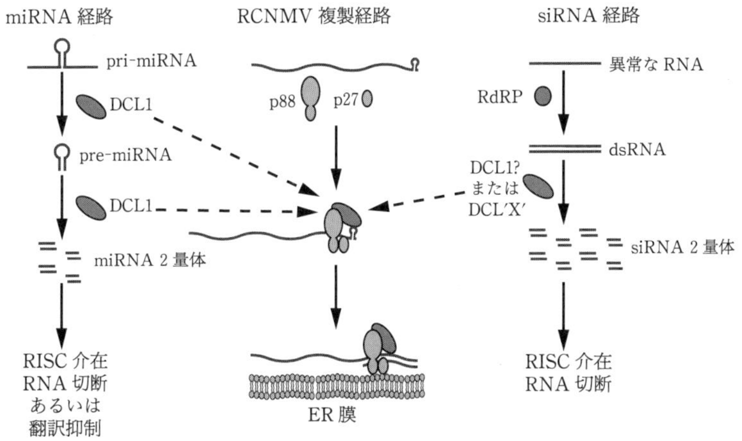

図 8-1-9　RCNMV による RNAi 抑制のモデル(Takeda et al., 2005, Fig. 9 [p. 3156])。RCNMV の p27 と p88 には多くの RNA ウイルスの複製酵素タンパク質でみられる真核生物のヘリカーゼドメインが存在しない。従って，RCNMV は，RNA 複製の宿主因子としてヘリカーゼドメインをもつタンパク質をリクルートする必要がある。そこで，RCNMV はヘリカーゼドメインをもつ DCL1 を複製酵素の宿主因子として利用する。DCL1 が RNA 複製酵素複合体としてウイルスにリクルートされる結果，RNAi 活性が抑制されるのかもしれない。

くのタンパク質が RNAi の重要因子として報告されている。SDE3 はヘリカーゼドメインをもち，植物の RdRP(SDE1/SGS2)による siRNA の増幅に関与することが報告されている(Himber et al., 2003)。また，RISC の形成に必要なショウジョウバエの ARMI などもヘリカーゼドメインをもつ(Cook et al., 2004)。これまで RNAi 抑制活性はあるが抑制因子の同定されていないウイルスが多数存在する。今後，これらのウイルス，特に複製酵素成分にヘリカーゼドメインをもたないウイルスの RNAi 変異体での感染性スクリーニングはウイルスの新たな宿主因子の同定に至ることが期待される。

最近の研究から RCNMV は *dcl1*/*dcl1* 変異体のプロトプラストで複製することがわかった。このことは，RCNMV は DCL1 が関わる系を感染に必要とするが，DCL1 それ自身が複製酵素成分ではないことを示唆している。現在，モデルの検証を含め，複製酵素複合体に含まれる宿主因子を探索中である。

参 考 文 献

Ahlquist, P., Noueiry, A. O., Lee, W. M., Kushner, D. B., Dye, B. T. (2003) Host factors in positive-strand RNA virus genome replication. J. Virol. 77, 8181-8186.

Allen, E., Xie, Z., Gustafson, A. M., Carrington, J. C. (2005) microRNA-directed phasing during trans-acting siRNA biogenesis in plants. Cell 121(2), 207-221.

Bartel, D. P. (2004) MicroRNAs: genomics, biogenesis, mechanism, and function. Cell 116(2), 281-297.

Bernstein, E., Denli, A. M., Hannon, G. J. (2001) The rest is silence. RNA 7(11), 1509-1521.

Chapman, M. R., Rao, A. L. N., Kao, C. C. (1998) Sequences 5′ of the conserved tRNa-like promoter modulate the initiation of minus-strand synthesis by brome mosaic virus RNA-dependent RNA polymerase. Virology 252, 458-467.

Cook, H. A., Koppetsch, B. S., Wu, J., Theurkauf, W. E. (2004) The Drosophila SDE3 homolog armitage is required for oskar mRNA silencing and embryonic axis specification. Cell 116(6), 817-829.

Dalmay, T., Hamilton, A., Rudd, S., Angell, S., Baulcombe, D. C. (2000) An RNA-dependent RNA polymerase gene in Arabidopsis is required for posttranscriptional gene silencing mediated by a transgene but not by a virus. Cell 101, 543-553.

Dunoyer, P., Lecellier, C. H., Parizotto, E. A., Himber, C., Voinnet, O. (2004) Probing the microRNA and small interfering RNA pathways with virus-encoded suppressors of RNA silencing. Plant Cell 16(5), 1235-1250.

Gould, A. R., Francki, R. I. B., Hatta, T., Hollings, M. (1981) The bipartite genome of red clover necrotic mosaic virus. Virology 108(2), 499-506.

Guo, H. S., Ding, S. W. (2002) A viral protein inhibits the long range signaling activity of the gene silencing signal. EMBO J. 21(3), 398-407.

Himber, C., Dunoyer, P., Moissiard, G., Ritzenthaler, C., Voinnet, O. (2003) Transitivity-dependent and -independent cell-to-cell movement of RNA silencing. EMBO J. 22(17), 4523-4533.

Koonin, E. V., Dolja, V. V. (1993) Evolution and taxonomy of positive-strand RNA viruses: implications of comparative analysis of amino acid sequences. Crit. Rev. Biochem. Mol. Biol. 28(5), 375-430.

Kurihara, Y., Watanabe, Y. (2004) Arabidopsis microRNA biogenesis through Dicer-like 1 protein functions. Proc. Natl. Acad. Sci. USA 101(34), 12753-12758.

Lakatos, L., Szittya, G., Silhavy, D., Burgyan, J. (2004) Molecular mechanism of RNA silencing suppression mediated by p19 protein of tombusviruses. Embo J. 23(4), 876-884.

Lee, Y., Jeon, K., Lee, J. T., Kim, S., Kim, V. N. (2002) MicroRNA maturation: stepwise processing and subcellular localization. Embo J. 21(17), 4663-4670.

Lommel, S. A., Weston-Fina, M., Xiong, Z., Lomonossoff, G. P. (1988) The nucleotide sequence and gene organization of red clover necrotic mosaic virus RNA-2. Nucl. Acids Res. 16(17), 8587-8602.

Lu, S., Cullen, B. R. (2004) Adenovirus VA1 noncoding RNA can inhibit small interfering RNA and MicroRNA biogenesis. J. Virol. 78(23), 12868-12876.

Meister, G., Landthaler, M., Patkaniowska, A., Dorsett, Y., Teng, G., Tuschl, T. (2004). Human Argonaute2 mediates RNA cleavage targeted by miRNAs and siRNAs. Mol. Cells 15(2), 185-197.

Meister, G., Tuschl, T. (2004) Mechanisms of gene silencing by double-stranded RNA. Nature 431(7006), 343-349.

Mizumoto, H., Hikichi, Y., Okuno, T. (2002) The 3′-untranslated region of RNA1 as a primary determinant of temperature sensitivity of Red clover necrotic mosaic virus Canadian strain. Virology 293(2), 320-327.

Mizumoto, H., Tatsuta, M., Kaido, M., Mise, K., Okuno, T. (2003) Cap-independent translational enhancement by the 3′ untranslated region of red clover necrotic mosaic virus RNA1. J. Virol. 77(22), 12113-12121.

Mourrain, P., Beclin, C., Elmayan, T., Feuerbach, F., Godon, C., Morel, J.-B., Jouette, D., Lacombe, A.-M., Nikic, S., Picault, N., Remoue, K., Sanial, M., Vo, T.-A., Vaucheret, H. (2000) *Arabidopsis SGS2* and *SGS3* gene are required for posttranscriptional gene silencing and natural virus resistance. Cell 101, 533-542.

Napoli, C., Lemieux, C., Jorgensen, R. (1990) Introduction of a Chimeric Chalcone Synthase Gene into Petunia Results in Reversible Co-Suppression of Homologous Genes in trans. Plant Cell 2(4), 279-289.

Okuno, T., Hiruki, C., Rao, D. B., Figueired, G. C. (1983) Genetic determinants distributed in two genomic RNAs of sweet clover necrotic mosaic, red clover necrotic mosaic and clover primary leaf necrosis viruses. J. Gen. Virol. 64, 1907-1914.

Reinhart, B. J., Weinstein, E. G., Rhoades, M. W., Bartel, B., Bartel, D. P. (2002). MicroRNAs in plants. Genes Dev. 16(13), 1616-1626.

Silhavy, D., Burgyan, J. (2004) Effects and side-effects of viral RNA silencing suppressors on short RNAs. Trends Plant Sci. 9(2), 76-83.

Sit, T. L., Vaewhongs, A. A., Lommel, S. A. (1998) RNA-mediated trans-activation of transcription from a viral RNA. Science 281(5378), 829-832.

Takeda, A., Sugiyama, K., Nagano, H., Mori, M., Kaido, M., Mise, K., Tsuda, S., Okuno, T. (2002) Identification of a novel RNA silencing suppressor, NSs protein of Tomato spotted wilt virus. FEBS Lett. 532(1-2), 75-79.

Takeda, A., Tsukuda, M., Mizumoto, H., Okamoto, K., Kaido, M., Mise, K., Okuno, T. (2005). A plant RNA virus suppresses RNA silencing through viral RNA replication. EMBO. J. 24, 3147-3157.

Tatsuta, M., Mizumoto, H., Kaido, M., Mise, K., Okuno, T. (2005) The red clover necrotic mosaic virus RNA2 trans-activator is also a cis-acting RNA2 replication element. J. Virol. 79(2), 978-986.

Turner, R. L., Buck, K. W. (1999) Mutational analysis of cis-acting sequences in the 3′- and 5′-untranslated regions of RNA2 of red clover necrotic mosaic virus. Virology 253(1), 115-124.

van der Krol, A. R., Mur, L. A., Beld, M., Mol, J. N., Stuitje, A. R. (1990) Flavonoid genes in petunia: addition of a limited number of gene copies may lead to a suppression of gene expression. Plant Cell 2(4), 29129-9.

Vaucheret, H. (2006) Post-transcriptional small RNA pathways in plants: mechanisms and regulations. Genes Dev. 20(7), 759-771.

Voinnet, O., Lederer, C., Baulcombe, D. C. (2000) A viral movement protein prevents spread of the gene scilencing signal in *Nicotiana benthamiana*. Cell 103, 157-167.

Xie, Z., Johansen, L. K., Gustafson, A. M., Kasschau, K. D., Lellis, A. D., Zilberman, D., Jacobsen, S. E., Carrington, J. C. (2004) Genetic and functional diversification of small RNA pathways in plants. PLoS Biol. 2(5), E104.

Xiong, Z., Lommel, S. A. (1989) The complete nucleotide sequence and genome organization of red clover necrotic mosaic virus RNA-1. Virology 171(2), 543-554.

Xiong, Z., Kim, K. H., Giesman-Cookmeyer, D., Lommel, S. A. (1993a) The roles of the red clover ne-

crotic mosaic virus capsid and cell-to-cell movement proteins in systemic infection. Virology 192(1), 27-32.
Xiong, Z., Kim, K. H., Kendall, T. L., Lommel, S. A. (1993b) Synthesis of the putative red clover necrotic mosaic virus RNA polymerase by ribosomal frameshifting in vitro. Virology 193(1), 213-221.

2. *Cucumovirus* の 2b タンパク質の機能について

2-1. はじめに

Cucumovirus(*Tomato aspermy virus*: TAV, *Cucumber mosaic virus*: CMV)のサイレンシングサプレッサーである 2b タンパク質について，病徴誘導における役割を解明するため以下の 2 つの研究を行った。前半部の研究では，タバコでの全身移行における TAV の 2b タンパク質の役割を解析した。TAV の 1 分離株 C-TAV はタバコ(*N. tabacum*)に全身感染するが，別の分離株 V-TAV は接種葉から上葉に移行することはまれである。一方，両者とも野生種のタバコ，*N. benthamiana* には容易に全身感染し，激しいモザイク症状を誘導する。我々は，pseudorecombinant やキメラウイルスを作出し，*N. benthamiana* で感染性を確認した後，タバコに接種してウイルスの全身移行を観察した。その結果，TAV の 2b タンパク質の蓄積量がタバコでの全身感染を調節することを明らかにした。後半部の研究では，CMV 感染によってダイズ種子に斑紋を形成する分子メカニズムを解明した。すなわち，黄ダイズ種子でカルコンシンターゼ(CHS)遺伝子の転写後型ジーンサイレンシング(PTGS)が起きていることに着目し，CMV 感染によって種子に斑紋が形成される原因について，*CHS* 遺伝子に対する PTGS が CMV の 2b タンパク質によって抑制されるためであることを証明した。また，ダイズに感染しない CMV-Y と感染する CMV-Sj との間でキメラウイルスを作出し，CMV が斑紋を誘導できる能力が CMV-Sj の 2b タンパク質にあることを明らかにした(Senda et al., 2004)。

以下に，上記 2 つの 2b タンパク質に関する研究について，実験の時系列的な流れに沿って紹介する。

2-2. TAV の 2b タンパク質

(1) V-TAV と C-TAV の比較解析

TAV は RNA1 から RNA3 までの 3 本の RNA 分子からできている。RNA1 は 1a タンパク質(メチルトランスフェラーゼとヘリカーゼ)を，RNA2 は 2a タンパク質(複製酵素)と 2b タンパク質(PTGS サプレッサー)をコードしている。また，RNA3 は 3a タンパク質(細胞間移行タンパク質)と CP(コートタンパク質)をコードしている。まず，V-TAV と C-TAV の 2 分離株のすべての RNA 分子について cDNA クローンを獲得し，全塩基配列を決定した。その結果，両分離株間で，1a タンパク質には 1 カ所，2a タンパク質には 4 カ所のアミノ酸の相違が検出された。最も大きな相違は 2b タンパク質に存在し，C-TAV の 2b タンパク質は V-TAV のものに比べて中央部分に 9 残基の挿入があることが判明した。2b タンパク質は長さがアミノ酸で約 100 残基の短いタンパク質であるため 9 残基の違いは大きいといえる。我々は，全身感染に関係する TAV のゲノム RNA を特定するために，得られた cDNA クローンを完全長に連結し，感染性のある RNA を *in vitro* で転写するシステムを構築した。

(2) V-TAV と C-TAV 間の pseudorecombinant とキメラウイルスの解析

TAV の 2 分離株の感染性転写産物を合成して，両分離株間で RNA ゲノムの様々な組み合わせをもつ pseudorecombinant ウイルスを作出した。また，RNA1 ではアミノ酸の異なる箇所を基準にキメラウイルスを作出した。それらの接種試験の結果，RNA3 には，上記のタバコでの全身移行や *N. benthamiana* で観察された病徴誘導などを直接に調節する因子はのっていないものと結論した。C-TAV 由来の RNA1 を有する時にタバコで上葉に移行しやすくなり，さらには *N. benthamiana* で激しい病徴を誘導することが判明した。キメラウイルスの接種試験の結果，1a タンパク質の1アミノ酸の違いが TAV の全身移行を促進するものと推定された。しかし，C-TAV の RNA1 をもつ pseudorecombinant でも接種後のタバコの成長とともに，ウイルスは新葉で検出されなくなり，C-TAV の本来の全身移行性を再現することはできなかった。

(3) TAV の変異と組換え

TAV は変異を起こしやすく，感染性転写産物を接種した後に出現してくる子孫のウイルス中にも多くの変異が検出された。この中で，接種試験中に高頻度で出現し，C-TAV と同様にタバコで全身移行ができる変異 TAV 分離株を解析したところ，RNA2 の 3′末端に RNA1 の 3′末端の配列が約 200 塩基ほど付加されていることが判明した (図 8-2-1)。しかも，このウイルスでは，この組換え RNA2 が優占種となっており，もとの RNA2 はわずかに1割ほどであった。さらに，RNA1 に1カ所のアミノ酸置換が生じており，これが組換え RNA2 の出現に重要な役割を果たしているものと予想された。この組換え RNA2 や RNA1 の変異がタバコでの全身感染を本当に決定できるのか確かめるため，いくつかの pseudorecombinant を作成した。変異のある V-TAV の RNA1 ($V1^{m}$) と組換え RNA2 ($C2^{r}$) を CMV の RNA3 (Y3) と組み合わせたウイルス ($V1^{m}C2^{r}Y3$) もタバコに全身感染した。RNA3 が V3 の場合，組換えや変異が頻繁に生じるため，以後は $V1^{m}C2^{r}Y3$ を使用して実験を行った。感染葉から全核酸を抽出し，ノーザンブロット解析を行ったところ，全身感染しないウイルスと比較して，RNA4A と RNA5 が多量に蓄積していることが明らかになった。我々は，この RNA の蓄積量がタバコでの全身感染と関係あるものと予想した。

(4) RNA4A と 2b タンパク質の解析

また，植物体と同様に，プロトプラストに接種した場合でも，上記で説明したように RNA4A と RNA5 が多量に合成された。さらに，純化ウイルスから抽出した RNA についてノーザン解析

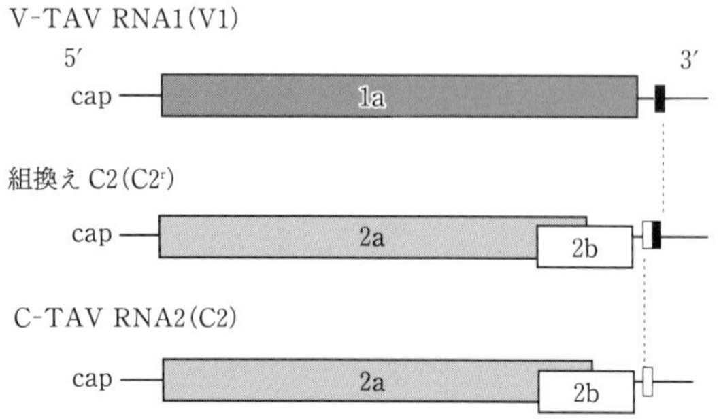

図 8-2-1　3′末端で組換えを起こした TAV RNA2。V-TAV の RNA1 (V1) と C-TAV の RNA2 (C2) および RNA3 (C3) の感染性転写産物を混合して *N. benthamiana* に接種した。この感染葉を接種源としてタバコに再接種したところ，全身感染するウイルスが出現した。このウイルスをクローニングし，塩基配列を確認した結果，C2 の 3′末端に V1 の 3′末端が付加された組換え RNA2 ($C2^{r}$) が優占種 (～90%) になっており，接種した C2 は非常に少量になっていた。組換え部分には，*Cucumovirus* に共通する 100 塩基程度の塩基配列 (図中ボックスで表示) が重複して存在した (従って $C2^{r}$ は 134 塩基 C2 より長くなっている)。この組換えメカニズムについては，Masuta (2002) および Suzuki et al. (2003) で詳述してある。

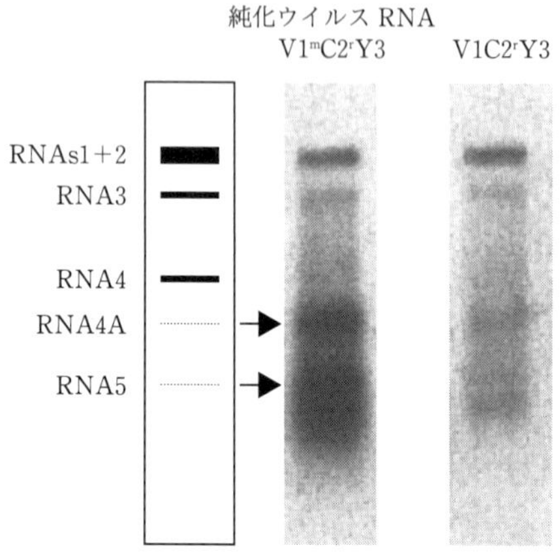

図 8-2-2　純化ウイルスから抽出したウイルス RNA の Northern blot 解析。$V1^{m}C2^{r}Y3$ はタバコに全身感染するが，$V1C2^{r}Y3$ は全身感染できない。接種葉からウイルスを純化し，RNA を抽出して，Northern blot 解析を行った。プローブとして C2 の *2b* 遺伝子領域を使用した。両ウイルスで RNA 量を比較した結果，RNA1 と RNA2 の量がほとんど同じ時に，$V1^{m}C2^{r}Y3$ の RNA4A と RNA5 が極めて多量に粒子中に含まれていることが判明した。矢印は RNA4A と RNA5。

を行ったところ，全身感染したものはゲノムRNAに混じって多量のRNA4Aを粒子中に取り込んでいることが判明した(図8-2-2)。RNA4Aは2bと呼ばれるタンパク質をコードするmRNAである。従って，2bタンパク質の蓄積量がタバコでの全身感染に重要ではないかと考え，ウエスタンブロット解析を行った。感染葉から全可溶性タンパクを抽出し，全身感染するものとしないものを比較したところ，前者がはるかに多量の2bタンパク質を蓄積していることが明らかになった。また，純化ウイルスから精製したRNAを直接にコムギ胚芽翻訳系によって試験管内翻訳させたところ，V1^{m}C2^{r}Y3のもつRNA4Aから明らかに2bタンパク質が合成さることを確認した。

(5) ウイルスベクターによるcomplementation

以上の実験より，TAVの全身感染に2bタンパク質の蓄積量が関与するものと考えられたので，PVXウイルスベクターによって2bタンパク質を多量に外からトランスに供給した場合，全身感染しないV1V2Y3の移行に影響が生じるのか検討した。コントロールとして使用したものは，*2b*遺伝子中でフレームシフトさせたものであり，正常な2bタンパク質を発現しない。このクローンをもつPVXベクターはV1V2Y3の全身感染には何ら影響を与えなかった。一方，2bタンパク質を合成するようにPVXベクターに組み込んだ場合，予想通りV1V2Y3は上葉に移行した。

以上の結果を総合すると，TAVの2bタンパク質の蓄積量こそタバコ全身移行を決定する主体であり，複製能力が増強された組換えRNA2が出現したことは当然それから作られるサブゲノミックRNA(RNA4A)の合成量に影響を与えたものと考えられる。また，RNA1上の変異はヘリケース中にあることから，RNA2の一鎖から作られるRNA4Aの転写量に影響したと考えられる。

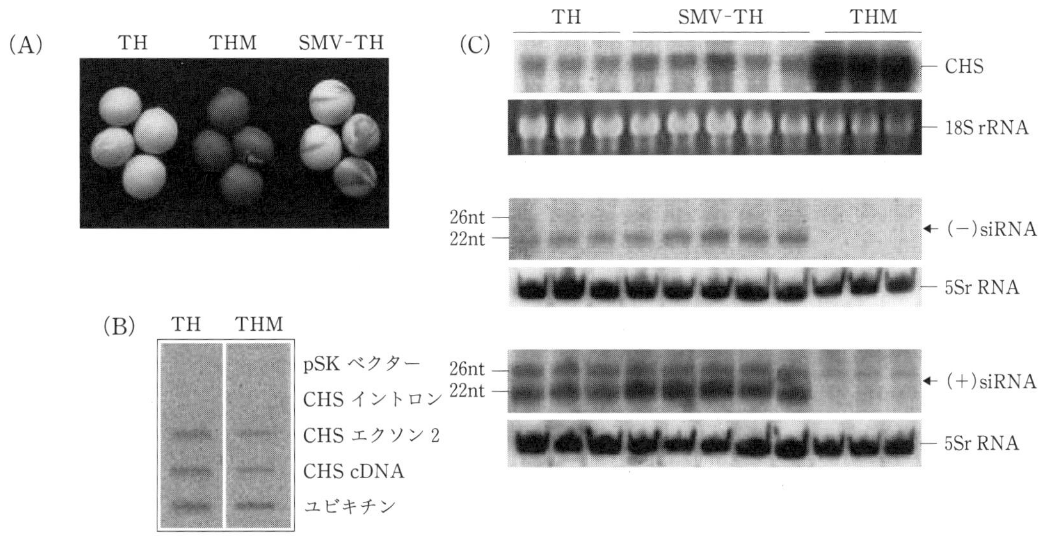

図8-2-3　CHS遺伝子のPTGS解析(Senda et al., 2004, Fig. 1 [p. 809])。(A)ダイズ品種トヨホマレ(TH)は黄ダイズだが，茶ダイズの突然変異体(THM)が存在する。THに*Soybean mosaic virus*(SMV)や*Cucumber mosaic virus*(CMV-Sj)が感染すると斑紋を形成する。(B)核run-onアッセイ。ナイロンメンブランにCHSの配列をもつDNAをあらかじめブロットしておき，ダイズから抽出した核にラベルを入れてRNAを転写させ，RNAプローブとして使用した。THとTHMの両方ともCHSのmRNAの合成が確認されたことから，転写自体がサイレンスするTGSではないことが証明された。(C)上段はCHS mRNAのNorthern blot解析であり，THMではTHに比較して数十倍のCHS mRNAが発現している。中段と下段はCHSのsiRNAをセンスとアンチセンスの両方向で検出した結果である。予想通りTHMではsiRNAが検出されなかった。一方，ウイルスに感染した場合siRNAは予想に反して減少しなかった。本実験の詳細はSenda et al.(2004)に解説してある。

2-3. CMVの2bタンパク質

(1) *CHS* 遺伝子のPTGS

I 遺伝子座が存在すると，カルコンシンターゼ(CHS)遺伝子のmRNAが減少すると報告されている(Wang et al., 1994)。CHSはフェニルプロパノイド生合成系のキー酵素なので，アントシアニンの蓄積に影響が出ることは容易に想像できる。また，*I* 遺伝子座のゲノム構造の解析結果からもこの遺伝子座は，*CHS* 遺伝子のクラスターであることが明らかになっている。さらに，いくつか重複している *CHS* 遺伝子の中にはinverted repeat構造を形成しているものさえあることが示唆されている(Senda et al., 2002；千田・増田，2005)。以上のことから，*I* 遺伝子座から部分的に二本鎖となったCHSのmRNAが転写されるのではないかと考えられ，CHSのPTGSがCHSのmRNA減少の原因となっているものと予想された。I遺伝子に関するこれまでの報告を総合すると，ともかく *CHS* 遺伝子のmRNAの減少が直接の原因であると理解されている。我々は，まず *CHS* 遺伝子の転写量自体が減少したのか，あるいは転写されたものが分解されたのかを判断するため，核run-onアッセイを行った。材料として用いたのはトヨホマレ(TH)という黄ダイズとその突然変異株(THM)で茶ダイズとなったものである。両者の種皮から核を抽出し，転写産物を確認したところ，CHSの転写量はTHとTHMとの間で差が認められなかった(図8-2-3B)。さらに，種皮から全RNAを抽出してCHSのmRNAとsiRNAについてNorthern解析を行った結果，予想通りTHMでは多量のCHS mRNAが蓄積していた(図8-2-3C)。もし，PTGSによるCHS mRNAの分解が起きているならば，CHSのsiRNAがTHで検出されるはずであり，THMでは逆に検出されないことになる。siRNAのNorthern分析の結果は，まさに予想通りであった。CHSのsiRNAの存在は *CHS* 遺伝子のPTGSが誘導されていることを裏付けている。

(2) ウイルスのサプレッサータンパク質と *CHS* 遺伝子のPTGS

次に，*Soybean mosaic virus*(SMV)やCMVがダイズに感染した時に形成される斑紋がCHS遺伝子のPTGSによって説明できるのか検討した。Northern解析の結果，SMVに感染したTHの種皮では，非感染のTHに比較して *CHS* 遺伝子のmRNA量が2-3倍に上昇していた(図8-2-3C)。未熟種子では，着色する組織と無色の組織を分けることができないため，実際には着色部分でもう少し高くなっていると考えられる。同時に検出したsiRNAは感染種皮で増加する傾向にあり，ウイルスPTGSサプレッサーの存在下では，siRNAが減少するといういくつかの報告と一致しない。しかし，一方ではウイルスのサプレッサーの存在下で必ずしもsiRNAは減少しないという報告もあり，PTGSの誘導方法が異なれば，またsiRNAの蓄積パターンも異なってくると考えるのが妥当のようである。

(3) CMV-SjのPTGSサプレッサー

ダイズに感染するCMV(CMV-Sj)もSMV同様に黄ダイズに斑紋を誘導する。CMVのY系統(CMV-Y)は，普通にはダイズに感染しない。ダイズに感染するCMV-Sjは，以前はダイズ萎縮ウイルス(SSV)と呼ばれ，ダイズによく適応した特殊なCMVである。CMVのゲノム構造は上述したTAVのものと同様である。CMVがダイズに感染するためには，3本のゲノムRNA(RNA1-RNA3)のうち，RNA3がSj由来でなければならない(図8-2-4)。CMVのPTGSサプレッサーは2bタンパク質であり，RNA2の3′側にコードされている。この *2b* 遺伝子を交換したキメラCMVを作出してダイズに接種した結果，斑紋を誘導できないウイルス，S1S2($2b_Y$)S3を作り出すことができた。このウイルスは種皮にしっかり移行しており，種皮でのウイルスの増殖，蓄積量もCMV-Sjのそれとほとんど差がなかった。すなわち，ダイズに感染しないCMVのPTGSサプレッサーはダイズでは機能しなかった。したがって，CMV-Sjの2bタンパク質が特異的に *CHS* 遺伝子のmRNAを上昇させ，斑紋を誘導したということになる。

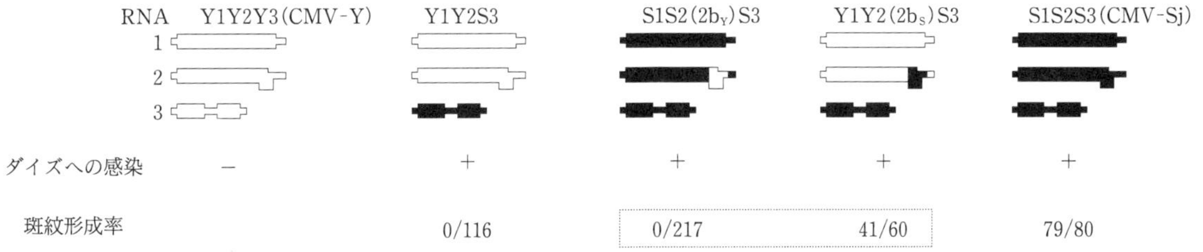

図 8-2-4　CMV-Sj の 2b タンパク質と斑紋形成の関係。CMV-Y はダイズに全身感染しないが，CMV-Sj はダイズに全身感染する。この両ウイルス間で，ゲノム RNA を交換した pseudorecombinant ウイルスとキメラウイルスを構築して，ダイズに接種した。CMV-Sj 由来の RNA3 がダイズの全身感染に必須である。四角枠で囲った S1S2($2b_{Y}$)S3 と Y1Y2($2b_{S}$)S3 の違いは 2b 遺伝子の領域のみである。斑紋形成率を観察したところ，前者は全く斑紋を誘導しなかったが，後者に関しては，収穫した種子の大半で斑紋が観察された。両者とも種皮でウイルスが検出され，斑紋形成とウイルスの局在は関係ないことがわかっている。

(4) *Agrobacterium* 誘導による PTGS と CMV-Sj の 2b タンパク質

CMV-Sj の 2b タンパク質に本質的な PTGS のサプレッサー活性があることを証明するために，まず GUS 遺伝子の断片を inverted repeat 構造になるように，Ti プラスミドベクターに挿入した。次に，この Ti プラスミドで形質転換した *Agrobacterium* を GUS を発現する形質転換ダイズ(Jack-GUS)の葉に infiltration 接種した。上葉で 1 カ月後に GUS 活性を測定したところ，対照区に比較して，約 1/3 まで低下していた。Northern 解析によっても GUS 遺伝子の mRNA の低下を確認した。この時，CMV-Sj に感染している個体では GUS 活性の低下が観察されなかったことから，CMV-Sj の 2b タンパク質が GUS 遺伝子の PTGS を抑制したものと考えられる。この時，CMV-Y の 2b 遺伝子をもつ組換えウイルスは GUS の PTGS を抑制することができなかった。

(5) CMV ベクターによる CHS 遺伝子の PTGS 誘導

最後に，CHS 遺伝子の PTGS が実際に種皮色の退色につながることを証明するために，CMV ベクターに CHS 遺伝子の部分配列(約 200 塩基)をセンスおよびアンチセンス方向に挿入して，PTGS を誘導した。この組換え CMV ベクターは種皮まで移行し，十分な複製能力を示した。種子に色の付く黒豆(2 品種)，茶豆(3 品種)など数品種に接種したところ，茶豆で様々な退色が観察さ

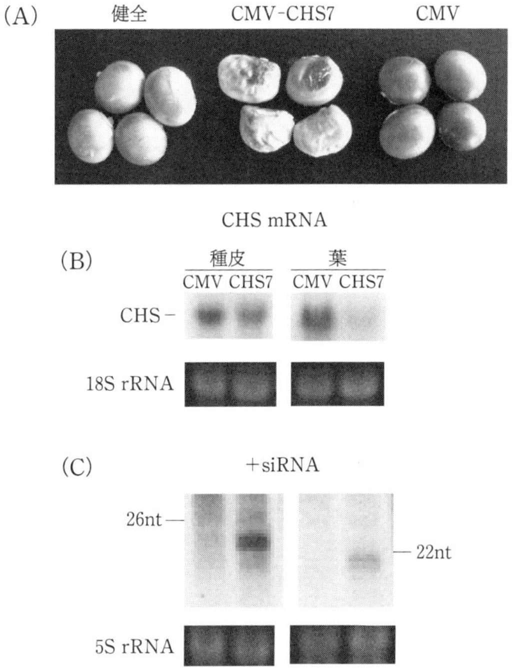

図 8-2-5　ウイルスベクターによる CHS 遺伝子の PTGS がダイズ種子の色に及ぼす影響。CMV をダイズで使用するウイルスベクターとして開発した。このベクターは 2b 遺伝子を欠落しており，斑紋を誘導しない。この CMV ベクターにダイズの CHS7 遺伝子の ORF の 3′部分(約 200 塩基)を挿入し，ダイズ(商品名：房成り茶豆)に感染させた。収穫されたダイズは退色し，黄ダイズに近い色となった(A 中央)。ベクターのみ感染させたものは(A 右：CMV)，健全ダイズ(A 左：Healthy)と全く差がなかった。葉での CHS mRNA は Northern blot 解析の結果，顕著に減少していた(B 右)。種皮での CHS mRNA の蓄積量には大きな差を確認できなかった(B 左)。また，CHS 遺伝子の PTGS が誘導されたことは，siRNA を検出できたことで確認できる(C)。

れた(図8-2-5A)。また，品種によっては，葉に軽いモザイク症状が観察された。特に，顕著な種子色の退色を示したのは(茶色とはならず黄色になったもの)，*CHS7* 遺伝子をアンチセンス方向でCMVベクターに挿入した場合であった。残念ながら今回作成したベクターのコンストラクトでは黒豆に対してPTGSの効果はほとんどなく，部分的な退色さえ観察できなかった。黒豆にCHSのPTGSが誘導できない原因については不明である。*CHS* 遺伝子のPTGSを分子レベルで確認するため，茶豆の1品種(房成り茶豆)を使用して，葉，種皮でのCHS mRNA量やsiRNA量をNorthern解析した。葉では，CHS mRNAは減少していたが，種皮では，健全区との差は判然としない(図8-2-5B)。一方，siRNAは，種皮で多量に検出され，葉ではごく少量であった(図8-2-5C)。種皮に多量のsiRNAが存在することから種皮でCHSに対するPTGSが誘導されるはずであるが，mRNAの顕著な減少が確認できなかった理由は不明である。別のサンプルではmRNAの減少を確認できた場合もあり，この点についてはさらに詳細な解析が必要である。この茶豆では退色していない部分で茶色がもとのものよりも若干濃く出ているようであり，種皮全体を収穫した場合，着色している部分から供給されるmRNAによって，退色部のmRNAの減少がマスクされるのかもしれない。今後，ベクターに挿入する *CHS* 遺伝子の塩基配列，長さ，方向などについて様々なコンストラクトを作出し，茶豆への接種試験を繰り返して，ウイルスベクターによる *CHS* 遺伝子のPTGSについてさらに検討する予定である。

2-4. おわりに

Cucumovirus の2bタンパク質は10年ほど前に発見された時には，ウイルス感染にさほど重要なタンパク質とは見なされなかった(Ding et al., 1994)。ところが，CMVとTAVとの間で *2b* 遺伝子を入れ換えた場合，病徴が著しく変化することが報告され，ウイルスの病徴決定因子として注目されるようになった(Ding et al., 1996)。ちょうどその頃，ウイルスに対する抵抗反応として植物のPTGSが議論されるようになり，多くのウイルスが，カウンター攻撃のためにPTGSサプレッサーをコードしていることが明らかになった。2bタンパク質はポティウイルスのHC-Proと並んで最も早い時期に同定されたPTGSサプレッサーであり，分子レベルでよく研究されている(Li et al., 1999)。現在では，ウイルスの病原性をPTGSの抑制能力と関連付けて議論されるようになっている。また，サプレッサーをもっていないサテライトRNAやウイロイドは，植物のPTGSによる攻撃にさらされると，偶然に内在性遺伝子に対してもPTGSを誘導してしまい，病徴を発現させることになると報告されている(Wang et al., 2004)。

さらに，2bタンパク質は，病原性だけではなく，ウイルスの移行にも影響しているという報告(Ding et al., 1995)やサリチル酸経路で誘導される植物の抵抗性を阻害するという報告(Ji and Ding, 2001)もあり，実に多機能なタンパク質である。興味深いことに，植物が2bタンパク質を逆に認識して過敏感反応を誘導するという報告もあり(Li et al., 1999)，2bタンパク質を巡るウイルスと植物の攻防戦略にはまだまだ秘密が隠されているのかもしれない。

参考文献

Ding, S.-W., Anderson, B. J., Haase, H. R., Symons, R. H. (1994) New overlapping gene encoded by the cucumber mosaic virus genome. Virology 198, 593-601.

Ding, S.-W., Li, W.-X., Symons, R. H. (1995) A novel naturally occuring hybrid gene encoded by a plant RNA virus facilitates long distance virus movement. EMBO J. 14, 5762-5772.

Ding, S.-W., Shi, B.-J., Li, W.-X., Symons, R. H. (1996) An interspecies hybrid RNA virus is significantly more virulent than either parental viurs. Proc. Natl. Acad. Sci. USA 93, 7470-7474.

Ji, L.-H., Ding, S.-W. (2001) The suppressor of transgene RNA silencing encoded by cucumber mosaic virus interferes with salicylic acid-mediated virus resistance. Mol. Plant-Microbe Interact. 14, 715-724.

Li, H.-W., Lucy, A. P., Guo, H.-S., Li, W.-X., Ji, L.-H., Wong, S.-M., Ding, S.-W. (1999) Strong host resistance targeted against a viral suppressor of the plant gene silencing defence mechanism. EMBO J. 18, 2683-2691.

Masuta, C. (2002) Occurrence of recombination in plant RNA viruses. In PlantViruses as Molecular Pathogens, Edited by J. A. Khan and J. Dijkstra, Food Products Press (The Haworth Press), NY, USA, pp. 203-224.

Senda, M., Kasai, A., Yumoto, S., Akada, S., Ishikawa, R., Harada, T., Niizeki, M. (2002) Sequence divergence at chalcone synthase gene in pigmented seed coat soybean mutants of the *Inhibitor* locus. Genes Genet. Syst. 77, 341-350.

千田峰生・増田税(2005)ダイズ種子の着色メカニズムに迫る！ 化学と生物 43, 220-221.

Senda, M., Masuta, C., Ohnishi, S., Goto, K., Kasai, A., Sano, T., Hong, J.-S., MacFarlane, S. (2004) Patterning of virus-infected soybean seed coat is associated with suppression of endogenous silencing of chalcone synthase genes. Plant Cell 16, 807-818.

Suzuki, M., Hibi, T., Masuta, C. (2003) RNA recombination between cucumoviruses: possible role of predicted stem-loop structures and an internal subgenomic promoter-like motif. Virology 306, 77-86.

Wang, C. S., Todd, J. J., Vodkin, L. O. (1994) Chalcone synthase mRNA and activity are reduced in yellow soybean seed coats with dominant I alleles. Plant Physiol. 105, 739-748.

Wang, M.-B., Bian, X.-Y., Wu, L.-M., Liu, L.-X., Smith, N. A., Isenegger, D., Wu, R.-M., Masuta, C., Vance, V. B., Watson, J. M., Rezaian, A., Dennis, E. S., Waterhouse, P. M. (2004) On the role of RNA silencing in the pathogenicity and evolution of viroids and viral satellites. Proc. Natl. Acad. Sci. USA 101, 3275-3280.

索　引

Index

執筆者一覧(五十音順)

秋光和也(あきみつ かずや)
香川大学農学部 教授
第3章1節執筆

石川雅之(いしかわ まさゆき)
農業生物資源研究所 上級研究員
第7章2節執筆

石原岳明(いしはら たけあき)
東北大学大学院農学研究科
日本学術振興会特別研究員
第4章4節執筆

一瀬勇規(いちのせ ゆうき)
岡山大学大学院自然科学研究科 教授
第5章4節執筆

上田一郎(うえだ いちろう)
北海道大学大学院農学研究院 教授
第6章2節執筆

大橋祐子(おおはし ゆうこ)
農業生物資源研究所 特待研究員
第4章5節執筆

奥野哲郎(おくの てつろう)
京都大学大学院農学研究科 教授
第8章1節執筆

小野祥子(おの さちこ)
横浜国立大学ベンチャービジネス
ラボラトリー 講師
第4章1節執筆

鍵和田聡(かぎわだ さとし)
東京大学大学院農学生命科学研究科 助手
第6章1節執筆

賀来華江(かく はなえ)
明治大学農学部 助教授
第1章4節執筆

川北一人(かわきた かずひと)
名古屋大学大学院生命農学研究科 教授
第1章5節執筆

朽津和幸(くちつ かずゆき)
東京理科大学理工学部 助教授,
東京理科大学ゲノム創薬研究センター 副部門長
第2章2節執筆

久能　均(くのう ひとし)
三重大学 名誉教授,
㈱赤塚植物園生物機能開発研究所 所長
第1章1節執筆

久保康之(くぼ やすゆき)
京都府立大学大学院農学研究科 教授
第1章3節執筆

蔡　晃植(さい こうしょく, Fang-Sik Che)
長浜バイオ大学バイオサイエンス学部 教授
第5章3節執筆

坂本　勝(さかもと まさる)
岩手生物工学研究センター 流動研究員
第2章1節執筆

渋谷直人(しぶや なおと)
明治大学農学部 教授
第1章4節執筆

白石友紀(しらいし とものり)
岡山大学大学院自然科学研究科 教授
第1章2節執筆

進士秀明(しんし ひであき)
産業技術総合研究所 主任研究員
第4章2節執筆

鈴木　馨(すずき かおる)
産業技術総合研究所 主任研究員
第4章2節執筆

鈴木智子(すずき ともこ)
岡山大学大学院自然科学研究科
日本学術振興会特別研究員
第1章1節執筆

瀬尾茂美(せお しげみ)
農業生物資源研究所 主任研究官
第4章5節執筆

関根健太郎(せきね けんたろう)
東北大学大学院農学研究科
日本学術振興会特別研究員
第4章4節執筆

高橋英樹(たかはし ひでき)
東北大学大学院農学研究科 助教授
第4章4節執筆

田中恒之(たなか つねゆき)
横浜国立大学大学院環境情報学府 博士課程
第4章1節執筆

田村勝徳(たむら かつのり)
東京大学分子細胞生物学研究所 助手
第5章2節執筆

露無慎二(つゆむ しんじ)
静岡大学創造科学技術大学院 教授
第5章1節執筆

道家紀志(どうけ のりゆき)
名古屋大学 名誉教授
第1章5節執筆

中野年継(なかの としつぐ)
産業技術総合研究所 契約職員
第4章2節執筆

中屋敷均(なかやしき ひとし)
神戸大学農学部 助教授
第2章1節執筆

難波成任(なんば しげとう)
東京大学大学院農学生命科学研究科 教授
第6章1節執筆

錦織雅樹(にしきおり まさき)
北海道大学大学院農学研究科 博士課程
第7章2節執筆

長谷　修(はせ しゅう)
東北大学大学院農学研究科 助手
第4章4節執筆

日比忠明(ひび ただあき)
東京大学 名誉教授,
玉川大学学術研究所 教授
第7章3節執筆

平田久笑(ひらた ひさえ)
静岡大学農学部 助手
第6章1節執筆

平塚和之(ひらつか かずゆき)
横浜国立大学大学院環境情報研究院 教授
第4章1節執筆

藤田景子(ふじた けいこ)
岡山大学大学院自然科学研究科
日本学術振興会特別研究員
第1章1節執筆

朴　杓允(ぼく しょういん)
神戸大学大学院自然科学研究科 教授
第2章1節執筆

増田　税(ますた ちから)
北海道大学大学院農学研究院 教授
第8章2節執筆

松尾直子(まつお なおこ)
横浜国立大学大学院環境情報研究院 教務職員
第4章1節執筆

眞山滋志(まやま しげゆき)
神戸大学農学部 教授
第2章1節執筆

三瀬和之(みせ かずゆき)
京都大学大学院農学研究科 助教授
第7章1節執筆

光原一朗(みつはら いちろう)
農業生物資源研究所 主任研究官
第4章5節執筆

南　栄一(みなみ えいいち)
農業生物資源研究所 ユニット長
第1章4節執筆

向原隆文(むかいはら たかふみ)
岡山県生物科学総合研究所 研究員
第5章5節執筆

目黒あかね(めぐろ あかね)
㈱赤塚植物園生物機能開発研究所 研究員
第1章1節執筆

柳澤修一(やなぎさわ しゅういち)
東京大学大学院農学生命科学研究科 助教授
第4章3節執筆

山口武志(やまぐち たけし)
中央農業総合研究センター 上席研究員
第1章4節執筆

吉井基泰(よしい もとやす)
農業生物資源研究所 研究員
第7章2節執筆

吉岡博文(よしおか ひろふみ)
名古屋大学大学院生命農学研究科 助教授
第1章5節執筆

渡辺雄一郎(わたなべ ゆういちろう)
東京大学大学院総合文化研究科 教授
第7章3節執筆

上田一郎(うえだ いちろう)

1950年　東京都武蔵野市に生まれる
1972年　北海道大学農学部卒業
1978年　米国ワシントン州立大学博士課程修了
現　在　1978年北海道大学農学部助手を経て，大学院農学研究院教授.
この間,「植物ウイルスの診断と防除」および「植物ウイルスの病原性に関する分子生物学」の研究を行う.
植物病理学博士(米国ワシントン州立大学)
主論文　Selective involvement of members of the eukaryotic initiation factor 4E family in the infection of Arabidopsis thaliana by potyviruses. FEBS Lett. 579: 1167-1171 (2005); Natural resistance to clover yellow vein virus in beans controlled by a single recessive locus. Mol. Plant-Microbe Interact. 16: 164-168 (2003); The central and C-terminal domains of VPg of clover yellow vein virus are important for VPg-HCPro and VPg-VPg interactions. J. Gen. Virol. 84: 2861-2869 (2003); Development of clover yellow vein virus as an efficient, stable gene-expression system for legume species. Plant J. 23: 75-81 (2000)；植物ウイルスの全身移行と伝播—分子レベルからみた植物の耐病性，秀潤社(2003)など

微生物の病原性と植物の防御応答
2007年2月28日　第1刷発行

編著者　上田一郎
発行者　佐伯　浩

発行所　北海道大学出版会
札幌市北区北9条西8丁目 北海道大学構内(〒060-0809)
Tel.011(747)2308・Fax.011(736)8605・http://www.hup.gr.jp

㈱アイワード／石田製本㈱

ISBN 978-4-8329-8172-0